∠B - II - 7
(∠B - VIII -

Klimafakten

Der Rückblick – ein Schlüssel für die Zukunft

Ulrich Berner
Hansjörg Streif

Hrsg.

BGR   GGA   NLfB

© E. Schweizerbart'sche Verlagsbuchhandlung
(Nägele u. Obermiller)
Stuttgart (2000)

Das Werk einschließlich aller seiner Teile ist urheberrechtlich geschützt. Jede Verwertung außerhalb der engen Grenzen des Urheberrechtsgesetzes ist ohne Zustimmung unzulässig und strafbar. Die gilt insbesondere für Vervielfältigungen, Übersetzungen, Mikroverfilmungen und die Einspeicherung und Verarbeitung in elektronischen Systemen

REDAKTION:
Dr. Thomas Schubert
unter Mitarbeit von Kerstin Riquelme (Layout),
Hans-Joachim Sturm (Abbildungen) und Brigitte Messner (Text)

Bundesanstalt für Geowissenschaften und Rohstoffe
Referat für Schriftenpublikationen
Stilleweg 2
30655 Hannover
Tel. (0511) 643-3470
E-mail: t.schubert@bgr.de

2., verbesserte Auflage

Printed in Germany

ISBN 3-510-95876-4

INHALT

VORWORT	7
1 EINLEITUNG	9
2 WAS IST KLIMA?	15
Der Klimamotor Sonne	16
Die veränderliche Sonne	20
Die unruhige Erde	22
Zwischen Himmel und Erde	25
Schichten aus Gas	27
Bei Wind und Wetter	28
Die Rolle der Meere	30
Die Eiskammern der Erde	33
Die Kontinente und ihre Biosphäre	35
„Killer" aus dem All	39

3 VOM ZÄHLEN UND MESSEN	43
Welcher Tag ist heute?	44
Die Atom-Uhren	45
Die Kohlenstoff-Uhr	46
Die Uran-Thorium-Uhr	47
Die Thermolumineszenz-Uhr	47
Die Kalium-Argon-Uhr	48
Die biologischen Uhren	49
Die Fossilien-Uhr	49
Die Pollen-Uhr	49
Die Jahres-Schichten-Uhr	50
Die Baumring-Uhr	53
Die chemischen Uhren	54
Die Sauerstoff-Uhr	54
Die Strontium-Uhr	55
Ein Barcode der Erdgeschichte	57
Woher wissen wir, wie das Klima war?	60
Als Elefanten noch Haare hatten	61
Was schwimmt und krabbelt denn da?	63
Kieselalgen	63
Dinoflagellaten	64
Foraminiferen	64
Käfer	65

Große Pflanzen mal ganz klein 66
   Nichts für Allergiker: Pollen und Sporen 66
   Das Pflanzen-Thermometer 68

Was uns Atome und Moleküle erzählen 69
   Die Klima-Thermometer der Erde 69
      Das Eis-Thermometer 69
      Das Kalkschalen-Thermometer 70
      Das Biomolekül-Thermometer 71
   Wieviel Kohlendioxid war in der Atmosphäre? 72

4 IM TREIBHAUS   75

Der Kohlenstoffkreislauf 76

Kohlendioxidkonzentrationen in der geologischen Vergangenheit 82

Faktor Mensch 84

5 HEISSKALT AUF DEN ALTEN KONTINENTEN   89

Gletscher in Arabien 90

Der Buntsandstein, die heiße Phase des Klimas 93

6 EISGEPANZERTE KONTINENTE   97

Die Gefriertruhe der Erde liegt am Südpol 98
   Die Eismassen der Ost- und Westantarktis 99
   Was können Meteoriten über Bewegungen des Eises berichten? 100
   Was findet sich unter dem Eis? –
   Das-Cape-Roberts Projekt 101
   … und was erzählt uns das Eis? 104

Grönland – Die Kühlkammer des Nordens 105
   Warme Gletscher und schnell fließendes Eis 106
   Klimasignale aus dem Grönlandeis 106
   Warum es am Nordpol keinen Eisschild gab 108

7 DAS LAND – FROSTIGE ZEITEN UND WOHLIGE WÄRME   109

Eisspuren 110
   Schutt des Eises – Moränen 111
   Schürfwunden 112
   Verborgene Rinnen 113

Fragliche Vereisungsgebiete 114

Bodenfrost 115
   Die Rolle des Wassers 116
   Kältewellen in der Vergangenheit 117

Vom Winde verweht 121
   Staubstürme 121
   Flugsand 122

Schmelzendes Eis 123
   Flussgeschichten 124

Pflanzen erzählen 126
   Die Klimaschwankungen in Norddeutschland 127
      Bavel-Komplex 127
      Cromer-Komplex 127
      Elster-Komplex 129
      Holstein-Warmzeit 129
      Saale-Komplex 130
      Eem-Warmzeit 130
      Weichsel-Kaltzeit 131
   Auf dem Weg zum heutigen Klima 133
   Noch ist es warm! – Das Holozän 135

Das Gedächtnis der Seen 138
   Sprünge des Klimas 138
   Asche aus fernen Vulkanen – nur ein Hauch 139
   Verschwundene Seen in 4 000 m Höhe 140

Der Mensch greift ein! 142
   Spiegel des Menschen in Seen, Flüssen,
   Wäldern und Mooren 143
   Der Mensch, ein Klimamacher? 146

8 ZWISCHEN LAND UND MEER   149

… lang, lang her! 152

Gewinn und Verlust 158

Küstenmensch – von der Reaktion zur Aktion 159

9 SCHLAMM IM MEER   163

Die wasserfeste Zeitung 165
   Signale vom Land 167
   Signale des Meeres 168
   Der Rhythmus des Klimas 169

Die Kreidezeit, ein Treibhaus lang vergangener Zeiten . 170
   Kälteeinbruch im Treibhaus 170
   Leben im Treibhaus 172
   Als das Weltmeer umkippte 174
   Klimazyklen im Treibhaus 177

Die Pazifische Klimaschaukel 179

Auf Umwegen in die Eiszeit 181

Das Klima der jüngeren Vergangenheit 185
   Das Nordmeer erwärmt sich langsam 185
   5000 Jahre Monsun 187

10 WAS MAN SO BRAUCHT – WASSER UND ROHSTOFFE 189

Grundwasser heute 190

Wasser, Lebenselixier aus alten Zeiten 191
    Altes Wasser für den Mogul 192
    Im Land der Pharaonen 193

Rohstoffe 194
    Kühl im Norden, warm im Süden:
    die Prozesse in den Klimazonen 194
    Ohne Energie geht nichts!
    (Torf, Kohle, Erdöl, Erdgas) 196
    Gut für die Landwirtschaft
    (Phosphat-Dünger) 198
    Der heiße Tiegel (Kali, Salz und Gips) 199
    Die warme Badewanne
    (Kalksteine und Riffe) 200
    Rot wie Ziegelstein (Laterite) 201
    Auf dem Waschbrett der Natur
    (Mineralsande) 203

11 KLIMA, QUO VADIS? 207

Gute Zeiten, schlechte Zeiten 209
    Fieberkurven der Erde 211

Spätzünder 213

Der Modellbaukasten 214

... und die Zukunft? 218
    Was sagt der Computer ...? 218
    ... und was sagt der Geologe? 219
    Paradigmenwechsel 223

AUTORENLISTE 227

ABBILDUNGSHERKUNFT 229

VORWORT

Nur wenige Themen nehmen in neuerer Zeit in Politik und Medien ähnlich breiten Raum ein wie Klima – Klimaänderungen – Klimakatastrophen. Auf nationaler Ebene hat der Deutsche Bundestag bereits 1987 die Enquete-Kommission „Schutz der Erdatmosphäre" eingerichtet, die sich mit den Themen „Stratosphärischer Ozonabbau, Klimaveränderungen und Energiefragen" befassen und möglichst Handlungsempfehlungen aussprechen sollte. Spätestens seit der großen UN-Konferenz für Umwelt und Entwicklung 1992 in Rio de Janeiro versuchen Politiker auf internationaler Ebene, Maßnahmen zur Verringerung der menschlichen Einflüsse auf das Klima einzuleiten. Weitere Schritte auf diesem Wege markierten die Konferenzen von Kyoto (1997), Berlin (1999), Rio de Janeiro (2000) und den Haag (2000).

Zahlreiche Menschen fühlen sich durch täglich neue Medienberichte betroffen oder bedroht. Zu Recht fragen sie, was verbirgt sich hinter den weltweit registrierten extremen Naturereignissen? Zu weiterer Verunsicherung tragen aufreißerische und höchst widersprüchliche Schlagzeilen bei, wie „Alpen ohne Gletscher" – „Überschwemmungen in England" – „Dürrekatastrophe in Kenia: Massai weiden ihre Rinder in der Hauptstadt". Eher verwirrend als erhellend sind auch Fernsehdiskussionen mit dem Titel: „Klimakatastrophen programmiert – verdursten oder ertrinken wir?"

In diesem Umfeld gewinnen Klimaforscher mit ihren Aussagen über die Ursachen von Klimaänderungen und ihren Computer-Prognosen zur künftigen Klimaentwicklung wachsenden Einfluss auf wirtschaftliche und politische Entscheidungen. Nicht allen mündigen Bürgern und Entscheidungsträgern sind dabei die Grenzen der heute verfügbaren Klimamodelle bewusst. Unbestreitbar wurden auf dem Sektor Computermodellierung innerhalb weniger Jahre höchst bemerkenswerte Fortschritte erzielt. Dennoch bleibt festzuhalten, dass sich zahlreiche äußere Einflussgrößen des Klimas bislang nicht mit hinreichender Genauigkeit fassen lassen. Auch die komplexen internen Prozessabläufe, die das Klima sowie dessen Zustände beeinflussen, sind noch nicht hinreichend entschlüsselt. Daher bedarf es konzentrierter Anstrengungen, Daten zu sammeln und Grundlagen zu schaffen, um den Ablauf von Klimaprozessen besser zu verstehen.

Aufgabe der Geowissenschaftler ist es dabei, die Klimaprozesse der Vergangenheit zuverlässig zu beschreiben. Ihr Rückblick auf die Erdgeschichte ist gleichzeitig ein Schlüssel für die Zukunft. Geowissenschaftliche Daten und Fakten sind die wichtigste Grundlage zum Verständnis der heute herrschenden Klimabedingungen. Darüber hinaus bieten sie auch einen erdgeschichtlich begründeten Ansatz zur Einschätzung der künftigen Klimaentwicklung.

Vorwort

Geologen und Paläoklimaforscher entschlüsseln das Klima zurückliegender Zeitabschnitte, indem sie die hinterlassenen Gesteine, das Eis großer Gletscher und das Grundwasser untersuchen. Alle drei Medien – Gestein, Eis und Grundwasser – sind gewissermaßen Archive, die eine Fülle von Klimainformationen enthalten, und unterschiedlichste Methoden stehen bereit, um Aufschluss über Klimabedingungen früherer Zeiten zu gewinnen. So ist es heute z. B. möglich, die Wassertemperaturen ehemaliger Ozeane, die Luftfeuchtigkeit bzw. Trockenheit untergegangener Kontinente oder die Gaszusammensetzung einer früheren Atmosphäre zu rekonstruieren.

Über viele Jahre hinweg haben Wissenschaftler der Bundesanstalt für Geowissenschaften und Rohstoffe, des Niedersächsischen Landesamtes für Bodenforschung sowie des Institutes für Geowissenschaftliche Gemeinschaftsaufgaben im Zuge ihrer vielfältigen Aufgaben unter anderem Daten gesammelt, die für Fragen der Klimaforschung von erheblicher Bedeutung sind. Weltweit haben Geologen, Geophysiker, Geochemiker, Paläontologen und Biologen der in Hannover ansässigen Institutionen unterschiedliche Geoarchive untersucht und dabei vielschichtige, für die Bewertung der natürlichen Klimaabläufe bedeutsame Informationen gewonnen. Im vorliegenden Buch wird der angefallene Bestand geowissenschaftlicher Klimafakten zusammengefasst und mit Ergebnissen der internationalen Forschung verwoben. Dahinter steht der Wunsch, interessierten Laien Einblick in die Klimazusammenhänge der Vergangenheit zu vermitteln. Durch aktuelles Hintergrundwissen sollen die Leser in die Lage versetzt werden, das heutige Klima mit seinen beobachtbaren Naturprozessen verstehen und bewerten zu können. Nicht zuletzt war es das Anliegen der Autoren und Herausgeber, ein naturwisschenschaftliches Fachbuch zu schreiben, dessen Lektüre anregend wirkt, auf offene Fragen hinweist, neue Denkanstöße vermittelt und dazu beiträgt, die oftmals emotional geführte Diskussion von Klimafragen zu versachlichen.

Prof. Dr. Dr.-Ing. F.-W. Wellmer,
Präsident
Bundesanstalt für Geowissenschaften
und Rohstoffe

Dr. J.-D. Becker-Platen
Vizepräsident und Professor
Niedersächsisches Landesamt für
Bodenforschung

Prof. Dr. H.-J. Dürbaum
Kommissarischer Direktor
Institut für Geowissenschaftliche
Gemeinschaftsaufgaben

1 Einleitung

Schon die Menschen der Frühzeit haben einschneidende und prägende Klimawechsel erlebt, sie mussten auf Eisvorstöße und Gletscherschmelzen, Regen- und Trockenperioden reagieren. Die Geschichte bezeugt immer wieder Klimawechsel, die für die Menschen „fette" oder „magere" Jahre, gute Zeiten oder Katastrophen bedeuteten. Der Mensch hat sich über Jahrtausende aus der Natur bedient und hierdurch ganze Regionen und Landschaften umgestaltet. Die Brandrodung, das Verbrennen von Kohle, Erdöl und Erdgas entlassen das Treibhausgas Kohlendioxid in die Atmosphäre, und die Vermutung liegt nahe, dass der Mensch inzwischen nicht nur Spielball des Klimas ist, sondern dass er auch das Klima verändert.

Es ist schwierig oder gar unmöglich, zwischen natürlicher Klimaentwicklung und einer durch den Menschen beeinflussten Klimaschwankung zu unterscheiden. Will man das natürliche Klimasystem verstehen, so hilft nur der Blick zurück und zwar in Zeitabschnitte der Vergangenheit, in denen der Mensch nicht oder nur sehr wenig aktiv war. Nur die Kombination von Rekonstruktion der Klimavergangenheit und die heutigen modernen Klimaanalysen können zu einer realistischen Einschätzung der zukünftigen Klimaentwicklung führen.

1 Einleitung

Mit den ersten Eisbildungen auf unserem Planeten vor 2,3 Milliarden Jahren (archaisches Eiszeitalter) begann das vielfältige und komplizierte Wechselspiel der irdischen Klimaschwankungen. Seitdem wechselten Eiszeitalter und wüstenhaft heiße Klimazustände einander ab. Während der Eiszeiten waren mehr oder weniger große Teile der Erde von Eis bedeckt. Aber diese Eiszeiten waren nicht durchgängig kalt, sondern durch Warmzeiten und Kaltzeiten untergliedert. Über alle Phasen eines Eiszeitalters hinweg blieben jedoch Teile der Erde von Eis bedeckt. Seit etwa 2,6 Millionen Jahren befindet sich die Erde im quartären Eiszeitalter und hat allein in dieser Phase mindestens 20 Kaltzeiten erlebt, wobei die sie trennenden Warmzeiten jeweils rund zehnmal kürzer waren als die Kaltzeiten. Selbst innerhalb der Kaltzeiten gab es Zwischenwarmzeiten, die das raue Klima kurzzeitig etwas freundlicher erscheinen ließen.

Innerhalb der letzten 1,8 Millionen Jahre vollzog sich die Entwicklung unserer menschlichen Vorfahren vom Homo erectus zum Homo sapiens. In dieser Zeitspanne traten drastische Klimaschwankungen auf – wiederholt entstanden auf den Kontinenten der Nordhalbkugel riesige Eismassen und schmolzen wieder ab. Eine Rückschau auf diese wechselvolle Geschichte des quartären Eiszeitalters macht deutlich, dass wir heute sozusagen in einer Ausnahmesituation leben, in einer kurzen Warmzeit, die seit Menschengedenken durch nur geringfügige Klimaschwankungen gekennzeichnet ist.

Die Menschheitsgeschichte, die wir durch archäologische Fakten und anhand der dokumentierten Geschichtsschreibung rekonstruieren können, fand im Wesentlichen während einer Zeit der Erwärmung statt. Nach dem Höhepunkt der letzten Eiszeit vor etwa 18 000 Jahren hat sich die Erdatmosphäre langsam und mit Schwankungen erwärmt. Ein letzter einschneidender Klimarückschlag – eine Abkühlung – ereignete sich vor 12 700 bis 11 500 Jahren. Danach setzte die nahezu ungestörte Entwicklung zur jüngs-

Abb. 1.1: Steinzeitmenschen jagten das Wild der ehemals grünen Sahara und hinterließen ihre Spuren, wie diesen Herstellungsort für Steinwerkzeuge am Rande eines ausgetrockneten Sees.

1 Einleitung

ten Warmphase (Holozän) ein. Seit dem Ende der letzten Kaltzeit vor 11 500 Jahren ist die Weltbevölkerung von ca. 2 Millionen auf 6 Milliarden Menschen (im Oktober 1999) angewachsen.

Immer wieder hat es während der explosionsartigen Entwicklung der Menschheit Zeitabschnitte gegeben, in denen natürliche klimatische Änderungen die Menschen zum Umdenken und zum Handeln veranlasst haben. So zeigen rund 7 500 Jahre alte afrikanische Felszeichnungen eine grüne Sahara, in der sich Antilopen und Damwild tummeln, die Flüsse der Sahara waren mit Nilpferden bevölkert, die von Booten aus gejagt wurden. Die zunehmende Trockenheit infolge einer weltweiten Klimaänderung – der regenbringende Monsun gelangte nicht mehr weit genug nach Norden – führte vor 3 500 Jahren dazu, dass die Tiere und Menschen der Sahara begannen, in Gebiete mit ausreichender Bewässerung abzuwandern. Günstige Bedingungen gab es am Nil. Dort hatte sich bereits die Hochkultur der Pharaonen entwickelt.

Andererseits löste Trockenheit in Eurasien zwischen 300 und 800 n. Chr. eine Wanderung der dort lebenden Völker nach Westen, nach Europa, aus. Ein weiteres Beispiel für den engen Zusammenhang zwischen Klima und menschlichem Handeln sind die Siedlungsaktivitäten der Wikinger, die während der Warmphase des beginnenden Mittelalters ab 982 n. Chr. auf Grönland Fuß fassten und dort Ackerbau und Viehzucht betrieben. In England trugen zu dieser Zeit zahlreiche Weingärten Früchte. Eine Klimaverschlechterung setzte ab dem 14. Jahrhundert ein, und das Vorrücken des Eises zwang die Wikinger im 15. Jahrhundert zur Aufgabe ihrer grönländischen Siedlungen. Die Epoche der so genannten Kleinen Eiszeit hatte begonnen. Die Bezeichnung dieses Klimaabschnittes ist freilich etwas übertrieben, denn für das Weltklima bedeutete er nur eine Abkühlung von etwa 1 °C.

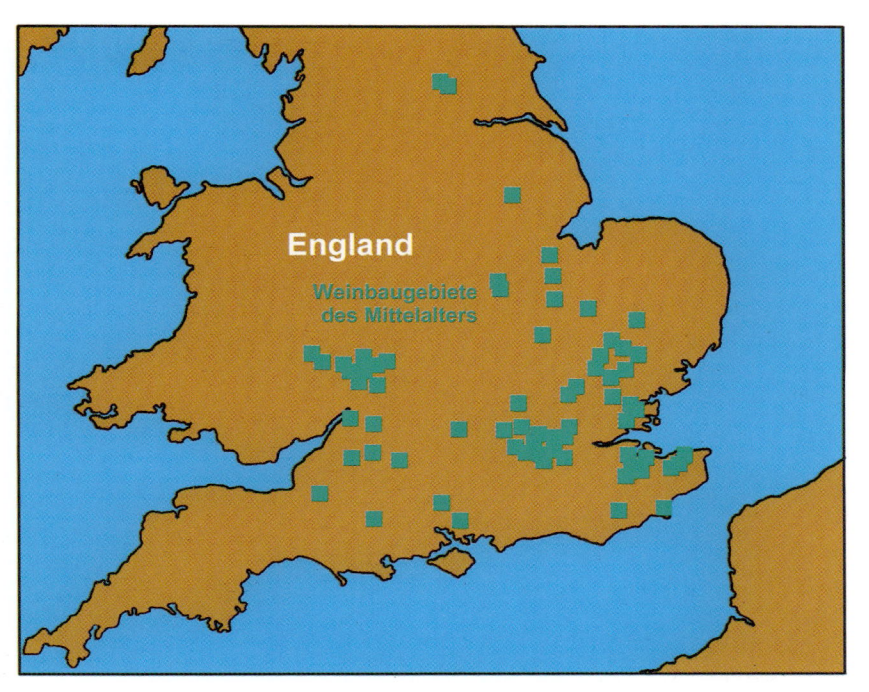

Abb. 1.2: Die Verbreitung von Weinbergen in Südengland ist ein Anzeichen für warme Klimabedingungen während des frühen Mittelalters.

Die Zeitgenossen spürten jedoch die Kälte und stellten voller Furcht eine kürzere Reifezeit für das Getreide fest. Die für die Landwirtschaft ungünstigen Witterungsbedingungen führten insbesondere in Mitteleuropa zu einer katastrophalen Versorgungslage bei den Nahrungsmitteln; Missernten verursachten die Aufgabe von Bauernhöfen. Aufgrund der

1 Einleitung

Abb. 1.3: Die kalten Winter der Kleinen Eiszeit beschäftigten die Fantasie damaliger Künstler und ließen Pieter Breugel d. Ä. Gemälde faszinierender Winterlandschaften schaffen.

feuchten und kühlen Witterung waren Missernten auch noch in der ersten Hälfte des 19. Jahrhunderts, zum Ausgang der Kleinen Eiszeit, ein Übel für die Menschen. So stiegen die Getreidepreise um 1800 im Königreich Hannover ins Unermessliche. Ausgerechnet in dieser kältesten Zeit seit Menschengedenken versuchte Napoleon 1812 seine Macht nach Russland auszudehnen. Dieses Vorhaben endet für ihn bekanntermaßen in einer winterlichen Katastrophe.

Seit Mitte des 19. Jahrhunderts erleben wir nun wieder eine allmähliche Zunahme der Lufttemperaturen am Erdboden – im weltweiten Mittel bis heute um etwa 0,6 °C. Dieser Anstieg steht möglicherweise mit der Industrialisierung in Verbindung. Die für die Wirtschaftsproduktion notwendige Energie wird aus der Verbrennung von Kohle, Erdöl und Erdgas geschöpft, die große Mengen des Treibhausgases Kohlendioxid (CO_2) in die Erdatmosphäre entlässt. Es besteht die Vermutung, dass sich die Temperatur der Atmosphäre durch diese neu hinzugekommenen Treibhausgase erhöht. Der in weiten Teilen der Erde beobachtete Temperaturanstieg kann aber auch das Ergebnis eines natürlichen Klimawandels sein und als Übergang von der Kleinen Eis-

1 Einleitung

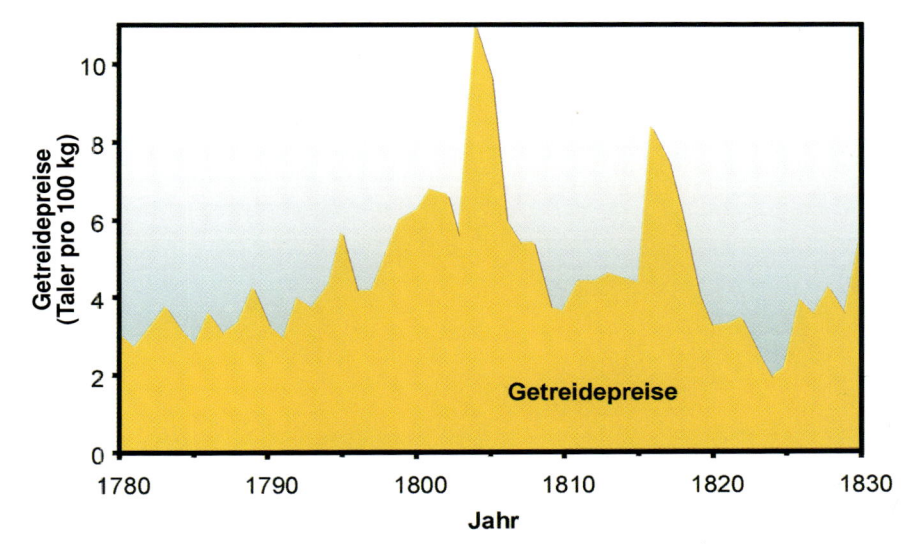

Abb. 1.4: Die Getreidepreise im Königreich Hannover stiegen in der zweiten Phase der Kleinen Eiszeit in unerreichte Höhen.

zeit in die nächste wärmere Phase des Klimas verstanden werden.

Vor dem Hintergrund einer beständig wachsenden Weltbevölkerung und der durch sie verursachten Veränderungen auf der Erde, der steigenden Güterproduktion und der damit verbundenen Bildung von Treibhausgasen ist es unerlässlich, die natürlichen Klimaveränderungen zu erkennen und zu verstehen. Nur dann kann man sie von denen, die durch die Menschen verursacht werden, unterscheiden. Da die Messreihen der Wetterdaten allenfalls 250 Jahre zurückreichen, können längerfristig wirksame natürliche Klimaschwankungen damit nicht erfasst werden. Unser heutiges Klima ist aber in langskalige, Jahrtausende umfassende Klimazyklen eingebunden. Um diese beschreiben zu können, muss man auf Rekonstruktionen ausweichen, die weit über die herkömmlichen Messreihen von Temperaturen und Treibhausgasmengen hinausreichen. Dazu werden erdgeschichtliche Archive durchmustert – Gesteinsserien auf dem Land und im Meer, aber auch das Grundwasser sowie das Eis an den Polen und der kontinentalen Gletscher. Sie alle enthalten Klimainformationen, die sehr weit in die Vergangenheit zurückreichen und somit die Rekonstruktion langfristiger natürlicher Klimazyklen ermöglichen. Geowissenschaftler können diese Daten in den natürlichen Archiven der Erde entziffern und die Informationen für eine fundierte Bewertung des heutigen Klimas zur Verfügung stellen.

Nur die Kombination von Paläoklimatologie und heutigen modernen Klimaanalysen erlaubt eine Einschätzung der möglichen zukünftigen Klimaentwicklung.

2 Was ist Klima?

Will man das Klima der Vergangenheit verstehen, so muss man sich zunächst einen Überblick über die Zusammenhänge des Klimasystems verschaffen. Man erkennt schnell, dass das Klima von äußeren und inneren Klimafaktoren gesteuert wird.

Wichtigster Motor unseres Klimasystems ist die Sonne, mit ihren zyklischen Schwankungen treibt sie es an. Diese Zyklen reichen von 100 000 Jahren – im Rahmen der Änderungen der Erdbahn um die Sonne – bis zu den elfjährigen Schwankungen der Sonnenflecken.

Die Kontinentalverschiebung führte über viele Millionen Jahre zu unterschiedlichen Anordnungen von Kontinenten und Ozeanen, wodurch sich die Zirkulation im Ozean sowie in der Atmosphäre verändert hat und der Wärmetransport auf dem Globus entscheidend beeinflusst wurde. Es änderte sich auch die Rückstrahlung des Planeten Erde in Bezug auf das Sonnenlicht, hierdurch kühlte oder erwärmte sich das Klimasystem.

Die Treibhausgase der Erdatmosphäre ermöglichen erst das Leben auf unserem Planeten. Die Bildung oder der Verbrauch von Klimagasen, wie z. B. Wasserdampf, Kohlendioxid, Methan und Ozon, sind verbunden mit Rückkopplungsvorgängen im irdischen Klimasystem. Ihre Menge ist durch Umsetzungsprozesse in der Pflanzenwelt, durch die Verwitterung von Gesteinen u. a. bestimmt. Physikalische Prozesse treiben die Bewegungen in der Atmosphäre und im Ozean an, Klimazonen bilden sich auf den Kontinenten aus. Die irdischen Klima- und Ökosysteme sind wiederholt durch große Meteoriteneinschläge gestört worden. Pflanzen und Tiere starben aus und machten den Weg frei für die nächsten Schritte der Evolution. Das Klimasystem musste nach einem solchen Ereignis erneut anlaufen. Der heutige tägliche Meteoritenregen ist dagegen ohne Belang für das Klima.

2 Was ist Klima?

Der Begriff Klima steht zusammenfassend für eine statistische Bewertung der zeitlichen Entwicklung des Wetters. Das Klima wie auch seine Veränderungen werden von zahlreichen Ursachen gesteuert, den so genannten äußeren und inneren Klimafaktoren.

Externe Klimafaktoren sind Wirkungsgrößen und Abläufe, die einen Klimazustand verändern, ohne selbst vom Klima beeinflusst zu werden. Zu dieser Gruppe äußerer Faktoren zählt allen voran, als treibender Motor unseres Klimasystems, die Sonne. Wechselnde Mengen der von ihr ausgestrahlten Energie haben die Klimaentwicklung der Erde über geologische Zeiten entscheidend geprägt. Die Veränderungen der globalen Temperatur hängen somit in hohem Maße von äußeren Einflüssen ab.

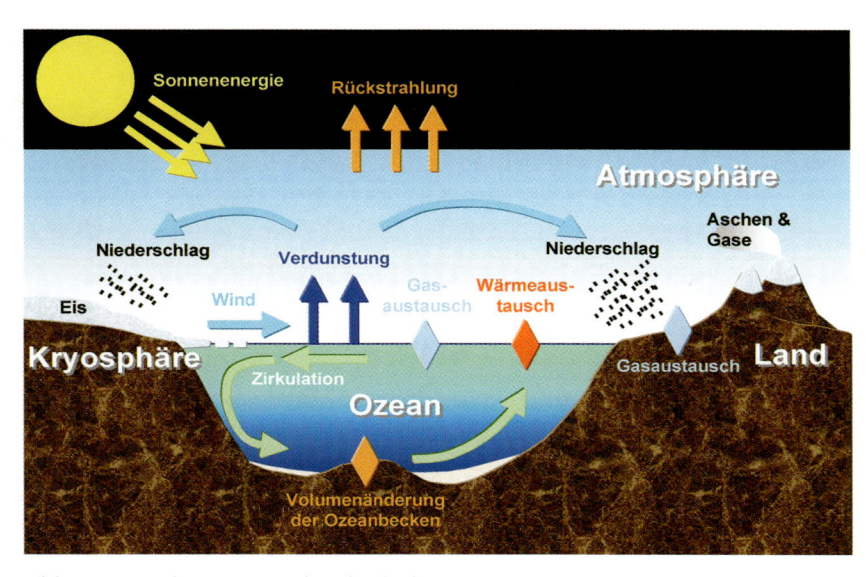

Abb. 2.1: Im Klimasystem, das durch die Sonne angetrieben wird, sind die Atmosphäre, die Ozeane, das Land und die Eisflächen über vielfältige und wechselseitige Kreisläufe verbunden.

Innere Klimafaktoren sind Rückkopplungsvorgänge, die klimatische Veränderungen verursachen und umgekehrt selbst durch die Klimaänderungen beeinflusst werden. Hierzu gehören die Bildung oder der Verbrauch von Klimagasen, wie Wasserdampf, Kohlendioxid, Methan, Ozon und anderen, die vielfach durch biologische, chemische und geologische Vorgänge gesteuert werden. Dabei kommt es zu Wechselwirkungen mit physikalischen Prozessen, welche die Bewegungen in der Atmosphäre und im Ozean steuern oder prägend auf Pflanzen und Tiere einwirken.

Der Klimamotor Sonne

Die Sonne hat über geologische Zeiten entscheidend zur Klimaentwicklung der Erde beigetragen. Von der Sonne erhält unser Planet beständig eine Zufuhr von Energie, die von der Atmosphäre sowie der Erdoberfläche aufgenommen und über die Zirkulation der Atmosphäre und der Ozeane weitergereicht und weltweit verteilt wird. Ohne die Sonne wäre ein Leben auf unserem Planeten unmöglich.

Unser Sonnensystem wurde aus der zufälligen Verdichtung eines Teils einer Molekülwolke vor 4,6 Milliarden Jahren geboren. Innerhalb von nur 10 Millionen Jahren entwickelte sich aus einer „Vorläufer-Sonne" durch Massenzuwachs und die zunehmende Anziehungskraft ein „richtiger Stern" – ein natürliches Kernkraftwerk, in dem Wasserstoffatome verschmelzen und Energie freisetzen. Nach Modellvorstellungen über die Sonnenentwicklung nahm die Temperatur der Sonne seit dem frühen Präkambrium vor etwa 4,6 Milliarden Jahren beständig zu. Demnach hätte ursprünglich die

2 Was ist Klima?

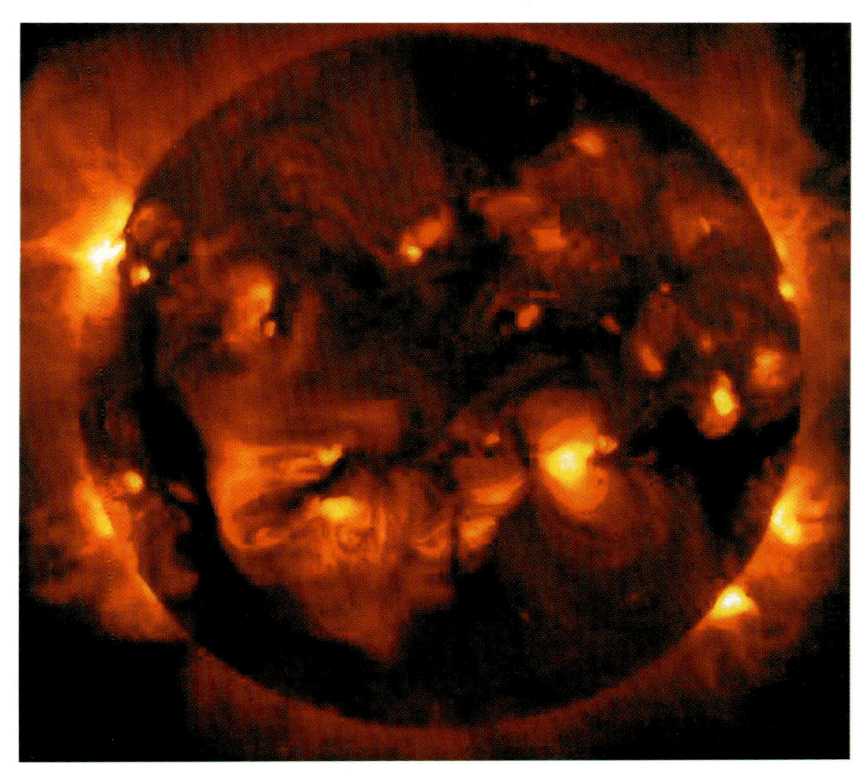

Abb. 2.2: Die Sonne ist ein natürlicher Kernreaktor, dessen radioaktive Strahlung das Yohkoh-Teleskop am Hiraiso-Forschungszentrum (Japan) sichtbar macht (Aufnahme vom 1. Juni 2000).

punkt der Erdgeschichte (vor 3,8 Milliarden Jahren) existierten Karbonatgesteine. Da Karbonate (Salze der Kohlensäure) sich nur oberhalb des Gefrierpunktes von Wasser bilden, wird ein gegensätzliches Sonnenmodell erörtert, das davon ausgeht, dass die Sonne nach Bildung des Planetensystems anfänglich eine größere Masse besessen und diese im Laufe der Zeit verloren hat. So könnte die an der Atmosphärenoberfläche eingehende Sonnenstrahlung zwischen 4,6 und 2,2 Milliarden Jahren vor heute deutlich über einem Wert von 1 122 W/m² gelegen haben. Erst ab von der Sonne an der Oberfläche der irdischen Frühatmosphäre eingehende Energiemenge 957 W/m² (Watt pro Quadratmeter) betragen – nur rund 70 % des heutigen Wertes. Dieser geringe solare Energieeintrag müsste – im Vergleich zu heute – zu deutlich niedrigeren Temperaturen, etwa um den Gefrierpunkt, geführt haben.

Diese Vorstellungen stehen aber im Widerspruch zu erdgeschichtlichen Befunden: schon zu einem sehr frühen Zeit-

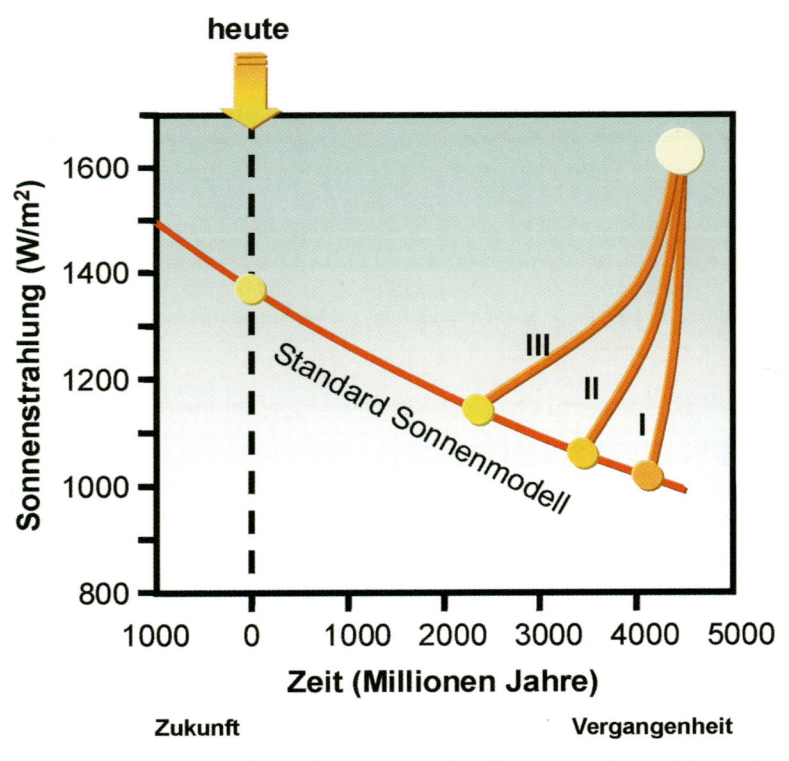

Abb. 2.3: Nach der Entstehung der Sonne verlor diese zunächst an Masse. Durch die Kernreaktionen im Sonneninneren verstärkte sich danach die Energieabgabe über Milliarden von Jahren. Dargestellt sind drei Modellvorstellungen zu diesen Vorgängen, die zunächst zu unterschiedlicher Leuchtkraft führten.

2 Was ist Klima?

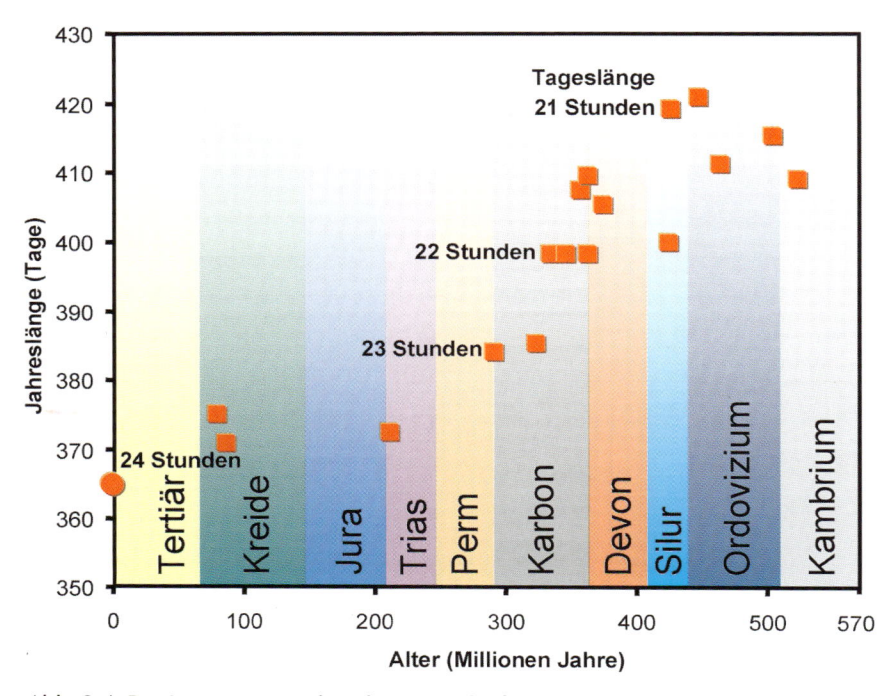

Abb. 2.4: Die Länge eines Jahres hat im Verlauf von Millionen von Jahren abgenommen, während die Tage gleichzeitig um etwa 3 Stunden länger geworden sind. Dies hatte einen Einfluss auf die Verteilung der Sonnenstrahlung auf der Erde.

2,2 Milliarden Jahren, nach Erreichen der gegenwärtigen Sonnenmasse, machte sich der Energieanstieg aufgrund der steigenden Leuchtstärke der Sonne bemerkbar.

Diesen Trend des allmählichen Energiezuwachses der Sonne über Milliarden von Jahren überlagern vergleichsweise kurzfristige Änderungen der Erdumlaufbahn um die Sonne, die unser Klima ganz entscheidend beeinflussen. So gibt es aus der Erdgeschichte Belege, dass sich die Jahreslängen im Verlauf der letzten 500 Millionen Jahre von 420 Tagen auf 365 Tage vermindert haben, gleichzeitig ist die Tageslänge von etwa 20 Stunden auf 24 Stunden angestiegen.

Ein auffälliges Merkmal unseres Planeten ist der Wechsel zwischen den Jahreszeiten – Winter auf der Nordhalbkugel, Sommer südlich des Äquators und umgekehrt. Für diese Erscheinungen ist die Neigung der Erdrotationsachse gegenüber der Umlaufbahn der Erde um die Sonne verantwortlich. Der Neigungswinkel dieser Achse (Obliquität) schwankt im Verlauf von etwa 41 000 Jahren zwischen 22° und 24,8° und legt den nördlichen und südlichen Wendekreis der Sonne fest; zur Zeit beträgt der Neigungswinkel 23,5°. Die Neigung der Erdachse sorgt dafür, dass im Verlauf eines Jahres wechselnde Energiemengen auf die Nord-

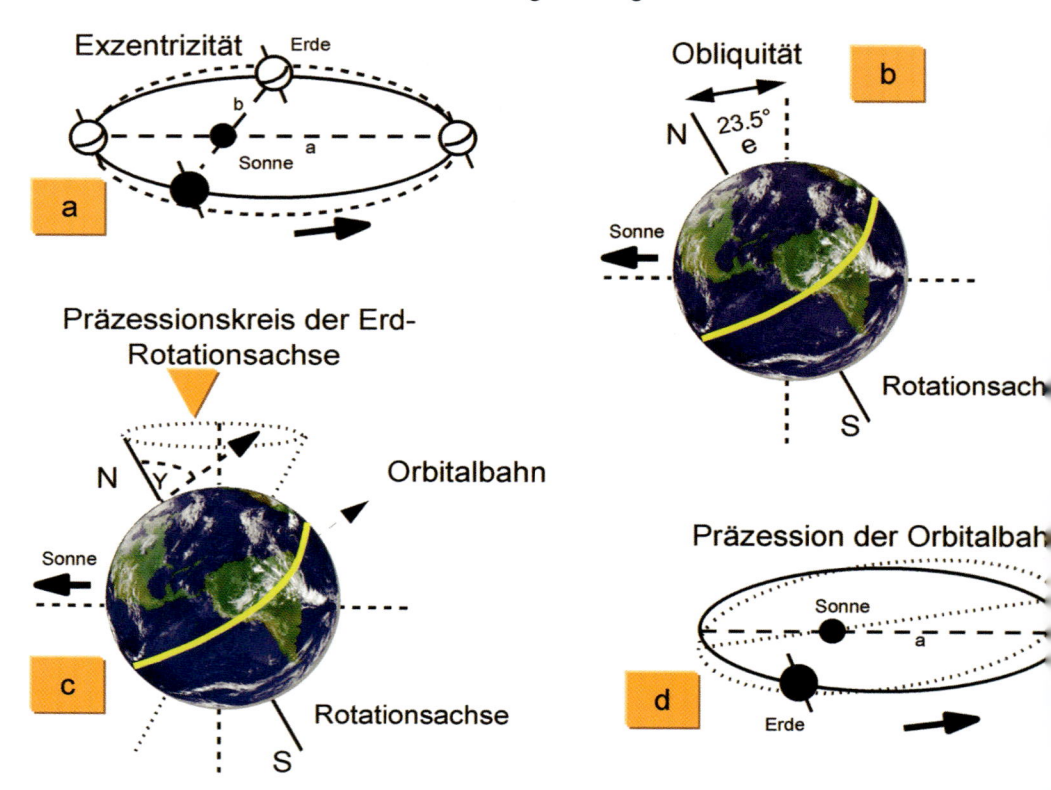

Abb. 2.5: Die Erdbahnparameter Exzentrizität (a), Obliquität (b) und Präzession (c,d) bestimmen das Klima der Erde im Rahmen von Jahrtausenden.

2 Was ist Klima?

und Südhalbkugel unseres Planeten treffen. Dabei sind die Unterschiede bei einem kleinen Neigungswinkel schwächer ausgeprägt als bei einem großen.

Da die Erde auf einer elliptischen Bahn die Sonne umkreist, ändert sich im Verlauf eines Jahres der Abstand zwischen Sonne und Erde. Derzeit ist die Erde im Nordwinter der Sonne am nächsten und erreicht im Nordsommer den größten Abstand. Durch diesen Umstand werden die heutigen Temperaturänderungen auf der Nordhalbkugel gedämpft, während sich die Temperaturschwankungen auf der Südhalbkugel verstärken. Im Laufe von Jahrtausenden fällt der Punkt des geringsten Sonnenabstandes in unterschiedliche Jahreszeiten, da sich die elliptische Umlaufbahn der Erde um die Sonne verschiebt. Damit aber nicht genug! Änderungen der Umlaufbahn sind die Kreiselbewegung oder das Trudeln der Erde überlagert. Beide Prozesse werden als „Wackeln" von Erde und Erdumlaufbahn bezeichnet (Präzession). Diese Änderungen wiederholen sich jeweils nach 19 000 und 23 000 Jahren.

Die Neigungsänderung der Erdrotationsachse und das Wackeln beeinflussen nur die Energieverteilung auf der Erde, nicht die Energiemenge, die von der Sonne eingestrahlt wird. Die Strahlungsenergie wird durch den Abstand von Sonne und Erde bestimmt. Die so genannte Exzentrizität beschreibt Änderungen des kleinen Ellipsenradius der Erdumlaufbahn um die Sonne. Dieser ändert sich etwa alle 100 000 Jahre.

Die sich wiederholenden Wandlungen im Rahmen von mehreren 10 000 Jahren wurden erstmals von Milutin Milankovitch beschrieben. Mit Hilfe von Computer-Programmen lassen sich die von der Sonne innerhalb der letzten 5 Millionen Jahre eingegangenen Energiemengen ermitteln und auch für die Zukunft voraussagen und zwar genau für einzelne Breitengrade und Jahreszeiten. Offensichtlich wird die von der Sonne einstrahlende Energiemenge in hohen Breiten am stärksten durch den Neigungswinkel der Erdachse geprägt, während in Äquatornähe die klimatischen Auswirkungen der Kreiselbewegung der Erde vorherrschen.

Besonders klimaentscheidend ist die Sonnenenergie, die im Sommer den hohen Breitengraden von mehr als 65° zuge-

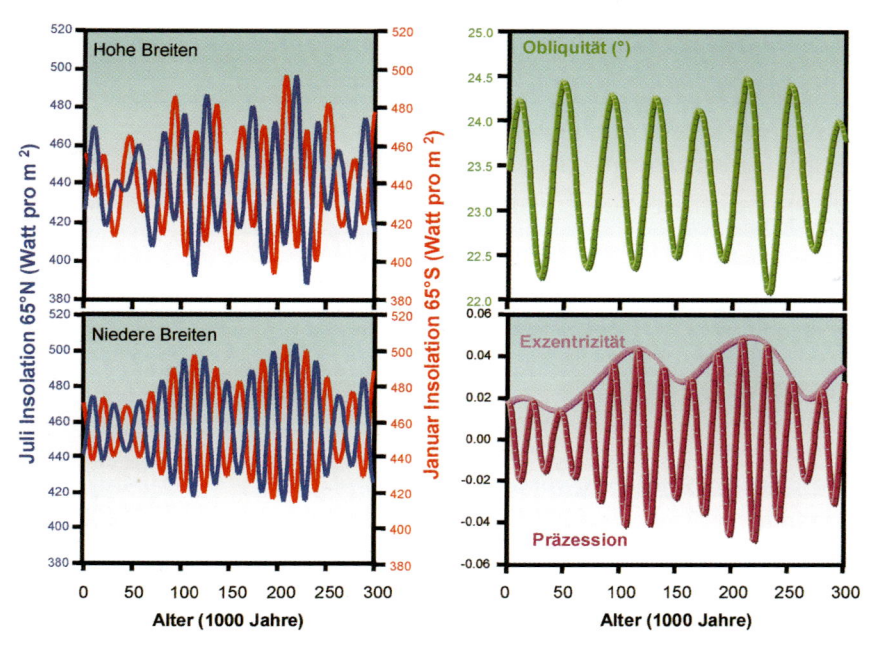

Abb. 2.6: Die langfristigen, wiederkehrenden Änderungen der Sonneneinstrahlung werden als Milankovitch-Zyklen bezeichnet. Sie lassen sich aus astronomischen Gesetzmäßigkeiten für Vergangenheit und Zukunft berechnen. Sie sind in hohen Breiten durch die Obliquität geprägt, während in niederen Breiten der Einfluss von Exzentrizität und Präzession überwiegt.

2 Was ist Klima?

führt wird. Starkes Absinken der Einstrahlung in diesen Breiten kann eine Klimaverschlechterung sowie den Aufbau von Eisschilden hervorrufen. Dies war in den letzten großen Vereisungsphasen des Pleistozän der Fall.

Die veränderliche Sonne

In den Anfängen der Klimaforschung ging man davon aus, dass die von der Sonne abgegebene Strahlungsmenge über Jahrtausende nahezu gleich ist. Dies ist nicht ganz korrekt. Tatsächlich ändert sich die Menge der solaren Strahlungsenergie in geringem Umfang, wobei diese Änderungen Minuten, aber auch Jahrzehnte bis Jahrtausende dauern können. Inzwischen steht außer Frage, dass die Sonne, wie die meisten sonnenähnlichen Sterne, als ein veränderlicher Stern anzusehen ist.

Auffälligstes Merkmal dieser launischen Sonne ist die in einem Zeitraum zwischen 8 und 15 Jahren wechselnde Anzahl der Sonnenflecken (Sonnenfleckengruppen). Dem Mittelwert entsprechend spricht man von einem elfjährigen Sonnenfleckenzyklus (auch Schwabe-Zyklus genannt). Fernrohrbeobachtungen der Sonnenflecken (unter anderem von Galileo Galilei) reichen bis 1610 zurück, doch begannen regelmäßige Zählungen erst 1860 am astronomischen Observatorium in Zürich. Aus teils indirekten Bestimmungen sind weitere wiederkehrende Ereignisse bekannt, so zum Beispiel der so genannte Gleißberg-Zyklus von 80 bis 90 Jahren sowie ein Zyklus von 208 Jahren. Darüber hinaus kann die Sonne auch eine verringerte Aktivität über Jahrzehnte hinweg aufweisen. Edward Maunder untersuchte 1890 die historisch beobachteten Sonnenflecken und wies auf eine „Pause" in den elfjährigen Zyklen zwischen 1695 und 1720 hin – eine Epoche, die auffallend mit der Kleinen Eiszeit zusammen fällt.

Abb. 2.7: Beobachtungen mit Teleskopen belegen zyklische Schwankungen der Anzahl von Sonnenflecken im Verlauf der letzten 300 Jahre. Immer wieder traten Abschnitte mit geringen Sonnenfleckenzahlen auf, wie z. B. das Maunder- und Dalton-Minimum.

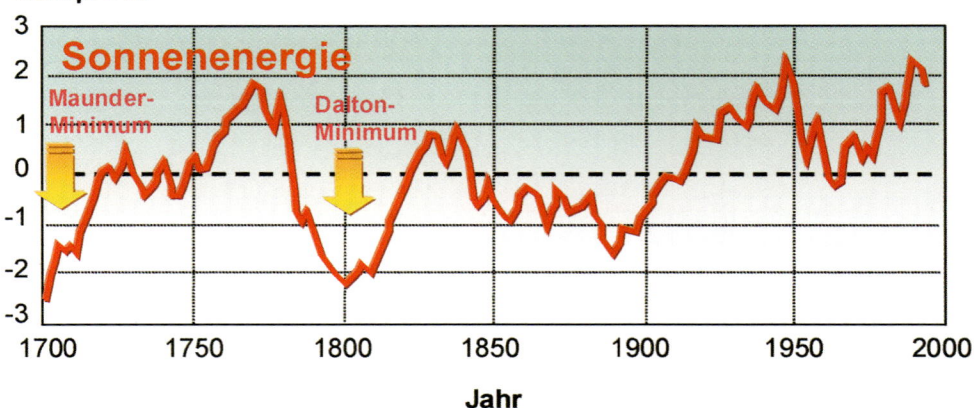

Abb. 2.8: Mit der Anzahl der Sonnenflecken veränderte sich in der Zeitspanne von 1700 bis 2000 n. Chr. auch die Zufuhr von Sonnenenergie auf die Erde. In Zeiten geringer Sonnenfleckenaktivität ist die Energiemenge besonders niedrig.

2 Was ist Klima?

Es mag widersprüchlich erscheinen, doch die Sonne ist zur Zeit des Maximums dunkler Flecken heller als während des Fleckenminimums. Dies ergibt sich aus dem Zusammenspiel der Sonnenflecken mit so genannten Sonnenfackeln. Die Sonnenflecken verringern die Strahlung, während die Sonnenfackeln und fein verteilte helle Gebiete die Strahlung erhöhen. Im Ergebnis übertrumpfen diese den verdunkelnden Einfluss der Sonnenflecken. Dabei steuern Magnetfelder auf der Sonne maßgeblich den Sonnenzyklus. Nach den von Satelliten in den vergangenen 20 Jahren gelieferten Strahlungsdaten betrug die Sonneneinstrahlung während der Höhepunkte 1980 und 1990 etwa 1,3 W/m², was bedeutete, dass sie 0,1 % höher als während der jeweils nachfolgenden Tiefpunkte 1986 und 1996 war. Das ist ein Wert, der dem errechneten Energieeintrag durch die vom Menschen erzeugten Treibhausgase während der gleichen Zeit entspricht.

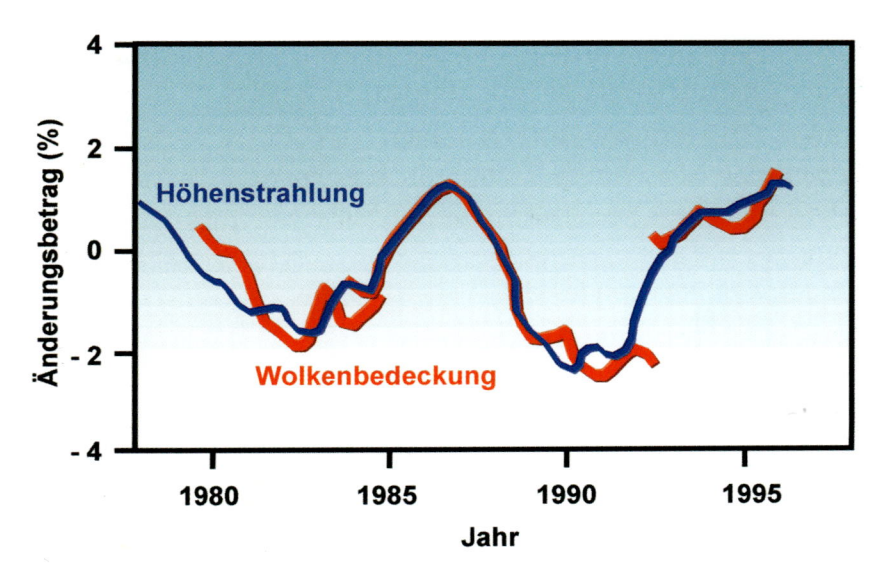

Abb. 2.10: Satellitenbeobachtungen aus der Zeit zwischen 1980 und 1995 belegen: Die Höhenstrahlung aus dem Weltall steht in engem Zusammenhang mit der Wolkenbildung in der Atmosphäre.

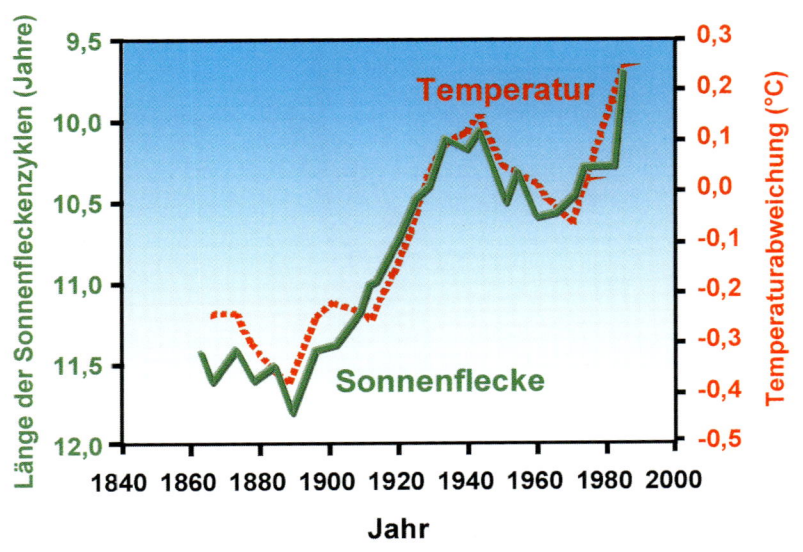

Abb. 2.9: Die Länge der Sonnenfleckenzyklen zeigt eine auffallende Ähnlichkeit mit der Temperaturänderung zwischen 1860 und 1980.

Aus den erdgeschichtlichen Archiven lässt sich ablesen, dass in den vergangenen Jahrtausenden alle paar Jahrhunderte Perioden mit geringem solaren Magnetismus auftraten. Fast alle führten zu einer Abkühlung der Erde um etwa 1 °C. Andererseits gehören die letzten vier Sonnenfleckenzyklen zu den aktivsten seit Beginn der direkten Sonnenbeobachtungen vor 350 Jahren. Das Ende der Kleinen Eiszeit – in Europa Mitte bis Ende des vorigen Jahrhunderts – entspricht dem Wiederanstieg der solaren Aktivität. Dabei weisen die Temperaturänderungen einen engen Bezug insbesondere zu der Länge des Sonnenfleckenzyklus auf, eine Beziehung, die sich bis ins 16. Jahrhundert zurück verfolgen lässt.

Bis vor wenigen Jahren fehlte der Ansatz einer physikalischen Erklärung für die Beziehungen zwischen der Sonnen-

2 Was ist Klima?

aktivität und dem Erdklima. Inzwischen wird eine annehmbare Hypothese diskutiert: Zwischen Sonnenwind, Erdmagnetfeld und Wolkenbildung bestehen Wechselwirkungen, die über variierende Wolkenmengen zu größerer oder kleinerer Rückstrahlung der Sonnenenergie führen. Für eine Änderung der Wolkenbedeckung (die durch Satellitenbeobachtungen dokumentiert ist) von 3 % während eines mittleren elfjährigen Solarzyklus ergibt eine grobe Abschätzung dieses Effektes 0,8 bis 1,7 Watt pro m². Dies ist ein sehr signifikanter Betrag verglichen mit dem gesamten Strahlungsantrieb der erhöhten bzw. steigenden atmosphärischen CO_2-Konzentration von 1750 bis heute, die auf 1,56 Watt pro m² geschätzt wird.

Der jüngste Sonnenfleckenzyklus erreichte Mitte des Jahres 2000 seinen Höhepunkt. Gleichzeitig nimmt gegenwärtig die Sonnenenergie im Rahmen des Gleißberg-Zyklus zu – das nächste Maximum wird etwa im Jahr 2020 erwartet. Zudem erlangt auch der 208-jährige Solarzyklus innerhalb der nächsten Jahrzehnte sein Maximum. Dieser nahezu synchrone Anstieg in den unterschiedlichen Zyklen spricht dafür, dass sich der derzeit beobachtete Erwärmungstrend des Erdklimas unabhängig von anthropogenen Einflüssen in näherer Zukunft fortsetzen wird.

Abb. 2.11: Der aktuelle Sonnenfleckenzyklus erreichte in Jahr 2000 seinen Höhepunkt. Berechnungen sagen sein Ende für das Jahr 2006 voraus.

Die unruhige Erde

Neben der Sonne ist die Erde mit den in der Erdkruste wirkenden Kräften selbst eine treibende Kraft im Klimageschehen. Verantwortlich dafür ist ein heißer Erdkern, der im Innern aus festem Eisen besteht, aber auch einen flüssigen äußeren Bereich besitzt, in dem rasche auf- und abwärts gerichtete Strömungen (so genannte Konvektionsbewegungen) vorherrschen. An den Erdkern schließt sich der Erdmantel aus zähem Gestein an. Hier führen sehr langsame Konvektionsbewegungen zu Verschiebungen der darüberliegenden Erdkruste: Kontinente „wandern" und verändern im Verlauf von Jahrmillionen das Aussehen der Erdoberfläche. Diese geologischen Prozesse werden als Plattentektonik bezeichnet.

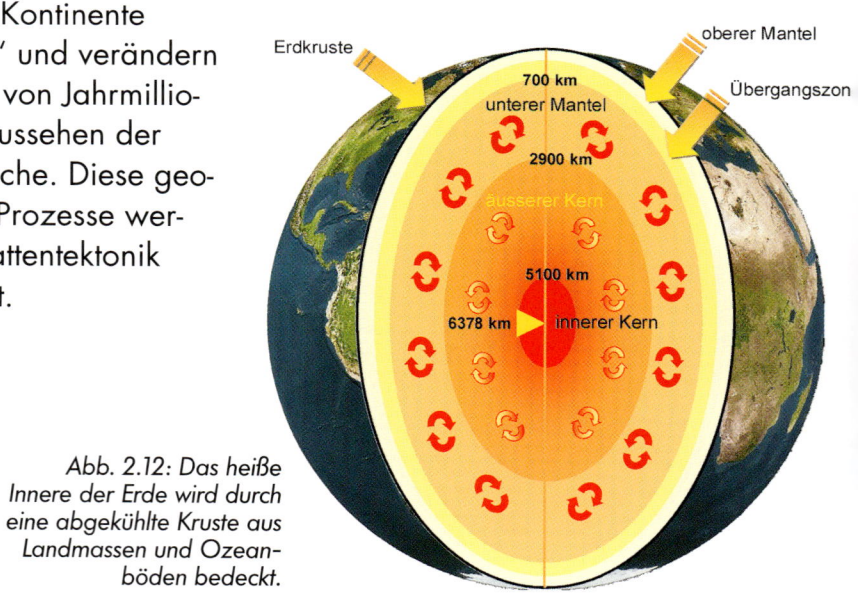

Abb. 2.12: Das heiße Innere der Erde wird durch eine abgekühlte Kruste aus Landmassen und Ozeanböden bedeckt.

2 Was ist Klima?

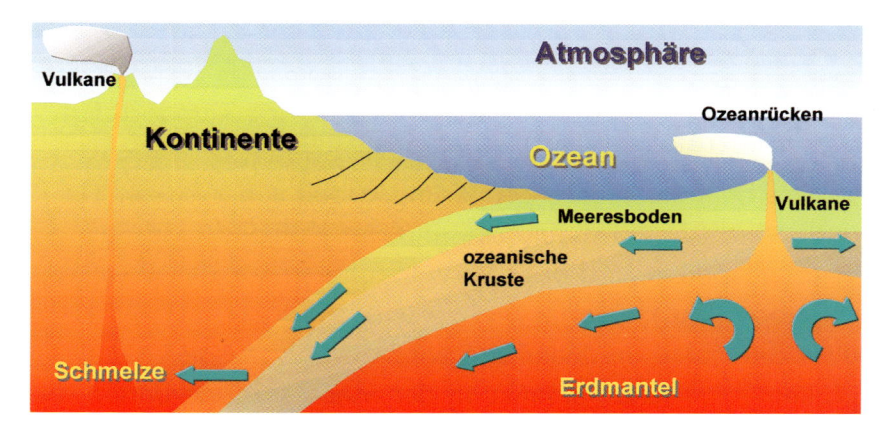

Abb. 2.13: Gewaltige, sehr langsam ablaufende Zirkulationsprozesse im Erdmantel verschieben Teile der Erdkruste gegeneinander. Dort, wo ozeanische Kruste unter die Ränder von Kontinenten gepresst wird, entstehen Gebirge; tief versenkte und aufgeschmolzene ozeanische Kruste dringt in der Erdkruste nach oben und erreicht über Vulkane z. T. die Oberfläche. In den sich allmählich ausdehnenden Ozeanbecken tritt von unten nachdrückende Lava an Spalten aus und bildet im Laufe der Zeit die Mittelozeanischen Rücken.

Durch die Plattentektonik veränderten sich die Anordnung und Größe der Landmassen sowie die Verbreitung und Größe der Ozeanbecken auf der Erdoberfläche.

Das Auseinanderreißen der ozeanischen Kruste (ozeanische Platten) in der Tiefsee an den so genannten Mittelozeanischen Rücken führt dazu, dass sich die Platten voneinander weg bewegen und mit anderen Krustenplatten (Kontinenten) kollidieren. Beim Zusammenstoßen mit einem Kontinent wird die ozeanische Platte unter die Festlandsplatte gedrückt. Der Meeresschlamm, der sich auf der ozeanischen Platte bereits angesammelt hat, wird dabei zum Teil abgehobelt, zusammengepresst und zu Gebirgen aufgefaltet. Ein anderer Teil bleibt auf der ozeanischen Kruste haften und wird mit der Platte unter den Kontinent versenkt. An den Plattengrenzen kommt es zu ausgeprägter Vulkan- und Erdbebentätigkeit.

Die plattentektonischen Prozesse wirken direkt und indirekt auf das Klimageschehen. Direkte Einflüsse auf das Klima ergeben sich durch die Verteilung der Kontinente und Ozeane. Landmassen haben dabei im Vergleich zur Meeresoberfläche ein höheres Rückstrahlvermögen für das energiereiche Sonnenlicht. Man kann sich deshalb vorstellen, dass schwankende Meeresspiegelstände, hervorgerufen durch die Volumenänderung der Mittelozeanischen Rücken, über geologische Zeiträume zu unterschiedlichen Flächenverhält-

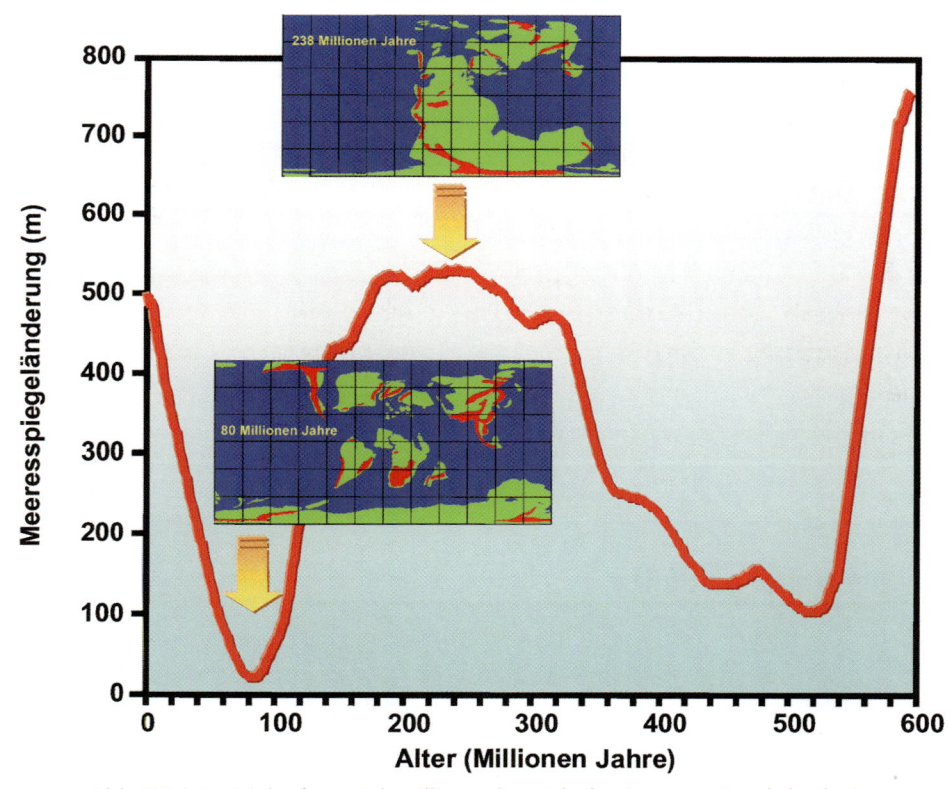

Abb. 2.14: Im Verlauf von Jahrmillionen hat sich der Meeresspiegel durch Krustenbewegungen und Volumenänderungen an den Mittelozeanischen Rücken sehr stark verändert, gleichzeitig haben sich auch die Kontinente verschoben und das Aussehen der Erdoberfläche neu gestaltet.

2 Was ist Klima?

verhältnissen von Kontinenten und Ozeanen geführt haben. Diese Unterschiede beeinflussten das Rückstrahlverhalten der Erde für Sonnenenergie. Die Plattentektonik lenkte zudem über lange geologische Zeiten die Zirkulation der ozeanischen Wassermassen, indem Meeresbecken geöffnet oder geschlossen wurden. Hierdurch veränderte sich der wärmende oder kühlende Einfluss von Meeresströmungen auf das angrenzende Land. Die Plattenverschiebung bewirkte zudem die Bildung von Gebirgsketten an den Kontinentalrändern. Diese behindern in hohem Maße die atmosphärische Zirkulation und damit den Transport von Wasserdampf in der Atmosphäre. So entstehen große Trockengebiete im Windschatten der Gebirge.

60 Millionen Jahre

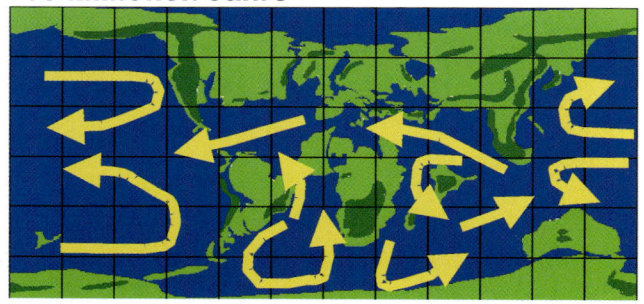

205 Millionen Jahre

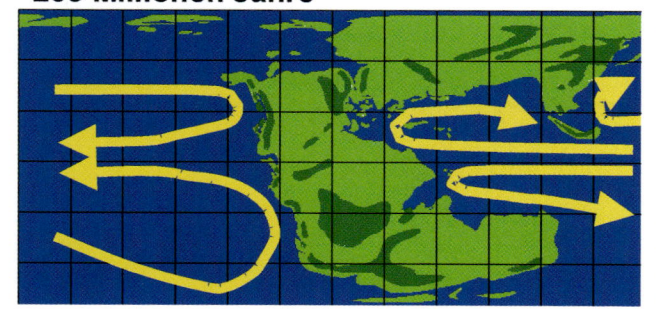

Abb. 2.15: Die unterschiedliche Verteilung von Landmassen im Verlauf der Erdgeschichte hat den Verlauf der Meeresströmungen in hohem Maße beeinflusst und verändert.

Auf Umwegen steuert die Plattentektonik das Klima, indem sie die Stofftransporte zwischen Erdkruste und Erdatmosphäre beeinflusst. Die Zerstörungsarbeit von Wasser, Eis und Wind trägt Gesteine ab, und das Kohlendioxid der Erdatmosphäre wird über Verwitterungsprozesse teilweise abgebaut. Zerkleinertes und verwittertes Material gelangt über die Flüsse ins Meer und wird dort abgelagert. Die plattentektonische Versenkung der Meeresablagerungen an Kontinentalrändern trägt hierdurch entscheidend zum globalen Kohlenstoff- und Schwefelkreislauf bei. Bei der Versenkung von Platten in große Tiefen werden sie aufgeschmolzen, und die Schmelzen gelangen durch Vulkane erneut an die Oberfläche der Erdkruste. Dabei werden Gase und Staubpartikel (Aerosole) in die Erdatmosphäre abgegeben.

Die vulkanischen Gase, Staub und Aschen haben ganz unterschiedliche Auswirkungen auf das Klima. Vor allem Wasserdampf, Kohlendioxid und Methan können zum Treibhauseffekt der Atmosphäre beitragen. Gasförmige Schwefelverbindungen, die ebenfalls in die irdische Gashülle gelangen, sind indes eher geeignet, die Rückstrahlung der Atmosphäre zu erhöhen, da sie eine Aufhellung der Wolkenobergrenze hervorrufen. Dadurch wird dem Klimasystem weniger Sonnenenergie zugeführt. Stäube dienen als Kondensationskeime für den Wasserdampf in der Atmosphäre und fördern so die Wolkenbildung, die ihrerseits ebenfalls zu einer verstärkten Rückstrahlung des kurzwelligen Sonnenlichts beiträgt; beides wirkt abkühlend.

Aus heutigen Beobachtungen vulkanischer Phänomene ist eher eine kühlende Gesamtwirkung als eine Erwärmung abzuleiten. So nahm, durch Satellitenmessungen nachgewiesen, die Temperatur der unteren Erdatmosphäre (Troposphäre) in den Monaten nach dem starken Ausbruch des Vulkans Mt. Pinatubo (Philippinen, Juni 1991) bis um 0,4 °C ab. Bedeutende Vulkanausbrüche im 19. Jahrhundert hatten gleiche Folgen. Auf den Ausbruch des Tambora (Indonesien, 1815) folgte in Nordamerika „ein Jahr ohne Sommer". Der Krakatau-Ausbruch (Indonesien, 1883) führte 1884 zu dem weltweit kältesten Jahr, das seit 1880, dem Beginn globaler Temperaturmessungen, bis zur Gegenwart verzeichnet wurde.

Zwischen Himmel und Erde

Unser Planet ist von einer Gashülle, der Atmosphäre, umgeben. Sie besteht aus einem Gemisch unterschiedlicher Gase, in dem Wasserdampf, Stickstoff, Sauerstoff, Argon und Kohlendioxid die wesentlichen Bestandteile bilden. Dabei sind die Gase Wasserdampf, Stickoxide, Ozon und Methan in der Lage, Strahlungsenergie aufzunehmen und als Wärmeenergie abzugeben. Diese Energieaufnahme durch die Atmosphäre wird besonders deutlich, wenn man die Energiemengen an der Obergrenze der Atmosphäre und im Niveau des Meeresspiegels vergleicht. Wasserdampf (s. Kasten) ist der wichtigste Energiespeicher der Erdatmosphäre. Kohlendioxid, Ozon und Methan nehmen Energie in vergleichsweise geringerem Maße auf.

Wenn sich der Gehalt der jeweiligen Treibhausgase ändert, führt dies zu einer Erhöhung oder Erniedrigung der Treibhauswirkung. So reicht beispielsweise eine Erhöhung des

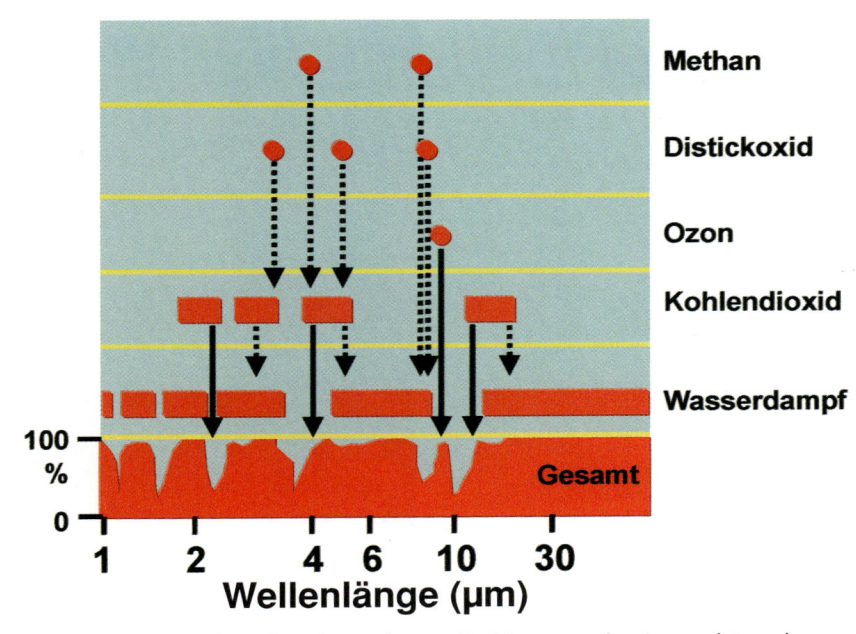

Abb. 2.16: Wasserdampf ist das wichtigste Treibhausgas der Atmosphäre, da es in einem breiten Wellenlängenbereich langwellige Strahlung aufnehmen kann. Die übrigen Treibhausgase spielen eine geringere Rolle, da der Wasserdampf bereits einen großen Teil der Strahlungsenergie aufgenommen hat.

Wasserdampfanteils in der Atmosphäre auf das 1,5 fache des heutigen Wertes schon aus, um beim Treibhauseffekt einen Zuwachs von etwa 10 Watt pro m² zu bewirken. Vom Kohlendioxid benötigt man zum Erreichen eines Anstiegs um 10 Watt pro m² etwa einen um das Fünffache höheren Anteil in der Atmosphäre.

Treibhausgase sind entscheidend für die Energiebilanz der Atmosphäre. Ohne die schützende Wirkung der Atmosphäre würde die Temperatur an der Erdoberfläche –18 °C betragen. Tatsächlich stellt sich jedoch, wie jeder bemerken kann,

2 Was ist Klima?

Abb. 2.17: Die Rückstrahlung von langwelliger Energie an der Oberfläche der Atmosphäre ermitteln Satellitenmessungen. Auffällig ist die hohe Intensität der Rückstrahlung in den Weltraum in den niederen Breiten zu beiden Seiten des Äquators.

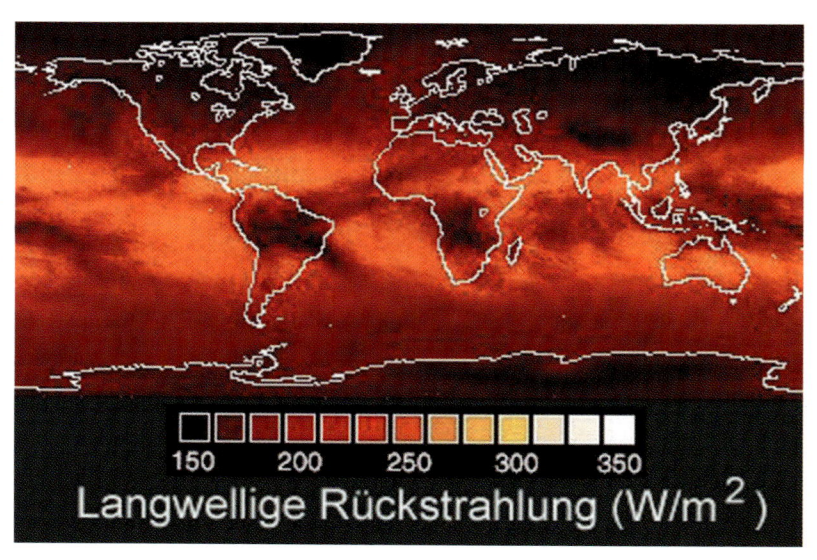

eine Temperatur von durchschnittlich +15 °C ein. Die von der Sonne auf die Erdatmosphäre auftreffende kurzwellige Strahlung wird zu etwa 30 % wieder in den Weltraum zurückgestrahlt. Die verbleibende Strahlungsenergie erwärmt sowohl die Atmosphäre als auch die Erdoberfläche, wobei 21 % der kurzwelligen Strahlung in der Atmosphäre absorbiert werden, während die verbleibenden 49 % die Erdoberfläche erreichen. Gleichzeitig wird aufgrund der dadurch erzeugten Erwärmung langwellige Energie von der Erdoberfläche abgestrahlt. Ein Teil dieser langwelligen Energie wird in der Atmosphäre absorbiert; die Restenergie gelangt wieder in den Weltraum. Die Menge der an der Obergrenze der Atmosphäre abgestrahlten langwelligen Energie entspricht der von der Erde aufgenommenen kurzwelligen Energiemenge. Auf den Punkt gebracht: Die Energiemenge, die dem System zugeführt wird, verlässt das System auch wieder!

Änderungen in der Zusammensetzung der atmosphärischen Treibhausgase führen naturgemäß zu Änderungen im Strahlungshaushalt der Erde und somit zu Veränderungen des Klimas.

Abb. 2.18: Der Strahlungshaushalt der Erde wird durch die Energie der Sonne angetrieben. Ein Teil der kurzwelligen Sonnenstrahlung erwärmt die Erdoberfläche, während etwa 30 % durch Reflexion an der Erdoberfläche, in der Atmosphäre und an Wolken in den Weltraum zurückgestrahlt werden. Die erwärmte Erdoberfläche gibt langwellige Wärmestrahlung ab, die zu einem Teil von der Erdatmosphäre aufgenommen wird und den Treibhauseffekt hervorruft. Ein weiterer Teil der langwelligen Strahlung fließt in den Weltraum ab.

2 Was ist Klima?

WASSERDAMPF

Aus Satellitenbeobachtungen kann die Wasserdampfmenge der heutigen Atmosphäre und daraus der Treibhauseffekt des Wasserdampfes ermittelt werden.

Eine wichtige Quelle für den atmosphärischen Wasserdampf sind die Meere. Mit zunehmender Temperatur des Oberflächenwassers der Ozeane wird in stärkerem Maße verdampft. Damit erholt sich die Menge dieses Klimagases in der Atmosphäre.

W 1: Satelliten ermöglichen die genaue Bestimmung der atmosphärischen Wasserdampfmengen. Deutlich sind im Tropengürtel neben Gebieten mit sehr hohen Wasserdampfmengen (rot bis gelb) regelrechte Löcher (dunkel) ohne Wasserdampf zu erkennen.

Durch die Zunahme des Wasserdampfes in der Atmosphäre kann eine größere Energiemenge aufgenommen werden. Diese Erkenntnisse beruhen unter anderem auf Auswertungen von Satellitenmessungen, die 1985 und 1986 im Rahmen des Projekts ERBE (Earth Radiation Budget Experiment) durchgeführt wurden und durch Wetterballondaten gestützt werden.

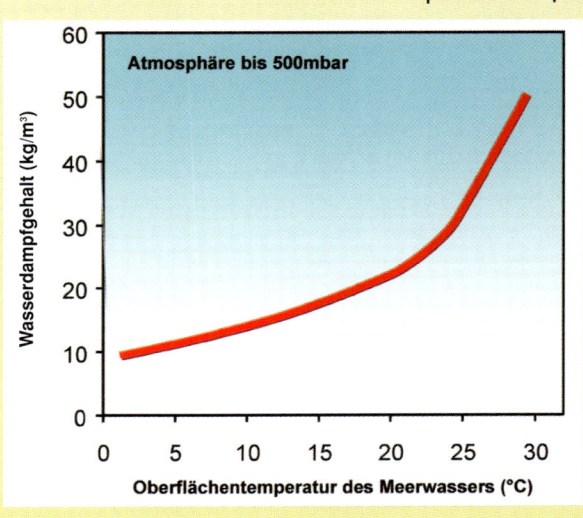

W 2: Mit zunehmender Temperatur des Oberflächenwassers steigt aufgrund der Verdunstung die Wasserdampfmenge in der Atmosphäre.

Schichten aus Gas

Infolge der Erdanziehung sind 80 % der gesamten Luftmasse in der unteren Schicht der Atmosphäre (Troposphäre) konzentriert. Am Äquator reicht die Troposphäre bis in 18 km, an den Polen dagegen nur bis in 8 km Höhe. Tagsüber erwärmt sich die Erdoberfläche unter dem Einfluss der Sonne und erwärmt ihrerseits die untersten Luftschichten. Warme Luft dehnt sich aus und steigt nach oben. Je wärmer

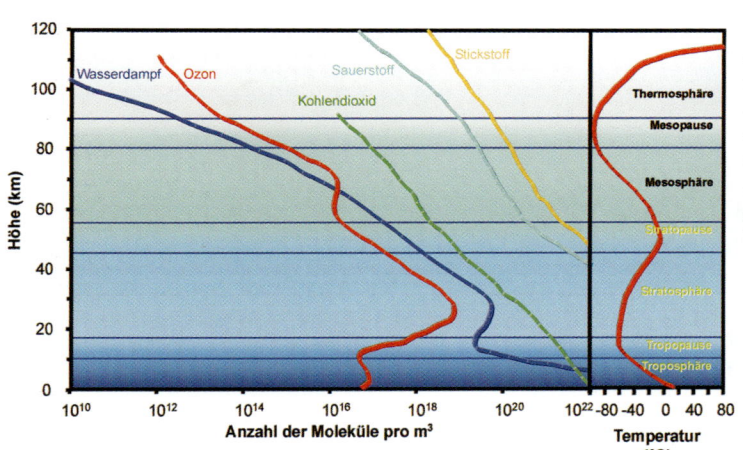

Abb. 2.19: Die Gashülle der Erde wird mit zunehmender Höhe immer dünner. Trotzdem bilden sich Atmosphärenschichten mit unterschiedlichen Temperaturzonen aus.

die Luft ist, desto mehr Wasserdampf kann sie mit sich führen. Beim Aufsteigen kühlt sie wieder ab und kann dadurch die Feuchtigkeit nicht mehr halten, es bilden sich Wassertröpfchen oder Eiskristalle. Dieser Vorgang (Kondensation) lässt Wolken entstehen und setzt wiederum die Wärme frei, die ursprünglich zum Verdunsten des Wassers erforderlich war.

Während in der Troposphäre Temperaturunterschiede die Luftmassen in Bewegung setzen und für eine gute Durchmischung sorgen, nimmt die Temperatur in der darüber liegen-

2 Was ist Klima?

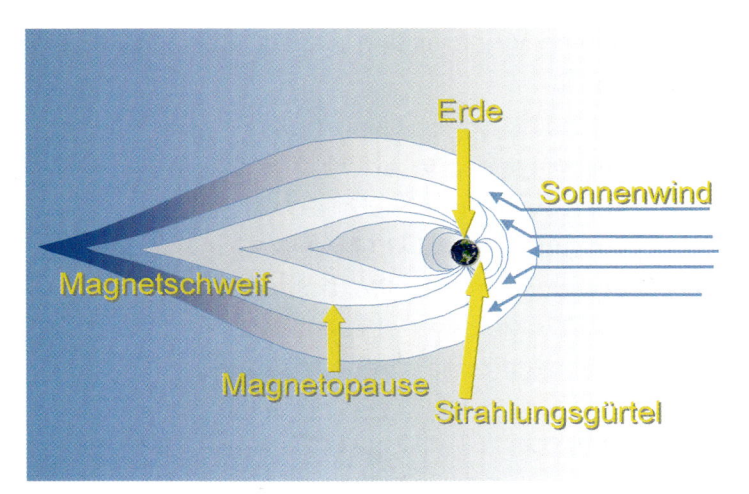

Abb. 2.20: Der Sonnenwind verformt durch seine Intensität das Magnetfeld der Erde und lässt einen langen Magnetschweif im Weltraum entstehen.

netfeld der Erde. Hier beherrschen Ionen, Protonen und Elektronen der so genannten Magnetosphäre das Bild. Unter dem Einfluss des Sonnenwindes erstreckt sich die Magnetosphäre auf der von der Sonne abgewandten Seite – gleich einem Kometenschweif – weit in den Weltraum. Vor allem zwei Strahlungsgürtel (Van-Allen-Gürtel) tragen zum Schutz der Erde bei. Wie ein dicker Wulst umgeben sie unseren Planeten und zeichnen die Feldlinien des Erdmagnetfeldes nach, die an den Polen wieder zur Erdoberfläche zurück laufen. Hier können geladene Teilchen bei starker Sonnenaktivität weit in die Atmosphäre vordringen und erzeugen das Schauspiel des Polarlichts.

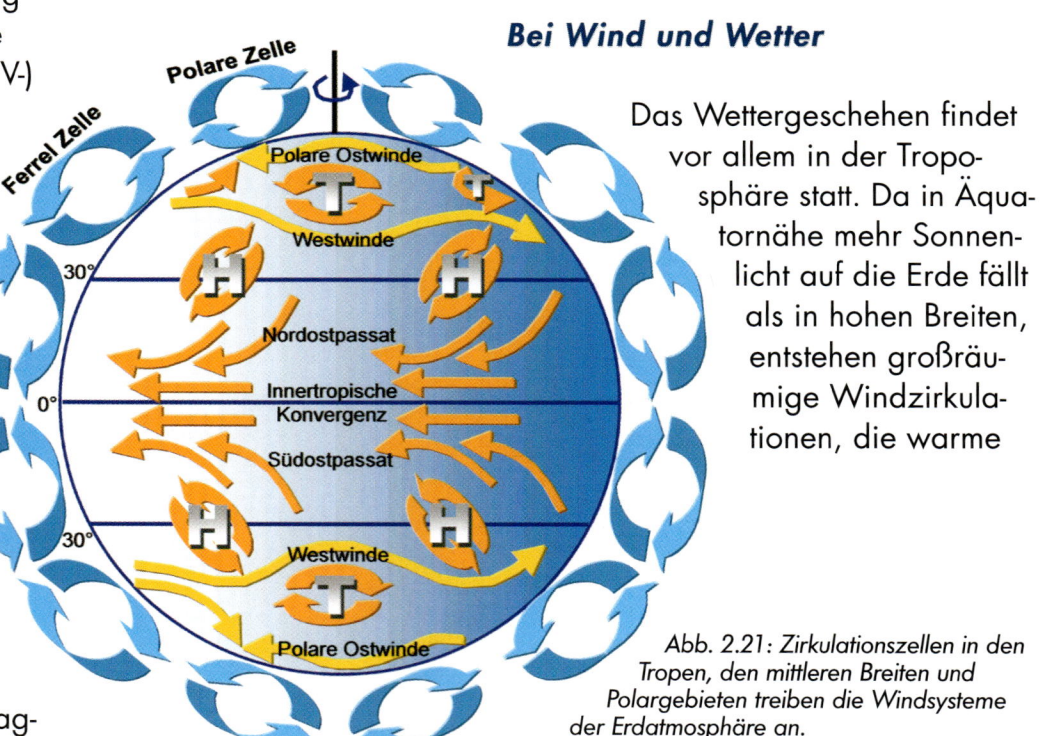

den Stratosphäre bis zu einer Höhe von 50 km beständig zu, und vertikale Luftbewegungen unterbleiben. Ursache hierfür ist das Ozon, das fast die gesamte Ultraviolett-(UV-)Strahlung der Sonne aufsaugt, die Atmosphäre aufheizt und das Leben auf der Erde vor dieser gefährlichen Strahlung schützt. Oberhalb der Stratosphäre fällt die Temperatur ab, bis sie in 80 km Höhe mit etwa –95 °C ihren absoluten Tiefstwert erreicht. Darüber heizt die Absorption von UV-Strahlung erneut die Atmosphäre auf. Je nach Sonnenaktivität steigen die Temperaturen auf 225 °C bis über 1 700 °C. „Temperatur" wird hier im physikalischen Sinn als Bewegungsenergie der bereits sehr „dünn gesäten" Moleküle verstanden. Schließlich wird die „Luft" immer dünner, und 500 km über der Erde endet die Atmosphäre.

Weit oberhalb der Erdoberfläche, in einer Entfernung von etwa 64 000 km, prallt der Sonnenwind auf das Mag-

Bei Wind und Wetter

Das Wettergeschehen findet vor allem in der Troposphäre statt. Da in Äquatornähe mehr Sonnenlicht auf die Erde fällt als in hohen Breiten, entstehen großräumige Windzirkulationen, die warme

Abb. 2.21: Zirkulationszellen in den Tropen, den mittleren Breiten und Polargebieten treiben die Windsysteme der Erdatmosphäre an.

2 Was ist Klima?

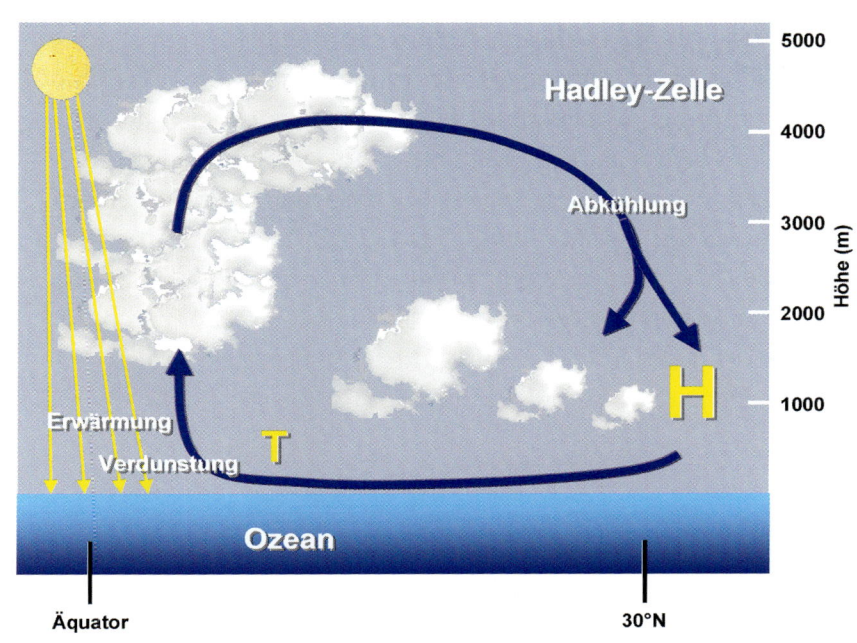

Abb. 2.22: Sonnenenergie ist der Motor für die Entstehung der Atmosphärenzirkulation (Hadley-Zelle) im Tropengürtel, die Wasser und Wärme über weite Strecken transportiert.

Effekt tritt bei polwärts gerichteten Winden auf, die scheinbar nach Osten abgelenkt werden.

In den Polargebieten drückt kalte, schwere Luft nach unten. Es entsteht eine Hochdruckzone. Kalte Luft strömt in Richtung Äquator, bis sie sich genügend erwärmt hat, um erneut aufzusteigen. Zwischen den Polarregionen und den Subtropen beherrschen in großer Höhe so genannte Strahlstürme („Jetstream") die Luftbewegung. Sie treiben Hoch- und Tiefdruckgebiete vorwärts, die das Wetter der mittleren Breiten, wie z. B. in Europa, bestimmen. Aufgrund der Erdrotation und der Reibung an der Oberfläche werden diese in spiralförmige Drehbewegungen versetzt. In Tiefdruckgebieten zie-

Luft vom Äquator in Richtung auf beide Pole zu bewegen. In Äquatornähe aufsteigende Luft hat einen hohen Wasserdampfgehalt und sorgt für intensive Regenfälle in den Tropen. Die nach dem Abregnen trockenen Luftmassen bewegen sich in Richtung höhere Breiten, bis sie über den ausgedehnten Trocken- und Wüstengebieten der Subtropen nach unten fallen. In Bodennähe wehen die Winde wieder äquatorwärts, und die Luftzirkulation schließt sich. Zusätzlich werden die Windrichtungen von der Erdrotation beeinflusst (Coriolis-Kraft). Winde, die sich zum Äquator bewegen, werden scheinbar nach Westen abgelenkt, und in den Tropen entsteht der von Ost nach West wehende Passatwind (Hadley-Zirkulation). Der entgegengesetzte

Abb. 2.23: Wirbelstürme der Tropen lassen sich durch Satelliten beobachten.

2 Was ist Klima?

hen sich die Luftmassen zusammen und drehen sich auf der Nordhalbkugel gegen den Uhrzeigersinn, Hochdruckgebiete in entgegengesetzter Richtung. Auf der Südhalbkugel erfolgen die Drehbewegungen genau umgekehrt.

In den Tropen können sich Tiefdruckwirbel bilden, die als Wirbelstürme enorme Kräfte entwickeln und eine Schneise verheerender Zerstörung hinter sich lassen (Hurrikane/Taifune). Die Windgeschwindigkeiten innerhalb eines tropischen Wirbelsturms können weit über 200 km/h betragen. Seine Energie bezieht er aus der Kondensation des Wasserdampfes, den die vom Meer erwärmten Luftmassen mit nach oben reißen, während von den Seiten warme und feuchte Luft nachströmt.

Wasser spielt in vielerlei Hinsicht eine entscheidende Rolle für das Wetter und Klima – aber auch für die Entwicklung der Erde und des Lebens, das in den Ozeanen begann.

Die Rolle der Meere

Mehr als drei Viertel der Erdoberfläche (78 %) sind von Ozeanen bedeckt. Die Meere nehmen eine wichtige Funktion als Puffer für die Wärme ein – sie speichern und transportieren große Energiemengen. Dabei wird die Wärmeaufnahme der Ozeane im wesentlichen durch das Verhältnis zwischen dem einfallenden und dem zurückgestrahlten Sonnenlicht, die Albedo, bestimmt. Besonders in niederen Breiten fördert die geringe Albedo der Meeresoberfläche – nur 3 bis 5 % werden zurückgestrahlt – die Wärmeaufnahme, während in hohen Breiten, bedingt durch den flachen Einfallswinkel des Sonnenlichts, 50 bis 80 % der Strahlungsenergie reflektiert werden. Infolge ihrer hohen Wärmekapazität benötigen die Meere lange Zeitspannen, um sich zu erwärmen oder abzukühlen – dadurch werden starke klimatische Schwankungen gedämpft.

Strömungen innerhalb der Meere, die an der Oberfläche vor allem von Winden angetrieben werden, tragen zum Wärmehaushalt der Erde bei. Meeresströmungen transportieren das erwärmte Oberflächenwasser und damit Wärmeenergie aus tropischen in hohe Breiten (z. B. Golfstrom), kalte Strömungen gelangen bis in tropische Regionen (z. B. Benguelastrom). Durch beide Effekte werden die Klimate von Küstenregionen beeinflusst. Die heutigen Meeresströmungen weichen deutlich von denen lang vergangener Zei-

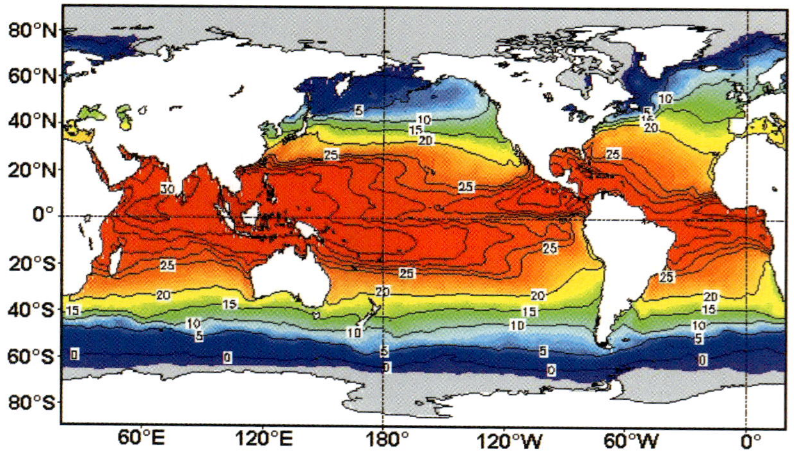

Abb. 2.24: Die Ozeane nehmen in den Tropen und Mittelbreiten große Mengen an Sonnenenergie auf, was sich in den Wassertemperaturen widerspiegelt.

2 Was ist Klima?

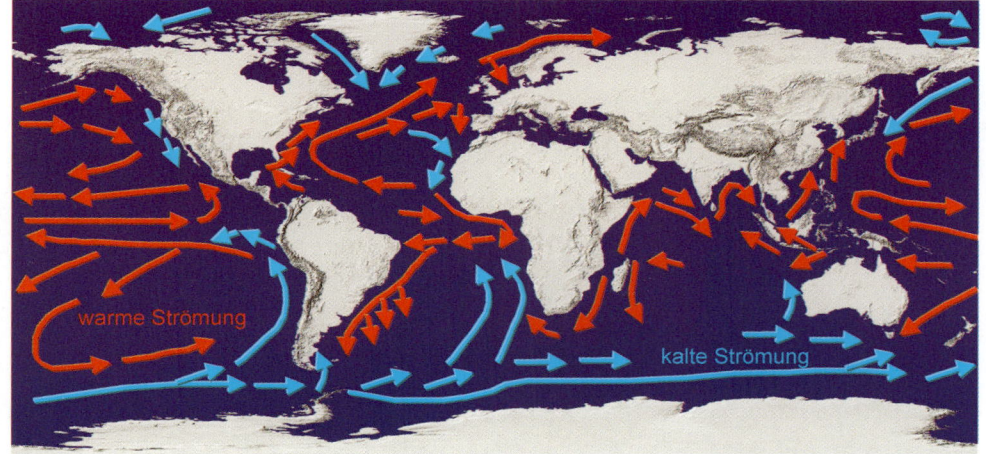

Abb. 2.25: Die Windsysteme der Atmosphäre treiben die Oberflächenzirkulation der Meere an. Strömungen des Oberflächenwassers transportieren in den Ozeanbecken warme und kalte Wassermassen über weite Strecken.

ten ab. Im geologischen Zeitrahmen von mehreren Millionen Jahren haben sich die Oberflächenströmungen auffällig geändert, da sich die Anordnung der Kontinente und Ozeane „verschoben" hat.

Außerdem regulieren die Ozeane die Konzentrationen des Wasserdampfes. Mit zunehmender Temperatur des Oberflächenwassers wird mehr Wasserdampf in die Atmosphäre überführt. Hierdurch erfolgt ein „versteckter" Wärmetransport in die Atmosphäre. Darüber hinaus wird durch den Wasserdampf, dem wirkungsvollsten Treibhausgas, langwellige Strahlung geschluckt und als Energie gespeichert, besonders in niederen Breiten, zwischen 30° N und 30° S, da hier die Wassertemperaturen der Meeresoberfläche über +18 °C liegen und für große Wasserdampfmengen sorgen.

Dass auch kurzzeitige, räumlich begrenzte Ereignisse die Wechselwirkungen zwischen Meer und Atmosphäre spürbar beeinflussen können, stellt eindrucksvoll das so genannte pazifische El-Niño-Phänomen unter Beweis. Im östlichen tropischen Pazifik herrschen normalerweise Kaltwasserbedingungen, die in unregelmäßigen Abständen, etwa alle 4 bis 7 Jahre, gestört werden. Warme Wassermassen dehnen sich dann oftmals bis zur südamerikanischen Küste aus. Damit verbunden ist eine Ostwärtsverlagerung der tropischen Regenzone, die sich normalerweise über dem westlichen Pazifik befindet. Über Regionen, die sonst nahezu trocken sind, also über dem östlichen Pazifik und an der südamerikanischen Westküste, treten dann heftige tropische Regenfälle auf. Andererseits verringern sich die Regenfälle

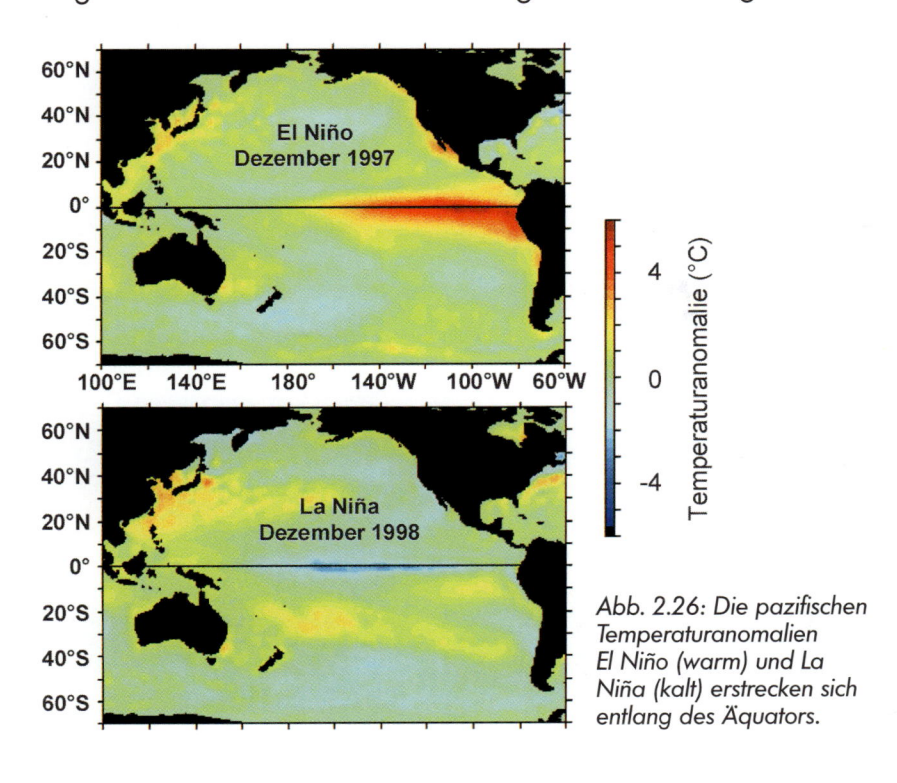

Abb. 2.26: Die pazifischen Temperaturanomalien El Niño (warm) und La Niña (kalt) erstrecken sich entlang des Äquators.

31

2 Was ist Klima?

im westpazifischen Raum, was zu ungewöhnlicher Trockenheit in Indonesien, Nordaustralien und Südostasien führt, weil der regenbringende Monsun während einer El-Niño-Periode abgeschwächt ist.

In globaler Sicht führen die El-Niño-Erscheinungen mit etwa neunmonatiger Verzögerung zu einem Anstieg der Mitteltemperatur sowohl am Boden als auch in der Troposphäre um etwa 0,1 bis 0,2 °C. Das letzte stark ausgeprägte El-Niño-Ereignis 1997/98, möglicherweise ein Extrem seit Mitte des 16. Jahrhunderts, ließ die Globaltemperatur mehrere Monate sogar um 0,7 bis 0,9 °C ansteigen.

Die Ursachen für das periodische Auftreten warmer Wassermassen im tropischen Ostpazifik sind noch nicht vollständig geklärt. Auch gelang es bisher nicht, in Modellstudien nachzuweisen, dass sich die Häufigkeit und Intensität des El-Niño-Phänomens durch eine Verstärkung des Treibhauseffekts ändert.

Auch das Kohlendioxid unterliegt Wechselwirkungen zwischen Ozeanen und Atmosphäre. Näherungsweise besteht zwischen den CO_2-Gehalten in der Atmosphäre und an der Meeresoberfläche ein Gleichgewicht. Jedoch kann es durch biogeochemische Abläufe in bestimmten Bereichen, etwa im Nordatlantik, zu Ungleichgewichten kommen. Nämlich

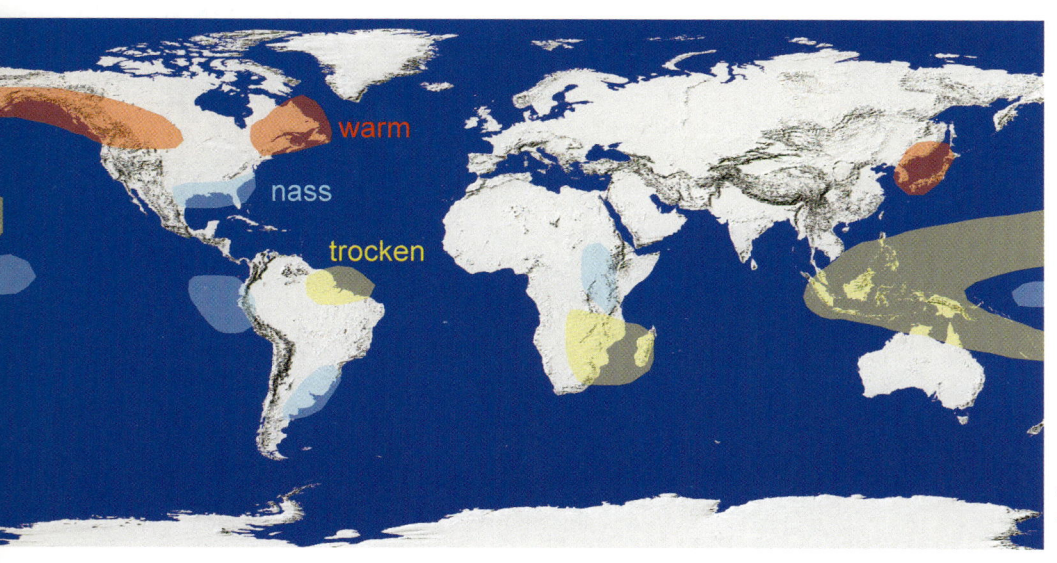

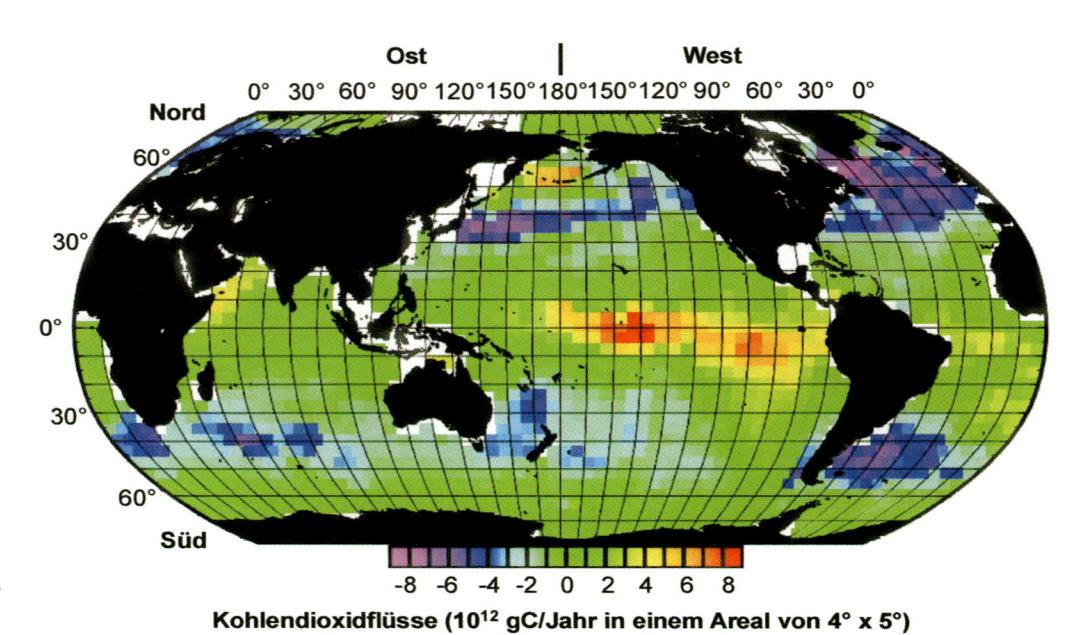

Kohlendioxidflüsse (10^{12} gC/Jahr in einem Areal von 4° x 5°)

Abb. 2.28: Aufwendige Messungen in den Ozeanen ermöglichen eine Abschätzung über die Aufnahme bzw. Abgabe von Kohlendioxid. Während die Meeresoberfläche in den Tropen eher Kohlendioxid in die Atmosphäre abgibt, nehmen die Mittelbreiten eher Kohlendioxid aus der Atmosphäre auf.

Abb. 2.27: Die Auswirkungen von El Niño-Ereignissen sind regional sehr unterschiedlich und reichen von übermäßiger Trockenheit bis zu starken Niederschlägen.

dann, wenn durch massive Kalkschalenbildung im Oberflächenwasser mehr CO_2 verbraucht wird als durch die Aufnahme atmosphärischen Kohlendioxids nachgeliefert wird.

Kalkschalige einzellige Tiere verwenden seit dem Mesozoikum (vor 245 Millionen Jahren) das im Meerwasser gelöste Karbonat zum Aufbau ihrer Gehäuse. Nach ihrem Tod sinken ihre Hartschalen zum Ozeanboden und werden – je nach dem dort herrschenden Druck und der chemischen Zusammensetzung des Meerwassers – in die Sedimente eingebettet oder durch Druck-Lösungsvorgänge zersetzt. Im ersten Fall wird der Kohlenstoffkreislauf erst nach der Versenkung und Aufschmelzung der Sedimente und dem Ausgasen der Vulkane geschlossen. Im zweiten Fall findet eine Tiefenzirkulation des Kohlenstoffs im Ozean statt, die letztendlich in Bereichen mit Auftriebsströmungen zum Entweichen von CO_2 aus dem Meer in die Atmosphäre führt.

Die Photosynthese der Algen im Oberflächenwasser der Meere verbraucht ebenfalls Kohlendioxid in beträchtlicher Menge. Bakterien zersetzen abgestorbene Algen und führen der Wassersäule den organischen Kohlenstoff in Form von CO_2 wieder zu. Der unzersetzte Teil der organischen Partikel sinkt ab und wird nach Einbettung in die Sedimente – wie beim Karbonatkohlenstoff – der Atmosphäre erst wieder über den Gasausstoß der Vulkane zugeführt.

Die Eiskammern der Erde

Als Kryosphäre bezeichnet man all jene Gebiete, in denen die Naturprozesse bei Temperaturen ablaufen, die unterhalb des Gefrierpunktes Wasser liegen. Zur dieser Gefriertruhe der Erde gehören die großen Eisschilde (heute Arktis und Antarktis), das Meereis, die Gebirgsgletscher der mittleren Breiten, aber auch die Permafrostgebiete und die

Abb. 2.29: Die Kryosphäre aus Eis und Schnee bedeckt weite Gebiete der hohen nördlichen und südlichen Breiten. Ihre Gletscher speichern die großen Süßwasservorräte der Erde.

2 Was ist Klima?

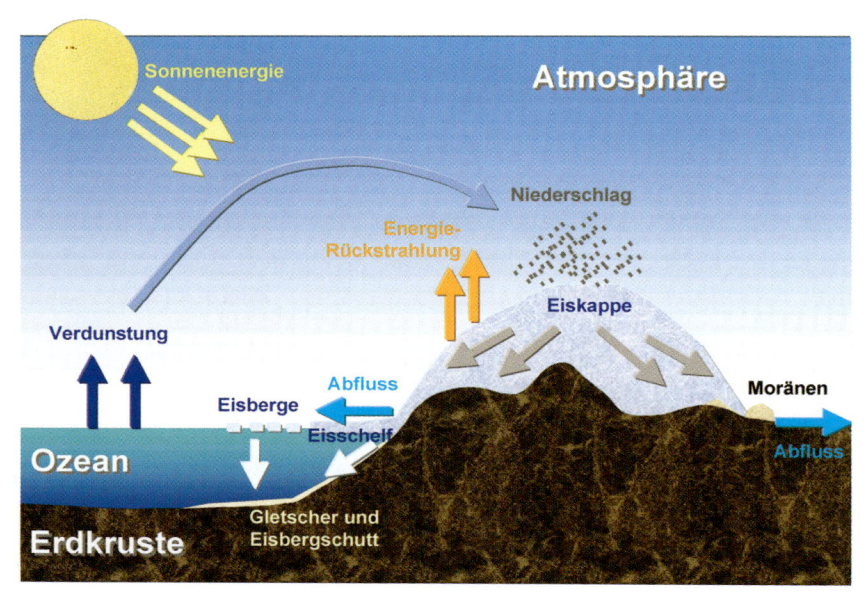

Abb. 2.30: Die Eiskappen an den Polen werden durch Niederschläge gespeist, während ihre Gletscher langsam zum Meer abfließen oder, wie in den Kaltzeiten, sich weit über das Festland ausbreiten.

Gegenden, in denen im Wechsel der Jahreszeiten Schnee fällt. Dabei sind die großen Eisschilde nach den Ozeanen das zweite große Wasserreservoir unseres Planeten. Zwischen beiden, den Eisschilden und Ozeanen, besteht dabei über den Kreislauf des Wassers eine sehr enge Wechselbeziehung.

Ein wesentlicher Klimafaktor der Kryosphäre ist sicherlich die Bindung von Wasser (Süßwasser) als Gletscher- oder Firneis auf dem Land oder als Meereis (Salzwasser). Hierdurch kommt es im geologischen Zeitrahmen, insbesondere durch die wiederholte Ausbildung von Eisschilden an den Polen, zu weltweiten Schwankungen des Meeresspiegels, weil das Volumen des Ozeanwassers sich ändert. Unter der Auflast der Eisschilde auf den Kontinenten sinkt aber auch die Erdkruste in den darunter liegenden extrem zähflüssigen, jedoch verformbaren Erdmantel ein, was sich ebenfalls auf den Stand des Meeresspiegels auswirkt. Diese Schwankungen bezeichnet man als isostatische Meeresspiegeländerungen.

Riesige Eismassen sind im Inlandeis der Antarktis und Grönlands gebunden. Allerdings darf man sich das polare Inlandeis nicht als starre unbewegliche Masse vorstellen, sondern vielmehr als ein vielschichtiges System langsam fließender Eisströme und Gletscher. Durch diese Fließbewegungen bewegt sich das Inlandeis allmählich zum Rand des Kontinents und fließt schließlich in das Meer. Dort schwimmt das aus Süßwasser bestehende bis zu 1 000 m mächtige Gletschereis als so genanntes Schelfeis auf dem Meerwasser, bis es am etwa 200 m dicken Eisrand in das Meer kalbt. Außerdem bildet sich in manchen Polargebieten auch eine wenige Meter dicke Schicht von Meereis aus Salzwasser, deren Mächtigkeit zwischen Winter und Sommer schwankt.

Ein natürliches Kalbungsereignis wurde im Mai 2000 in der Antarktis beobachtet. Von dem über 507 412 km^2 ausgedehnten Ronne-Schelfeis brachen drei insgesamt 10 404 km^2 (168 x 33 km, 84 x 35 km und 60 x 32 km) große Teilstücke von 200 bis 400 m Dicke ab, die dann nach Norden in die Weddell-See drifteten. Die abgebrochene Eismasse hatte sich in rund 40 Jahren aus dem vom antarktischen Kontinent zufließenden Eis, etwa 20 Gt pro Jahr, und dem auf das Ronne-Schelfeis fallenden Schnee, rund 7 Gt pro Jahr, gebildet. Durch glaziologische Forschungsarbeiten der letzten Jahre ist bekannt, dass sich hier die Schelfeisfront mit einer Geschwindigkeit von maximal 1,4 km

2 Was ist Klima?

pro Jahr seewärts verschiebt. Sie hätte sich innerhalb von zehn Jahren um 14 km ausgedehnt, würde das Schelfeis nicht regelmäßig instabil werden und zerbrechen.

Die Anhäufung der Inlandeismassen fand innerhalb der letzten 2 Millionen Jahre in mehreren Etappen statt. Zeiten größter Vereisungen liegen dabei etwa 100 000 Jahre auseinander und werden von Änderungen des Eisvolumens, die periodisch ablaufen, etwa alle 20 000 Jahre überlagert. Diese Perioden entsprechen den Milankovitch-Zyklen der Erdbahnparameter. Dies bedeutet: Anwachsen und Schmelzen der Eismassen werden durch die Konstellation Erde/Sonne bestimmt. Die Änderungen sind durch physikalische Messungen nachgewiesen und dokumentiert.

Bei diesen Messungen werden Vorgänge betrachtet, die mit dem Verdampfen von Meerwasser zusammenhängen. Über den Transport in der Atmosphäre gelangt Wasserdampf in die Polarregionen und fällt dort als Schnee auf die Erdoberfläche, verdichtet sich und wird zu Eis. Dieser Transport führt zu Massenverlagerungen von dem Wasserreservoir Ozean zum Wasserreservoir Eisschild. Dadurch sinkt der Meeresspiegel. Während der letzten Eiszeit lag er ungefähr 130 m tiefer als heute. Beim Schmelzen des Inlandeises steigt der Meeresspiegel entsprechend wieder an.

Die durch Wachsen und Schmelzen des Inlandeises hervorgerufenen Meeresspiegelschwankungen wirken sich auch auf die Ozeanzirkulation aus. Schwellen zwischen einzelnen Ozeanbecken oder auch Nebenmeeren können in Kaltzeiten trockenfallen, so dass die zu Warmzeiten mögliche Zirkulation unterbrochen wird. Zudem engt die Ausbildung von Meereis die Zirkulation der Oberflächenströme der Ozeane ein, da die in den polaren Zonen entstehenden Eisplatten weite Flächen des Meeres bedecken.

Ein weiterer klimatisch höchst wirkungsvoller Effekt entsteht durch die starke Reflexion energiereicher Sonnenstrahlung an der hellen Oberfläche von Eis und Schnee. Hierdurch wird eine Kühlung im Klimasystem der Erde hervorgerufen.

Die Kontinente und ihre Biosphäre

Die heutigen Kontinente sind zum großen Teil auf der Nordhalbkugel angeordnet. Die Wärmekapazität der Kontinente – und damit auch ihre Wärmespeicherfähigkeit – ist geringer als die der Ozeane. Dies führt in hohen Breitengraden zu extremen jährlichen Temperaturschwankungen im Innern

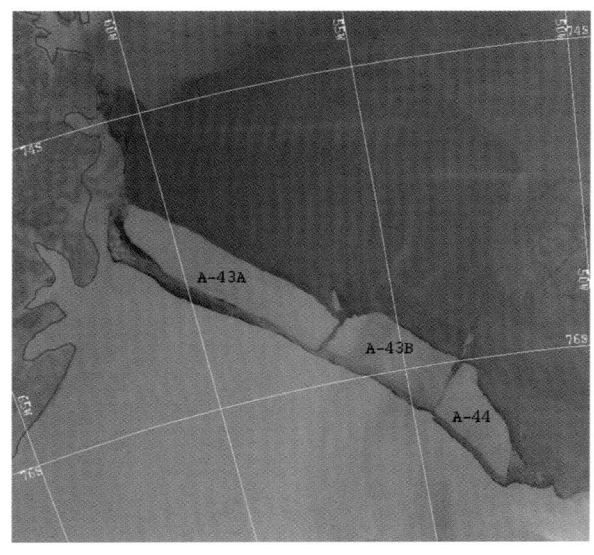

Abb. 2.31: Drei riesige Eisschollen brachen im Mai 2000 bei einem natürlichen Ereignis am Rand des antarktischen Schelfeises ab.

2 Was ist Klima?

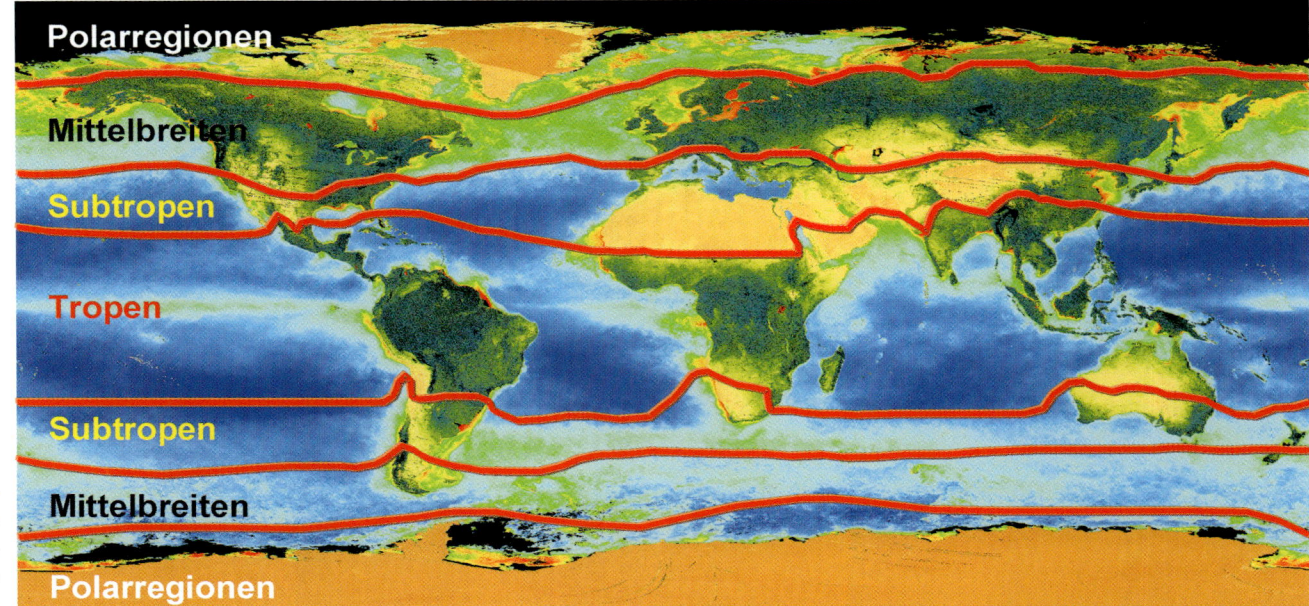

Abb. 2.32: Die Klimazonen der Erde stehen im deutlichen Zusammenhang mit der Vegetation auf den Kontinenten und der Verteilung des Planktons im Meerwasser.

der Kontinente, während deren Küsten durch den dämpfenden Einfluss der Ozeane nur mäßige Temperaturvariationen im Jahresgang aufweisen. Aufgrund dieser Eigenschaften wirken die Kontinente wenig stabilisierend auf das globale Klimageschehen.

Die Landmassen lassen sich in vier Klimazonen einteilen. Sie unterscheiden sich durch die Tageslängen, die Sonneneinstrahlung, das Relief der Erdoberfläche und – in Küstennähe – durch warme oder kalte Meeresströmungen:

- In den hohen Breiten der Nord- und Südhalbkugel finden wir die polare Zone mit ausgeprägter Schnee- und Eisbedeckung sowie die Tundra mit kurzen Vegetationsperioden bis maximal vier Monate. Die jährlichen Schwankungen der Tageslänge erreichen in den Polarregionen den Maximalwert von 24 Stunden.

- Die Region der kühlen bis gemäßigten Mittelbreiten weist Vegetationsperioden von einem Monat (in kühlen Bereichen) bis 12 Monaten (in wärmeren Regionen) auf. Diese Klimazone ist durch Mischwald-Vegetation (Europa) und Grasland (Nordamerika) geprägt, kann aber auch halbtrockene (semiaride) und trockene (aride) Gebiete umfassen (Asien). Die Tageslängen der Mittelbreiten schwanken im Jahr zwischen 7 und 24 Stunden.

- Auch in den warmen Subtropen schwanken die Vegetationsperioden zwischen einem Monat und 12 Monaten. Der Subtropenbereich umfasst – abhängig von der Niederschlagssituation – den subtropischen Regenwald, aber auch Steppen und Wüsten (Sahara). Die jährlichen Variationen der Tageslängen liegen zwischen 3 und 7 Stunden.

- Die Tropen sind nicht nur durch den feuchten Regenwald gekennzeichnet, sondern auch durch trockene Zonen, wie die Sahel-Zone oder die Saudische Wüste. Die Vegetationsperiode dauert in den Warmtropen bis 12 Monate, kann aber in den Kalttropen (speziell Gebirge) darunter liegen. Die jährlichen Schwankungen der Tageslängen liegen unter 3 Stunden.

Auf den Kontinenten ist die Feuchtigkeitskonzentration in Böden meist nur gering – der Wärmetransport in die Atmosphäre durch Verdunstung ist somit wenig ausgeprägt. Ein wichtiger Wirkungsfaktor der Landmassen im Klimasystem ist jedoch sicherlich das Reflexionsvermögen der Kontinentoberflächen. So ergaben Satellitenmessungen, dass nasse Böden eine geringere Albedo (10 %) als trockene Böden (15 bis 25 %) aufweisen. Eine hohe Reflektivität von 20 bis 30 % besitzt Sand, so dass in Wüstengebieten ein ausgeprägtes Strahlungsklima dominiert.

Zugleich haben Landmassen eine wichtige Funktion im Kohlenstoffkreislauf. Ein wesentlicher Mechanismus im Kreislauf des Kohlendioxids ist die Verwitterung von kieselsäure- und kalkhaltigen Gesteinen. Das der Atmosphäre durch die Gesteinsverwitterung entzogene Kohlendioxid kann über Sicker- und Flusstransporte dem Meer wieder zugeführt werden.

Die kontinentale Biosphäre ist sowohl Quelle als auch Senke von Treibhausgasen. Einerseits entzieht die pflanzliche Photosynthese (s. Kasten „Photosynthese") der Atmosphäre Kohlendioxid und Wasserdampf, andererseits geben Pflanzen durch Respiration Klimagase teilweise an die Atmosphäre zurück.

Die Landökosysteme enthalten etwa 2 200 Gigatonnen Kohlenstoff (GtC). Davon ist die Biosphäre mit gegenwärtig rund 600 GtC ein wichtiges Reservoir im Kohlenstoffkreislauf, Böden speichern 1 600 GtC. Aufgrund des Kohlenstoffaustausches mit der Atmosphäre kommt der Biosphäre des Festlandes eine entscheidende Bedeutung im globalen Kohlenstoffkreislauf zu.

Aus weit über 1 000 Experimenten an verschiedenen Pflanzenarten ist seit langem bekannt, dass ein höherer atmosphärischer CO_2-Gehalt die Photosynthese verstärkt und zu einer Zunahme des Pflanzenmaterials beiträgt. Doch geht dieser Düngeeffekt über lange Zeit meist wieder verloren.

Wesentlich schwieriger zu bewerten ist das Verhalten ganzer Ökosysteme. Hier können sich die guten und schlechten Auswirkungen der Kohlendioxid-Düngung aufheben, so dass die Zunahme der oberirdischen Biomasse in Ökosystemen hinter Versuchen mit Einzelpflanzen zurückbleibt. Außerdem kann man sich auch eine mögliche, langfristige Anpassung der Pflanzen an höhere Kohlendioxidgehalte vorstellen. Man darf daher im globalen Maßstab nicht mit dem gleichen Wachstumsverhalten wie bei den Versuchen mit Einzelpflanzen ausgehen.

Änderungen der CO_2-Konzentration können auch Artenverschiebungen innerhalb der Ökosysteme auslösen. Bei einem Anstieg des Kohlendioxidgehalts der Luft profitieren davon in erster Linie C_3-Pflanzen (s. Kasten „Photosynthese"). Sie können eine höhere Photosyntheseleistung erzielen, leiden aber stärker unter Wassermangel als C_4-Pflanzen. Bei einer CO_2-Zunahme verringert sich jedoch dieser Nchteil. C_4-Pflanzen ziehen dagegen nur wenig Nutzen aus einem

2 Was ist Klima?

PHOTOSYNTHESE

Bei der Photosynthese wandelt die Pflanze Energie des Sonnenlichts in chemische Energie um und speichert sie in Form von Zucker. Um diesen aufzubauen, benötigt die Pflanze neben Licht noch Wasser und Kohlendioxid. Als Abfallprodukt der Photosynthese entsteht Sauerstoff.

Die Photosynthese läuft in zwei Schritten ab, einer ersten Lichtreaktion und einer zweiten lichtunabhängigen Dunkelreaktion. Während der Lichtreaktion erfolgt die Umwandlung von Lichtenergie in chemische Energie. In der folgenden Dunkelreaktion wird Kohlendioxid gebunden und Zucker gebildet, wobei chemische Energie aus der Lichtreaktion verbraucht wird.

Das Produkt der Dunkelreaktion ist ein Zucker mit drei Kohlenstoffatomen (C_3-Photosynthese). Die Versorgung der Pflanze bei der Photosynthese mit Kohlendioxid geschieht durch das Öffnen der Spaltöffnungen in den Blättern. So kann auch der gebildete Sauerstoff entweichen. Gleichzeitig verliert die Pflanze dadurch Wasser. Somit steht eine Pflanze bei Wassermangel vor der „Wahl", bei geschlossenen Spaltöffnungen zu „verhungern" (keine CO_2-Aufnahme) oder bei offenen Spaltöffnungen zu „verdursten" (Wasserverlust).

Einen Ausweg aus diesem Dilemma bietet den Pflanzen die C_4-Photosynthese. Das Kohlendioxid wird zunächst an ein spezielles Empfangsmolekül gebunden, wobei eine Verbindung von vier Kohlenstoffatomen entsteht. Erst danach wird das Kohlendioxid auf die Zuckermoleküle der C_3-Photosynthese übertragen. Durch die vorgeschaltete Bindung des Kohlendioxids wird der CO_2-Gehalt der Luft besser genutzt. Da die Spaltöffnungen bei gleicher Photosyntheseleistung seltener geöffnet werden müssen, sinkt der Wasserverbrauch. Die C_4-Photosynthese kommt insbesondere bei Pflanzen vor, die starker Sonneneinstrahlung ausgesetzt sind, so zum Beispiel bei vielen Gräsern.

Daneben gibt es noch so genannte CAM-Pflanzen mit einer Vorfixierung ähnlich wie bei der C_4-Photosynthese. Die Vorfixierung findet jedoch nachts statt, so dass zwar durch den nächtlichen Gasaustausch weniger Wasser verbraucht wird, gleichzeitig aber auch aufwendige Speichermechanismen für die Produkte der Vorfixierung nötig werden. Die Photosyntheseleistung der CAM-Pflanzen, zu denen unter anderem Wüstenpflanzen wie Kakteen gehören, ist daher gering.

P 1: Die höchsten Photosyntheseraten erzielen Pflanzen im Wellenbereich zwischen 400 und 500 nm sowie 640 und 700 nm. Nicht absorbiertes Licht lässt die Pflanzenblätter grün erscheinen.

2 Was ist Klima?

größeren CO_2-Angebot, da sie bereits das Kohlendioxid sehr wirkungsvoll nutzen. Besonders auf Standorten mit Wassermangel kann dies zu einer Änderung der Vegetation führen. Beispielsweise können C_4-Pflanzen (Grasland), die wenig Kohlendioxid für ihre Photosynthese benötigen, bei einem CO_2-Anstieg durch C_3-Pflanzen (Mischwald), die mehr Kohlendioxid für ihr Wachstum benötigen, verdrängt werden.

Nach dem Absterben der Pflanzen stellt die Zersetzung (Oxidation) von organischem Material eine Quelle für Kohlendioxid dar. Die mikrobiologische Umsetzung des organischen Kohlenstoffs durch Kleinstlebewesen (Bakterien) und Pilze beeinflusst über lange Zeiträume auch den Sauerstoffhaushalt der Erdatmosphäre, da Sauerstoff verbraucht und der Erdatmosphäre entzogen wird.

Klimaänderungen bewirken immer eine Veränderung der Ökosysteme. So wissen wir, dass sich z. B. die Vegetation Norddeutschlands am Übergang von der letzten Kalt- zur jetzigen Warmzeit von einer Tundren- zu einer Mischwaldvegetation verändert hat. Solche Änderungen wirken sich auf die Rückstrahlung des Sonnenlichts aus, da Gräser ein anderes Rückstrahlvermögen aufweisen als Mischwälder. Während mit Gras bewachsene Gebiete etwa 20 bis 25 % des eingehenden Lichtes reflektieren, haben waldbestandene Flächen eine geringe Rückstrahlwirkung von nur 5 bis 10 %. Mit der Vegetationsänderung verschiebt sich in einem Ökosystem auch das Vermögen, Wasser zu binden oder Wasserdampf als klimawirksames Gas zu verdunsten.

„Killer" aus dem All

Im Laufe der Erdgeschichte gab es in der biologischen Entwicklung mehrmals tiefgreifende Einschnitte. Die Kontinentaldrift, Veränderungen der Ozeanbecken, von den Polen vorrückende Vereisungen im Wechsel mit Hitze sowie kosmische Katastrophen mit der Auslöschung sehr vieler Tier- und Pflanzenarten führten auf unserem Planeten zu Evolutionsschüben.

Möglicherweise war es ein kosmisches Schauspiel, in dem die Erde die Hauptrolle spielte, das erst den Weg für die Entwicklung der Säugetiere und der Menschen frei machte. Vor 65 Millionen Jahren, an der Wende von der Kreidezeit zum Tertiär, schlug auf der heutigen Halbinsel Yucatan und in die angrenzenden Teile des Golfs von Mexiko ein im Durchmesser rund 10 km großer Himmelskörper (Asteroid) ein und hinterließ einen etwa 200 km² großen Krater. Die inzwischen durch geologische Vorgänge ausgelöschte „Erd-

Abb. 2.33: Der Komet Hale-Bopp bot 1997 ein Himmelsereignis, das bereits mit bloßem Auge auszumachen war. Dieser Komet wird erst wieder im Jahre 4300 von sich reden machen, wenn er das nächste Mal in Erdnähe auftaucht.

2 Was ist Klima?

Abb. 2.34: Der gigantische Einschlag des Chicxulub-Kometen vor 65 Millionen Jahren am Ende der Kreidezeit lässt sich durch physikalische Messungen im Meeresboden nachweisen.

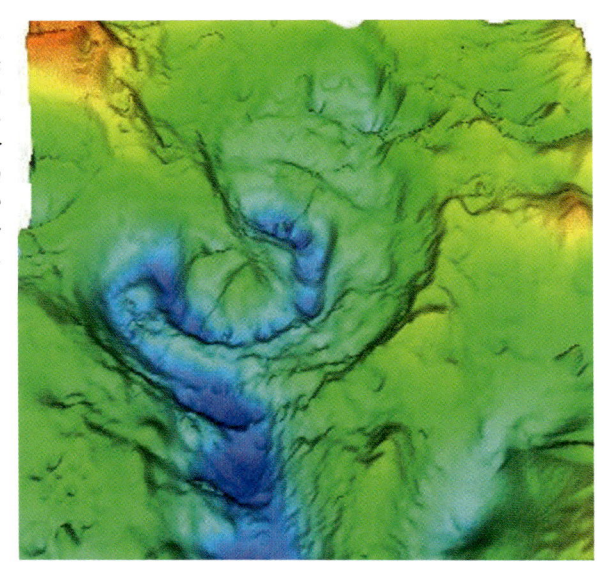

narbe" (Chicxulub) lässt sich noch immer mit Fernerkundungsmethoden und durch Bohrungen in tiefliegenden Sedimenten nachweisen.

Die bei dem Einschlag umgesetzte Energie könnte der von 8 Millionen Megatonnen herkömmlichen Sprengstoffs (TNT) entsprochen haben. Die ökologischen und klimatischen Auswirkungen waren verhängnisvoll. So lassen Rußlagen erahnen, dass Feuer weite Teile der Erde überzog und Landpflanzen in der Explosionshitze verbrannten. Weltweit kam es zu einem Massensterben von Tier- und Pflanzenarten (mehr als 70 %). Staub und Ruß verdunkelten für viele Jahrzehnte den Himmel und schirmten die Sonnenstrahlung ab. Gleichzeitig stieg durch die Verbrennung der Vegetation der Kohlendioxidgehalt der Erdatmosphäre. Durch das am Einschlagsort verdampfende Meerwasser stieg weltweit der atmosphärische Wasserdampfgehalt. Wahrscheinlich verwüsteten Flutwellen (Tsunamis) die Küsten der Kontinente. Generell änderte sich die Zusammensetzung des Meerwassers. Zudem könnte durch den Einschlag ein saurer Regen aufgetreten sein, der auch die Chemie der oberen Wasserschicht der Ozeane stark veränderte. Die natürlichen Stoffflüsse und Kreisläufe des Erdsystems (speziell des Klimas) wurden durch den Einschlag gänzlich gestört und benötigten tausende von Jahren, um neu anzulaufen und sich auf die neue Situation einzustellen.

Die schier unvorstellbare Macht solcher kosmischen Katastrophen wurde der Menschheit im Juli 1994 zwar erdfern, doch „live" vor Augen geführt. Fast zwei Dutzend im Durchmesser etwa 1 km große Bruchstücke des zuvor zerborstenen Kometen Shoemaker-Levy 9 schlugen mit einer Geschwindigkeit von 200 000 km pro Stunde in die Gashülle des Riesenplaneten Jupiter ein. Aus den Einschlagskanälen schossen superheiße Gaswolken mit einer Geschwindigkeit von über 60 000 km pro Stunde etwa 3 000 km hoch ins All. Der Feuerball hielt sich nur für kurze Zeit über den obersten Zonen der Gashülle Jupiters. Dann fielen Millionen Tonnen an Materie, die in dieser „Wolke" aufgestiegen waren, mit einer Geschwindigkeit von etwa 20 km pro Stunde zurück auf die Stratosphäre, die sich durch die plötzlich induzierte Energie auf über 2 000 Kelvin aufheizte. Zurück blieb jeweils ein riesiger Fleck, der wie ein „Pfannkuchen" aussah und sich um die eigentliche Einschlagstelle schnell ausdehnte. Es fand also an der Obergrenze der Stratosphäre ein enormer Materialtransport über riesige Entfernungen statt. Nach weiteren 21 Einschlägen war die dynamische Jupiteratmosphäre monatelang mit verschmierten Konturen durchsetzt.

2 Was ist Klima?

Abb. 2.35: Der Wolf Creek Krater (Australien), eindrucksvolle Narbe eines großen Meteoriteneinschlages.

Ein ähnliches „Trommelfeuer" muss sich in erdgeschichtlicher Zeit auch auf unserem Planeten zugetragen haben. Zum Beispiel sind aus der Trias, vor 214 Millionen Jahren, drei mit großer Wahrscheinlichkeit zeitgleiche Einschläge bekannt, die eine Kette von Kratern bildeten. Es sind die Einschlagsspuren von Saint Martin (Westkanada, Kraterdurchmesser: 100 km), Manicouagan (Ostkanada, Kraterdurchmesser: 40 km) und Rochechouart (Frankreich, Kraterdurchmesser: 25 km). Diese Ereignisse fallen mit einem Massensterben des marinen Lebens zusammen. Gleichzeitig setzte ein deutlicher Klimaumschwung ein.

In Deutschland befinden sich mit dem Nördlinger Ries und dem Steinheimer Becken gleich zwei Einschlagsspuren, die

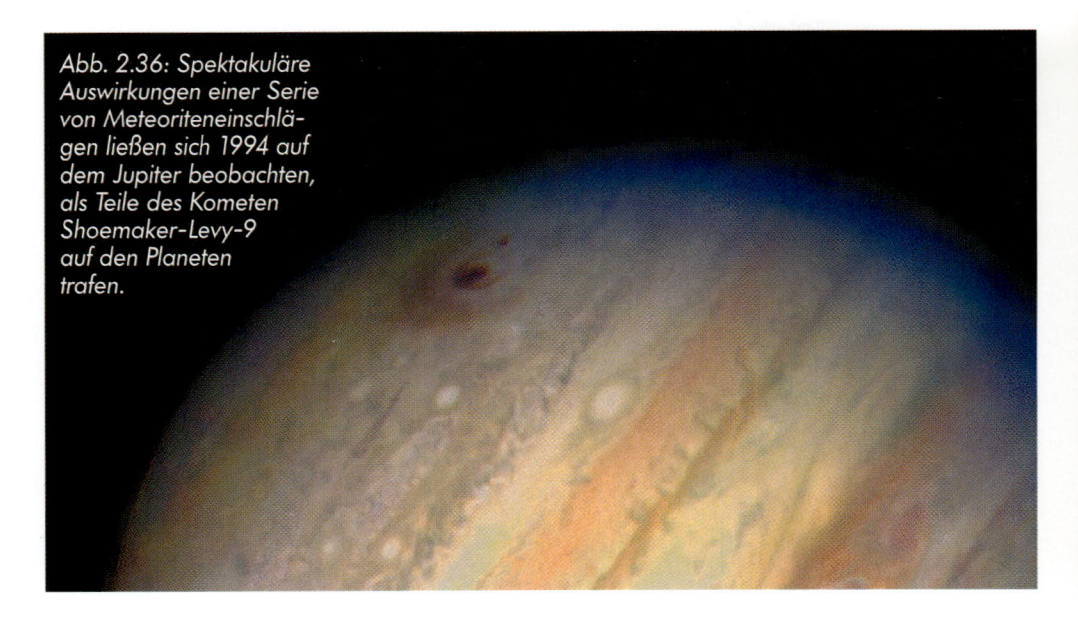

Abb. 2.36: Spektakuläre Auswirkungen einer Serie von Meteoriteneinschlägen ließen sich 1994 auf dem Jupiter beobachten, als Teile des Kometen Shoemaker-Levy-9 auf den Planeten trafen.

2 Was ist Klima?

vor 15 Millionen Jahren (vermutlich ebenfalls als Doppelschlag) entstanden sind. Das Ries mit einem Durchmesser von 24 km wurde von einem kilometergroßen Körper erzeugt. Die dabei umgesetzte Energie entsprach über 80 000 Megatonnen TNT – über viermal mehr Energie, als beim größten Vulkanausbruch in historischer Zeit freigesetzt wurde. Das mitteleuropäische Ökosystem wurde stark in Mitleidenschaft gezogen. Ein Einschlagsereignis dieser Größenordnung trifft „durchschnittlich" alle 550 000 Jahre ein.

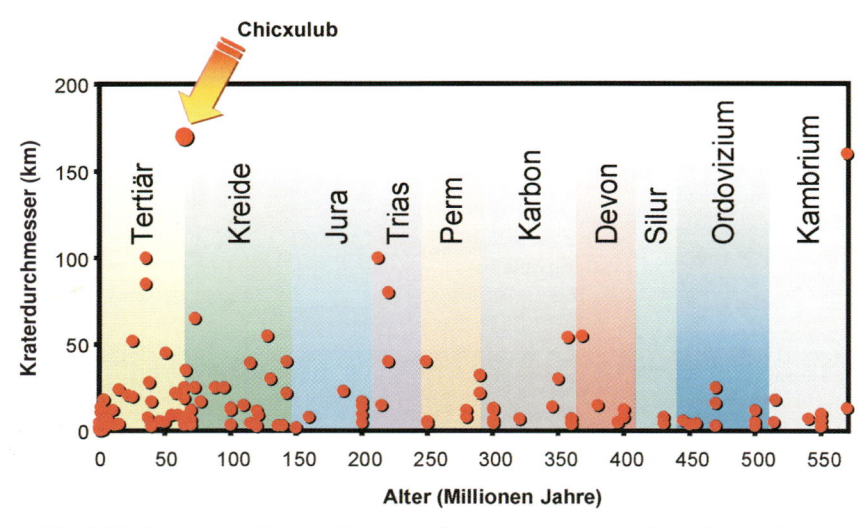

Abb. 2.37: Ein wahres Trommelfeuer großer Meteoriteneinschläge lässt sich im Verlauf der Erdgeschichte nachweisen.

Seit alters her ist unser Planet am „kosmischen Billardspiel" beteiligt, das mehrfach in erheblichem Maße auf Leben und Klima der Erde Einfluss nahm. Objekte aus dem All treffen mit Geschwindigkeiten von 54 000 bis 80 000 km pro Stunde auf die Erde. Erreichen sie die Oberfläche, wird die gesamte Bewegungsenergie in einer gewaltigen Explosion freigesetzt. Wir kennen auf der Erdoberfläche etwa 150 mehr oder weniger gut erhaltene Einschlagskrater mit Durchmessern von 1 km bis zu knapp 300 km. Die ältesten sind Vredefort in Südafrika (2 023 Millionen Jahre) und Sudbury in Kanada (1 850 Millionen Jahre). Aufgrund der Kratergrößen müssen beide Impakte globale Auswirkungen auf das Klima gehabt haben.

Kleine kosmische Bruchstücke werden durch die Reibung der Erdatmosphäre stark abgebremst, wobei ihre äußeren Schichten verglühen, und fallen schließlich zumeist harmlos als Kleinstmeteorite auf die Erdoberfläche. Dank der Atmosphäre schlagen Objekte bis zu einer Größe von weniger als 30 m kaum bis zur Erdoberfläche durch, sondern zerplatzen in der Luft, und die Energie verpufft.

Wir wissen, dass es auch in Zukunft zu größeren Einschlagsereignissen auf der Erde kommen wird. Aber über das „Wann" wissen wir (noch) so gut wie nichts. Vorerst gilt Entwarnung: Der vermeintliche „Ökokiller" 1999 AN, ein etwa 1 km großer erdbahnkreuzender Asteroid, wird im Jahr 2027 nach neuesten Berechnungen in halber Mondentfernung an der Erde vorbeifliegen.

Abb. 2.38: Kleine Meteoriten, wie dieses etwa 2 cm große Stück, das in Australien niederging, treffen täglich die Erde, ohne Schaden anzurichten.

3 Vom Zählen und Messen

Informationen für die Rekonstruktion des Klimas und der natürlichen Klimaschwankungen der Vergangenheit gewinnen Geologen aus Gesteinen und Ablagerungen auf dem Festland und im Meer. Die darin aufgezeichnete zeitlich weit zurückreichende Klimageschichte entschlüsselt der Geologe mit Hilfe aufwendiger physikalischer, chemischer und biologischer Verfahren. Reste von Pflanzen und Tieren, die in den Gesteinen enthalten sind, helfen ihm, u. a. Aussagen zum Einfluss der Sonne auf den zyklischen Verlauf des Klimas zu machen und Temperaturen, Niederschläge sowie Änderungen der Windsysteme zu rekonstruieren. Der Geochronologe unterstützt ihn mit der Altersbestimmung, durch die der zeitliche Ablauf der Ereignisse ermittelt wird. Die verschiedenen Datierungsverfahren ergänzen sich mit unterschiedlicher Genauigkeit.

3 Vom Zählen und Messen

Wind, Wetter und Klimaänderungen schufen die heutige Landschaft des Festlandes mit ihren verschiedenartigen Ablagerungen. Das Klima beeinflusst aber auch die Meeresablagerungen. Jedes Material enthält Hinweise auf das Klima, das zu seiner Entstehungszeit herrschte. Daher spiegelt die Vielfältigkeit geologischer Funde die vielschichtige Klimageschichte wider, die unser Lebensraum seit Millionen von Jahren durchlaufen hat. Diese Geschichte zu entschlüsseln, ist eine Kunst, die der Geologe zu erlernen hat. Der Geochronologe hilft ihm dabei, den zeitlichen Ablauf der Ereignisse zu ermitteln.

Welcher Tag ist heute?

Ohne das Wissen, wann ein Ereignis in der geologischen Vergangenheit stattgefunden hat, sind alle geologischen Klimarekonstruktionen nahezu wertlos. So haben Geologen und Geochronologen Wege finden müssen, um die Zeit in der Vergangenheit zu bestimmen. Es gibt leider kein alleiniges Verfahren, das für die gesamte Zeitspanne des Quartär (2,6 Millionen Jahren bis heute) oder gar für das Phanerozoikum (570 Millionen Jahre bis heute) zur Zeitbestimmung genutzt werden kann. Daher müssen sich verschiedene Datierungsverfahren mit unterschiedlicher Genauigkeit ergänzen. Man verwendet physikalische Datierungen mit Hilfe radioaktiver Atome, die durch aufwendige Messungen an Gesteinen recht genaue Alter ergeben. Es handelt sich dabei um so genannte absolute Datierungen, da man (vergleichbar mit einer Uhr) die seit einem Ereignis in der Vergangenheit bis heute vergangene Zeit messen kann. Datierungen, die auf der Grundlage des Auftretens bestimmter

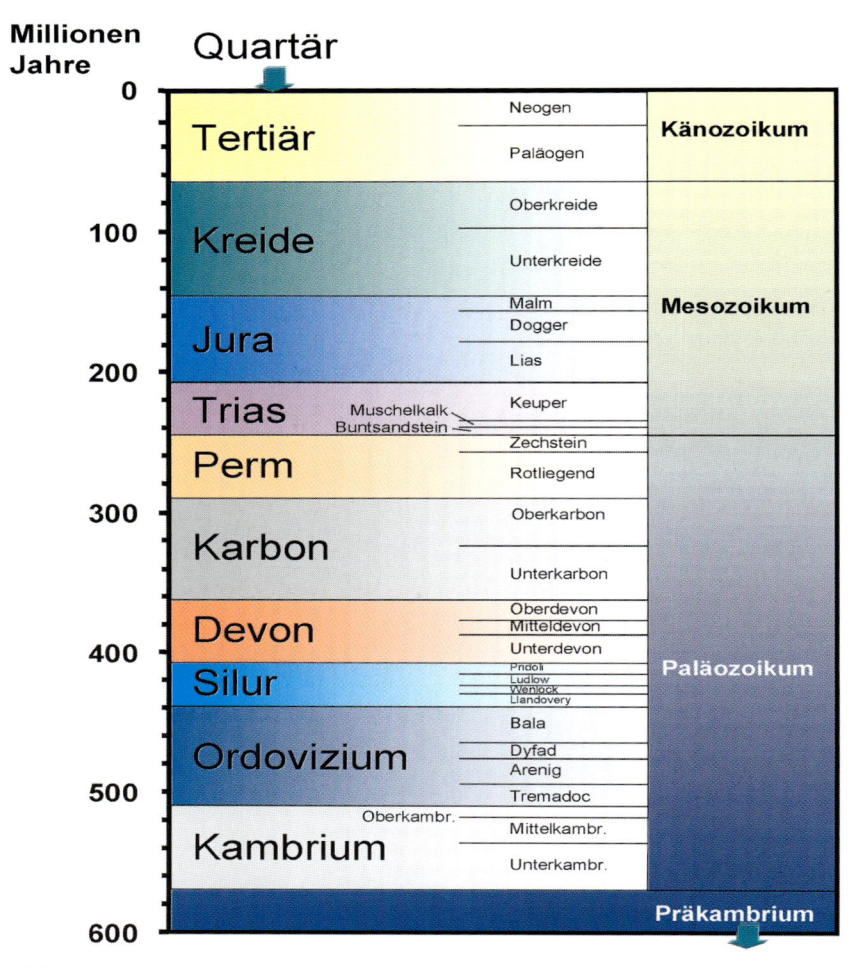

Abb. 3.1: Geologische Zeitskala der letzten 570 Millionen Jahre und Einteilung der Erdzeitalter.

Fossilien beruhen, liefern nur relative Altersangaben. Die Alter der Schichten, in denen die Fossilien auftauchen, müssen erst durch physikalische Datierungsmethoden bestimmt werden. Ähnlich verhält es sich mit den so genannten chemostratigraphischen Methoden, die chemische Veränderungen von Schicht zu Schicht beschreiben, auch sie müssen sich an den physikalischen Datierungen orientieren.

Die Atom-Uhren

Absolute Altersbestimmungen sind für die Untersuchung, Beschreibung und Deutung geologischer Vorgänge unerlässlich. Es wurden daher verschiedene Methoden der physikalischen Altersbestimmung entwickelt. All diesen Methoden ist gemeinsam, dass ihr Zeittakt über die Schnelligkeit des radioaktiven Zerfalls ermittelt wird. Der Zeittakt wird von der Halbwertszeit der für die Datierung verwendeten Isotope bestimmt. Das ist die Zeitspanne, in der gerade die Hälfte aller in einer Probe vorhandenen radioaktiven Isotope zerfällt. Für geophysikalische Altersbestimmungen nutzt man die Abnahme der Radioaktivität von einem bekannten Anfangswert durch radioaktiven Zerfall, die Entstehung von Tochterisotopen aus einem Mutterisotop sowie Strahlenschä-

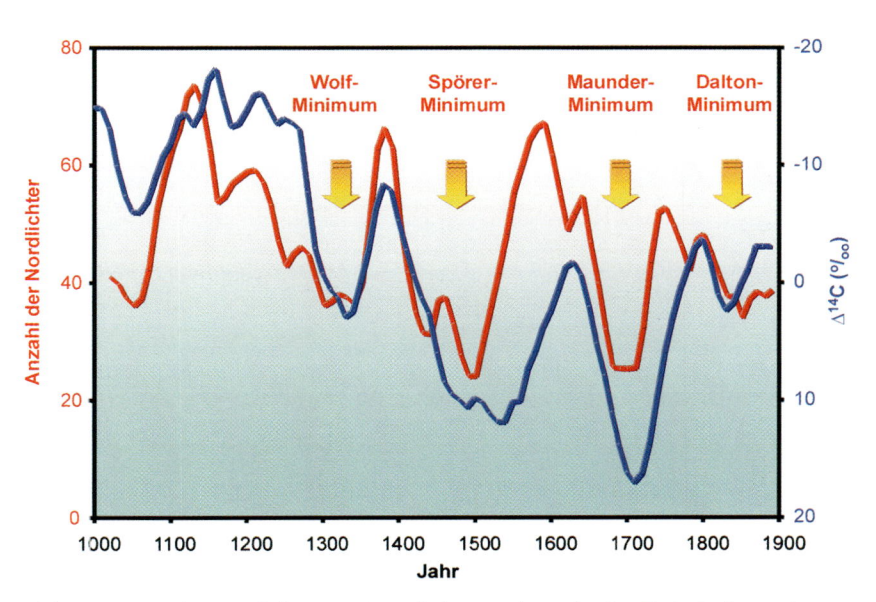

Abb. 3.2: Mit der Häufigkeit von Nordlichtern schwankt der Gehalt des radioaktiven Kohlenstoffisotops ^{14}C in kohlenstoffhaltigen Substanzen.

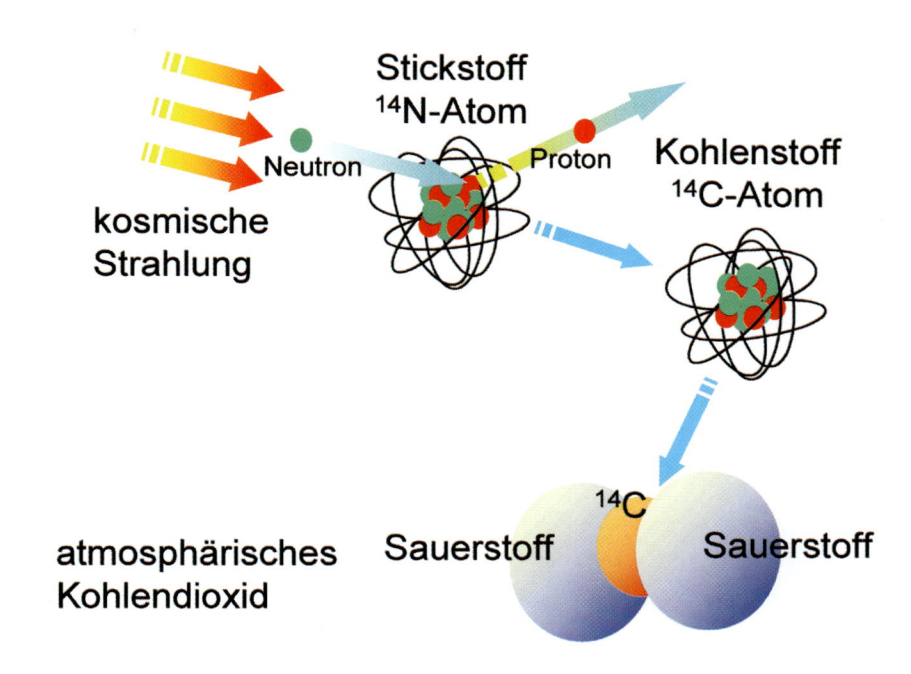

Abb. 3.3: Schema der Entstehung ^{14}C-haltigen Kohlendioxids durch den Beschuss mit kosmischer Strahlung.

digungen durch die überall wirksame Umgebungsstrahlung. Diese Umgebungsstrahlung geht auf die in Gesteinen und Mineralen vorhandenen Elemente Uran, Radium und Kalium zurück sowie auf die kosmische Strahlung.

Die Auswirkungen des Magnetfeldes der Sonne auf die Erde bieten eine zusätzliche Möglichkeit zur indirekten Bestimmung der Strahlungsschwankungen der Sonne über mehrere Jahrtausende zurück. So nehmen der Sonnenwind – ein Fluss geladener Teilchen – und die daran gekoppelte „Verbiegung" des Erdmagnetfeldes mit steigender Sonnentätigkeit zu. Sonnenwind und Erdmagnetfeld schirmen die Erde von der kosmischen Strahlung zunehmend ab und

3 Vom Zählen und Messen

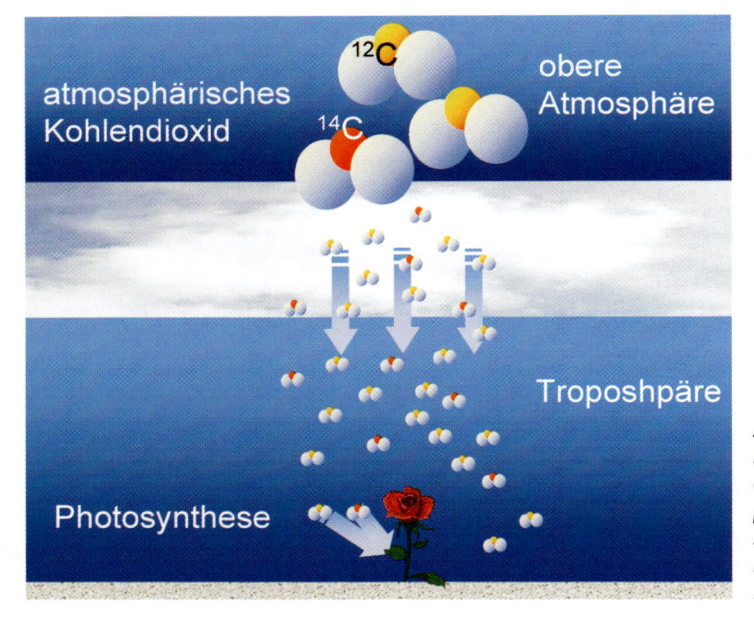

Abb. 3.4: Kohlendioxid mit ^{14}C-Isotopen gelangt aus der oberen Atmosphäre in die Troposphäre und wird schließlich von Pflanzen aufgenommen.

hemmen mehr und mehr die Produktion von Isotopen wie Kohlenstoff-14 (^{14}C) und Beryllium-10 (^{10}Be), die durch das Strahlungsbombardement aus dem Stickstoff der Atmosphäre entstehen. Diese Isotope wiederum sind in biologischen und geologischen Archiven enthalten. Sie können zum Beispiel im Holz der Bäume und in Eisbohrkernen (aus der Arktis und Antarktis) gemessen werden und somit Daten zur Geschichte des solaren Magnetismus liefern.

Die Kohlenstoff-Uhr

Die Radiokohlenstoff- (Radiokarbon-) bzw. ^{14}C-Methode ist das wohl bekannteste Datierungsverfahren, vor allem für organische Materialien wie Holz, Holzkohle, Knochen, Kleiderstücke und Nahrungsreste, aber auch für Grundwasser, Höhlensinter und Travertin. Das 1947 von Willard F. Libby entwickelte Verfahren ermöglicht Datierungen für den Altersbereich der letzten 50 000 Jahre, d. h. also für Material, das ab der Mitte der letzten Kaltzeit gebildet worden ist. Das Isotop ^{14}C hat eine Halbwertszeit von 5 568 Jahren. Das Alter einer ^{14}C-Probe ist etwa auf ein Jahrhundert genau zu bestimmen und weltweit vergleichbar. Allerdings gibt es eine Besonderheit: ^{14}C-Jahre stimmen nicht mit den Jahren unseres Sonnenkalenders überein. Die Abweichungen nehmen mit dem Alter unregelmäßig zu und verkürzen dabei die ^{14}C-Zeitskala derart, dass diese zum Beispiel 10 000 Jahre vor heute 1 400 Jahre und 20 000 Jahre vor heute 3 500 Jahre kürzer ist. Eine Umrechnung von ^{14}C-Jahren in Sonnenjahre erfolgt mit Tabellen bzw. Rechnerpro-

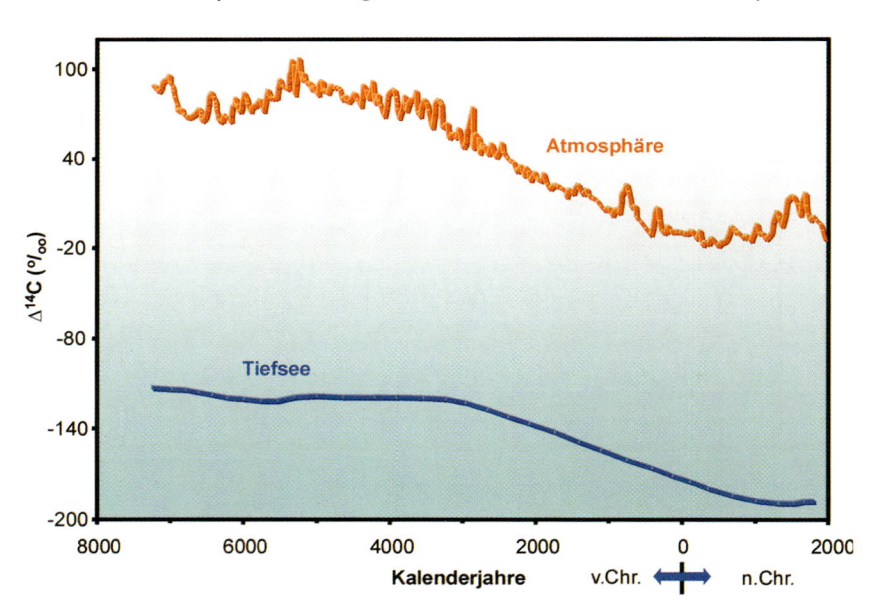

Abb. 3.5: Messungen an Pflanzenmaterial erlauben Aussagen über die ^{14}C-Gehalte der Atmosphäre in der Vergangenheit. Tiefseekarbonate enthalten nach Berechnungen mit Hilfe eines Computermodells deutlich weniger ^{14}C-Isotope als die Atmosphäre.

grammen. Darüber hinaus gibt es Zeitbereiche von einigen Jahrhunderten (z. B. 1630 bis 1950 n. Chr., 400 bis 800 v. Chr.), die sich so altersmäßig überhaupt nicht bestimmen lassen. Dieser abweichende Gang der ^{14}C-Uhr wird durch die schwankende Sonnenaktivität verursacht, die durch kosmische Strahlung zu unterschiedlichen Zeiten unterschiedlich viel Radiokohlenstoff in der Atmosphäre bildet. Die Menge des radioaktiven Kohlenstoff-14 in einer Probe gibt man häufig in Promill als Verhältnis zur Menge des stabilen Kohlenstoffs ^{13}C an (Δ^{14}C ist die gebräuchliche Abkürzung für dieses Verhältnis).

Es wäre ideal, wenn die Altersbestimmung auf die Messung der Radioaktivität und die Umrechnung in Sonnenjahre beschränkt bleiben würde. Es gibt aber auch noch eine Reihe von Altersverfälschungen, etwa durch Fremdmaterialien. Wurzeln oder Huminsäuren dringen in tiefer liegende Torfe, Mäuse durchmischen unterschiedlich alte Schichten. Die Proben müssen deshalb sorgfältig ausgesucht, gereinigt und oft auch chemisch vorbereitet werden. Schließlich kann die Radioaktivität so gering sein, dass die Proben in bestimmte Gase oder Flüssigkeiten umgewandelt werden müssen, die dann mit besonders empfindlichen Instrumenten gemessen werden.

Die Uran-Thorium-Uhr

Eine andere Methode der physikalischen Altersbestimmung nutzt den radioaktiven Zerfall von Uran und Thorium. Mit diesem Verfahren lassen sich besonders gut alte Kalksinter, Stalagmiten (vom Boden nach oben wachsende Tropfsteinsäulen), Meeresablagerungen und Torfe mit Altern von einigen Jahrtausenden bis zu 500 000 Jahren datieren. Die schweren Elemente Uran und Thorium besitzen sehr langlebige Isotope, bei deren Zerfall radioaktive Tochter-, Enkel- und Urenkelisotope entstehen. Diese haben im unverwitterten Gestein mit mehr als 1 Million Jahre Alter gleich viele Zerfälle pro Zeiteinheit. Es stellt sich ein Zerfallsgleichgewicht zwischen den unterschiedlichen Isotopen ein. Wird ein solches Gleichgewichtssystem zum Beispiel durch Verwitterung gestört oder entsteht es – wie bei der Ausfällung von Kalksinter – neu, so existiert von Anfang an ein radioaktives Ungleichgewicht. Die an der Uran-Zerfallsreihe beteiligten Elemente sind nämlich unterschiedlich wasserlöslich. Uran wird mit Wasser vom Ort seiner Verfügbarkeit wegtransportiert; Thorium, das Tochterisotop, lagert sich an Tone an. Bei der Ausfällung von Karbonat wird das gelöste Uran eingebunden. Wenn dieser Prozess abgeschlossen ist, stellt sich innerhalb vieler Jahrhunderttausende während der Alterung ein neues radioaktives Gleichgewicht ein. Die jeweiligen Zustände, die auf dem Weg dorthin erreicht wurden, sind ein Maß für die vergangene Zeit oder das Alter. Nur wenige Gramm schwere Proben reichen aus, solche Altersbestimmungen vorzunehmen.

Die Thermoluminiszenz-Uhr

Das Alter von Moränen, Schmelzwasserablagerungen und Löss – als Hauptzeugen der Kaltzeiten – läßt sich mit den bisher genannten Datierungsmethoden nicht bestimmen. Dafür eignet sich jedoch die Thermoluminiszenz-Methode. Sie nutzt die Tatsache, dass die Umgebungsstrahlung – wie

3 Vom Zählen und Messen

z. B. das ultraviolette Licht der Sonnenstrahlung, in allen Sedimenten und Mineralien Strahlenschädigungen hinterlässt, deren Ausmaß mit dem Alter zunimmt. Wird derart geschädigtes Probenmaterial erhitzt (Thermoluminiszenz) oder mit Lasern bestrahlt (optisch stimulierte Luminiszenz), so verheilen diese Schäden unter Aussendung von Licht – sie luminiszieren. Die Stärke dieses Lichtes, die man mit Photozellen bestimmt, wird zum Maß für das Alter der Proben. Wann sind Proben für diese Methode geeignet? Sedimente, die vom Wasser oder Wind während der Eiszeiten aus Flusstälern ausgeräumt und umgelagert worden sind, haben beim Transport unter der Ultraviolettbestrahlung der Sonne ihre ursprünglich vorhandenen Strahlenschäden verloren. Sobald sie endgültig abgelagert worden sind, kommt es zu neuen Schädigungen, die dann für die Altersbestimmung nach dem Luminiszenzverfahren das geeignete Signal liefern. Diese Methode ermöglicht Aussagen für den Altersbereich von einigen Jahrhunderten bis rund 100 000 Jahre.

Die Kalium-Argon-Uhr

Datierungen von extrem alten wie auch sehr jungen kaliumhaltigen Gesteinen und Meteoriten lassen sich aus dem Verhältnis der Isotope ^{40}K zu ^{40}Ar bestimmen. Das Isotop ^{40}K zerfällt mit einer Halbwertszeit von 1,27 Milliarden Jahren in Kalzium- und Argon-Isotope. Die Kalium-Argon-Methode ist insbesondere zur Datierung vulkanischer Ablagerungen von Bedeutung, die als Zeitmarker dienen.

Bei starken Vulkanausbrüchen gelangen große Mengen Aschepartikel in die höhere Erdatmosphäre. Höhenwinde verfrachten diese Aschen über weite Entfernungen, bevor sie schließlich auf die Erdoberfläche niedergehen. Auf dem Festland werden die zum Teil relativ dünnen Ablagerungen (Tephralagen) häufig durch Erosion wieder abgetragen. In Ozeanen oder tiefen Binnenseen dagegen werden die Ascheschichten durch nachfolgende Sedimentablagerungen abgedeckt und damit konserviert. In Sedimentkernen sind sie dann oftmals mit dem bloßen Auge als deutliche Aschelagen erkennbar. An kaliumhaltigen Mineralen oder Glasbruchstücken in den Aschen lässt sich das Datum bestimmen, zu dem der Vulkanausbruch stattgefunden hat. Da Eruption und nachfolgende Ablagerung der Aschen nur wenige Tage bis Wochen auseinander liegen, wird mit dem Alter der Eruption annähernd auch der Zeitpunkt datiert, zu dem die Aschen in der Sedimentabfolge eingebettet wurden.

Wie funktioniert das Uhrwerk? Ein Isotop des Elements Kalium ist radioaktiv. Es besitzt die Masse 40 und wandelt sich mit einer konstanten Rate zu etwa 90 Prozent in das Kalzium-Isotop ^{40}Ca und zu etwa 10 Prozent in das Argon-Isotop ^{40}Ar um. Beide Isotope besitzen die Massenzahl 40. In einem kaliumhaltigen Gestein entstehen dadurch im Laufe der Zeit winzige Mengen des Edelgas-Isotops ^{40}Ar. Weil dieses Argon aus dem radioaktiven Zerfall entstanden ist, wird es auch als radiogen bezeichnet. Die Menge des sich bildenden radiogenen Argon ist um so größer, je größer der Kalium-Gehalt der Probe ist. Werden die Argon-Atome in den Kristallgittern der Minerale festgehalten, so nehmen die Atome des radiogenen ^{40}Ar im Verhältnis zu dem radioaktiven Mutter-Isotop ^{40}K im Laufe der Zeit stetig zu. Aus dem heutigen Verhältnis von ^{40}Ar zum Kalium-Gehalt einer

Probe kann somit die Zeit errechnet werden, die seit der Gesteinsbildung vergangen ist. Der Zeitpunkt einer vulkanischen Eruption lässt sich auf diese Weise über das Alter der Aschenlage bestimmen.

Die biologischen Uhren

Die Fossilien-Uhr

Das Prinzip der Leitfossilien ist schon seit Mitte des 17. Jahrhunderts bekannt und findet in der Geologie insbesondere bei älteren Gesteinsformationen Anwendung. Als Leitfossilien werden solche Arten bezeichnet, die geographisch weit verbreitet sind, sich schnell entwickeln und umbilden und daher auf einen zeitlich eng begrenzten Abschnitt der Erdgeschichte beschränkt sind. So besitzen Trilobiten für das Kambrium, Ammoniten für den Jura und die Kreide, Muschelkrebse (Ostrakoden) für das Tertiär oder Säugetiere für das Quartär herausragende Bedeutung als Leitfossilien. Die einzelligen Foraminiferen haben im Laufe der Erdgeschichte eine intensive Entwicklung durchlaufen. Viele von ihnen eignen sich daher als Leitfossilien und somit zur relativen Altersbestimmung. So kann man mit Foraminiferen, die im Oberflächenwasser lebten, die Schichtenfolgen der Kreide und des Tertiär (145,6 bis 2,6 Millionen Jahre vor heute) weltweit in über 100 einzelne Zonen, so genannte biostratigraphische Zonen oder Biozonen, gliedern.

Abb. 3.6: Ein mit dem bloßen Auge erkennbares Leitfossil, der Ammonit Hypacanthoplites evolutus, lebte während des Apt in der Kreidezeit.

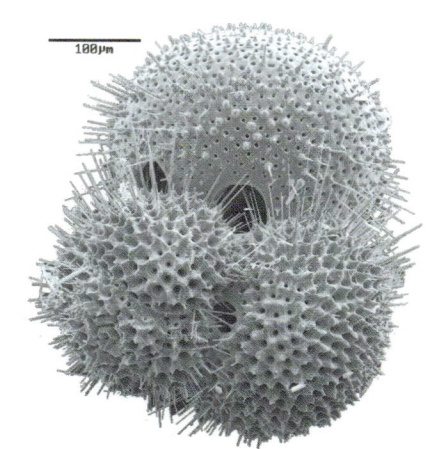

Abb. 3.7: Eine stachlige Angelegenheit, die im Oberflächenwasser der Meere lebende Foraminifere Globigerinoides ruber ermöglicht die zeitliche Gliederung von Meeresablagerungen.

Die Pollen-Uhr

Pollen und Sporen sind wie Leitfossilien ebenfalls geeignet, Auskunft über das Datum von Ereignissen zu liefern. Im Quartär erlaubt es die Pollenzusammensetzung in Schichten der Warmzeiten, auf die Einwanderungsfolgen von Bäumen, Sträuchern und anderen Pflanzen rückzuschließen. Jede Warmzeit ist hierdurch mehr oder weniger auffällig gekennzeichnet. Wichtig für die Deutung sind zeitlich lang durchlaufende und vollständige Profile. Über den wechselnden Gehalt an Pollen, Sporen, Algen sowie pflanzlichen Großresten lassen sich einzelne Zonen untergliedern. Deren Abfolgen sind in der Regel so unverwechselbar, dass es möglich ist, verschiedene Untersuchungspunkte und Archive miteinander zu vergleichen und in ihrer zeitlichen Abfolge einzuordnen.

Selbstverständlich nimmt die Datierungssicherheit mit der Zahl untersuchter Profile immer weiter zu. Pollendiagramme

3 Vom Zählen und Messen

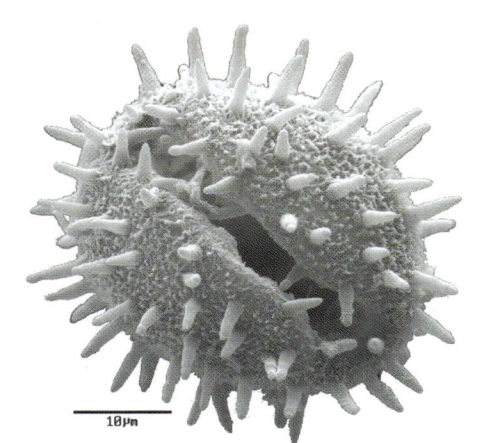

Abb. 3.8: Dieses Pollenkorn der gelben Teichrose wurde mit dem Rasterelektronenmikroskop aufgenommen.

verschiedener Naturräume unterscheiden sich freilich in Kleinigkeiten, denn auch heute finden wir etwa in Norddeutschland eine andere Vegetationszusammensetzung als in Süddeutschland. Diese ist und war auch in vergangenen Zeiten abhängig vom Boden, von der Hangneigung, von der Sonnenscheindauer und vielen anderen Faktoren, die bei der Deutung von Pollendiagrammen beachtet werden müssen. Die Umgestaltung der Naturlandschaft zur Kulturlandschaft in den letzten 6 000 Jahren ist hierbei ein besonderes Kapitel.

Manchmal genügt schon der Nachweis einer einzelnen Art, um eine zeitliche Einstufung vorzunehmen. Das Prinzip der Leitfossilien ist in abgewandelter Form auch auf Pollen oder Sporen anzuwenden. Manche Pollenkörner, wie zum Beispiel die von Gräsern, Kiefern oder Birken, sind in allen Warmphasen des Quartär nachweisbar, andere sind jedoch nur auf ganz bestimmte Zeitabschnitte beschränkt. Ein gehäuftes Auftreten von Amberbaum, Hickory oder Tulpenbaum weist darauf hin, dass es sich um eine ältere Ablagerung aus dem Unterpleistozän (2,6 Millionen bis 780 000 Jahre vor heute) handelt. Findet man unter dem Mikroskop die typischen Überreste des Algenfarns, so kann man sicher sein, dass die untersuchte Ablagerung mehr als 125 000 Jahre alt ist.

Die Jahresschichten-Uhr

Das Klima der Warmzeiten finden wir auch in Seen dokumentiert. Hier sammeln sich Bodenpartikel, Pollen, Blätter, Staub usw. In den oft meterdicken Seeablagerungen ist Schicht für Schicht – wie in einem geologischen Tagebuch – über Jahrtausende lückenlos die Klima- und Vegetationsgeschichte einer Region aufgezeichnet. Unter besonders günstigen Ablagerungsbedingungen bildet sich eine Jahresschichtung aus. Zumeist erkennt man im Bohrkern schon mit

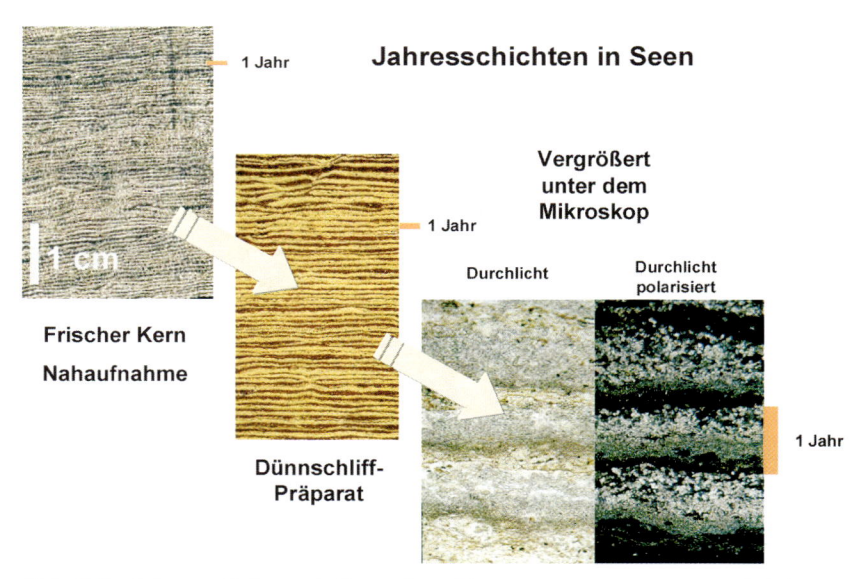

Abb. 3.9: Jahreszeitlich geschichtete Seeablagerungen – vom nassen Bohrkern über den Dünnschliff bis zum mikroskopischen Bild für die Auswertung.

dem bloßen Auge regelmäßige Hell- und Dunkellagen, wobei jeweils ein Lagenpaar ein Jahr vertritt. Solche Jahresschichten eröffnen die aufregende Möglichkeit, jahrgenau zu datieren. In manchen Fällen gelingt es sogar, die Jahreszeit anzugeben, in der ein Ereignis stattgefunden hat.

Doch nicht alles, was nach Jahresschichtung aussieht, ist tatsächlich eine Jahresschichtung. Innerhalb der Hell- und Dunkellagen sind Bestandteile nachzuweisen, die sicher einer bestimmten Jahreszeit zuzuordnen sind. Dabei ist die biologische Beweisführung die sicherste. Eine Winterlage ist in der Regel durch das Auftreten winziger kugeliger Überreste verschiedenster Goldalgen gekennzeichnet. Das darauffolgende Frühjahr ist aufgrund der Hauptblütezeit vieler Pflanzen besonders reich an Pollenkörnern und Sporen; zahlreiche Schalen von Kieselalgen deuten auf die Hauptblütezeit der Diatomeen im Frühsommer hin. In der Herbstlage finden sich vor allem pflanzliche Reste, die mit dem Herbstlaub in den See gelangen. Mit dem erneuten Auftreten von Überresten der Goldalgen beginnt dann die nächste Jahreslage. Es gibt aber auch chemische Beweise: Kalk wird mit der Hauptalgenblüte im Frühsommer ausgefällt, Eisenspat (Siderit) wird im Sommer gebildet, und Blaueisenerz (Vivianit) kristallisiert hauptsächlich in der Winterschicht. Die entsprechenden Kristalle bzw. chemischen Verbindungen lassen sich sowohl mikro- und makroskopisch als auch geochemisch nachweisen.

Zwar gibt es bislang noch keine Seeablagerungen, die bis zur Jetztzeit durchgehend zählbar feingeschichtet sind, aber Jahresschichtenzählungen an Sedimenten verschiedener Seen können über andere überregional wirksame Ereig-

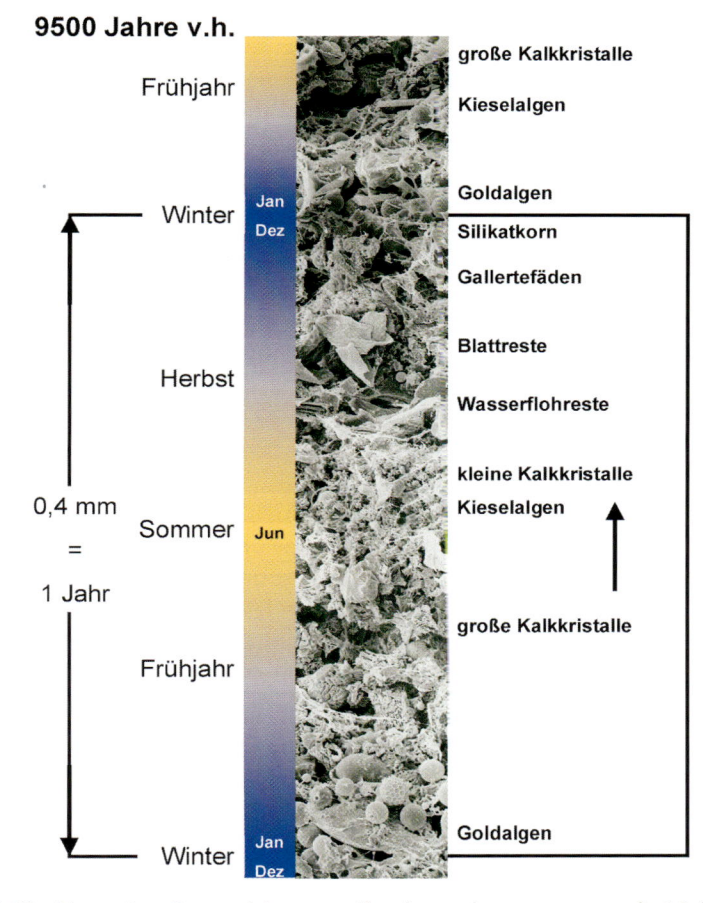

Abb. 3.10: Unter dem Rasterelektronenmikroskop erkennt man erst die Vielfalt der Ablagerungen, die vor 9 500 Jahren im Verlauf eines Jahres auf den Seeboden abgesunken sind. Eine Jahresschicht ist charakterisiert durch Reste winziger Wassertiere, Algen und größerer Pflanzen, die im See oder in seiner Umgebung leben, sowie durch Kalkkristalle, die aus dem Seewasser ausgefällt werden. Alle diese Teilchen setzen sich im Ablauf der Jahreszeiten in einer typischen Abfolge am Seeboden ab.

nisse miteinander verbunden werden. So genannte Markerhorizonte, zu denen beispielsweise vulkanische Aschelagen zählen, erlauben es, lange Reihen eines Jahresschichtenkalenders zusammenzusetzen.

3 Vom Zählen und Messen

ASCHE-MARKER

Gewaltige Vulkanausbrüche, Katastrophen für die Bewohner der betroffenen Regionen, sind Glücksfälle für die Seenforschung und für die marine Klimaforschung. Warum? Bei den meisten Vulkanausbrüchen werden große Mengen von Asche in mehr als 30 km Höhe geschleudert und von den Windströmungen Tausende von Kilometern weit transportiert. Beim Abregnen werden sie als dünne Schicht auf riesigen Arealen – manchmal ganzen Kontinenten – abgelagert. Da die Vulkanausbrüche wenige Tage, allenfalls Wochen dauern, sind die Aschelagen Zeitmarker von unglaublicher Genauigkeit. Leicht kann man sie heute in der Nähe der Ausbruchstellen aufspüren, aber in größerer Entfernung werden die Lagen so dünn, dass man sie nur mit besonderen Methoden und erheblichem Zeitaufwand im Labor nachweisen kann. Oft sind sie weit weniger als 1 mm dünn. Seen und Moore sind die einzigen Archive auf dem Festland, in denen solche Vulkanaschen über lange Zeit erhalten bleiben.

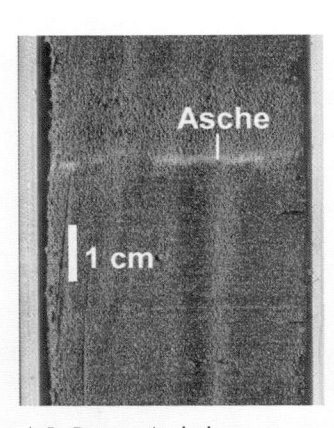

A 1 Dünne Aschelage vom Ausbruch des Laacher-See-Vulkans in der Eifel; gefunden in einem Bohrkern aus dem Schleinsee (Oberschwaben), der 350 km von der Ausbruchstelle entfernt liegt.

In den meisten Fällen sind die vulkanischen Aschen feinste Splitter aus rasch erstarrtem glutflüssigem Gestein. Diese Glassplitter sind wegen der plötzlichen Druckentlastung beim Vulkanausbruch voller Gasblasen. Daran kann man sie unter dem Mikroskop leicht erkennen. Glücklicherweise haben die Aschen verschiedener Vulkane auch ganz unterschiedliche chemische Zusammensetzungen, so dass man sie mit den modernen Analyse-Geräten eindeutig bestimmen und genau einem vulkanischen Ereignis zuordnen kann.

Ist eine Vulkanasche erst einmal in einem See aufgespürt und identifiziert, kann man sie in anderen Seen gezielt suchen und hat nach meh-

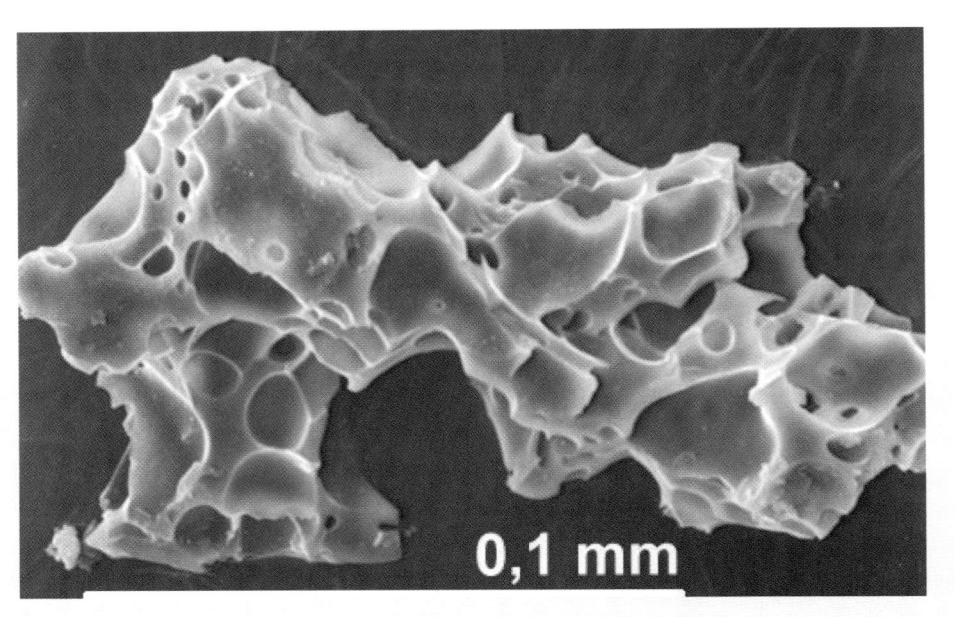

A 2 Einzelkorn des glasigen, blasenreichen Bimstuffs vom Ausbruch des Laacher-See-Vulkans (Detailaufnahme mit dem Rasterelektronenmikroskop aus Ablagerungen des Mummelsees, Schwarzwald).

reren Funden einen Zeitzeugen, der genauer als ein Jahr das Alter angibt. Hat man das Alter der Asche in einem See einmal ermittelt, so kennt man schlagartig höchst genau das Alter der betreffenden Schichten der gesamten Region. Ein Beispiel mag zeigen, warum dies für die Klimaforschung so wichtig ist.

Vor 30 Jahren fanden dänische Forscher im Saksunarvatn, einem See auf den Faröern, eine noch unbekannte Asche, die nach diesem See benannt wurde. Inzwischen wurde die Saksunarvatn-Asche an einigen Stellen im Nordatlantik und in mehreren Seen im Gebiet Hannover-Kiel-Rügen-Berlin gefunden, danach in einer Region Norwegens und vor kurzem auch im GRIP-Eiskern von Grönland. Die Asche stammt aus einem isländischen Vulkan. Ihr Alter wurde an allen Fundstellen unabhängig und mit verschiedenen Methoden bestimmt, und es war sehr beeindruckend zu sehen, dass das Alter von etwa 10 100 J.v.h. innerhalb eines sehr geringen Fehlerbereichs übereinstimmte. Damit hat die Klimaforschung für diesen Abschnitt der frühen Nacheiszeit von Nord-

3 Vom Zählen und Messen

ASCHE-MARKER

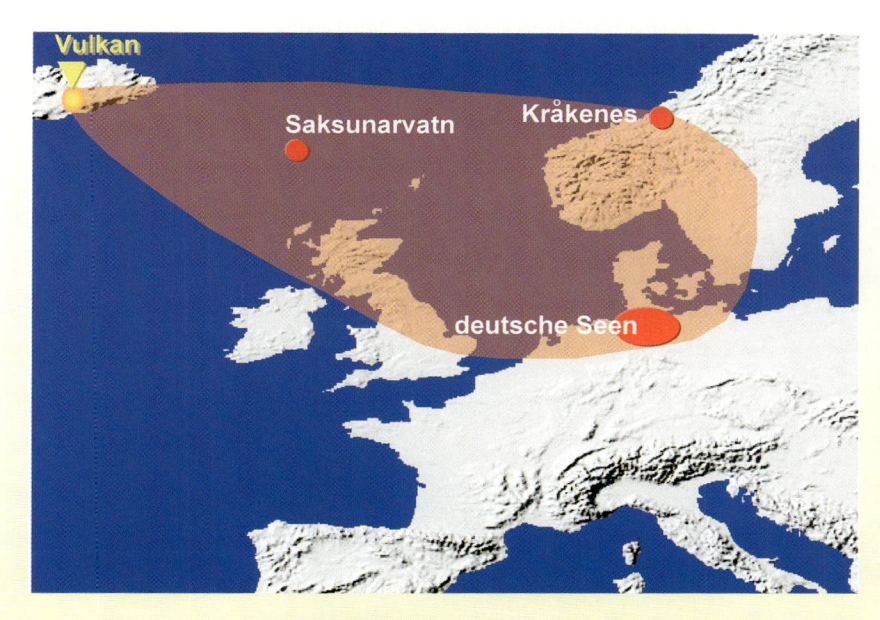

A 3: Ausdehnung einer Aschenfahne, die ein isländischer Vulkan vor 10 100 Jahren ausgeworfen hat. Diese Asche wurde nach dem Saksunarvatn-See auf den Färöer-Inseln benannt, wo man sie zuerst gefunden hat. Später konnten Forscher sie auch in Skandinavien und Norddeutschland nachweisen.

deutschland bis Grönland einen verlässlichen und genauen Zeitzeugen. Damit können verschiedene Methoden der Datierung geeicht werden; so die Radiokarbon-Datierungen des frühen Boreal im Nordatlantik, die früher systematisch um mehr als 400 Jahre von entsprechenden Datierungen auf dem Festland abwichen. Ergebnisse der Pollenanalyse, die ebenfalls zur Datierung verwendet wird, konnten für die frühe Nacheiszeit Norddeutschlands zeitlich exakt justiert werden.

Die Baumring-Uhr

Für genaue Altersdatierungen ist die Dendrochronologie unübertroffen. Das Dickenwachstum der Nadel- und Laubgehölze unserer Klimazone folgt dem jahreszeitlichen Klimawechsel. Im Frühjahr wird großporiges Frühholz gebildet, im Sommer werden die Zellwände dicker, das Porenvolumen geringer, und im Herbst klingt das Wachstum langsam aus

Abb. 3.11: Wachstumsringe in Baumstämmen geben das Lebensalter eines Baumes an.

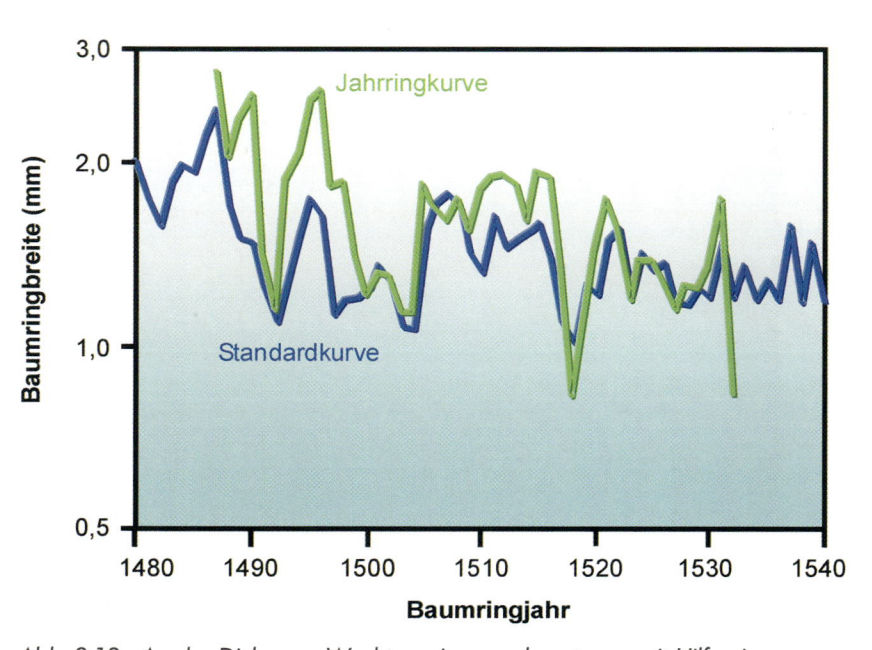

Abb. 3.12: An der Dicke von Wachtumsringen erkennt man mit Hilfe einer Standardkurve das Alter neu zu datierender Hölzer.

3 Vom Zählen und Messen

(Spätholz). Die Winterruhe verursacht eine scharfe Grenze zum weitmaschigen Frühholz des nächsten Jahres. Es entstehen so genannte Jahresringe. Die Dicke und Ausprägung der einzelnen Jahrringe sind abhängig vom allgemeinen Klimaverlauf. Über den gesamten Stammquerschnitt gemessen ergibt sich dabei eine typische Abfolge einer Jahrringbreitenkurve. Durch die Auswertung heutiger, geschichtlicher und vorgeschichtlicher Bauhölzer und fossiler Hölzer einer Baumart – in der Regel Eiche und Kiefer – können für bestimmte Regionen Jahrhunderte und Jahrtausende zurückreichende Jahrringchronologien aufgebaut werden. Diese Chronologien ermöglichen dann über den Vergleich mit Jahrringbreiten von Hölzern unbekannten Alters, diese jahrgenau zu datieren. Vor allem in der Archäologie ist die Dendrochronologie zur Datierung von Baubefunden von großer Bedeutung. In der Geologie kann man mit ihrer Hilfe das Alter der Schicht bestimmen, in der die Hölzer auftreten. Eine besondere Bedeutung erlangt die Dendrochronologie durch die Möglichkeit, physikalisch ermittelte Radiokarbon-Alter zu eichen.

Die chemischen Uhren

Die Sauerstoff-Uhr

Sauerstoffisotopenmessungen an Kalkgehäusen von Einzellern des Meeres, so genannten Foraminiferen, ermöglichen eine Altersdatierung der Meeressedimente, in denen sie vorkommen. Diese Datierungen stehen in einem engen Zusammenhang mit den zyklischen Schwankungen der Erdumlaufbahn um die Sonne: Letztere steuern den zeitlichen Ablauf von Aufbau und Schmelze der Eisschilde an den Polen und prägen dadurch den Gehalt der Sauerstoffisotope im Meerwasser und damit auch in den Kalkschalen der Foraminiferen.

Cesare Emilliani hat 1955 als erster die Änderungen der Sauerstoffisotopenzusammensetzung in Kalkschalen als Klimasignal erkannt und einzelne „Isotopenstadien" definiert und nummeriert. Allerdings sind diese Signale in den Kalkschalen aus unterschiedlichen Meeresbecken nicht gleich stark ausgebildet, sondern von regionalen Prozessen überprägt. Doch ist der zeitliche Ablauf immer gleich, und das macht die Messung der stabilen Isotope für die Datierung so nützlich.

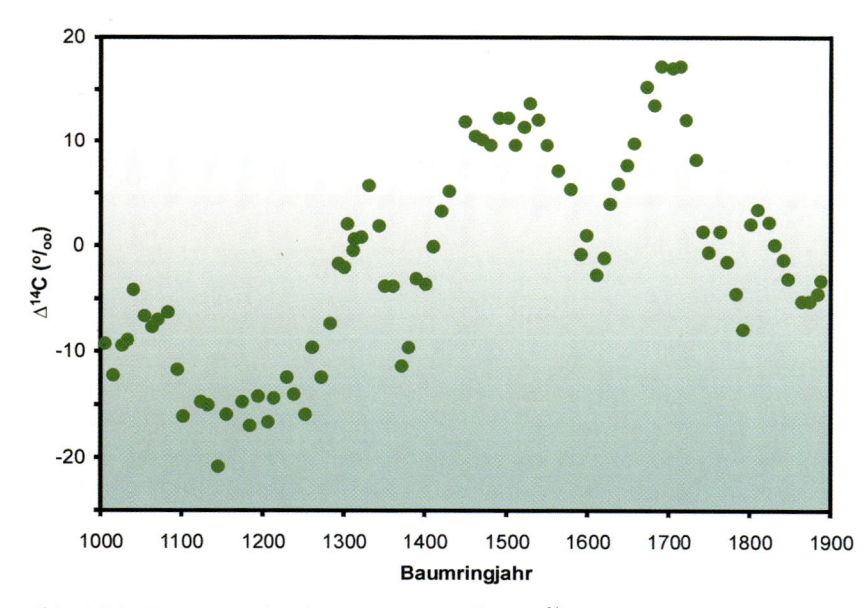

Abb. 3.13: Baumringjahre kann man mit Hilfe von ^{14}C-Datierungen in die absolute Altersskala einpassen. Zählungen von Baumringen werden genutzt, um die Ergebnisse von ^{14}C-Altersbestimmungen zu korrigieren und in Kalenderjahre umzusetzen.

3 Vom Zählen und Messen

bahnänderungen in Einklang. Dies ermöglicht, eine zeitlich sehr genaue Standardkurve der Sauerstoffisotopenverhältnisse zu erstellen. Kommen nun neue Analysenreihen aus Meeresablagerungen hinzu, so können sie mit Hilfe der Standardkurve zeitlich eingeordnet werden, indem die Änderungsmuster der neuen Analysen mit den Änderungsmustern der Standardkurve in Einklang gebracht werden. So erhält man Datierungen, die bis etwa 5 Millionen Jahre in die Vergangenheit reichen. Das Eichen der neuen Daten an der Standardkurve ähnelt dem Verfahren, das in der Altersbestimmung mit Hilfe von Baumringen verwendet wird.

Die Strontium-Uhr

Die verschiedenen Isotope des Strontium bieten eine weitere Möglichkeit, marine Sedimente zu datieren. Durch die Verwitterung von Gesteinen werden auf den Kontinenten Minerale zersetzt und in Lösungen zum Meer transportiert. Dazu gehört auch das Element Strontium. Neben dem Eintrag durch Flüsse wird Strontium auch durch untermeerischen Vulkanismus dem Meerwasser zugeführt. Über die Meeresströmungen verteilt es sich gleichmäßig in den Ozeanen.

Strontium tritt in vier Isotopenformen auf, die sich durch ihre Massengewichte unterscheiden und die bei der Bildung von tierischen Hartteilen aus Karbonaten und Phosphaten in Spurenmengen eingebaut werden. Die Konzentrationen der einzelnen Strontiumisotope lassen sich mit Hilfe von physikalischen Messungen ermitteln, wobei sich zeigt, dass die beiden Isotope mit den Massenzahlen 87 und 86 im Ver-

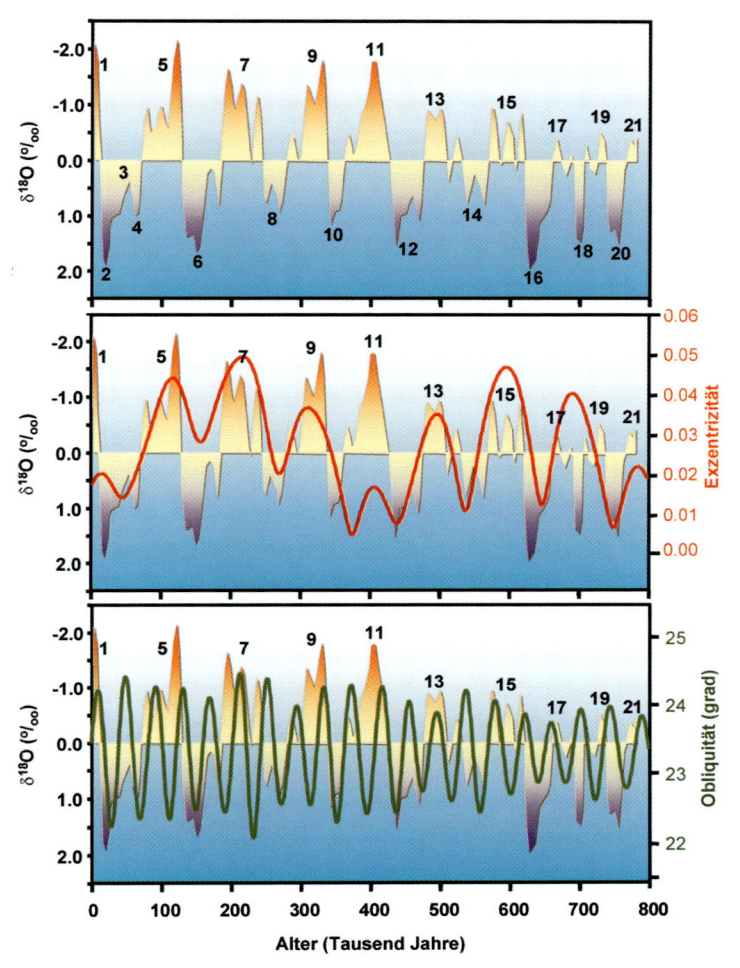

Abb. 3.14: Das Sägezahnmuster der Sauerstoffisotopenwerte von Foraminiferen-Kalkschalen (oben) hängt von den zeitlichen Änderungen der Erdbahn um die Sonne ab, die sich sehr genau berechnen lassen (Mitte und unten). Somit ermöglichen die Isotopenwerte Altersdatierungen. Einzelne „Isotopenstadien" sind durch Zahlen gekennzeichnet.

Eine Gruppe von Forschern hat sich zur Aufgabe gemacht, aus vielen Meeresgebieten die Sauerstoffisotopendaten von Kalkgehäusen zusammenzutragen sowie ihre zeitliche Änderung zu analysieren. Sie brachten die Messergebnisse mit den durch astronomische Berechnungen bestimmbaren Erd-

3 Vom Zählen und Messen

WAS SIND ISOTOPE?

Die Atomkerne der chemischen Elemente bestehen aus positiv geladenen Protonen und elektrisch neutralen Neutronen. Protonen und Neutronen haben nahezu dieselbe Masse. Die Zahl der Protonen (Z) bestimmt die „Ordnungszahl" eines Elements und sein chemisches Verhalten. Die Ordnungszahl ist für alle Atome eines Elements gleich, für Kalium beispielsweise ist Z = 19, das heißt die Kerne aller Kaliumatome enthalten 19 Protonen. Die Summe der Protonen und der Neutronen ergibt die „Massenzahl" des Atoms. Die Massenzahl der Atome eines Elements muss nicht immer gleich sein. Die Atome eines Elements mit unterschiedlicher Anzahl von Neutronen, d. h. mit unterschiedlichen Massenzahlen, heißen „Isotope". Um die Isotope kenntlich zu machen, wird die Massenzahl hochgestellt vor dem Elementsymbol geschrieben, z. B. ^{40}K (Kalium), ^{12}C (Kohlenstoff).

Die Isotope von verschiedenen Elementen treten mit unterschiedlichen Häufigkeiten auf, wie z. B. Kalium ^{41}K (6,730 %), ^{40}K (0,012 %) und ^{39}K (93,258 %) oder Kohlenstoff ^{12}C (98,9 %) und ^{13}C (1,1 %).

Stabile Isotope unterliegen keinem radioaktiven Zerfall. Die Angabe der absoluten Konzentrationen einzelner stabiler Isotope wie ^{12}C und ^{13}C oder ^{16}O und ^{18}O in einer Substanz ist wenig anschaulich. Man hat sich daher auf Relativangaben geeinigt, die eine gemeinsame Bezugsgröße haben. Die unterschiedlichen Mengen der stabilen Sauerstoff- und Kohlenstoffisotope werden als δ-Werte angegeben, wobei z. B. für den Kohlenstoff der δ-Wert wie folgt bestimmt ist:

$$\delta^{13}C_{Probe} = \{[(^{13}C/^{12}C)_{Probe} - (^{13}C/^{12}C)_{Standard}]/(^{13}C/^{12}C)_{Standard}\} \cdot 1000\ ‰$$

Die Bezugsgröße ist die Menge der beiden Isotope in einem Standard, in diesem Fall der Kohlenstoff in einer Karbonatschale eines Belemniten („Donnerkeil") aus der Pee Dee Formation in den USA. Der Standard wird daher international als Pee Dee Belemnite (PDB-) Standard bezeichnet. Auch die Angaben der δ-Werte des Sauerstoffs beziehen sich auf das Karbonat des PDB, wenn Karbonatproben untersucht werden. Die Ausnahme bilden δ-Werte von Wasser- und Eisproben, die

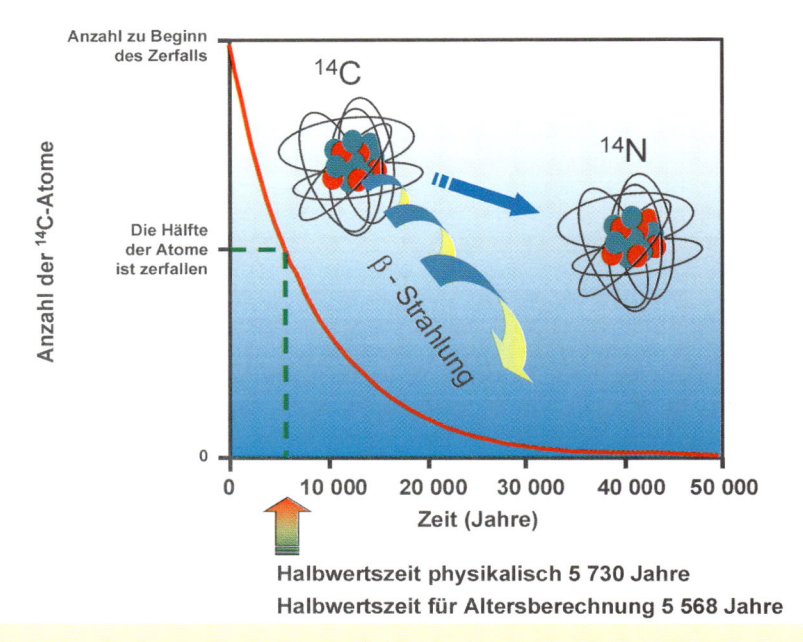

11: *Schema der zeitlichen Konzentrationsabnahme des radioaktiven Kohlenstoffisotops ^{14}C. Frühere ungenaue Bestimmungen der Halbwertszeit ergaben 5 568 Jahre, die man immer noch für die Berechnungen bei der Altersdatierung verwendet. Neue Messungen mit modernen Geräten ergaben eine physikalisch korrekte Halbwertszeit von 5 730 Jahren.*

international auf die Sauerstoffisotopenzusammensetzung von Meerwasser bezogen werden, das Standard Mean Ocean Water, kurz SMOW.

Instabile (radiogene) Isotope wandeln sich unter Energieabgabe in stabile Isotope um. Die Energie wird durch alpha-, beta-, gamma- und gelegentlich durch Neutronenstrahlung abgegeben. Die Radionuklide der einzelnen Elemente, beim Kohlenstoff z. B. ^{14}C, zerfallen innerhalb eines charakteristischen Zeitintervalls. Standardmäßig gibt man die so genannte Halbwertszeit an: das ist die Zeit, in der die Hälfte der vorhandenen Menge des radioaktiven Isotops eines Elementes umgewandelt wird. Sie beträgt z. B. bei Kohlenstoff-14 nach neuen Messungen 5 730 Jahre. Die radioaktiven Isotope eignen sich daher hervorragend zur Bestimmung des Alters einer geologischen Probe.

3 Vom Zählen und Messen

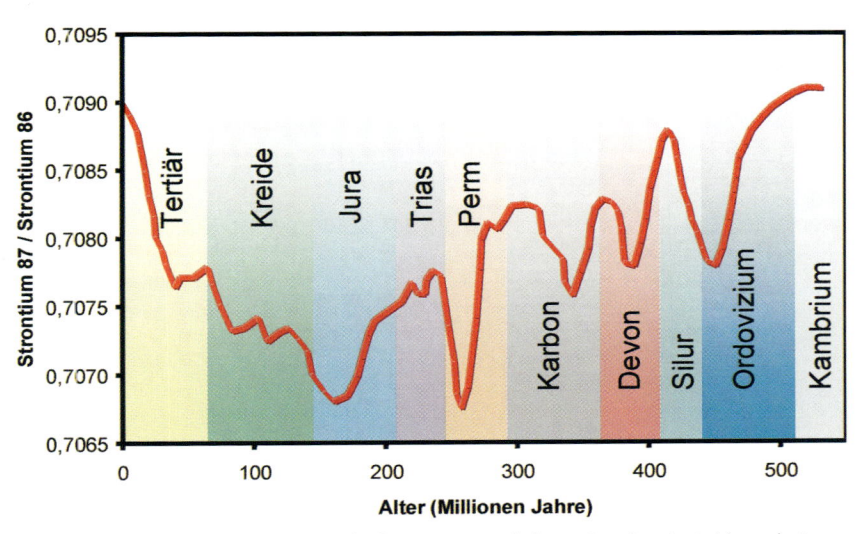

Abb. 3.15: Strontiumisotopenverhältnisse ermöglichen eine (grobe) Altersdatierung, wenn das ungefähre Alter bereits bekannt ist.

lauf der letzten 500 Millionen Jahre in unterschiedlichen Verhältnissen in Karbonaten und Phosphaten eingebaut worden sind. Die unterschiedliche Anreicherung steht im direkten Zusammenhang mit der kontinentalen Verwitterung und der Intensität des marinen Vulkanismus. Für unterschiedliche geologische Zeitalter bestehen kennzeichnende Verhältniswerte der beiden Isotope. So entstand im Laufe der Forschungen eine Standardkurve der Strontiumisotopenverhältnisse. Weiß man grob, ob die Probe beispielsweise aus dem Tertiär (65 bis 2,6 Millionen Jahre) oder aus dem Jura (208 bis 145,6 Millionen Jahre) stammt, so ist ihr Alter anhand der Strontiumisotopenverhältnisse recht genau zu bestimmen.

Ein Barcode der Erdgeschichte

Halten wir einen Kompass in der Hand, können wir beobachten, wie sich die Kompassnadel am Magnetfeld der Erde ausrichtet und die Nord-Süd-Richtung anzeigt; hieran haben Generationen von Seefahrern ihre Navigation ausgerichtet. Auch von Tieren, z. B. vom Vogelzug der Rotkehlchen oder der Dorngrasmücken, ist bekannt, dass sie sich auf ihren Wanderungen am Erdmagnetfeld orientieren.

Das Magnetfeld der Erde wird nicht durch einen Dauermagneten erzeugt, wie wir ihn aus Experimentierkästen kennen. Im Erdinnern ist es derart heiß, dass ein Dauermagnet keinen Bestand hätte. Im äußeren Erdkern gibt es aber Strömungen von flüssigem Metall, die durch Temperatur- und Dichteunterschiede sowie durch die Erdrotation angeregt werden und sich am unteren Erdmantel entlang bewegen. Die mechanische Energie dieser Strömungen wird in elektromagnetische Energie umgewandelt – nach dem Prinzip des Fahrraddynamos oder der Energieerzeugung mit Windkrafträdern und Wasserkraftwerken. Bei der Erde handelt es sich aber nicht um einen technischen Dynamo, sondern um einen Geodynamo. Und dieser Dynamo läuft schon seit der Urzeit der Erde – seit mehr als 3,6 Milliarden Jahren. Wir wissen auch, dass der Geodynamo nicht immer gleichförmig funktioniert, sondern Schwankungen unterworfen ist, die sich auf die Stärke des Magnetfeldes und die Anordnung des magnetischen Nord- und Südpols auswirken. So betrug in historischer Zeit die Kompassabweichung zwischen geographisch und magnetisch Nord in Deutschland gelegentlich über 20°, mit Änderungen von 0,2° pro Jahr.

3 Vom Zählen und Messen

Wie werden solche Schwankungen des Erddynamos in der geologischen Vergangenheit aufgezeichnet? Glutflüssige Gesteine, so genannte Magmen, die an Vulkanen austreten, enthalten eisenhaltige Minerale (z. B. Titanomagnetit), die durch das Magnetfeld des Erddynamos nach dem Erstarren der Schmelze magnetisiert werden. Dabei richten sich Orientierung und Stärke der Magnetisierung der Minerale jeweils nach den herrschenden Bedingungen des Erdmagnetfeldes. Die Intensität der natürlichen Magnetisierungen ist sehr gering. Dennoch kann die natürliche Magnetisierung selbst nach Hunderten von Millionen Jahren die Richtung des damaligen Paläomagnetfeldes verraten.

Zur Bestimmung der ursprünglichen Magnetisierung werden die Proben im Labor mit sehr aufwendigen Verfahren analysiert. Gerade bei Sedimenten, die sehr geringe Gehalte eisenmagnetischer Minerale enthalten, sind die Messungen sehr schwierig. Aufgrund technischer Entwicklungen in den letzten Jahren können heute aber sogar Magnetisierungen bestimmt werden, die eine Billion Mal schwächer sind als die von Permanentmagneten! Derartige Messungen werden mit so genannten Magnetometern vorgenommen. Mit modernen teilautomatisierten Geräten lassen sich in kurzer Zeit viele Magnetisierungsbestimmungen an Bohrkernen durchführen. Die in engem Abstand an Bohrkernen vorgenommenen Messungen sind gerade deshalb wichtig, weil damit die aufsehenerregende Umkehr der magnetischen Pole des Erdmagnetfeldes zeitlich hochauflösend erfasst wird. Aus diesen Umpolungen ergeben sich Möglichkeiten der Datierung, auch wenn die Feldumpolungen in unregelmäßigen Zeitabständen auftreten.

Einen hervorragenden Magnetfelddatenspeicher stellt die ozeanische Kruste dar, deren Basalte aus dem aufsteigenden Magma an den Mittelozeanischen Rücken gebildet

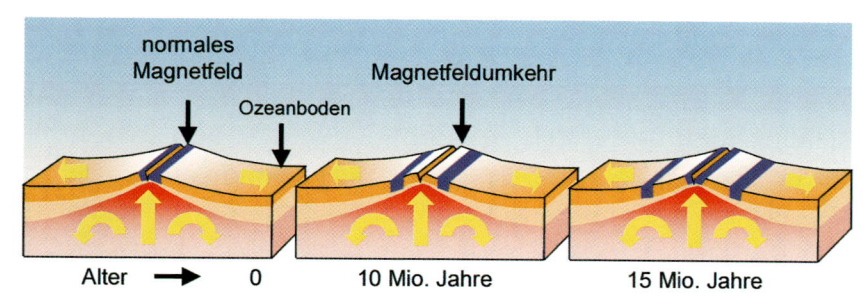

Abb. 3.16: Durch die beständige Neubildung ozeanischer Kruste an den Mittelozeanischen Rücken wird die Magnetisierung der Gesteine über Millionen von Jahren wie auf einem Magnetband aufgezeichnet.

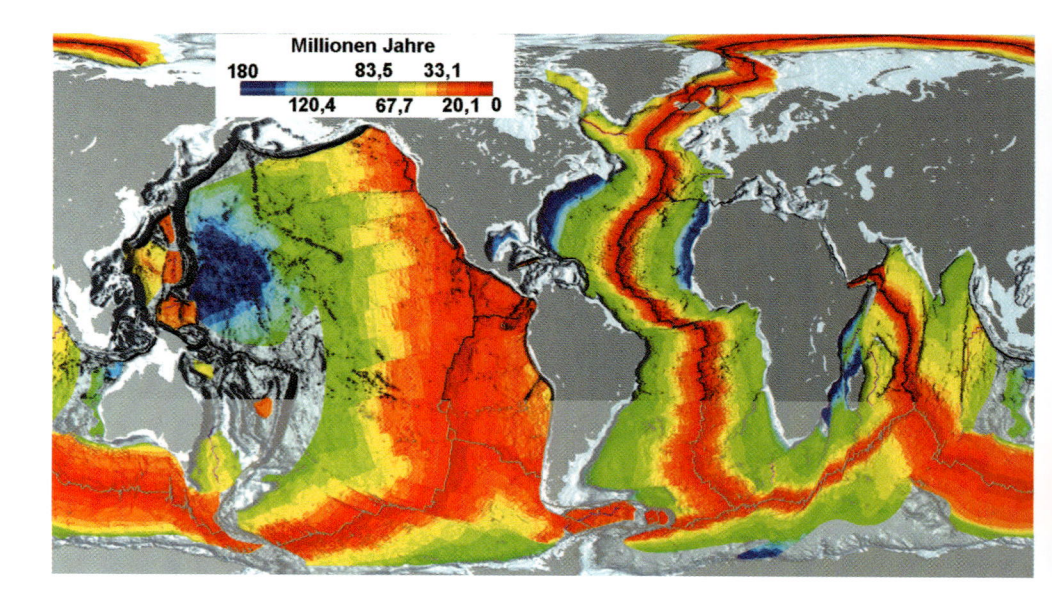

DIE MAGNETISCHEN ZEITSKALEN

Die zur Zeit gebräuchliche Polaritätszeitskala (Geomagnetic Polarity Timescale: GPTS) für das Pleistozän, Tertiär und die Oberkreide stammt aus dem Jahr 1995. Weiterführende Untersuchungen konnten mittels mariner Anomalien die Polaritätszeitskala bis in den Zeitabschnitt des Jura ausdehnen, aus dem die ältesten Reste ozeanischer Kruste stammen. Außerdem wurden durch Untersuchungen von Sedimentgesteinen auf dem Festland Polaritätsmuster für die Trias (245 bis 208 Millionen Jahre), das Perm (290 bis 245 Millionen Jahre) und das Karbon (362,5 bis 290 Millionen Jahre) beschrieben. Diese sind teilweise allerdings noch lückenhaft und verbesserungsbedürftig. Die Altersermittlung sedimentärer sowie vulkanischer Abfolgen mit Hilfe der magnetischen Polaritätszeitskala geschieht durch das Bestimmen der Magnetisierungspolaritäten (normal und invers) an Proben, deren geometrische Position im Gestein bekannt ist. Die Messergebnisse werden dann mit der Polaritätszeitskala verglichen und erlauben so eine zeitliche Zuordnung. Ungenauigkeiten bei der Datierung von Sedimenten mit Hilfe der Magnetik ergeben sich durch die so genannte „Aufprägungstiefe". Die Magnetisierung wird den Mineralen nämlich nicht unmittelbar an der Sedimentoberfläche aufgeprägt, sondern einige Zentimeter bis Dezimeter darunter, dort, wo das Material mechanisch zur Ruhe kommt. Dadurch werden die Polaritätsgrenzen im Vergleich zur Sauerstoffisotopenkurve zu scheinbar höheren Altern verschoben.

Neben der vergleichsweise groben Polaritätszeitskala ergeben sich auch hochauflösende Datierungsmöglichkeiten aus der Richtungsänderung des Magnetfeldes. Für einige Regionen der Erde gelang es, Säkularvariationskurven für das jüngere Quartär zu erstellen – beispielsweise die mit 120 000 Jahren längste kontinuierliche Säkularvariationskurve der Seeablagerungen des Lac du Bouchet in Frankreich. Derartige „Musterkurven" können sowohl zur Datierung einzelner archäologischer Objekte als auch von Sedimentabfolgen benutzt werden.

In Ergänzung zur Polaritätsskala ermöglicht die Bestimmung der Paläointensitäten der Magnetisierung eine verbesserte Gliederung des so genannten Brunhes Chron, die Zeitspanne der klimatisch hochinteressanten letzten 780 000 Jahre. Für diesen Zeitraum konnte aus dem Vergleich der Intensitätssignale von 33 unabhängig datierten marinen Sedimentkernen eine Paläointensitätskurve erstellt werden.

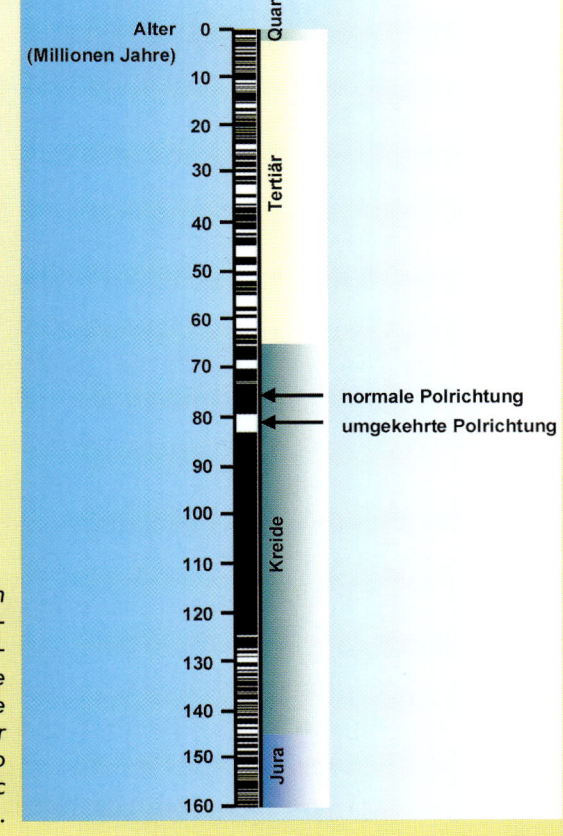

M 1: Das Auftreten von normaler und umgekehrter Polarisierung im Verlauf der Erdgeschichte ermöglicht eine zeitliche Einteilung mit Hilfe einer Standard-Skala, der so genannten Geomagnetic Polarity Scale (GPS).

3 Vom Zählen und Messen

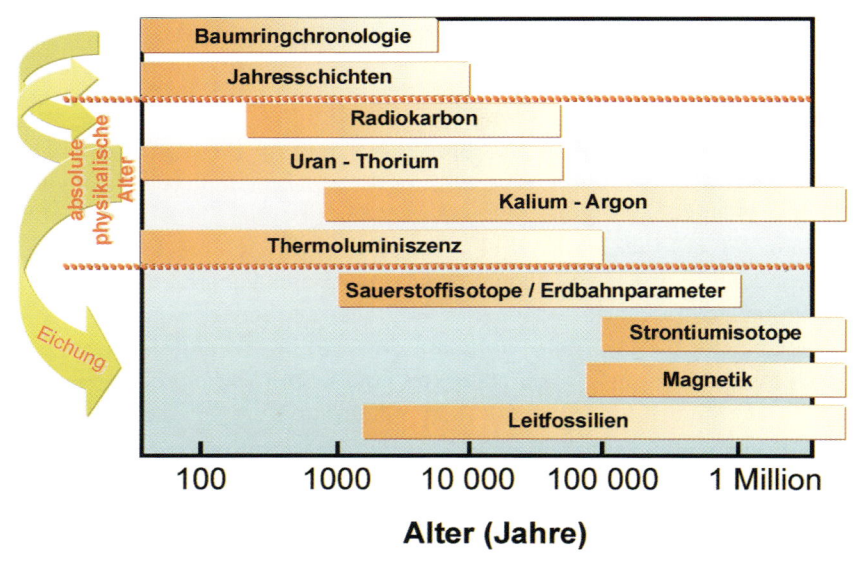

Abb. 3.18: *Die Methoden der Altersdatierung besitzen unterschiedliche zeitliche Reichweiten. Physikalische Altersbestimmungen dienen zur Eichung verschiedener biologischer und lithologischer Zeitskalen.*

Woher wissen wir, wie das Klima war?

Das Klima vergangener Zeiten lässt sich aus den Ablagerungen leider nicht direkt ablesen. Alle Klimadaten, wie Temperaturen, Niederschläge, Sonnenscheindauer, Windrichtung, Windgeschwindigkeit usw. der fernen Vergangenheit müssen stets entschlüsselt werden. Dazu versucht man, einerseits erhaltungsfähige Reste ganz verschiedener Pflanzen und Tiere zu finden, zum anderen werden die chemische und physikalische Zusammensetzung der Ablagerungen untersucht. Auf dem Umweg über einen Vergleich mit heutigen Beobachtungen an Pflanzen, Tieren sowie der unbelebten Natur gelangt man dann an die Aussagen von Klimazeugen der Vergangenheit. Bei Lebewesen bedient man sich der Tatsache, dass sie jeweils an eine ganz besondere Umwelt angepasst sind, in der das Klima eine wesentliche Rolle spielt. Ein Eisbär kommt eben nur in der Arktis, eine Palme nur in warmen Gegenden vor. Grundlage dieser Arbeitsmethode, heutige Beobachtungen in die Vergangenheit zu übertragen, ist das Prinzip, dass frühere Veränderungen und Einflüsse auf die Natur durch die gleichen Kräfte hervorgerufen wurden, die auch heute noch wirken. Dieses so genannte Aktualismusprinzip wurde bereits im vorigen Jahrhundert durch den englischen Wissenschaftler Charles Lyell (1797-1875) beschrieben und angewendet.

werden und dabei das jeweils herrschende Magnetfeld und dessen Polung aufzeichnen. Diese neu gebildete ozeanische Kruste entfernt sich aufgrund plattentektonischer Bewegungen über Millionen von Jahren von ihrem Entstehungsort und wandert zu den Rändern der Kontinente. Dabei entsteht eine Art Magnetband, auf dem der Wechsel der Magnetfeldumkehrungen kontinuierlich aufgezeichnet wird. Die Magnetisierung der ozeanischen Basalte ist derart stark, dass die Magnetfeldanomalien bzw. die Umpolungen (so genannte Polarität) von der Meeresoberfläche aus mit Schiffen bestimmt werden können.

Jeder einzelne Klimaanzeiger hat seine ganz besonderen Informationen, die sich mit denen anderer Klimaanzeiger ergänzen. So spiegelt der in der Luft verwehte Blütenstaub (Pollen) zum Beispiel stets den Bewuchs eines größeren Raumes wider. Dagegen liefern Pflanzenreste eines Torfes jeweils nur Informationen über den lokalen, vor Ort

3 Vom Zählen und Messen

gewachsen Pflanzenbestand. Auch die Geschwindigkeit, mit der verschiedene Klimaanzeiger auf Klimaänderungen reagieren, ist ganz unterschiedlich. Beispielsweise zeichnen sich rasche Erwärmungen wie am Übergang der letzten Kaltzeit zu unserem heutigen Klima in den Seesedimenten beinahe ohne Verzögerung ab, während verschiedene Tiere auf dem Festland erst Jahrzehnte, einige Pflanzen sogar erst Jahrhunderte später in neue Lebensräume einwandern oder abgedrängt werden.

Eine Vielzahl unterschiedlicher Untersuchungsmethoden, die sich gegenseitig absichern und ergänzen, führt zu einem umfassenden und zuverlässigen Bild des Klimas vergangener Zeiten.

Als Elefanten noch Haare hatten

Überreste von Landtieren sind nur selten überliefert. Überhaupt sind von den großwüchsigen Tieren, den Wirbeltieren, nur selten mehr als Knochen oder Zähne erhaltungsfähig. Eine Erhaltung dieser Reste ist nur dann möglich, wenn sie nach dem Tod der Tiere rasch in eine Schicht eingebettet werden, die ihre Erhaltung begünstigt. Optimal sind zum Beispiel feinkörnige, kalkhaltige Ablagerungen mit hohem Wassergehalt, da so das Skelett nur wenig mit dem Luftsauerstoff in Berührung kommt.

Bei der Klimarekonstruktion versucht man, anhand von Gestalt und Funktion erhaltener Reste, auf die Lebensweise der Tiere zu schließen. Sind bei den Sauriern der Jura- und Kreidezeit (208 bis 65 Millionen Jahre) solche Ableitungen

Abb. 3.19: Ein beeindruckender Zeuge der Kaltzeiten, das Mammut.

3 Vom Zählen und Messen

noch überwiegend umstritten, so eröffnen die Säugetiere seit dem Tertiär weitaus bessere Möglichkeiten, denn von den meisten fossil erhaltenen Arten gibt es noch heute lebende Verwandte. Insbesondere bei der Unterscheidung der Kalt- und Warmzeiten im Quartär bieten Säugetiere wertvolle Hinweise.

Ein wichtiger Beleg für die damaligen Umwelt- und Klimaverhältnisse sind beispielsweise die Zähne verschiedener Arten. Sie sind abhängig vom Nahrungsangebot und verraten so indirekt die Umweltbedingungen – auch wenn von der damaligen Pflanzenwelt nichts überliefert ist. Rinder, deren Zahnapparat an die Ausnutzung harter und trockener Gräser angepasst ist, sind unter natürlichen Bedingungen vor allem in steppenartigen Landschaften vertreten. Hierzu gehören auch die Kältesteppen der Kaltzeiten. Rinder, wie etwa der Steppenwisent, zählen mit zu den typischen Vertretern kaltzeitlicher Tiergesellschaften des Quartär. Im Gegensatz dazu steht die Gruppe der Hirsche, die auf Äsung von Laub und weicheren Gräsern angewiesen ist.

In vereinzelten Fällen liefern außerordentlich günstige Erhaltungsbedingungen weitere Hinweise auf die Anpassung von Tieren an das Klima. So konnten sowohl beim Wollhaar-Nashorn als auch beim Mammut die Originalhaare einer dichten Wollbehaarung zum Kälteschutz nachgewiesen werden. Dagegen sind die heute lebenden Vertreter dieser Tierarten mit überwiegend haarloser dicker Haut auf subtropische bis tropische Regionen beschränkt. Bei einem Nashorn-Fund in einer Salzgrube in der Ukraine war das Tier quasi „eingepökelt" und dadurch mit Weichteilen erhalten. Ähnliches gilt manchmal auch für das am Ende der letzten Eiszeit ausgestorbene Mammut, von dem gelegentlich tiefgekühlt erhaltene Exemplare im Dauerfrostboden Sibiriens gefunden werden. Selbst die letzte Nahrung im Magen solcher Tiere kann analysiert werden. In der Regel handelt es sich um Blätter und Zweige von Kleinsträuchern sowie um Gräser und Kräuter, die typisch für die Tundra sind.

Alle bisher genannten Tiere sind in der Lage, weite Wanderungen zu unternehmen und können somit in gewissem Rahmen klimatischen Extremsituationen ausweichen. Sie lassen sich daher nur für Rekonstruktionen eines groben Klimabildes einer größeren Region heranziehen. Kleintiere mit einem begrenzten Aktionsradius eignen sich dagegen ausgezeichnet für detaillierte Aussagen im lokalen Bereich. Als besonders lohnend haben sich hierfür vor allem die Nagetiere gezeigt, die meist recht enge Vegetations- und Klimazonen bevorzugen. Die Wissenschaftler unterscheiden zum Beispiel für den Abschnitt von der letzten Eiszeit (Weichsel-Kaltzeit) bis in die Nacheiszeit (Holozän) anhand der Nagetiere einzelne ökologische Einheiten wie kontinentale Kältesteppen, Tundren, Einheiten der subarktischen bis gemäßigten Zone, kühle Waldgürtel und Wälder der gemäßigten Zone. Die anhand der Kleintiergesellschaften beschriebenen Vegetationseinheiten decken sich mit den botanischen Ergebnissen zur Gliederung der Weichsel-Kaltzeit, die ebenfalls einen Wechsel von Kältesteppe/Tundra zu Zwergstrauchtundra und borealem Nadelwald belegt, ehe in der Nacheiszeit der Laubwald Mitteleuropa zurückerobert hat.

3 Vom Zählen und Messen

Was schwimmt und krabbelt denn da?

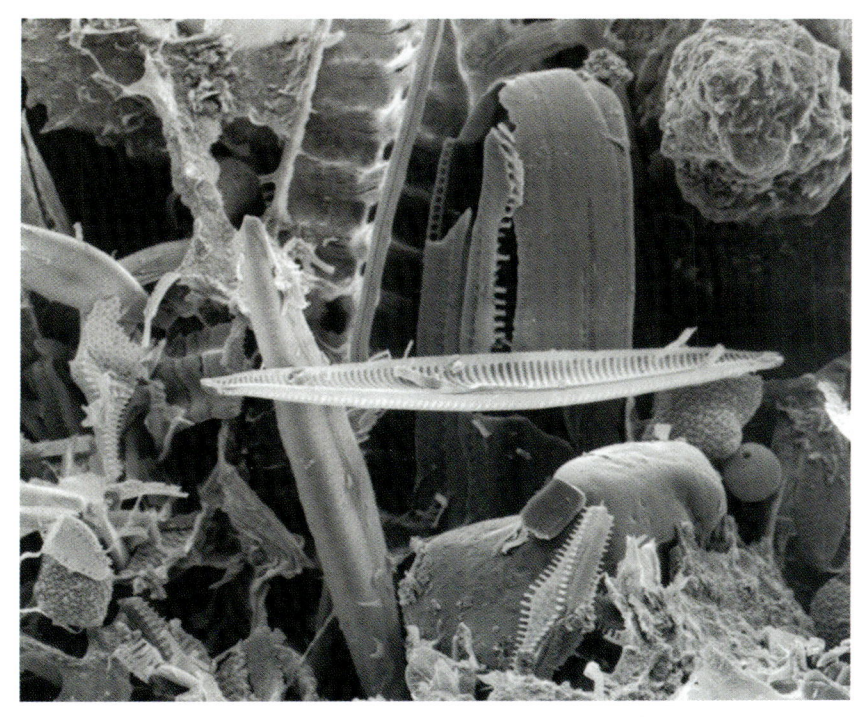

Abb. 3.20: Detailaufnahme mit dem Rasterelektronenmikroskop einer 13 000 Jahre alten Seeablagerung aus dem Steinhuder Meer: Kieselalgen, Grünalgen und ein einzelnes Sandkorn (rechts unten); die „schwebende" bootsförmige Kieselalge ist etwa 1/6 mm lang.

Die Reste kleinerer Tiere (Käfer, Muschelkrebse, Wasserflöhe, Schnecken, Rädertierchen, Foraminiferen u. a.) und niederer Pflanzen (Kieselalgen, Grünalgen usw.) sind vielfach in Ablagerungen von Seen und Meeren enthalten. Einige Arten sind eng an Umweltbedingungen gebunden und liefern daher ebenfalls wichtige Informationen über das Klima und die Entwicklung verschiedenster Lebensräume in Seen und Mooren sowie den Meeren der Vergangenheit.

Bei den Überresten niederer Pflanzen handelt es sich hauptsächlich um Algen. In dieser Pflanzenwelt im Kleinstformat existiert eine überwältigend große Artenvielfalt, wobei die einzelnen Arten manchmal in unvorstellbarer Menge auftreten: auf einer nur fingernagelgroßen Wattfläche finden wir heute in den warmen Monaten etwa eine halbe Million Algenzellen – gelegentlich können es aber auch noch erheblich mehr, bis zu 3 Millionen, sein. Aber auch in der Vergangenheit gab es Ereignisse, die zu Algenblüten von gigantischen Ausmaßen geführt haben, wie etwa bei der Bildung der Schwarzschiefer der Kreide (s. Kapitel 9).

Kieselalgen

Eine dieser Algengruppen, die für die Rekonstruktion von Ablagerungsbedingungen, Umwelt und Klima genutzt werden, sind die Kieselalgen (Diatomeen). Sie leben heute teils in den oberen Schichten von Gewässern, teils im Grundschlamm oder im Treibsel der Uferregion, das aus Pflanzen- bzw. Tierresten besteht. Sie kommen aber auch auf feuch-

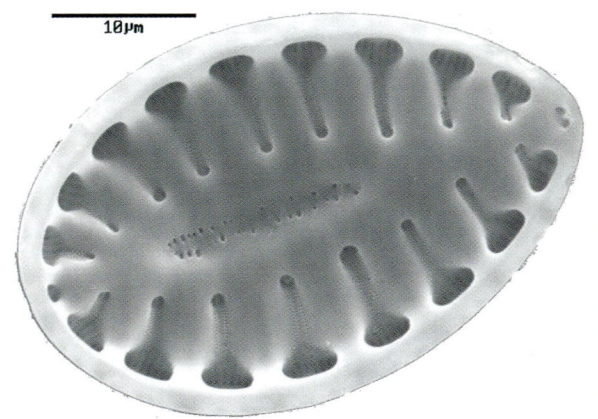

Abb. 3.21: Die Kieselalge Surirella lebt am Boden von Meeresküsten mit lichtdurchflutetem Wasser (Aufnahme mit dem Rasterelektronenmikroskop).

3 Vom Zählen und Messen

ten Felsen oder von Wasser überspülten Moosen vor. Von ausschlaggebender Bedeutung für die Zusammensetzung und Verbreitung der Kieselalgen-Gemeinschaften sind neben Licht und Sauerstoff vor allem die chemischen Verhältnisse des Gewässers. Man kann deshalb Süßwasser-, Brackwasser- und Meerwasserformen unterscheiden. Eine Abschätzung des Nährstoffgehalts eines Gewässers ist ebenfalls möglich. Die Temperatur ist für die Individuenzahl und Formenvielfalt von Bedeutung. Für die marinen Kieselalgen ist bekannt, dass sie die Polarmeere in ungeheurer Individuenzahl bevölkern, in wärmeren Meeren nimmt dagegen die Formenvielfalt bei gleichzeitig sinkender Individuenzahl deutlich zu. Trotz der großen Anpassungsfähigkeit der Kieselalgen lassen sich charakteristische Formen und Zusammensetzungen finden, die bestimmte Standorte bzw. Ablagerungs- oder Bildungsmilieus kennzeichnen. Im norddeutschen Küstengebiet ist es zum Beispiel anhand der Diatomeen möglich, Meeresvorstöße oder entsprechende Aussüßungen bei Meeresrückzügen zu beweisen. Hieraus lassen sich Anstiegs- oder Absenkungsraten des Meeresspiegels ableiten, die wertvolle Hinweise auf zukünftige Meeresspiegelstände im deutschen Küstengebiet liefern.

Dinoflagellaten

Eine andere Algenklasse, die als Zeuge der Umweltbedingungen vergangener Zeiten genutzt wird, sind die Dinoflagellaten. Es handelt sich – wie bei den Kieselalgen – um einzellige Algen, die vor etwa 200 Millionen Jahren zum ersten Mal auftraten und auch heute noch vorkommen. Einige Arten bilden Dauerorgane, die sehr widerstandsfähig sind und – ähnlich den Käferresten, Pollen und Sporen – über Jahrmillionen erhalten bleiben können. Die Mehrzahl heute nachweisbarer Dinoflagellaten-Arten besiedelt die Weltmeere, aber auch in Süßwasserseen und an Land sind sie zu finden. Ebenso vielfältig wie die Lebensräume sind auch die klimatischen Ansprüche der Arten; die Spannbreite reicht von arktischen Gewässern bis in die Tropen. Aktuell durchgeführte, weltweite Untersuchungen über die Abhängigkeit der Dinoflagellaten-Vorkommen von Wassertemperaturen werden genutzt, um aus fossilen Dinoflagellaten Informationen über vergangene Temperaturverhältnisse zu gewinnen.

Foraminiferen

Auch schalentragende, einzellige Tiere, die so genannten Foraminiferen, lassen sich für die Klimaforschung nutzen. Schon seit dem Kambrium (570 bis 510 Millionen Jahre) leben sie am Boden der Meere, und seit dem Jura existieren sie auch

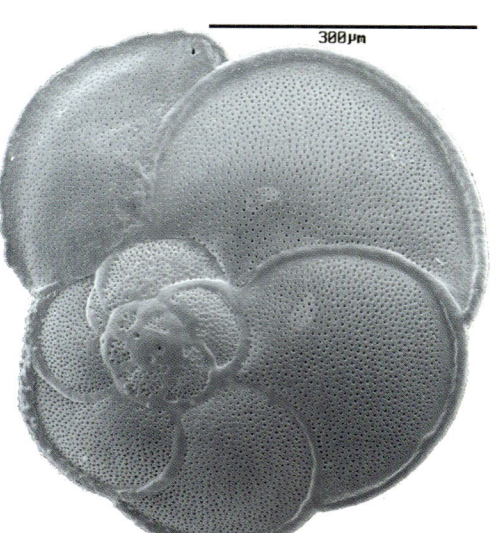

Abb. 3.22: Die Foraminifere Globorotalia menardii lebt im Oberflächenwasser der Meere. Sie ist eine wichtige Form bei der Bestimmung der Oberflächentemperaturen.

schwebend im freien Wasser als Plankton. Ähnlich wie Dinoflagellaten besiedeln sie alle Meerestiefen – vom flachsten Wattenmeer bis in die Tiefseegräben. Wir kennen heute rund 8 000 Foraminiferenarten. Je nach Größe ihrer Gehäuse, die aus einer bis zu vielen hundert Kammern bestehen, unterscheidet man Klein- (bis ca. 1 mm Durchmesser) und Großforaminiferen (ca. 1 bis zu 150 mm Durchmesser). Ihre besondere Bedeutung für die Forscher liegt darin, dass die leeren Schalen in unvorstellbar großen Mengen in Meeressedimenten erhalten sind. Oft bilden sie sogar dicke Ablagerungen wie in den Fusulinenschichten des Perm (290 bis 245 Millionen Jahre) oder auch den Nummulitenkalken des Tertiär (65 bis 2,6 Millionen Jahre).

Die Foraminiferen kommen in tropischen und arktischen Meeren in sehr unterschiedlicher Artenzusammensetzung vor. Für die Kreidezeit geben Foraminiferen entscheidende Indizien zur Entschlüsselung des Klimas. Mit Hilfe der Foraminiferen sind die klimatische Großgliederung „tropisch – kühl – arktisch" sowie der deutliche Wechsel von Warm- und Kaltzeiten zu erkennen. Im Oberflächenwasser des frühen Tertiär lebten in Nordwestdeutschland Foraminiferen, die uns subtropische Temperaturen anzeigen – also wesentlich höhere Temperaturen als in der heutigen Nordsee. Im Quartär führte das wiederholte Anwachsen und Abschmelzen der Eismassen zu Meeresspiegelschwankungen und zum Vordringen kühler bis kalter Meeresströme bis in unsere Breiten. Diese Vorstöße arktischer Kälte in vergangenen Zeiten können die Forscher anhand von Foraminiferen in den Ablagerungen der Meere erkennen.

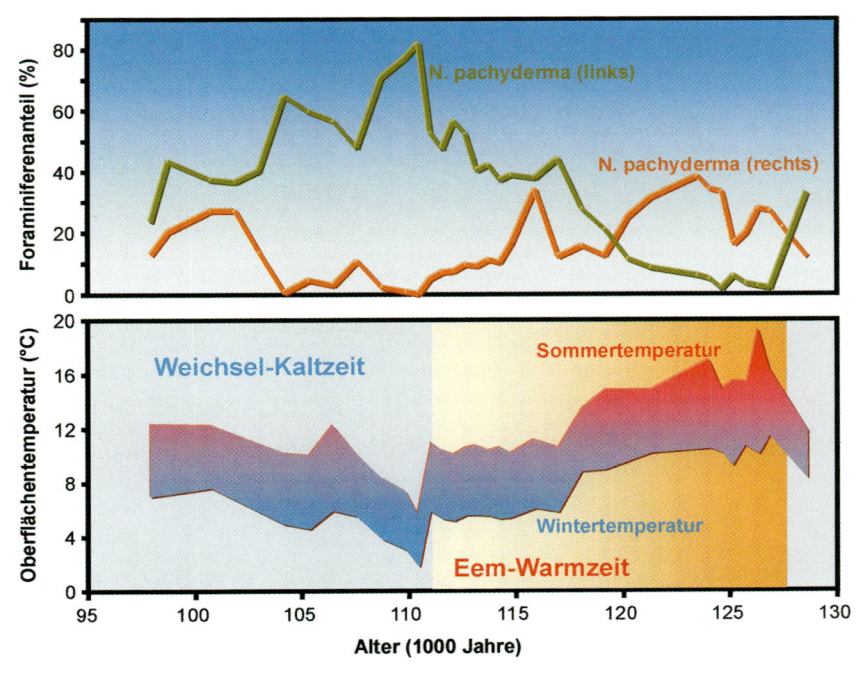

Abb. 3.23: Die Foraminifere Neogloboquadrina pachiderma kommt in zwei Formen vor, die man an der Wendelung ihrer Gehäuse unterscheiden kann. Die linksdrehende Form bevorzugt kaltes Wasser, die rechtsdrehende liebt dagegen Wärme. Die Anzahl der jeweiligen Formen ermöglicht es, zusammen mit dem Vorkommen einiger anderer Foraminiferenarten die Temperatur des Oberflächenwassers zu verschiedenen Zeiten abzuschätzen (Beispiel aus dem Golf von Kalifornien).

Käfer

Seit Neuestem hat sich die Untersuchung fossiler Käferreste als überaus hilfreiches Werkzeug zur Rekonstruktion des Paläoklimas und der Umweltbedingungen erwiesen. Ähnlich wie fossile Großreste und Pollenkörner bleiben Teile der Käfer in den Ablagerungen erhalten und sind gut zu bestimmen. Für Europa beläuft sich die Zahl der heutigen Arten auf über 20 000. Diese Artenvielfalt spiegelt die ökologische Vielfalt wider. So sind verschiedenste Käferarten fast

3 Vom Zählen und Messen

überall auf dem Land zu finden und auch im Süßwasser häufig vertreten.

Einige Käferarten sind an bestimmte Wirtspflanzen gebunden. So der Fichtenrüssler, der auf das Vorkommen von Heide oder Nadelwald mit Fichte und Kiefer angewiesen ist. Die Larven leben im Holz von Stämmen, Stümpfen oder Totholz, die ausgewachsenen Exemplare auf der Borke junger Sprösslinge. Findet man fossile Überreste des Fichtenrüsslers in Ablagerungen der Weichsel-Kaltzeit, so ist mit Sicherheit davon auszugehen, dass zu dieser Zeit ein Nadelwald der kühlen Zone am Fundpunkt gewachsen ist.

Große Pflanzen mal ganz klein

Häufig finden sich in den Ablagerungen auf dem Festland und gelegentlich auch im Meer erkennbare Pflanzenreste, wie zum Beispiel Früchte, Samen, Blatt- und Holzreste oder auch Blüten. Sie entstammen entweder der lokalen Moor- oder Seevegetation, oder sie wurden an den Fundpunkt geweht oder durch Wasser eingeschwemmt. Pflanzliche Großfossilien bieten den unschätzbaren Vorteil, dass ihre Bestimmung fast immer bis zur Art möglich ist. So lässt sich vor allem die Zusammensetzung der Pflanzenarten eines Standortes rekonstruieren. Es gibt Arten, die klimatische und natürlich auch Umweltrückschlüsse ermöglichen. So treten in Norddeutschland während der Warm- und Zwischenwarmzeiten häufig typische Reste von Wasserpflanzen auf, die darauf schließen lassen, dass zur Zeit der Ablagerung die mittleren Juli-Temperaturen +14 °C nicht unterschritten haben. Interessanterweise gelingen manchmal fossile Großrestfunde von Arten, die heute in diesen Regionen ausgestorben sind. Teilweise haben sich die ökologischen Rahmenbedingungen geändert, zum Teil genügen die Klimabedingungen nicht mehr den Ansprüchen dieser Art.

Nichts für Allergiker: Pollen und Sporen

Für den Allergiker ist der alljährlich einsetzende Pollenflug eine leidvolle Erfahrung und Anzeiger zugleich, in welcher

Abb. 3.24: Großreste von Pflanzen, wie dieses verkieselte Holzstück, ermöglichen eine genaue Bestimmung der Art. Durch eine Vielzahl solcher Funde in einer Region lassen sich Pflanzengemeinschaften eines Zeitabschnittes ermitteln und somit die Klimabedingungen rekonstruieren.

Abb. 3.25: Pollen, wie dieses Pollenkorn der Birke, ermöglichen, die Pflanzengemeinschaften früherer Zeiten zu bestimmen. Aus derartigen Informationen lassen sich Klimabedingungen rekonstruieren.

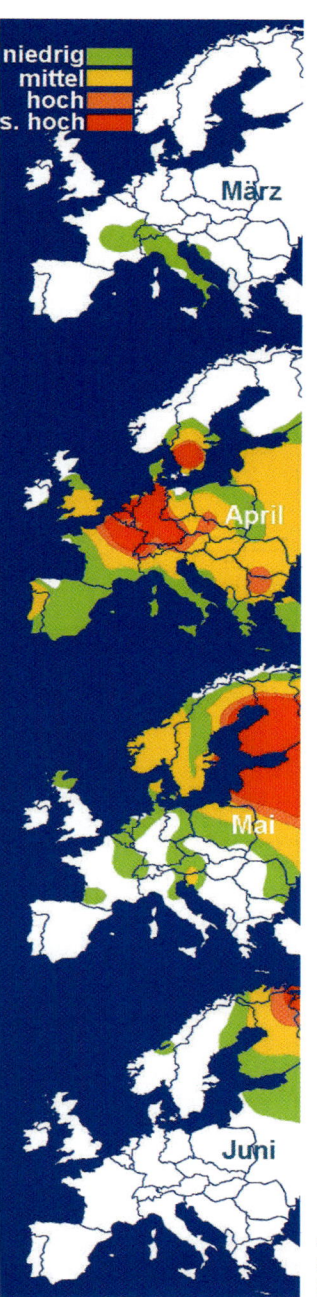

Menge Pollenkörner produziert werden. Jeder hat den Pollenflug schon einmal, womöglich unbewusst, registriert. Dann nämlich, wenn im Frühjahr Autos und Pfützen mit einem gelben Belag überzogen sind. Dieser Pollenniederschlag, der hauptsächlich aus Kiefer-Pollenkörnern besteht, wird im Volksmund auch als „Schwefelregen" bezeichnet. Die mikroskopisch kleinen Pollenkörner (Blütenstaub) der Blütenpflanzen sowie die Sporen der Farne und Moose sind die häufigsten Pflanzenreste in Ablagerungen des Festlandes. Forscher weisen sie nicht nur im Quartär nach, Pollen und Sporen kommen auch schon in sehr frühen Zeiten des Erdaltertums vor. Bei der so genannten Pollenanalyse (Palynologie) ist von entscheidender Bedeutung, dass Pollenkörner und Sporen vielfach in großer Menge produziert und durch die Luft transportiert werden, schließlich absinken und dabei in Moore und Seen gelangen, wo sie – unter Luftabschluss eingelagert – sehr gut erhalten bleiben. Teilweise bilden sie sogar Schichten, die als Kohlen (so genannte Kännelkohlen) abgebaut werden. Ihre herausragende Erhaltungsfähigkeit ist auf die chemische Zusammensetzung der Außenhülle zurückzuführen. Diese besteht aus einem der widerstandsfähigsten Stoffe, den man aus der Natur kennt, dem Sporopollenin.

Der Jahrtausende, zum Teil sogar Millionen Jahre alte, fossile Pollen- und Sporenniederschlag wird für die wissenschaftliche Untersuchung durch verschiedene Aufbereitungsmethoden angereichert, damit er sich unter dem Mikroskop nach Art und Menge auswerten lässt. Damit kann man die vormalige Zusammensetzung der Vegetation erfassen. Aus einer Abfolge übereinander liegender Proben lassen sich überdies auch Veränderungen der Vegetation oder Verschiebungen ganzer Vegetationszonen in Raum und Zeit rekonstruieren.

Wissenschaftler sind beispielsweise in der Lage, die typische Vegetationsabfolge in der letzten Warmzeit, dem Eem-Interglazial (128 000 bis 117 000 Jahre vor heute), zu rekonstruieren. Dabei wird deutlich, wie Bäume und Sträucher im Laufe der Zeit Wälder aufbauen, die einander ablösen und zeitlich aufeinander folgen. Einzelne Pflanzenarten sind dabei wichtige Klimaanzeiger, da ihr Gedeihen an spezifische klimatische Rahmenbedingungen gebunden ist. So ist die heute als Gartenpflanze bekannte Stechpalme in ihrer natürlichen Verbreitung auf ein mildes Winterklima angewiesen, ihr Vorkommen lässt somit Rückschlüsse auf die Wintertemperaturen längst vergangener Zeiten zu.

Die Pollenanalyse hat sich vor allem in den jüngeren Ablagerungen der Erdgeschichte, speziell im Quartär, als wichtiges Instrument der Klimarekonstruktion etabliert. Hierbei ist es von unschätzbarem Vorteil, dass Pollen und Sporen in den allermeisten Fällen einer Pflanzenart oder zumindest

Abb. 3.26: In welchem Maße Pflanzen auf die Temperaturentwicklung reagieren, zeigt der Jahresverlauf der Birkenblüte in Europa.

3 Vom Zählen und Messen

einer Gattung/Familie zugeordnet werden können. Für diese liegen häufig Messdaten vor, die auch hier wieder – dem Aktualismusprinzip folgend – Rückschlüsse auf Standort und Klimaansprüche erlauben. Durch die Vielfalt nachgewiesener Arten lässt sich, wie in einem Puzzle, ein Gesamtbild von Klima- und Vegetationsverlauf eines Zeitabschnitts zusammenfügen. Je weiter wir jedoch in die geologische Vergangenheit zurück gehen, um so schwieriger wird die Rekonstruktion. Schon im Tertiär (65 bis 2,6 Millionen Jahre) gibt es für viele der nachgewiesenen Pollen- und Sporentypen keine heute bekannten Pflanzenarten mehr – in den noch weiter zurückliegenden Epochen des Erdmittelalters (Mesozoikum) wird das Bild noch unschärfer. Äußerliche Ähnlichkeiten dieser altertümlichen Pollen und Sporen mit heute lebenden Sippen geben nur bedingt ökologische Hinweise, so dass sich zum Beispiel feuchtigkeits- und trockenheitsliebende Elemente unterscheiden lassen. Ein gehäuftes Auftreten von Typen aus einer dieser klimaempfindlichen Gruppen erlaubt somit auch Rückschlüsse auf Ablagerungsmilieu und Klima. Obwohl die klimatischen Aussagen über ältere Ablagerungen nicht so detailliert sind wie im Quartär, lassen sich zumindest trockene Klimaabschnitte von feuchten unterscheiden (s. Kapitel 5, Buntsandstein).

Das Pflanzen-Thermometer

Untersuchungen an Pflanzengemeinschaften aus dem Quartär erlauben es, Temperaturangaben abzuleiten. Sie beziehen sich in der Regel auf die mittlere Julitemperatur, die maßgeblich das Vorkommen oder Fehlen von Wäldern

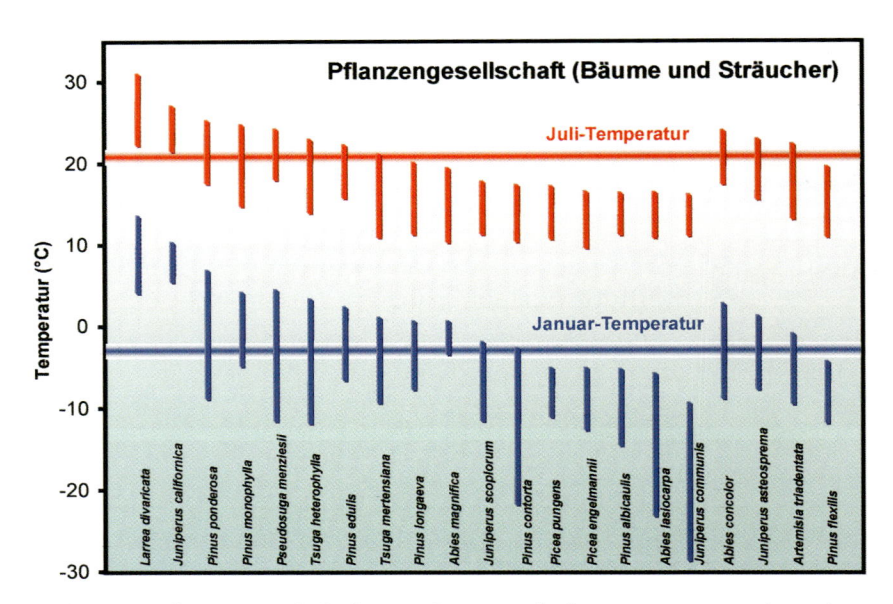

Abb. 3.27: Pflanzengesellschaften wachsen innerhalb eines Temperaturbereiches, der sich durch die mittlere Januar- und die mittlere Juli-Temperatur beschreiben lässt. Dargestellt ist hier das Beispiel einer Gemeinschaft von Bäumen und Sträuchern aus den USA.

beeinflusst. Bei mittleren Julitemperaturen zwischen 0 und +5 °C ist normalerweise nur eine Polarwüsten-Vegetation existenzfähig. Zwischen +5 und +10 °C kommen Tundren und in der Nähe von +10 °C auch Strauchtundren vor. Erreicht die mittlere Julitemperatur Beträge um +10 bis +15 °C, so stellen sich Nadel- bis Laubwälder der kalten Klimazone ein (s. Kapitel 2). Für Temperaturen zwischen +15 und +20 °C sind wärmeliebende Laubwälder charakteristisch. Bei noch höheren Temperaturen breiten sich mediterrane Hartlaubwälder aus. Heute liegt die mittlere Julitemperatur in Nordwestdeutschland bei ca. +17,5 °C.

3 Vom Zählen und Messen

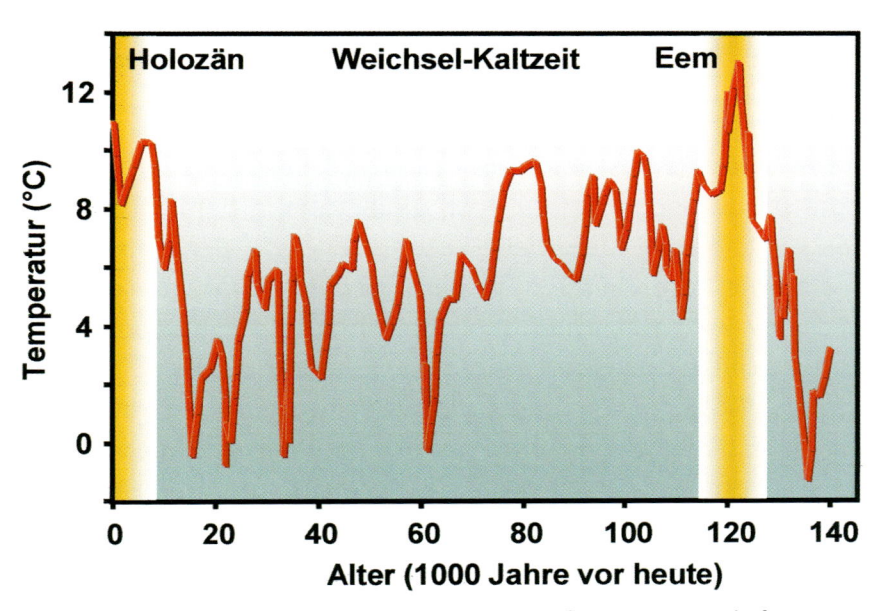

Abb. 3.28: Mit Hilfe von Pollenanalysen lassen sich Pflanzengemeinschaften und damit Temperaturverläufe rekonstruieren. Dargestellt ist die Temperaturentwicklung in Frankreich innerhalb der letzten 140 000 Jahre.

Was uns Atome und Moleküle erzählen

Seit Beginn der 50er Jahre verwenden Wissenschaftler Isotope als Klimazeugen. Zur Rekonstruktion klimatischer und ozeanographischer Vorgänge werden häufig Isotopenanalysen (Kohlenstoff- und Sauerstoffisotope; $\delta^{13}C$ und $\delta^{18}O$; s. Kasten „Was sind Isotope?") an Eiskernen, Karbonaten und Molekülen biologischen Ursprungs (sogenannte Biomarker) durchgeführt. Diese Analysen ermöglichen eine quantitative Angabe über einzelne Größen des Klimasystems, wie z. B. über die Temperatur. Es ist somit möglich, nicht nur zu sagen: „Es war an dieser Stelle warm" sondern man kann nun sagen: „Die Temperatur betrug 18 °C", dies stellt einen bedeutenden Fortschritt dar.

Die Klima-Thermometer der Erde

Eisvorstöße und -rückgänge sind durch geochemische Analysen an Eis und Karbonaten dokumentiert. Man macht sich bei diesen Messungen Naturerscheinungen zunutze, die durch die Verdampfung des Meerwassers hervorgerufen werden. Über den Atmosphärentransport gelangt der Wasserdampf in die Polarregionen, erreicht dort als Schnee die Erdoberfläche und bildet Eis. So kommt es zu einem Transport und einer Massenverlagerung vom Wasserreservoir Ozean zum Wasserreservoir Eisschild. Diese Massenverlagerungen können zeitweise so gewaltig sein, dass hierdurch der Meeresspiegel sinkt. Während der letzten Eiszeit lag er ungefähr 130 m tiefer als heute. Der umgekehrte Weg des Wassertransportes erfolgt durch das Abschmelzen der Inlandeismassen – der Meeresspiegel steigt. Die Wassermassenverlagerung in die eine oder andere Richtung wird durch die Verhältnisse der Sauerstoffisotope im Eis und im Meerwasser angezeigt (s. S. 54 ff., Die Sauerstoff-Uhr). Sie prägt aber damit auch die Sauerstoffisotopenverhältnisse in den Kalkschalen der im Meer lebenden Tiere.

Das Eis-Thermometer

Nach dem Aufsteigen in die Atmosphäre wird der Wasserdampf durch Strömungen transportiert. Der Dampf gelangt so in kältere Luftschichten, in denen er kondensiert und ausfriert. Hierbei wird das schwere Isotop ^{18}O bevorzugt im Niederschlag angereichert, während das leichte Isotop ^{16}O eher in den Wolken zurückbleibt. Diese Anreicherungen erfolgen in Abhängigkeit von den lokalen Temperaturen bei

3 Vom Zählen und Messen

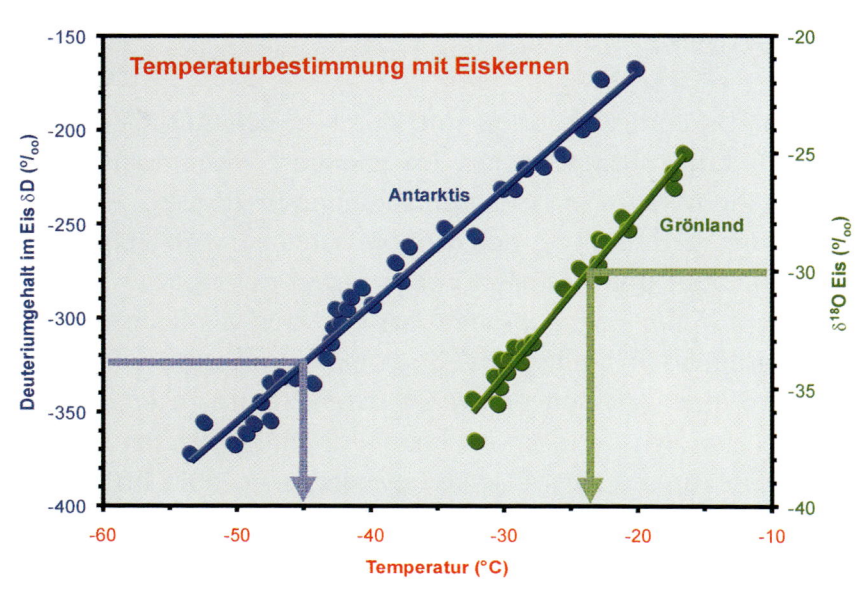

Abb. 3.29: Der Gehalt an schwerem Wasserstoff (Deuterium) und schwerem Sauerstoff (^{18}O) ist im Eis der Arktis und Antarktis ein Maß für die Lufttemperatur. Mit Hilfe von direkten Messungen an heutigem Schnee erstellten Forscher Eichkurven, die sie für die Rekonstruktion früherer Temperaturänderungen verwenden.

der Bildung des Niederschlags. Dies bedeutet, dass sich auch regionale Temperatureffekte in der Isotopenzusammensetzung der Eisschilde widerspiegeln. In der Antarktis und auf Grönland steigt der Sauerstoffisotopenwert $\delta^{18}O$ (s. Kasten „Was sind Isotope?") um 1 ‰, wenn sich die Temperatur um 0,7 °C erhöht. Einen ähnlichen Effekt beobachten wir auch an den Wasserstoffatomen des Wassers. Das Verhältnis zwischen dem schweren Wasserstoffisotop (Deuterium) und dem leichten Wasserstoffisotop hängt von der Temperatur bei der Bildung des Niederschlags ab.

Kalkschalen-Thermometer

Aber nicht nur die Sauerstoffisotopenverhältnisse des Eises oder Meerwassers verändern sich durch die Wassermassenverlagerung, sondern auch diejenigen in den Kalkschalen von marinen Kleinstlebewesen. Der Kalk, den einzellige Tiere, wie Foraminiferen, für ihr Gehäuse aus dem Meerwasser gewinnen, zeigt ähnliche, aber entgegengesetzte Sauerstoffisotopenwerte wie die, die man aus dem Eis kennt. Wenn Foraminiferen dem Meerwasser Kalziumkarbonat ($CaCO_3$) zum Aufbau ihrer Schalengehäuse entziehen, ist das $CaCO_3$ etwas stärker mit isotopisch schwererem Sauerstoff ^{18}O angereichert als das umgebende Meerwasser. Dieser Trennungsprozess von ^{18}O und ^{16}O zwischen $CaCO_3$ und Meerwasser ist temperaturabhängig. Mit abnehmenden Temperaturen nimmt die ^{18}O-Konzentration

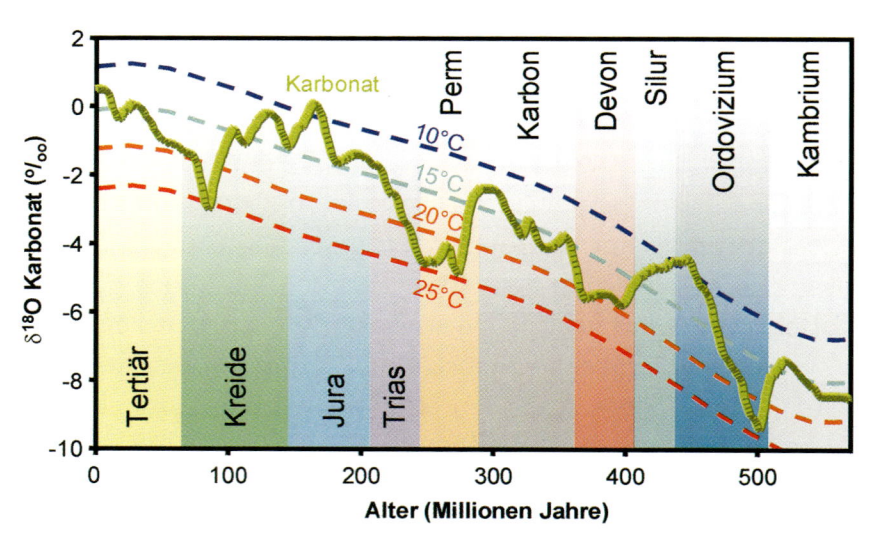

Abb. 3.30: Sauerstoffisotopenwerte in Kalkschalen erlauben die Bestimmung der Temperaturentwicklung des Meerwassers während der letzten 570 Millionen Jahre.

im CaCO$_3$ zu: pro 1 °C Temperaturabnahme steigt das Verhältnis der Sauerstoffisotope im kalkigen Foraminiferengehäuse um 0,25 ‰. Mit Hilfe der Messungen des δ^{18}O-Wertes von im Oberflächenwasser der Meere frei treibenden Foraminiferen, wie z. B. Globigerina bulloides und Globigerinoides ruber, und am Meeresboden lebenden Foraminiferen, z. B. Uvigerina peregrina und Cibicidoides wüllerstorfi) können Paläotemperaturen für das Oberflächenwasser sowie das Tiefenwasser rekonstruiert werden. Temperaturen der weit zurückliegenden Vergangenheit – Zeiten, in denen es noch keine kalkschaligen Foraminiferen gab – können die Forscher aus den Sauerstoffisotopenwerten der Kalkschalen von so genannten Armfüßern (Brachiopoden) ableiten. Diese Tiere lebten auf dem Meeresboden im seichten Wasser.

Auch in Seen auf dem Festland hat man eine Möglichkeit gefunden, Temperaturen verlässlich zu rekonstruieren: Sauerstoffisotope werden temperaturabhängig von Muschelkrebsen (Ostrakoden) beim Bau ihrer winzigen Schälchen verwendet. Da man weiß, wann im Jahr bestimmte Arten ihre Kalkschale bauen und in welcher Wassertiefe sie dann leben, kann man über das Isotopenverhältnis die Wassertemperaturen errechnen, die zu Lebzeiten der Krebse herrschten. Diese Methode wenden die Forscher für Seeablagerungen des Quartär an.

Das Biomolekül-Thermometer

Eine neue Methode, Paläotemperaturen zu rekonstruieren, bietet die Untersuchung des organischen Materials in Ablagerungen. Dabei werden bestimmte organische Moleküle einzelner Organismenarten, so genannte Biomarker, untersucht. Biomarker werden von den Organismen in Abhängigkeit von den Umweltbedingungen in einer bestimmten Zone der Wassersäule oder im Sediment gebildet. Biomarker sind weit verbreitet und kommen über einen langen geologischen Zeitraum vor. Ein weiterer Vorteil für die Verwertbarkeit von Biomarkern ist die qualitative und quantitative Erhaltung während der Ablagerung und Einlagerung ins Sediment. Diese Voraussetzungen werden von manchen Substanzen organischer Zellwände (so genannte Membranlipide) erfüllt. Die Wassertemperatur steht mit der Bildung einzelner Membranlipide in direktem Zusammenhang. Zu

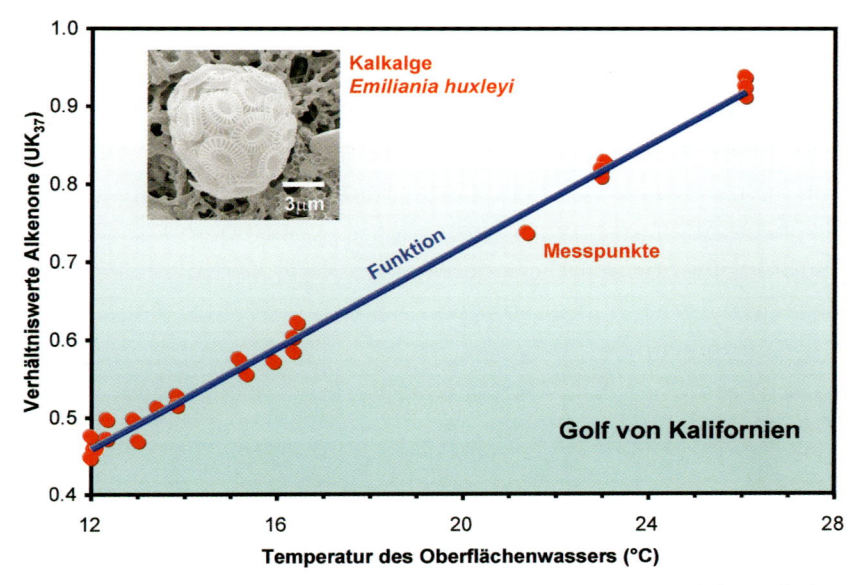

Abb. 3.31: Heutige Oberflächentemperaturen im Meerwasser und die Verhältniswerte von Molekülen (Alkenone) des organischen Gewebes der Kalkalge Emiliania huxleyi bilden die Grundlage für Temperaturrekonstruktionen in einzelnen Meeresgebieten. Dargestellt ist ein Beispiel aus dem Golf von Kalifornien.

3 Vom Zählen und Messen

der Gruppe temperaturabhängiger Membranlipide gehören auch die zwei- bis vierfach ungesättigten, langkettigen Alkenone. Es sind Verbindungen, die von Kalkalgen (so genannten Coccolithophoriden) aufgebaut werden. Diese Substanzen lassen sich aus dem Sediment gewinnen und über spezielle Trennverfahren (der so genannten Chromatographie) mengenmäßig nachweisen. Das Verhältnis von zwei- zu vierfach ungesättigten Alkenonen ist ein Maß für die Temperatur des Wassers, in dem die Algen gelebt haben; je höher der Wert dieses Verhältnisses, desto wärmere Temperaturen lagen vor.

Wieviel Kohlendioxid war in der Atmosphäre?

Untersuchungen der Kohlenstoffisotope zeigen, dass die Verhältnisse von ^{12}C und ^{13}C in Algen unter heutigen Bedingungen als Anzeiger für die CO_2-Konzentrationen des Oberflächenwassers benutzt werden können. Algen nehmen das Kohlendioxid des Oberflächenwassers bei ihrer Photosynthese auf und reichern die Isotope des Kohlenstoffs je nach Menge des verfügbaren Kohlendioxids in der organischen Substanz an. Dieser vereinfachte Mechanismus gilt aber nur, wenn die Isotopenzusammensetzung des Kohlendioxids im Oberflächenwasser konstant ist.

Dies ist allerdings für lange geologische Zeiträume nicht gegeben. Im Rahmen des Kohlenstoffzyklus ändert sich auch die Kohlenstoffisotopenzusammensetzung im CO_2 des Meerwassers. Diese langfristigen Änderungen des Kohlenstoffisotopenverhältnisses des Kohlendioxids kompensieren die Forscher in einem aufwendigen Verfahren. Zunächst

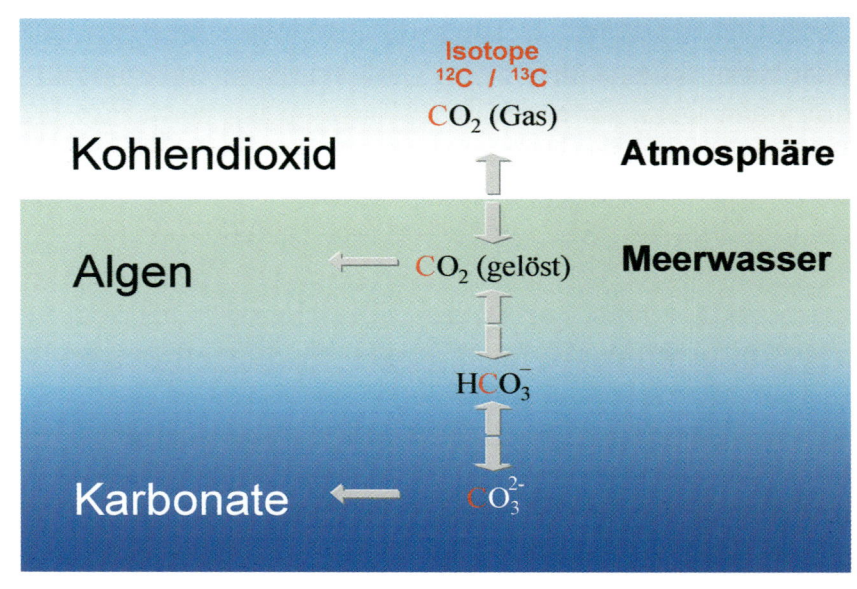

Abb. 3.32: Die Verhältniswerte der stabilen Kohlenstoffisotope ^{12}C und ^{13}C in Algen und Karbonaten sind ein Maß für die Konzentration des Kohlendioxids im Oberflächenwasser und in der Atmosphäre.

bestimmen sie die Temperatur des Oberflächenwassers und berechnen dann mit Hilfe der Temperatur aus den Verhältnissen von ^{12}C und ^{13}C in marinen Algen und dem gleichzeitig gebildeten Karbonat (z. B. Kalkschalen von Foraminiferen oder von Armfüßern, so genannten Brachiopoden) die Menge des Kohlendioxids im Oberflächenwasser.

Der Gehalt des atmosphärischen Kohlendioxids kann nun aus der Menge des CO_2 im Oberflächenwasser abgeleitet werden. Bei dieser Berechnung nimmt man an, dass ein Gleichgewicht beim Austausch zwischen Oberflächenwasser und Atmosphäre herrscht. Der Austausch von Kohlendioxid zwischen dem Oberflächenwasser und der Atmosphäre hängt, wie die Löslichkeit des CO_2, von der Temperatur ab.

Die Löslichkeit nimmt bei abnehmender Temperatur zu. Der atmosphärische Kohlendioxidgehalt kann nunmehr anhand bekannter empirischer Formeln als Näherungswert aus der Temperatur und der Kohlendioxidkonzentration des Oberflächenwassers bestimmt werden.

4 Im Treibhaus

Die heutige Klimadebatte ist durch die Diskussion um die Treibhausgase in der Erdatmosphäre geprägt, und dem Kohlendioxid wird dabei eine das Klima bestimmende Rolle zugewiesen. Man muss aber wissen, dass das Kohlendioxid erst nach dem Wasserdampf das zweitwichtigste Treibhausgas der Erdatmosphäre ist. Wie das Methan ist es über vielschichtige chemische Reaktionen, biologische und geologische Prozesse mit dem Kohlenstoffkreislauf der Erde gekoppelt. Es ist daher unerlässlich, den Kohlenstoffkreislauf zu untersuchen, da er die Kohlendioxid- und Methankonzentrationen in der Erdatmosphäre beeinflusst.

Gesteine und Eiskerne sind Archive der Vergangenheit, in denen Informationen über den Kohlenstoffkreislauf und die Kohlendioxidmengen in der Atmosphäre oder im Oberflächenwasser der Meere gespeichert sind. Die Geologen haben Verfahren entwickelt, die es ermöglichen, die Kohlendioxidgehalte näherungsweise für weit zurückliegende Zeiten zu bestimmen und mit dem Temperaturverlauf zu vergleichen. Diese Rekonstruktionen machen deutlich, dass Kohlendioxid nicht die treibende Kraft für die Temperaturentwicklung in der Vergangenheit war. Die Temperatur und die Kohlendioxidmenge der Atmosphäre haben sich vielfach unabhängig von einander entwickelt.

Aus Messungen an Eiskernen wissen wir, dass die im Eis eingeschlossene Luft im 19. Jahrhundert einen geringeren Volumenanteil an Kohlendioxid enthielt als heute. Direkte systematische Messungen der Kohlendioxidkonzentration der Atmosphäre, die seit etwas mehr als vierzig Jahren durchgeführt werden, ergänzen die Eiskerndaten. Seit dem 19. Jahrhundert werden die natürlichen Schwankungen des atmosphärischen Kohlendioxids und Methans von Emissionen überlagert, die der Mensch durch die Nutzung der fossilen Energieträger Kohle, Erdöl und Erdgas der Atmosphäre zuführt, so dass die Kohlendioxidkonzentration mit Beginn der Industrialisierung von etwa 280 ppm auf 365 ppm heute angestiegen ist. Die vom Menschen ausgestoßenen zusätzlichen Mengen an Kohlendioxid werden allerdings zu einem großen Teil durch Senken, wie die Wälder der kühlen Klimazone, aufgenommen und der Atmosphäre entzogen. Die Größe der Senken hat im Verlauf der letzten 150 Jahre beständig zugenommen. Es bestehen aber noch zu große Kenntnislücken beim Kohlenstoffkreislauf, um die weitere Entwicklung abschätzen zu können.

4 Im Treibhaus

Kohlendioxid, das nach dem Wasserdampf wichtigste Treibhausgas der Erdatmosphäre, ist wie das Methan über komplexe Prozesse mit dem Kohlenstoffkreislauf der Erde gekoppelt. Chemische Reaktionen, biologische und geologische Prozesse tragen zur Steuerung der Kohlendioxid- und Methankonzentrationen in der Erdatmosphäre bei. Heute werden die natürlichen Schwankungen des atmosphärischen Kohlendioxids und Methans von Emissionen überlagert, die der Mensch durch die Nutzung der fossilen Energieträger Kohle, Erdöl und Erdgas der Atmosphäre zuführt. Diese zusätzlichen Emissionen haben bei der Bevölkerung wie auch bei Politikern zu Besorgnis über die mögliche Klimaentwicklung in der näheren Zukunft geführt. Grund dafür ist die Annahme, dass die Zunahme des Treibhausgases Kohlendioxid mit einer Temperaturzunahme der Erdatmosphäre einhergeht. Aus diesem Grund kommt der Erforschung des Kohlenstoffkreislaufs mit seinen Auswirkungen auf das atmosphärische Kohlendioxid und das Methan eine besondere Bedeutung in der Klimaforschung zu. Besonders auch deswegen, weil Kohlendioxid und Methan über biogeochemische Prozesse eng aneinander gekoppelt sind.

Der Kohlenstoffkreislauf

Große Reservoire, in denen Kohlenstoff gespeichert ist und zwischen denen ein Austausch stattfindet, sind die Atmosphäre, Ozeane, Gesteine und die Biosphäre. Geowissenschaftliche Untersuchungen an natürlichen Systemen befassen sich mit dem Kreislauf des Kohlenstoffs in Gesteinen. Sie zeigen aber auch den Bezug zu den anderen Reservoiren und den Austausch untereinander. Wissenschaftler untersuchen die Bildung von Kohlendioxid und Kohlenwasserstoffen, speziell von Methan. Diese Gase bewegen sich aufgrund von Dichte- und Temperaturunterschieden in den Gesteinen. Die Forscher versuchen, die Wanderung der Gase im Gestein zu verstehen, um den Kohlenstoffkreislauf besser beschreiben zu können.

An den Mittelozeanischen Rücken entsteht neue Erdkruste. Die Platten reißen, durch Konvektionsströme des Erdmantels getrieben, auseinander und geben so Raum für den Aufstieg heißer Lava, die dem Erdmantel entströmt und dann erkaltet, um so die neue Kruste zu bilden. Mit dem Aufdringen der Lava werden aber auch die im Mantel gebildeten Gase Kohlendioxid und Methan aus dem Erdinnern in das Meerwasser transportiert. Schwarze Schlote, die so genannten Black Smoker, sind charakteristische Erscheinungen der

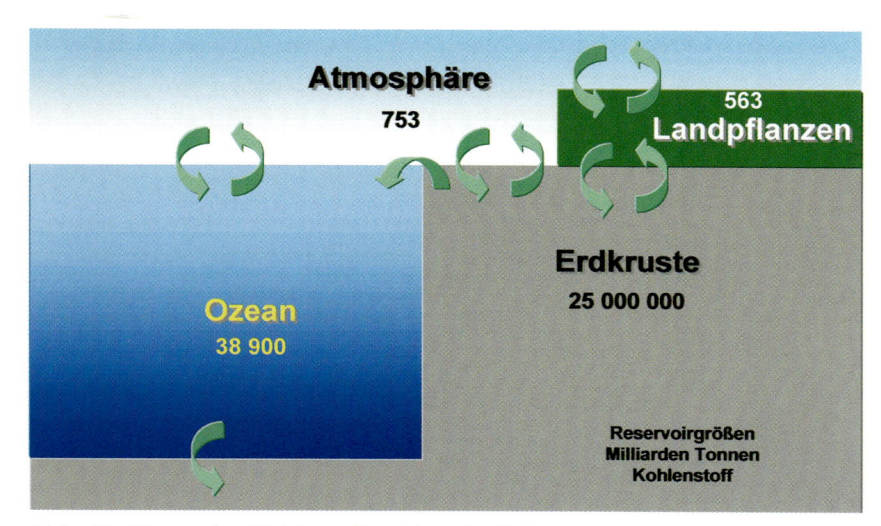

Abb. 4.1: Die großen Kohlenstoffspeicher der Erde.

Atmosphäre 753
Landpflanzen 563
Erdkruste 25 000 000
Ozean 38 900
Reservoirgrößen Milliarden Tonnen Kohlenstoff

4 Im Treibhaus

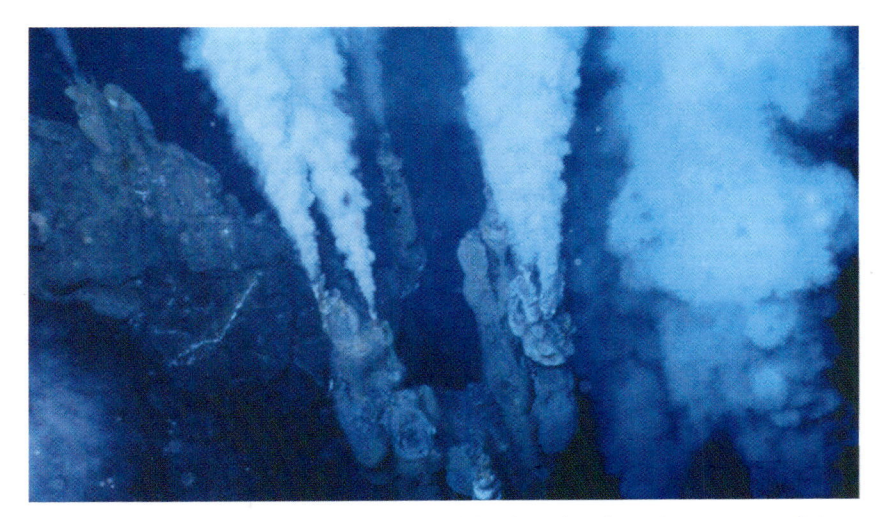

Abb. 4.2: Heiße Wässer und Gase wie Kohlendioxid und Methan treten auf den Mittelozeanischen Rücken an „Smokern" aus.

Mittelozeanischen Rücken. Über sie gelangen mineralhaltige Wässer, Kohlendioxid und Methan in das Ozeanwasser. Diese Entwässerung und Entgasung aus dem Erdmantel bilden im Meer chemische Wolken, die teilweise über Kilometer zu verfolgen sind und Hinweise auf untermeerische vulkanische Aktivitäten liefern.

Die ozeanischen Platten werden durch die Konvektionsströme im Erdinnern weiter verschoben und tauchen an Stellen, an denen sie mit den Kontinenten zusammenstoßen (so genannte Kollisionszonen), unter die kontinentalen Platten ab. Sie führen dabei den im Verlauf von Jahrmillionen in Meeressedimenten abgelagerten Kohlenstoff mit sich. Dieser Kohlenstoff besteht zum einen aus den Resten von Lebewesen aus dem oberflächennahen Meerwasser (überwiegend Algen), zum anderen ist er aber auch in den Kalkschalen mikroskopisch kleiner Lebewesen, den Foraminiferen, gebunden. Diese Schalen sinken nach dem Absterben der Lebewesen aus dem Oberflächenwasser auf den Meeresboden ab und werden im Schlamm eingebettet. Dieser kohlenstoffhaltige Schlamm bietet Bakterien eine ausgezeichnete Nahrungsgrundlage. Sie zersetzen das organische Material, und es entsteht Kohlendioxid, das von anderen Bakterien in Methan umgewandelt wird.

In den Kollisionszonen zwischen ozeanischen und kontinentalen Krusten bilden sich keilförmige Pakete aus zusammengeschobenen Sedimenten, die eine frühe Phase der Gebirgsbildung darstellen und letztlich nach Jahrmillionen zu Gebirgen wie den Alpen und dem Himalaja aufgefaltet werden. Beim Zusammenpressen dieser Sedimente werden Wasser und die Gase Kohlendioxid und Methan – wie aus einem Schwamm – aus dem sich verfestigenden Meeresschlamm ausgepresst und gelangen über Spalten und Risse, so genannte Cold Vents, ins Meerwasser. Im Wasser bilden sich regelrechte Gasfahnen aus, die über viele Kilometer zu

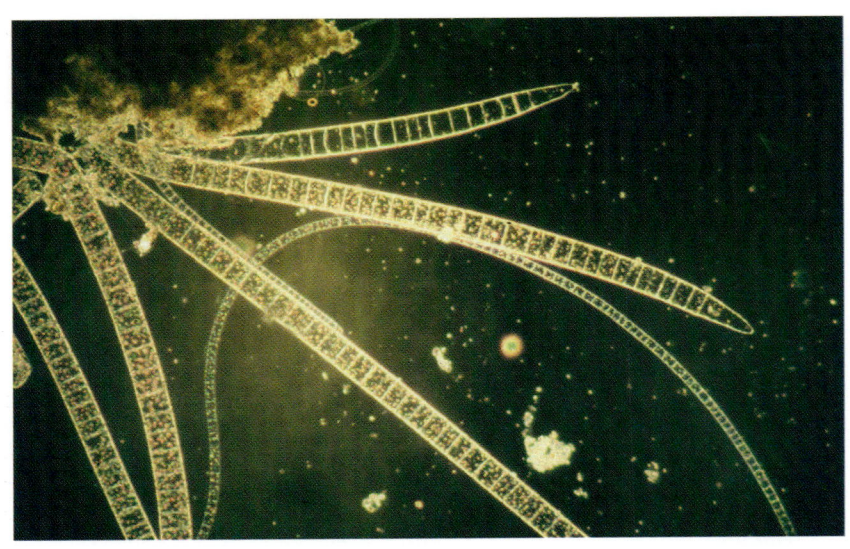

Abb. 4.3: Große Bakterien wie Thioploca leben in der sauerstoffarmen Tiefsee.

4 Im Treibhaus

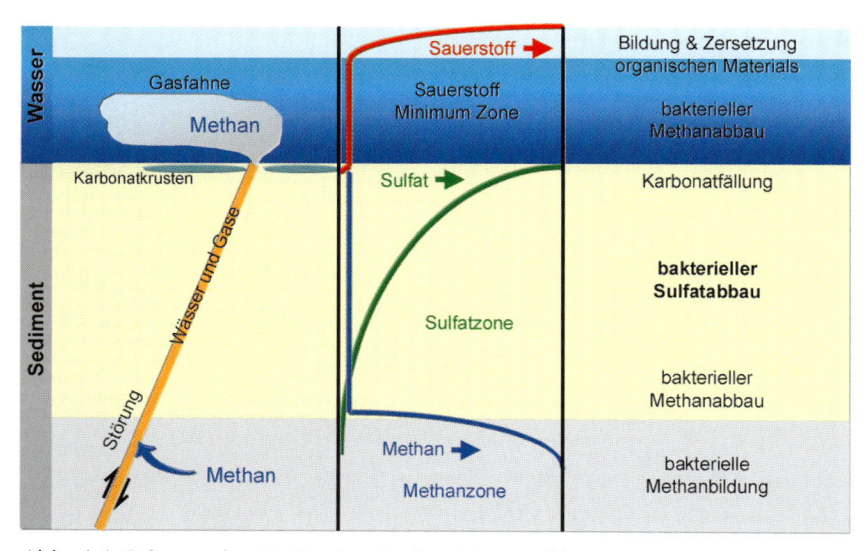

Abb. 4.4: Schema des Methankreislaufs in Meeresablagerungen.

Abb. 4.5: Gasaustritt im Arabischen Meer. Wasser und Methan entweichen aus dem zentralen Loch (Durchmesser ca. 50 cm). Bakterienrasen haben sich auf dem äußeren Rand angesiedelt.

verfolgen sind. Diese Gase dienen Bakterien als Nahrungsquelle, speziell wird Methan von Bakterien wieder in Kohlendioxid umgesetzt. Dieser Vorgang geschieht teils im Meerwasser, in einem viel größeren Umfang aber am Ozeanboden, der Grenzfläche zwischen Sediment und Wasser. Bakterien sind in der Lage, das Methan in Kohlendioxid umzuwandeln, das dann als Karbonat im und auf dem Meeresboden ausgeschieden wird. Spektakuläre Anzeiger für solche Methangasaustritte sind Muscheln, die mit speziellen Bakterien vergesellschaftet sind, welche das untermeerisch ausgeschiedene Methan als Nahrung nutzen.

Die untermeerischen Methanquellen der Mittelozeanischen Rücken und der Cold Vents tragen nicht zum atmosphärischen Methan bei. Die Bakterien zehren das Methan schnell auf und wandeln es in Kohlendioxid um, das in gelöster Form im Ozean verbleibt. Interessant ist allerdings die Tatsache, dass speziell in küstennahen Bereichen der Ozeane, ebenfalls durch Bakterien, die im Oberflächenwasser organische Substanz zersetzen, Methan neu gebildet wird. An diese Neubildung schließt sich dann sofort eine Oxidation durch andere Bakterienarten an, die das

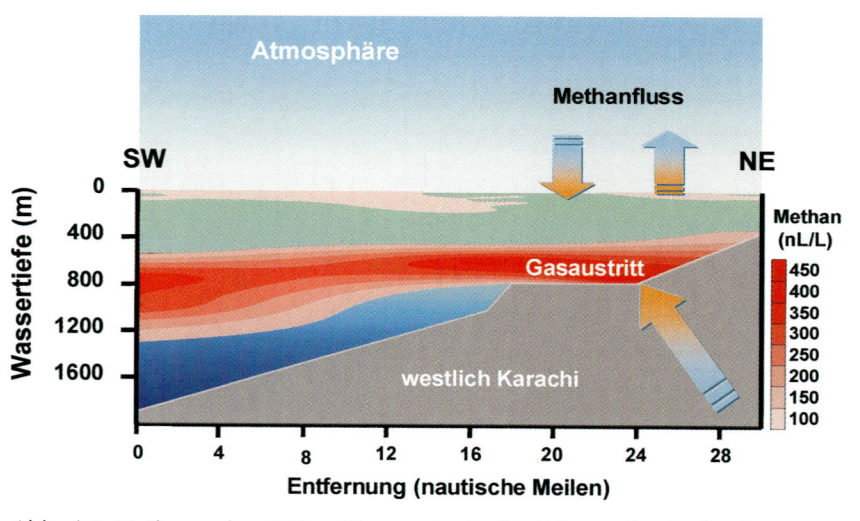

Abb. 4.6: Methan gelangt über Gasaustritte in das Wasser des Arabischen Meeres und verbreitet sich mit den Tiefenströmungen über große Distanzen. Es gelangt nicht in die Atmosphäre. Das zusätzlich durch Bakterien im Oberflächenwasser gebildete Methan tauscht mit der Atmosphäre aus. Das Oberflächenwasser nimmt aber auch Methan aus der Luft auf, wenn die Methanmengen im Wasser gering sind.

Methan wieder in Kohlendioxid umwandeln. Nur wenn die Methanproduktion die Methanoxidation übertrifft, gelangt das Methan in die Atmosphäre. Überwiegt die Oxidation, wird sogar Methan aus der Atmosphäre aufgenommen und im Wasser von Bakterien in Kohlendioxid umgewandelt.

Werden Sedimente durch Plattentektonik an den Kontinentalrändern in große Tiefen versenkt, so schmelzen sie unter dem ungeheuren Druck und bei den hohen Temperaturen auf. Entlang von Rissen, die sich im Spannungsfeld der verschiedenen Krusten gebildet haben, können diese Schmelzen aufsteigen und Vulkane bilden, die den Kohlenstoff in Form von Kohlendioxid und Methan in die Atmosphäre abgeben, wie z. B. am Galeras in Kolumbien, der einer der gefährlichsten Vulkane in den Anden ist. Auch großflächige Lavafelder, wie die indischen Dekan Traps, die vor Jahrmillionen bereits riesige Mengen von Kohlendioxid und Methan in die Atmosphäre entlassen haben, sind Quellen für Treibhausgase. Neben der massiven Entgasung über die Vulkanschlote kommt es zur Entgasung über heiße Quellen und Fumarolen, die auch dann noch fortdauern, wenn der aktive Vulkanismus längst erloschen ist.

Abb. 4.8: Eine imposante Erscheinung in der flachen Wüstenlandschaft ist der ca. 100 m hohe Schlammvulkan Chandra Gup (Pakistan).

Abb. 4.7: Gasmessungen an Vulkanen sind gefährlich, da giftige und ätzende Gase austreten.

4 Im Treibhaus

Aus vielen Gebieten der Erde kennt man eine andere Art von Vulkanen, die so genannten Schlammvulkane, wie etwa den bei den Hindus berühmten und heiligen Chandra Gup in Pakistan. Diese „Vulkane" sind nicht durch die Eruptionen von heißer Lava oder Aschen entstanden. Vielmehr spielte dabei das Zusammenpressen von Sedimenten eine Rolle, bei dem ein Gemisch aus Sedimentmaterial, Wasser und Gas über Spalten an die Erdoberfläche dringt. Dort bildet das kalt austretende Gemisch oft kegelförmige bis zu hundert Meter hohe Strukturen, die Vulkanen vollkommen gleichen. Häufig entstehen aber auch wall- oder kammartige Formen. Dass tatsächlich Methan zusammen mit Kohlendioxid und Wasser aus den Schlammvulkanen austritt, lässt sich einfach durch Entzünden der Gase zeigen.

Auf dem Land gibt es weitere natürliche Quellen für die Klimagase Kohlendioxid und Methan. Tümpel, Seen und Moore sind Ökosysteme, in denen diese Gase entstehen. Hier bilden spezielle Bakterien aus organischer Substanz Methan, auch bekannt als Sumpfgas. Es gelangt, wenn die Oxidation zu Kohlendioxid durch andere Bakterien nicht effektiv genug verläuft, in die Atmosphäre. Die Methanproduktion natürlicher Nieder- bzw. Hochmoore liegt bei 259 bzw. 73 kg Kohlenstoff pro Hektar und Jahr. Kohlendioxid entsteht dort durch vielschichtige biologische und chemische Abläufe und gelangt anschließend in die Atmosphäre. Gleichzeitig sind Seen und Moore auch natürliche Senken für das Kohlendioxid, indem die darin lebenden Pflanzen über die Photosynthese Kohlendioxid aufnehmen und in Form von Kohlenstoff binden. Erst mit dem Absterben der Pflanzen und nach neuerlichem bakteriellem Umsatz

Abb. 4.10: Die Sümpfe der Tropen sind Quellen für Methan, das Bakterien aus dem reichlich verfügbaren organischen Material bilden.

Abb. 4.9: Brennbares Methan eines Schlammvulkans, das zusammen mit dem Wasser aus großen Tiefen kommt, tritt an der Erdoberfläche aus.

4 Im Treibhaus

fläche. Leichtflüchtige Kohlenwasserstoffe entweichen in die Atmosphäre. Beispiel hierfür sind die Atabasca Tar Sands (Kanada) oder die Schweröle des Orinoco-Gebietes (Venezuela). Der Vorgang der Entgasung lässt sich durch Messungen im Bodenbereich nachweisen. Der weitaus größte Teil wird aber durch die Produktion von Erdöl und Erdgas und bei deren Verbrennung in Form von Kohlendioxid in die Atmosphäre emittiert.

Von wesentlicher Bedeutung im Kreislauf des Kohlendioxids ist die Verwitterung von Gesteinen. Hierbei wird der Atmosphäre insgesamt Kohlendioxid entzogen und über Sickerwasser und Flusstransport dem Meer zugeführt. So verbraucht zum Beispiel die Verwitterung von 280 g des Silikatminerals Orthoklas eine Menge von 88 g Kohlendioxid. Für den Umsatz von 100 g Kalziumkarbonat (Hauptmenge der Karbonate) werden 44 g Kohlendioxid verbraucht.

wird CO_2 wieder freigesetzt. Moore speichern global ca. 250 kg Kohlenstoff pro Hektar und Jahr in Niedermooren und 350 kg Kohlenstoff pro Hektar und Jahr in Hochmooren.

Alle Gebiete, in denen große Mengen organischen, im Wesentlichen pflanzlichen Materials in Sedimenten abgelagert werden (Erdölmuttergesteine, Schwarzschiefer, Kohlen), sind wichtige Senken für Kohlenstoff. Meist führen geologische Prozesse im Laufe von Jahrmillionen dazu, dass das organische Material – Erdöl und Erdgas, das u. a. aus Methan und Kohlendioxid besteht – durch Versenkung und Temperaturbeanspruchung freigesetzt wird und sich in Lagerstätten sammelt. Ein Teil des Erdöls oder der Gase wandert entlang von Rissen im Gestein bis an die Erdober-

Abb. 4.11: Verwitterung von Gesteinen bindet Kohlendioxid.

4 Im Treibhaus

Kohlendioxidkonzentrationen in der geologischen Vergangenheit

In den Geowissenschaften wurden Verfahren entwickelt, die es erlauben, die Kohlendioxidgehalte in der Atmosphäre oder im Oberflächenwasser der Meere näherungsweise für weit zurückliegende Zeiten zu bestimmen und mit dem Temperaturverlauf zu vergleichen (s. Kapitel 3). Gesteine sind natürliche Klimazeugen, die derartige Informationen teilweise über viele Jahrmillionen bewahren. Aus vielen Messwerten lässt sich ein Bild über die Kohlenstoffmengen in den einzelnen Reservoiren gewinnen, das für die Berechnung früherer Kohlendioxidgehalte der Atmosphäre genutzt werden kann. Mit großen Unsicherheiten behaftet sind dabei die Rekonstruktionen, die mehrere hundert Millionen Jahre weit in die Vergangenheit zurückreichen.

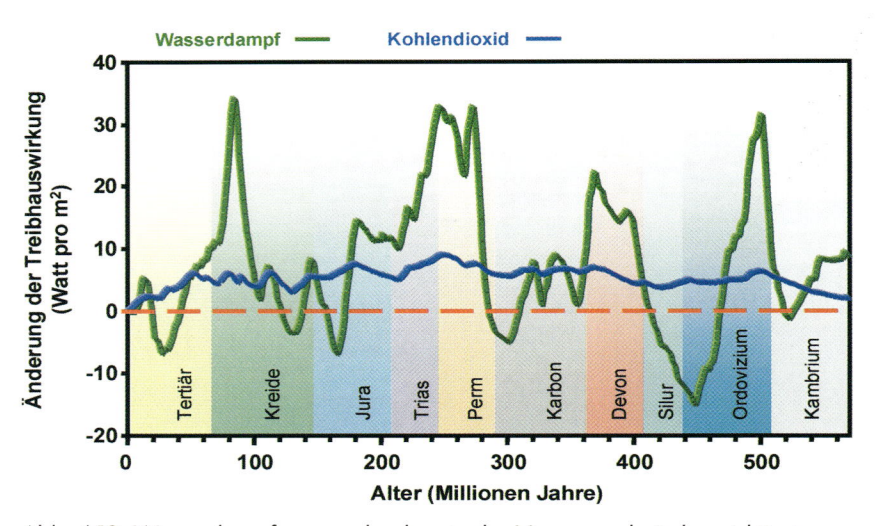

Abb. 4.13: Wasserdampf war auch schon in der Vergangenheit der wichtigste Faktor im Treibhaus Erde. Während die Änderungen der Treibhauswirkung des Kohlendioxids moderat ausfielen, entwickelte sich der Wasserdampf-Effekt in drastischen Schwüngen.

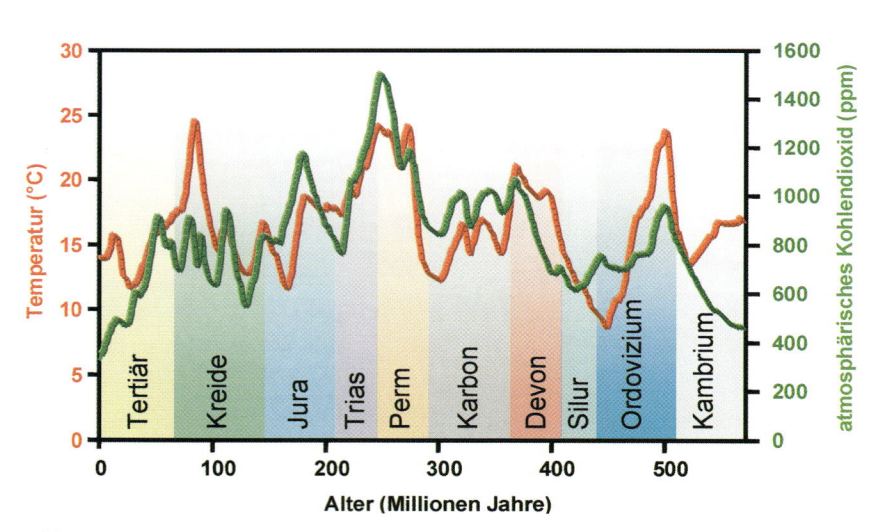

Abb. 4.12: Temperaturen und Kohlendioxidgehalte verliefen in der geologischen Vergangenheit nicht immer im Gleichschritt. Vielfach vergingen mehrere Zehnermillionen Jahre bevor das Kohlendioxid die Temperaturentwicklung einholte oder die Temperatur dem Kohlendioxid folgte.

Die einzelnen Verfahren basieren auf unterschiedlichen Ansätzen, wie etwa Abschätzungen des atmosphärischen Kohlendioxids aus Kohlenstoffisotopenwerten von Karbonaten, Böden oder aber aus den Isotopenunterschieden zwischen Tiefseekarbonaten verschiedener Meeresbecken. Die Ergebnisse derartiger Rückrechnungen weichen teilweise erheblich von einander ab. Trotzdem wird aus all diesen Berechnungen deutlich, dass die Konzentration des Kohlendioxids im Erdaltertum teilweise höher gewesen sein muss als heute. Dies trifft auch auf Zeiten zu, in denen sich die großen Eisschilde von den Polen her ausbreiteten, so etwa im Karbon und im Perm. Darüber hinaus belegen die Rekonstruktionen von Temperatur und Kohlendioxid klar, dass die atmosphärische Kohlendioxidkonzentration über die letzten 570 Millionen Jahre hinweg die Lufttemperatur nicht maßgeblich gesteuert hat. Vielmehr waren es geologische

4 Im Treibhaus

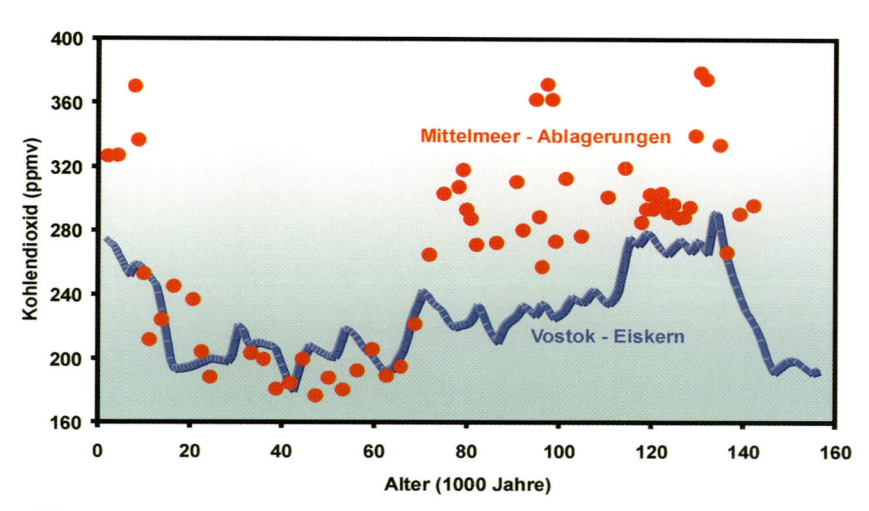

Abb. 4.14: Am Eiskern der Antarktisstation Vostok konnten Forscher die Konzentrationen des atmosphärischen Kohlendioxids der Vergangenheit bestimmen. Der Vergleich mit Kohlendioxidkonzentrationen im Oberflächenwasser des Mittelmeeres (rekonstruiert aus den Ablagerungen; vgl. Kapitel 3) zeigt deutlich, dass im Mittelmeer vor 130 000 bis 70 000 Jahren viel mehr Kohlendioxid im Oberflächenwasser enthalten war und dieser Meeresteil Kohlendioxid an die Atmosphäre abgegeben hat.

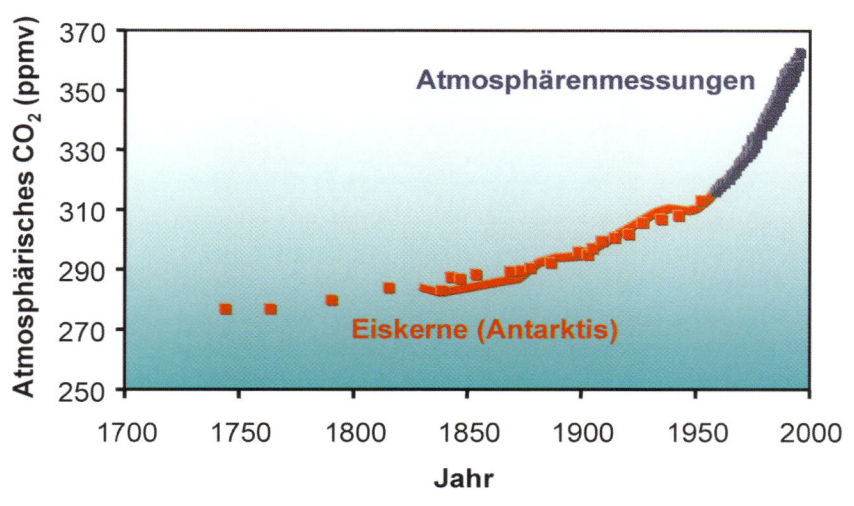

Abb. 4.15: Aus den Messungen an Eiskernen und den Atmosphärenmessungen seit Mitte der 50er Jahre lässt sich der Anstieg der Kohlendioxidkonzentration in der Atmosphäre rekonstruieren.

Faktoren – die Entstehung und das Auseinanderbrechen von Kontinenten, die Auffaltung neuer Gebirge – die in unterschiedlichem Ausmaß prägenden Einfluss auf das Klima und damit auch auf Kohlendioxid und Temperatur gehabt haben. Große tektonische Ereignisse bestimmten das Verteilungsmuster von Land und Meer, führten zu gravierenden Meeresspiegelschwankungen und veränderten das Rückstrahlverhalten der Erde. Hier könnte der treibende Motor für langskalige Temperatur- und Klimawechsel im Rahmen von Millionen von Jahren zu suchen sein. Durch die Temperaturänderungen wird speziell der Treibhauseffekt des Wasserdampfes beeinflusst, der mit seinen großen Variationen wesentlich effektiver als der Treibhauseffekt des Kohlendioxids ist.

Je mehr sich die Rekonstruktionen der heutigen Zeit annähern, desto zuverlässiger lassen sich die Kohlendioxidkonzentrationen der Atmosphäre bestimmen. Sedimentkerne aus dem Meer belegen die Schwankungen des Kohlen-

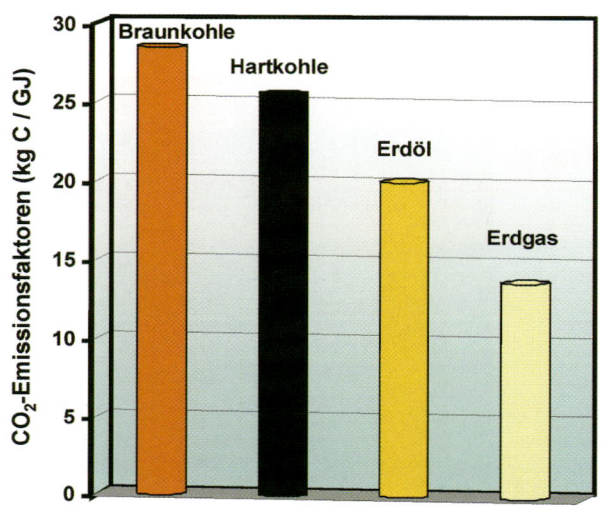

Abb. 4.16: Erdgas entlässt bei der Verbrennung die geringste Menge Kohlendioxid in die Atmosphäre. Braunkohle steht mit den größten Emissionen am Ende der Skala.

4 Im Treibhaus

dioxids über mehr als 100 000 Jahre der Klimageschichte. Von besonderer Bedeutung sind neben dem Klimaarchiv der Gesteine Informationen, die aus den Kernen von Eisbohrungen gewonnen werden können. Neben langen Zeitreihen und eher pauschalen Übersichten ermöglichen Eiskerne aufgrund ihrer Jahreslagen eine sehr genaue zeitliche Zuordnung. Untersuchungen an Eiskernen zeigen die natürliche Variabilität des atmosphärischen Kohlendioxids über die vergangenen 400 000 Jahre mit höherer Verlässlichkeit als Sedimentkerne, da die Zusammensetzung der im Eis eingeschlossenen Luft direkt gemessen werden kann.

Faktor Mensch

Wie wichtig die Klimazeugen auch für die Bewertung der heutigen Klimasituation sind, belegt die Tatsache, dass unsere Einschätzungen über den Kohlendioxidanstieg seit der Mitte des letzten Jahrhunderts wesentlich auf Untersu-

Abb. 4.17: Ackerland wird in den Tropen und Subtropen vielfach durch Brandrodung gewonnen.

chungen an Eiskernen basieren. Aus Messungen von Eisforschern und Geochemikern wissen wir, dass die im Eis eingeschlossene Luft im letzten Jahrhundert einen geringeren Volumenanteil an Kohlendioxid enthielt als heute. Direkte systematische Messungen der Kohlendioxidkonzentration der Atmosphäre werden erst seit etwas mehr als vierzig Jahren durchgeführt. Rekonstruktion und Messung ergänzen sich zu der gleichen Aussage über den Anstieg der Kohlendioxidkonzentration von etwa 280 ppm am Beginn der Industrialisierung auf 355 ppm heute, d. h. also, über ein Viertel mehr als noch vor 150 Jahren.

Wir Menschen sind an dieser Zunahme des Treibhausgases maßgeblich beteiligt. Ab Mitte des letzten Jahrhunderts hat mit der globalen Industrialisierung ein Prozess eingesetzt, der über die Verbrennung von Energieträgern – Kohle, Erdöl und Erdgas – Kohlendioxid in die Atmosphäre entlässt. Hierbei werden große Mengen des über Jahrmillionen in der Erdkruste gespeicherten Kohlenstoffs in kürzester Zeit in die Atmosphäre abgegeben.

Die Braunkohleverbrennung erzeugt dabei die höchsten Emissionen pro erhaltener Energiemenge, während Erdgas als sauberster fossiler Energieträger gilt. Neben der CO_2-Emission aus der Verbrennung fossiler Energierohstoffe wird auch über die Umwandlung von karbonatischen Grundstoffen für die Bauindustrie Kohlendioxid freigesetzt. Allerdings ist ihr Anteil im Vergleich zur Verbrennung von Erdöl, Erdgas und Kohle ausgesprochen klein. Allgemein nimmt die Verlässlichkeit der Emissionsberechnungen ab, je weiter wir uns in die Vergangenheit bewegen, da die Datenqualität oft nicht den heutigen Ansprüchen genügt.

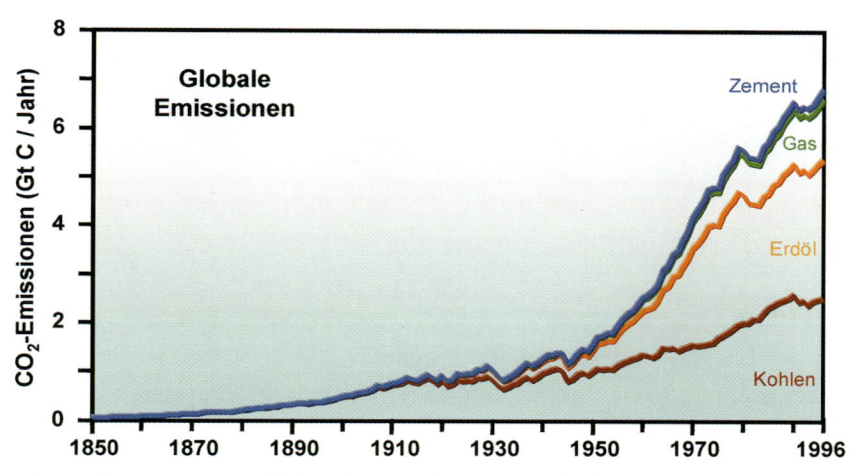

Abb. 4.18: *Die globalen Kohlendioxidemissionen durch die Verbrennung der Energieträger Kohle, Erdöl und Erdgas haben seit 1950 stark zugenommen. Der Kohlendioxidausstoß durch das Brennen von Kalk für die Zementherstellung macht hierbei nur einen Bruchteil aus.*

Aber nicht nur die Produktion von Rohstoffen führt zu Kohlendioxidemissionen in die Atmosphäre, sondern auch die Änderung der Landnutzung.

Dies betrifft vor allem die Waldbewirtschaftung. Von 1850 bis 1980 wurden beispielsweise 500 Millionen ha tropischen Waldes und 100 Millionen ha Wald in gemäßigten Breiten vernichtet. Zu Emissionen kommt es dabei, weil ein Teil des gewonnenen Holzes verbrannt wird; aber auch Brandrodung zur Schaffung neuer Ackerflächen spielt eine große Rolle. Dieses Verfahren der Landgewinnung ist auf den südlichen Kontinenten sehr verbreitet. Satellitenbeobachtungen zeigen deutlich, wie sich die Brandrodungsgebiete im jahreszeitlichen Wechsel verschieben.

Der Verlust an organischer Substanz in Böden ist vor allem bei ackerbaulicher Nutzung stark ausgeprägt und kommt

4 Im Treibhaus

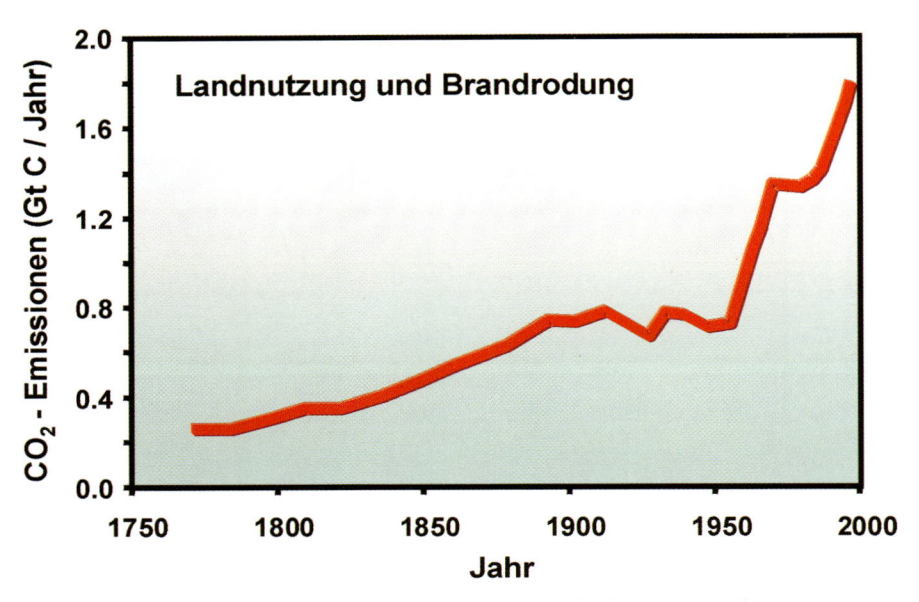

Abb. 4.19: Die geänderte Landnutzung und die Brandrodung sorgen für zusätzliche Kohlendioxidemissionen in die Atmosphäre.

ursprünglichen Gehaltes abnehmen und entsprechende Mengen Kohlendioxid in die Atmosphäre abgegeben werden.

Auch die Kultivierung der Moore geht mit Emissionen von Kohlendioxid einher. In welchen Größenordnungen sich der menschliche Einfluss auf die Moore auswirkt, lässt sich aus den norddeutschen Torfgebieten herleiten. Moore machen heute etwa 10 % der Landesfläche Niedersachsens aus. Durch die landwirtschaftliche Nutzung entwickelten sich die Moore von der ursprünglichen Kohlenstoffsenke zu einer Kohlenstoffquelle. Bei ihrer Nutzung werden die Moore entwässert, gedüngt und – beim Ackerbau – auch bearbeitet. All diese Maßnahmen beschleunigen Oxidation und Mineralisation des Torfes. Der Kohlenstoffhaushalt der Moore

besonders bei Feldfrüchten wie Mais und Sojabohnen zum Tragen, da diese Pflanzen keine Bodenbedeckung und dichte Verwurzelung erzeugen. Häufig werden auch Pflanzenrückstände verbrannt, um das Ausbreiten von Pflanzenkrankheiten zu verhindern oder um Energie zu gewinnen. Der Abbau organischen Bodenmaterials führt einerseits dazu, dass sich die Bodenstruktur verschlechtert, zum anderen bewirkt er, dass Kohlenstoff in Form von Kohlendioxid in die Atmosphäre entweicht. Die im Boden vorhandene Pflanzensubstanz (Humus und nicht abbaubares organisches Material) wird auf das Zwei- bis Dreifache der in der oberirdischen Vegetation enthaltenen Menge geschätzt. Mit dem Pflügen setzt jedoch eine Zersetzung der organischen Bodenbestandteile ein, wodurch diese bis auf 40 % des

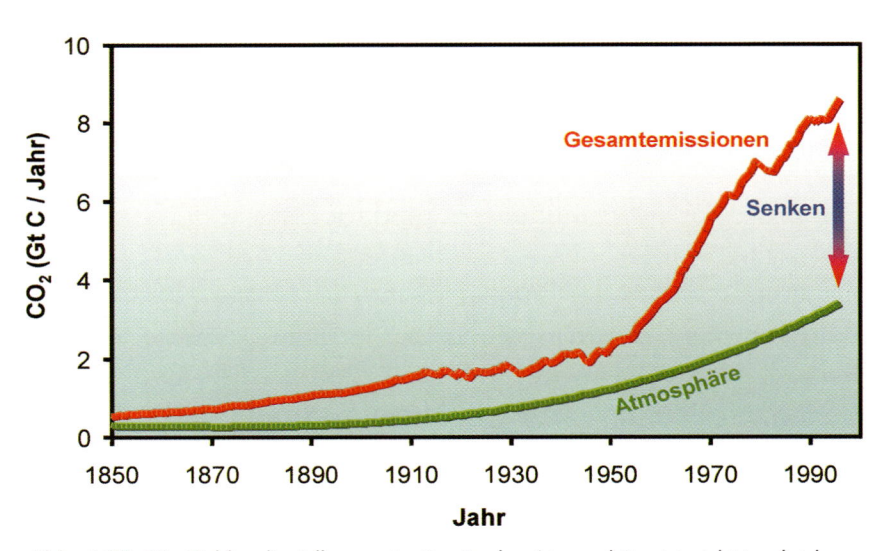

Abb. 4.20: Die Kohlendioxidkonzentration in der Atmosphäre ist nicht in gleichem Maße wie der Ausstoß von Kohlendioxid gestiegen, da Senken wie Ozean und Wälder einen Großteil des Kohlendioxids aufnehmen und speichern.

wird dabei vollständig verändert. Unter Grünlandnutzung entwickelt sich das Moor zu einer Kohlendioxidquelle mit Freisetzungen von 2 100 kg Kohlenstoff pro Hektar und Jahr aus Hochmoorböden. Landwirtschaftlich genutzte Niedermoorböden geben sogar 2 900 kg Kohlenstoff pro Hektar und Jahr an die Atmosphäre ab. Durch Ackernutzung, Grundwasserabsenkung und Bodenbearbeitung erreichen die Kohlenstoffverluste in Torfen im Mittel 5 000 bis 8 300 kg Kohlenstoff pro Hektar und Jahr.

Insgesamt sind die Kohlendioxidemissionen mäßig bis zum Ende des zweiten Weltkriegs angestiegen. Erst ab den fünfziger Jahren des vergangenen Jahrhunderts ist ein sehr starker Anstieg der jährlichen Emissionsmengen zu verzeichnen, die heute ihren maximalen Wert erreichen. Während in früherer Zeit Kohle den Hauptanteil der Emissionen ausmachte, sehen wir heute Erdöl an erster Stelle, gefolgt von Kohle und Erdgas.

Speziell in den letzten vierzig Jahren ist der Anteil des Kohlendioxids in der Atmosphäre nicht im gleichen Maße angestiegen wie die anthropogenen Emissionen. Dieser Befund deutet auf die Existenz von Senken, die das Kohlendioxid aus anthropogenen Quellen aufnehmen. Heute werden mehr als 50 % des von Menschen produzierten Kohlendioxids in Senken gebunden. Als Reservoire für die Aufnahme von atmosphärischem CO_2 gelten neben den Ozeanen auch die Wälder der Nordhemisphäre.

Die Auswirkungen auf den vom Menschen verursachten Treibhauseffekt lassen sich berechnen. Die Zunahme an anthropogenen Emissionen hat seit ca. 1750 einen Anstieg des Kohlendioxid-Treibhauseffektes um 1,56 Watt pro m^2 bewirkt; die übrigen anthropogenen Gase wie Methan, Stickoxide, FCKW summieren sich zu einem weiteren Treibhauseffekt von 1,14 Watt pro m^2. Im Vergleich mit dem Gesamt-Treibhauseffekt unserer Erde machen diese anthropogenen Anteile beim Kohlendioxid 1,2 % und bei den Nicht-Kohlendioxidgasen 0,9 % aus. Beide Werte liegen noch deutlich im Bereich der Unsicherheiten, die bei der heutigen Bestimmung des Gesamt-Treibhauseffekts zu veranschlagen sind. Im Gesamtsystem ist der Wasserdampf der entscheidende Faktor für die Speicherung von Wärmeenergie, gefolgt von Kohlendioxid und den weiteren Treibhausgasen.

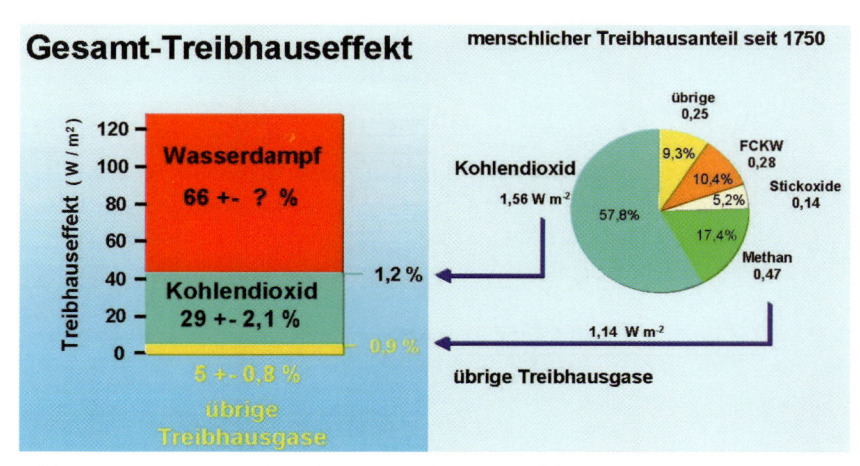

Abb. 4.21: Der Wasserdampf ist das wichtigste Treibhausgas der Atmosphäre, gefolgt von Kohlendioxid und den übrigen Spurengasen Ozon, Methan und Stickoxid. Der menschliche Anteil an diesem Treibhaus-System beträgt etwa 2,7 Watt pro Quadratmeter oder 2,1 %.

4 Im Treibhaus

RESERVOIR UND FLÜSSE VON KOHLENSTOFF

Die wesentlichen kohlenstoffhaltigen Gase der Atmosphäre sind Kohlendioxid, Methan und Kohlenmonoxid. In der heutigen Atmosphäre beträgt die Kohlenstoffmenge im Kohlendioxid 750 Mrd. t, während im Methan 3 Mrd. t und im Kohlenmonoxid nur 0,2 Mrd. t Kohlenstoff enthalten sind. Im Ozean liegt Kohlenstoff überwiegend in gelöster Form in anorganischen (37 900 Mrd. t Kohlenstoff) oder organischen Komponenten (1 000 Mrd. t Kohlenstoff) vor. Organische Partikel (Reste von Pflanzen und Tieren) machen heute etwa 30 Mrd. t Kohlenstoff im Ozean aus. In den Gesteinen ist die größte Menge an Kohlenstoff gespeichert. Schätzwerte belaufen sich auf 20 Trillionen t Kohlenstoff in Karbonatmineralen. Weiterer Kohlenstoff in der Größenordnung von 5 Trillionen t ist fein verteilt in den Gesteinen gespeichert. Kohle- und Öllagerstätten umfassen nach Schätzungen ca. 10 000 Mrd. t Kohlenstoff. Torf enthält etwa 165 Mrd. t Kohlenstoff, in den Böden dürften 1 500 Mrd. t Kohlenstoff gespeichert sein. Natürlicher Bioabfall macht etwa 60 Mrd. t Kohlenstoff im Boden aus. Die terrestrische Biosphäre umfasst insgesamt etwa 560 Mrd. t Kohlenstoff, während die marine Biosphäre nur ca. 3 Mrd. t Kohlenstoff enthält.

Das Kohlendioxid der Atmosphäre steht mit dem Kohlenstoffsystem des Ozeans über das Oberflächenwasser in direktem Austausch. Heute

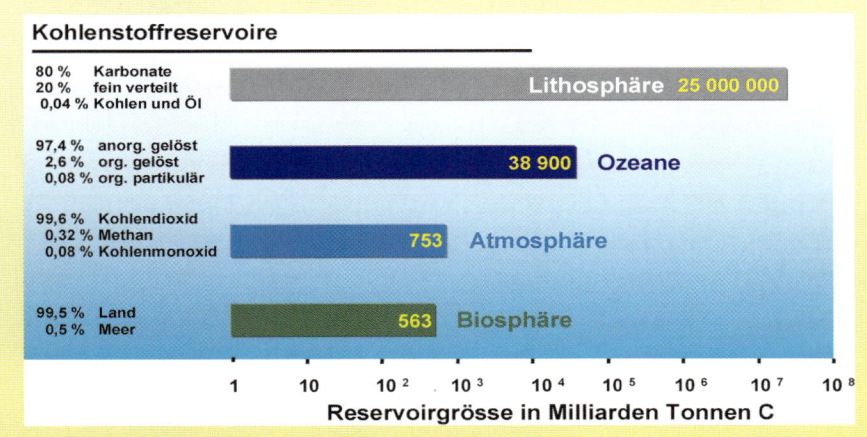

R 1: Die großen Kohlenstoffspeicher der Erde.

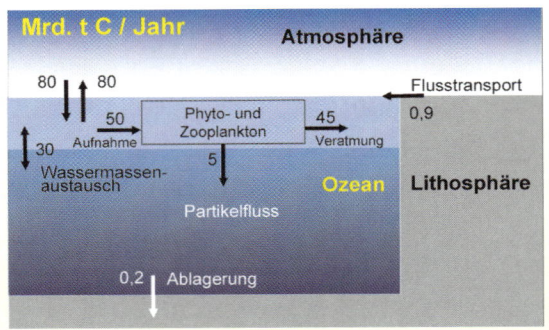

R 2: Kohlenstoffflüsse in den Ozeanen.

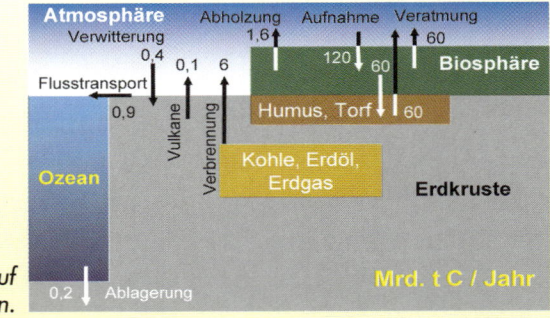

R 3: Kohlenstoffflüsse auf den Kontinenten.

werden jährlich ca. 80 Mrd. t Kohlenstoff im Kohlendioxid vom Meerwasser aufgenommen, und eine gleiche Menge wird an die Atmosphäre zurückgegeben. Die terrestrische Biosphäre nimmt heute pro Jahr etwa 120 Mrd. t Kohlenstoff aus der Atmosphäre auf und gibt ca. 60 Mrd. t Kohlenstoff über Veratmung wieder an diese ab. Etwa 60 Mrd. t Kohlenstoff wandern heute jährlich aus der terrestrischen Biosphäre in den Bodenbereich der Lithosphäre, wo sie über Zersetzungsprozesse oxidiert und als Kohlendioxid der Atmosphäre wieder zugeführt werden. Der Lithosphäre werden im marinen Bereich jährlich ca. 0,2 Mrd. t Kohlenstoff zugeführt, während von den Kontinenten etwa 0,9 Mrd. t Kohlenstoff pro Jahr über Flüsse ins Meer transportiert werden. Die Verwitterung von Gesteinen verbraucht Kohlendioxid aus der Atmosphäre. Die dabei jährlich von der Lithosphäre aufgenommene Menge liegt heute bei ca. 0,4 Mrd. t Kohlenstoff. Nur etwa 0,1 Mrd. t Kohlenstoff werden in Form von Vulkangasen pro Jahr aus der Lithosphäre an die Atmosphäre zurückgegeben. Alle genannten Reservoire lassen sich in weitere Einheiten aufgliedern, in denen Kohlenstoff in kleineren Kreisläufen umgesetzt wird.

5 Heisskalt auf den alten Kontinenten

Nicht nur die Klimageschichte des Quartär, in die unser heutiges Klima eingebunden ist, hat große Schwankungen erlebt, sondern auch die Kontinente der fernen Vergangenheit haben unter extremer Kälte, aber auch unter glühender Hitze gelitten.

Von eisiger Kälte künden die Ablagerungen aus dem unteren Perm, die wie in einem Gürtel im gesamten nordwestlichen bis nördlichen Jemen auftreten und belegen, dass gewaltige Gletscher von Süden bis in niedere Breitengrade vorgedrungen sind und die Nordküste des riesigen Kontinentes Gondwana überfahren haben.

Das andere Extrem, die lähmende Hitze, herrschte auf dem zerbrechenden Gondwana-Kontinent ab dem oberen Perm und erstreckte sich bis in die Trias. Die roten Sandsteine, die der Geologe in Deutschland als Buntsandstein bezeichnet, sind ein untrügliches Zeugnis für ein warmes bis heißes Klima. Diese Ablagerungen in einem fast abflusslosen Becken enthalten den Abtragungsschutt, der von Flüssen aus den umliegenden Gebirgen herantransportiert wurde. Die Intensität von Abtragung und Ablagerung war von Klimaschwankungen geprägt, die bereits damals durch die zyklischen Schwankungen der Erdumlaufbahn um die Sonne gesteuert wurden. Entwicklungen also, wie wir sie auch aus dem Quartär kennen. Pflanzen zeigen an, dass sich das trockene Klima damals langfristig zu feuchteren Bedingungen gewandelt hat.

5 Heißkalt auf den alten Kontinenten

Gletscher in Arabien

Für einen Geologen, der im Geländewagen den Jemen bereist und dessen Auge sich an die dort weit verbreiteten Meeresablagerungen gewöhnt hat, ist ein einzelner großer Granitblock, der in der weiten Ebene vor ihm auftaucht, ein völlig unerwarteter Fund. Spontan zieht dieser Fremdkörper alles Interesse auf sich. Wo kommt der Block her? Welche Kräfte haben ihn hierher bewegt? Sofort schärft sich auch der Blick auf die umliegende Landschaft, zahlreiche weitere Fragen kommen in den Sinn. Sind in dem von Geröll und Blöcken übersäten Hügelland weitere Gesteinsbrocken versteckt, die weder in diese Landschaft noch in das ursprüngliche Milieu der Meeresablagerungen passen? Tatsächlich tauchen weitere ortsfremde Gesteine auf, Tiefengesteine, wie z. B. Gabbros, oder durch Schmelzprozesse umgeformte Gesteine, wie die so genannten Gneise. Sie alle müssen von weither an diesen Fundort in der Ebene transportiert worden sein.

Gedanken an vergleichbare Funde tun sich auf. Auch aus der norddeutschen Tiefebene kennt man große Findlinge oder Gerölle und Geschiebe, die besonders im Winter gut auf den Feldern zu erkennen sind. Dort bezeichnet man die ortsfremden, meist zugerundeten Gesteinsbrocken aus Granit, Gneis und anderem Gestein als erratische Blöcke, Fremdlinge gewissermaßen, die sich dorthin verirrt haben. In Norddeutschland sind diese Findlinge Zeugen der Eisvorstöße im Quartär. Eis aus Skandinavien hat sie herantransportiert.

Also eine Vereisung auf der Arabischen Halbinsel? Kaum denkbar. Aber dennoch, alle Geschiebe sind mehr oder weniger gut gerundet, z.T. auf einer oder zwei Seiten stark abgeflacht. Bei feinkörnigen Gesteinen sind auf den abgeflachten Seiten stellenweise deutliche eingekratzte Spuren zu erkennen, Schrammen, die sich zum Teil in spitzem Winkel kreuzen. In der Fachsprache der Geologen heißen derartige Schrammen im Gestein auch Kritzen, und die abgeflachten Gerölle im Jemen sind eindeutige Beispiele für gekritzte Geschiebe. Eis hat diese Gesteine verfrachtet und beim Transport bearbeitet. Dies erklärt auch, warum sich ein nach Entstehung und Herkunft sowie auch nach Korngrößen völlig unsortiertes Gesteinsmaterial abgelagert hat. Weder Wasser noch Wind können ein derartiges Gemenge von feinsten Körnern und zentnerschweren Blöcken transportieren oder absetzen.

Abb. 5.1: Große Findlinge neben kleineren Steinen; der unsortierte Moränen-Schutt der permischen Vereisung in der Wüste des Jemen.

Abb. 5.2: Schleifspuren („Gekritze") auf Findlingen zeigen dem kundigen Geologen den Eistransport der Vergangenheit an.

5 Heißkalt auf den alten Kontinenten

Nur Eis ist dazu in der Lage. Gletscher können riesige Blöcke aufnehmen und zusammen mit feinkörnigem Gesteinsschutt über mehrere hundert Kilometer transportieren. Und wenn das Eis schließlich schmilzt, bleibt die gesamte Schuttfracht des Gletschers als völlig unsortiertes Materialgemisch – die Grundmoräne – zurück. Dabei liegen verteilt in einer meist feinkörnigen Grundmasse aus Ton und Sand größere Geschiebe und vereinzelte riesige Blöcke. Wenn die Grundmoräne im Laufe der Zeit verwittert und zerfällt und das feinkörnige Material von Wasser verspült oder vom Wind verweht wird, bleiben die großen Brocken an Ort und Stelle zurück. Im Jemen sind diese ortsfremden „verirrten" Gesteine Zeugen einer erdgeschichtlich weit zurückliegenden Vereisung.

Die beschriebenen Schichten, die so genannten Akbra Shales und ihre Überreste, liegen auf einem Sandstein, der aus der Zeit des Karbon stammt. In einigen Bereichen der Region deckt sie ein Sandstein aus dem unteren Jura zu. Sie müssen also irgendwann zwischen Karbon und Jura entstanden sein. Diese Eisablagerungen stammen aus dem unteren Perm (Sakmarium, 282 bis 269 Millionen Jahre). Sie treten in einem Gürtel im gesamten nordwestlichen bis nördlichen Jemen von Hajjah über Sádah bis Al Hazm auf. Den Wissenschaftlern gelang es auch, Schrammen auf den präkambrischen Graniten südlich vom Wadi Akbra, bei Kohlan, nachzuweisen. Ein eindeutiges Merkmal dafür, dass Gletscher über die Granite hinweggeglitten sind und im Eis eingefrorene Gesteinsbrocken deutliche Schrammen in diesem harten Gestein hinterlassen haben.

Die Eisablagerungen im Jemen stehen nicht allein, sondern

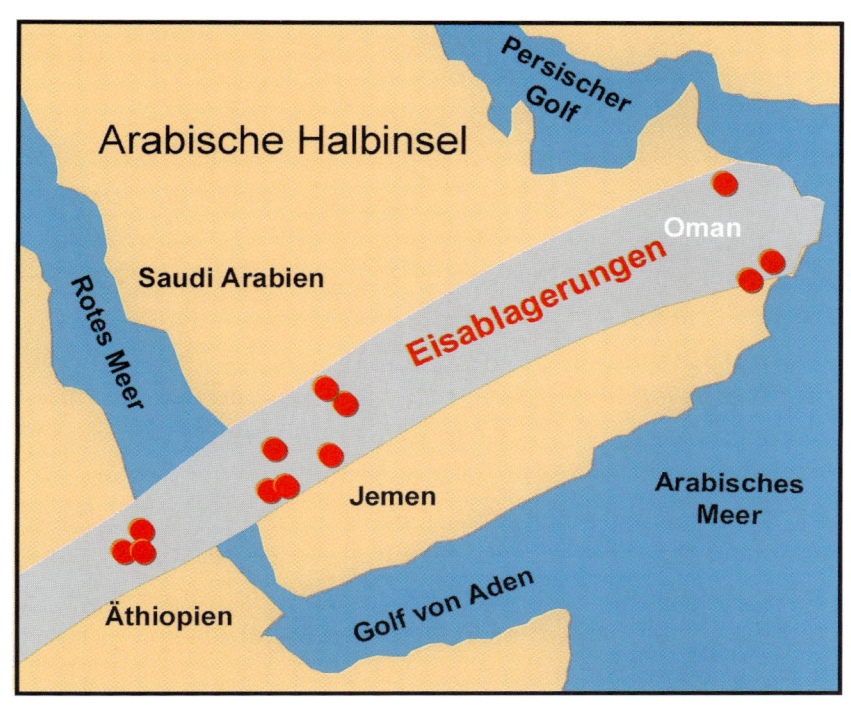

Abb. 5.3: Wie ein Band erstrecken sich die Spuren der vergangenen Vereisungen des Perm durch heutige Wüstengebiete.

fügen sich gut in das Gesamtbild der Großregion ein. In Saudi Arabien entdeckten Wissenschaftler ebenfalls Ablagerungen einer Vereisung, die aus dem Oberkarbon bis Unterperm (Stephan bis Sakmarium, 303 bis 269 Millionen Jahre) stammen. Auch aus Äthiopien sind Geschiebe, Rundhöcker mit Kritzen und Sichelmarken bekannt, alles eindeutige Spuren ehemaliger Gletscher. In Oman entdeckte man durch Eis gekritzte Kalksteine des Präkambrium und darüber liegenden Moränenschutt. Ihr Alter beträgt 282 bis 269 Millionen Jahre (Sakmarium, Unterperm).

Die von den Wissenschaftlern entdeckten Anzeiger für Eis

5 Heißkalt auf den alten Kontinenten

belegen, dass riesige Gletscher einen alten Festlandsbereich mit den der Küste vorgelagerten Inseln überfahren haben. Man findet nämlich zahlreiche Spuren eines direkten Kontaktes zwischen Gletschereis und Gestein (Kritzen und Sichelmarken), außerdem aber auch Meeresablagerungen mit eingestreutem Gesteinsschutt, der von schwimmenden Eisbergen herantransportiert worden und beim Schmelzen des Eises auf den Meeresboden herunter gerieselt ist. Dieses Nebeneinander von Klimazeugen des Festlands und des Meeres macht deutlich, hier – auf der südlichen Arabischen Halbinsel – lag die Nordküste des riesigen Kontinentes Gondwana. Gletscher der Permzeit drangen bis über die Küste dieses Kontinentes hinaus ins Meer vor. Am Gletscherrand abkalbende Eisberge trugen den festländischen Gesteinsschutt weit auf das Meer hinaus und lagerten ihn auf dem Schelf ab, wo er in Meeresablagerungen eingebettet wurde. Die Fracht der Eisberge bildet eine regelrechte Schuttfahne, die sich von Äthiopien über das südliche Saudi Arabien und den nördlichen Jemen bis nach Oman, also quer über die Arabische Halbinsel, hinzieht. Wahrscheinlich reicht sie sogar darüber hinaus, denn es gibt ähnliche Gesteine auch in Kaschmir, Indien, bzw. in Ost-Nepal und in Australien. Diese zahlreichen Funde sind Indizien einer umfassenden und weiträumigen Vereisung auf dem Gondwana-Kontinent im Karbon und Unterperm.

Die Forscher erkennen aber nicht nur, dass Gletscher der Eiszeit auf der Arabischen Halbinsel ihre Spuren hinterlassen haben, sondern sie sehen auch an den Ablagerungen im Meer der Permzeit, dass eine Klimaentwicklung stattgefunden hat. Die Zone des Schuttes aus den Eisbergen wanderte auf der Arabischen Halbinsel innerhalb des Perm nach Süden. Dies zeigt einen Rückzug der Gletscher an. Die Eisberge regneten daher ihre Gesteinsfracht näher an der Küste ab; ein Ansteigen der Temperatur hatte dies bewirkt. Das Abschmelzen der Eisberge in Küstennähe und zusätzlich ein verstärkter Abfluss von Schmelzwasser und Gletschertrübe transportierten feine Gesteinspartikel auf den Schelf und bildeten die Schicht der so genannten Akbra Shales, in der teilweise jahreszeitliche Schichtung, so genannte Warven (s. Kapitel 3), auftreten. Hier müssen sehr ruhige Ablagerungsbedingungen geherrscht haben. Dies bewirkte die Süßwasserschicht, die als Oberflächenwasser auf dem schweren Salzwasser schwamm. Eine Zirkulation fand nicht statt.

Es gibt weitere Zeugen eines klimatischen Auf und Ab in diesen Schichten des Perm. In Saudi Arabien und auch in Indien machten die Wissenschaftler zwei Ablagerungen aus, die Schutt aus dem Eistransport enthielten. Sie sind durch eine Schicht getrennt, in der solches Material fehlt. Diese Funde belegen, dass auf eine erste Eiszeit eine

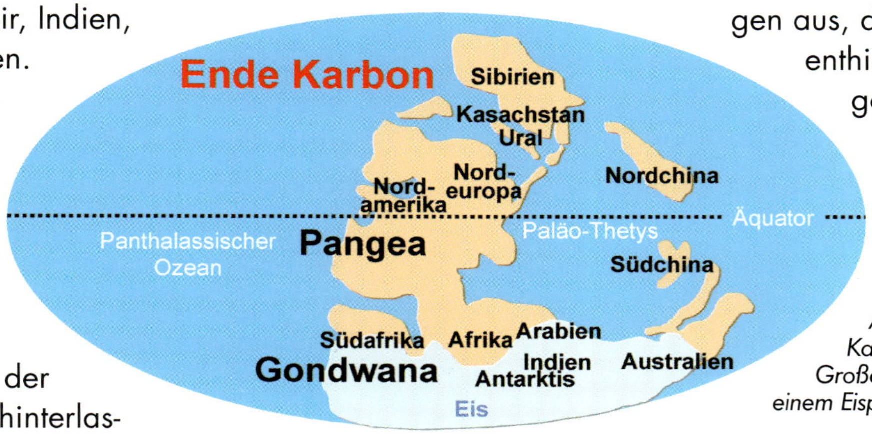

Abb. 5.4: Die Vereisungen am Übergang Karbon und Perm reichten bis nach Arabien. Große Teile des Gondwana-Landes lagen unter einem Eispanzer.

5 Heißkalt auf den alten Kontinenten

warme Periode folgte, in der sich das Eis zurück zog, um dann in der nächsten Eiszeit erneut vorzustoßen, gleichartige Entwicklungen, wie sie Wissenschaftler auch im Quartär vielfach beobachtet haben (vgl. Kapitel 7).

Der Buntsandstein, die heiße Phase des Klimas

Rote Sandsteine sind ein untrügliches Zeugnis für ein warmes bis tropisch-heißes Klima. Viele von uns haben solche Ablagerungen bereits gesehen, so zum Beispiel im nördlichen Vorland des Harzes oder auf Helgoland. Die wenigsten wissen allerdings, dass diese Sandsteinschichten der Triaszeit Zeugen und Klimaanzeiger einer Phase heißen Klimas sind. Wie der Name ausdrückt, beinhaltet die Trias drei unterschiedliche Gesteinskomplexe – Buntsandstein, Muschelkalk und Keuper –, die vor 245 bis 208 Millionen Jahren abgelagert worden sind. Zeitweilig hat damals ein halbtrockenes bis wüstenhaft trockenes Klima geherrscht und zwischendurch auch ein tropisches Flachmeer das Gebiet überflutet. Als Hinterlassenschaft sind auf dem Festland abgelagerte, vorwiegend rot gefärbte Sand- und Tonsteine und im Meer abgesetzte Kalksteine (Muschelkalk) mit vielen Fossilien erhalten geblieben. Es sind Zeugen völlig anderer Klimabedingungen als heute.

Abb. 5.5: Die „Lange Anna" von Helgoland befand sich einst im Zentrum eines Wüstenbeckens.

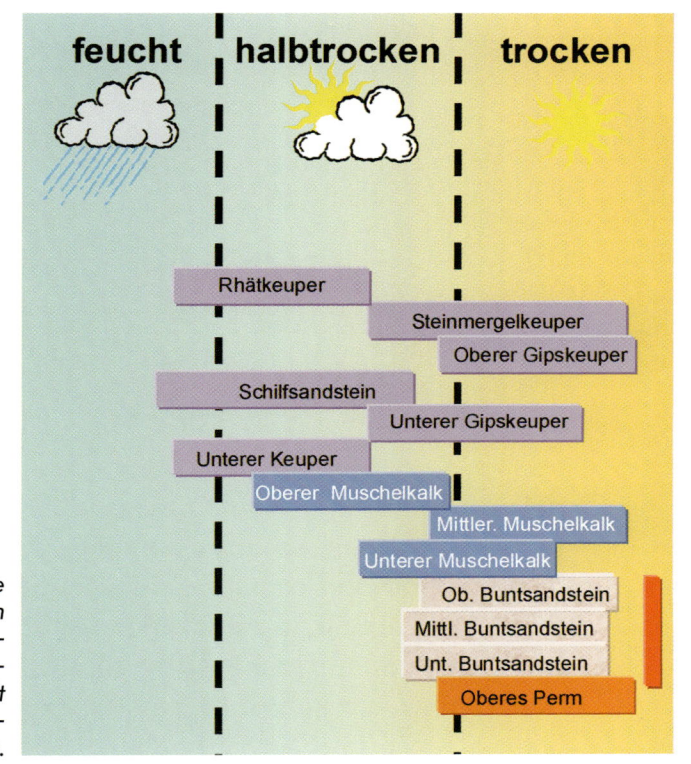

Abb. 5.6: Die Gesteine der Trias zeigen einen Wechsel zwischen ausgesprochenen Trockenklimaten und einem Klima mit geringen Niederschlagsmengen an.

Die Bedingungen des Buntsandstein sind nicht nur auf die untere Trias beschränkt, sondern setzten schon im späten Perm ein und überdauerten 10 Millionen Jahre (251 bis 241 Millionen Jahre). In diesem Zeitabschnitt herrschten Festlandsbedingungen. Durch intensive Verwitterungs-

5 Heißkalt auf den alten Kontinenten

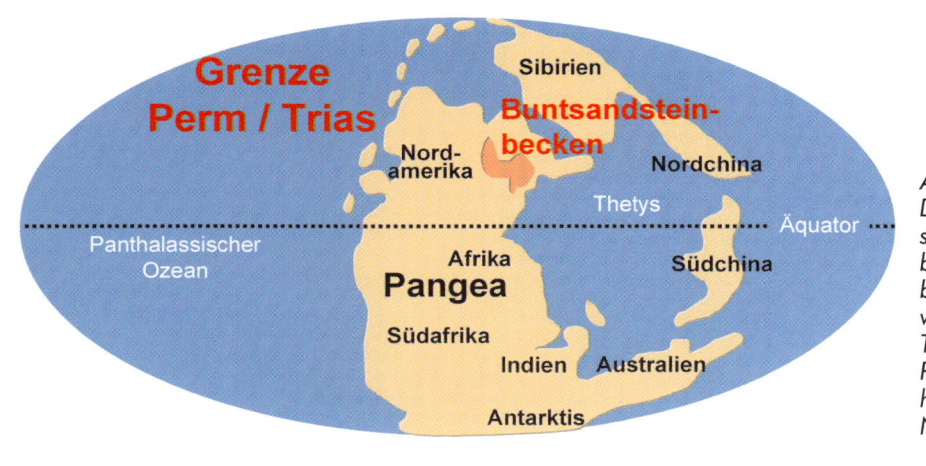

Abb. 5.7: Das Buntsandsteinbecken befand sich während der Trias in der Position des heutigen Nordafrika.

prozesse sind damals fast ausschließlich rot gefärbte Sandsteine entstanden, so dass man eher von rotem als von buntem Sandstein sprechen müsste. Aufhellende Farbtöne steuern die ebenfalls vorkommenden Lagen von Tonsteinen, aber auch von Gips und Anhydrit bei. Im oberen Buntsandstein gibt es zudem bis 150 m mächtige Schichten von Steinsalz. Sie sind Anzeichen einer von Norden her vordringenden Überflutung des Festlands durch das Meer. Sie zeugen aber auch von einem heißen und trockenen Klima, das Salz durch Eindampfen aus dem Meerwasser entstehen ließ. Insgesamt können die Schichten des Buntsandstein in Norddeutschland eine Dicke von 1 000 bis 1 200 Metern erreichen.

Wie hat man sich die Entstehung dieser mächtigen Schichtenfolge vorzustellen? In Mitteleuropa existierte zur Buntsandstein-Zeit auf dem Festland ein weit ausgedehntes Becken. Während dieses Becken sich absenkte, nahm es den Schutt der umliegenden Gebirge auf. Der Schutt stammte hauptsächlich aus dem französischen Zentralmassiv, der böhmischen Masse und dem inzwischen untergegangenen Vindelizischen Land, das heute unter den Gesteinen in Süddeutschland begraben liegt. Flüsse setzten ihre Fracht in dem Becken ab. Sie füllten das über dem Meeresspiegel liegende Becken allmählich auf. Sand- und Staubstürme waren zusätzliche Lieferanten von feinkörnigem Material und verteilten es weit.

Damals in der Zeit des Buntsandstein lag das Becken in einer Position, die etwa der heutigen Lage Nordafrikas und seiner Wüsten entspricht. Mit der Verschiebung der Erdkrusten-Platten wanderte das Becken mit den Kontinenten später Richtung Norden, so dass seine Wüstenablagerungen heute in der Zone gemäßigten Klimas zu finden sind, in Deutsch-

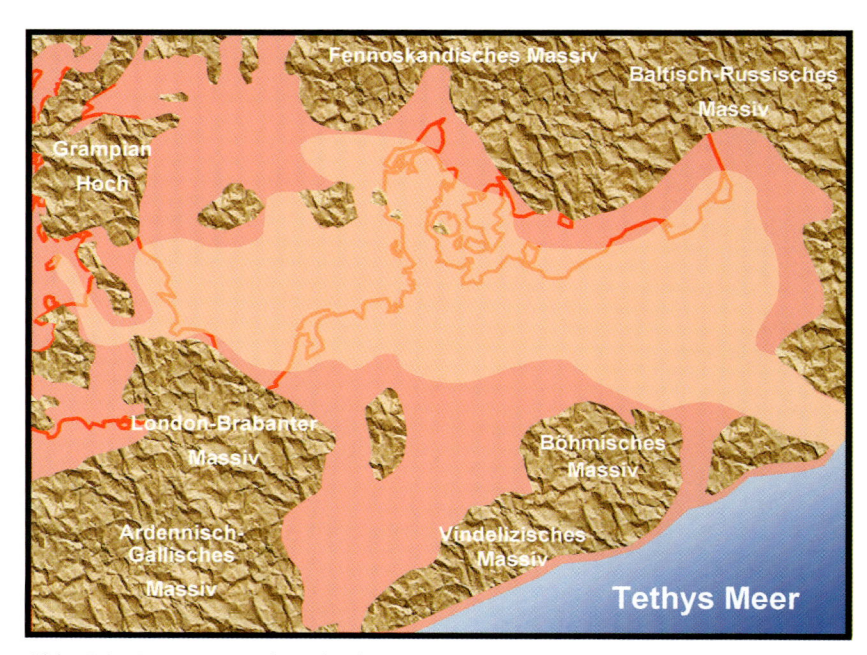

Abb. 5.8: Das Buntsandsteinbecken war von Massiven umgeben, deren Schutt sich im Becken ablagerte.

5 Heißkalt auf den alten Kontinenten

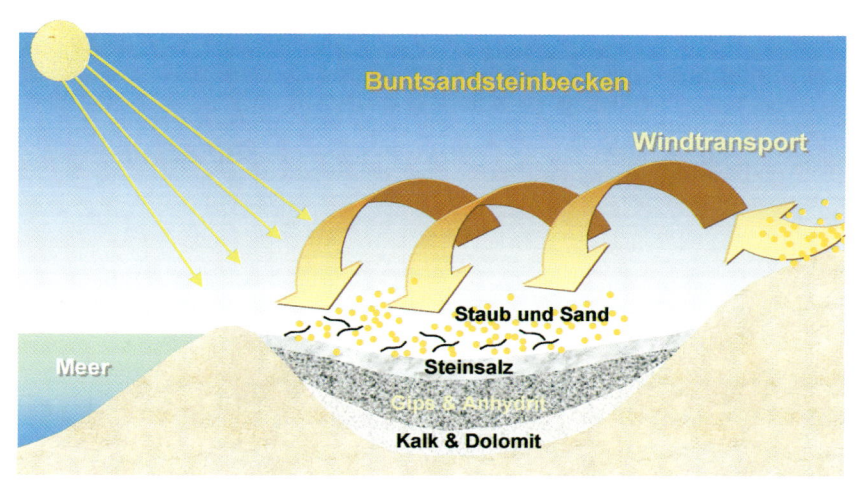

Abb. 5.9: Wind trug den Staub von den Massiven in das Buntsandsteinbecken herab und bedeckte die früheren Salzablagerungen.

land, auf den Britischen Inseln, in Polen und in Skandinavien sowie in der Schweiz.

Das heutige Helgoland lag zur Buntsandstein-Zeit ursprünglich auf der geographischen Höhe Nordafrikas. Die Helgoländer Schichten sind nämlich im Zentrum des abflusslosen, allmählich absinkenden Beckens entstanden. Dort existierten zeitweilig flache Seen, die wiederholt austrockneten, wenn alles Wasser bei dem herrschenden Wüstenklima verdunstete. Dabei blieben die vom gelegentlich fließenden Flusswasser mitgebrachten Salze zurück und reicherten sich in dem zunehmend versalzten Seewasser an. Bei Trockenheit entstanden regelrechte Salzschichten – so wie es heute am Großen Salzsee in den USA zu beobachten ist.

Die Pflanzenfossilien aus dieser Zeit zeigen dem Wissenschaftler, dass weite Teile des Kontinents gleichartige Klimaverhältnisse aufgewiesen haben. Im Süden, dem heutigen alpinen und mediterranen Raum, herrschte ein ausgeprägtes Monsun-Klima. In den nördlich anschließenden Gebieten, die heute in Nordwesteuropa liegen, waren nur noch die Ausläufer dieses Monsun-Klimas spürbar. Sie lieferten aber immer noch so reichliche Niederschläge, dass sich dort über lange Zeitabschnitte eine von Flüssen durchzogene Landschaft mit riesigen flachen Seen bildete. Solche Verhältnisse boten Pflanzen und Tieren Lebensraum. Insbesondere

Abb. 5.10: Die heißen Klimabedingungen im Buntsandsteinbecken führten zu Salzabscheidungen in Seen. Abdrücke ehemaliger Salzkristalle sind im Gestein erhalten geblieben.

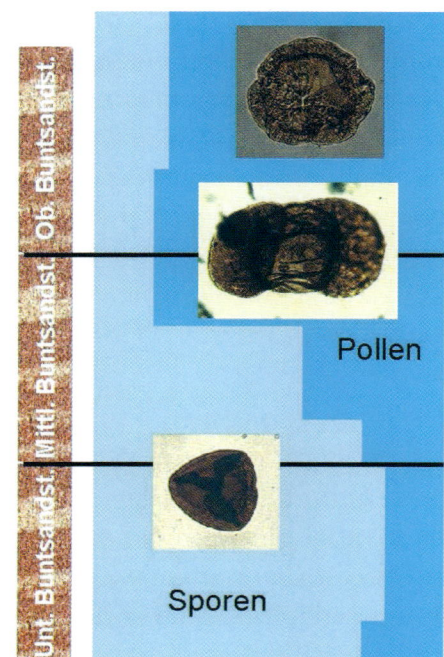

Abb. 5.11: Pollen und Sporen zeigen die sich ändernden Klimabedingungen während der Buntsandstein-Zeit an.

5 Heißkalt auf den alten Kontinenten

die Pflanzen zeigen den Wandel von einem trockenen Klima zu einem etwas weniger trockenen Klima an, der sich im Verlauf der Buntsandstein-Zeit vollzogen hat. Im unteren Buntsandstein und bis zur Mitte des mittleren Buntsandstein treten gehäuft die Sporen von Trockenheit liebenden Bärlappgewächsen auf. Danach finden sich in den Ablagerungen deutlich höhere Anteile von Pollen von Nadelhölzern, die ein Klima mit etwas höherer Feuchtigkeit anzeigen.

Die scheinbar langweiligen und eintönigen Schichtenfolgen des Buntsandstein entpuppten sich bei näherem Hinsehen als überaus abwechslungsreich. Die Wissenschaftler entdeckten darin zahlreiche Gesteinswechsel, die jeweils mit groben Sandschüttungen beginnen und nach oben in feinen Ton übergehen. Dieses Muster von Sand-Ton-Abfolgen wiederholt sich nahezu durch die gesamte Abfolge des Buntsandstein. Man erkennt dabei Zyklen, die klimatisch gesteuert sind. So entsprechen die ca. 10 bis 15 m mächtigen Ablagerungen den Zyklen der Erdbahnparameter. Insgesamt wurden bisher 85 solcher Kleinzyklen im Buntsandstein nachgewiesen. Sie vollzogen sich im Rhythmus von ca. 100 000 Jahren und sind damit durch die Änderungen des kleinen Ellipsenradius der Erdumlaufbahn um die Sonne gesteuert worden.

Der im Buntsandstein beobachtete 100 000-Jahresrhythmus entspricht auch einem Wechsel zwischen einem trockenen bzw. halbtrockenen Klima. Die Tonsteine des Buntsandstein sind dabei den weniger trockenen Perioden zuzuordnen. Grobe Gesteinpartikel wurden in diesen Trockenphasen nur in der Nähe des Beckenrandes abgesetzt. Sandsteine sind hingegen Klimazeugen trockenerer Zeitabschnitte. Unter

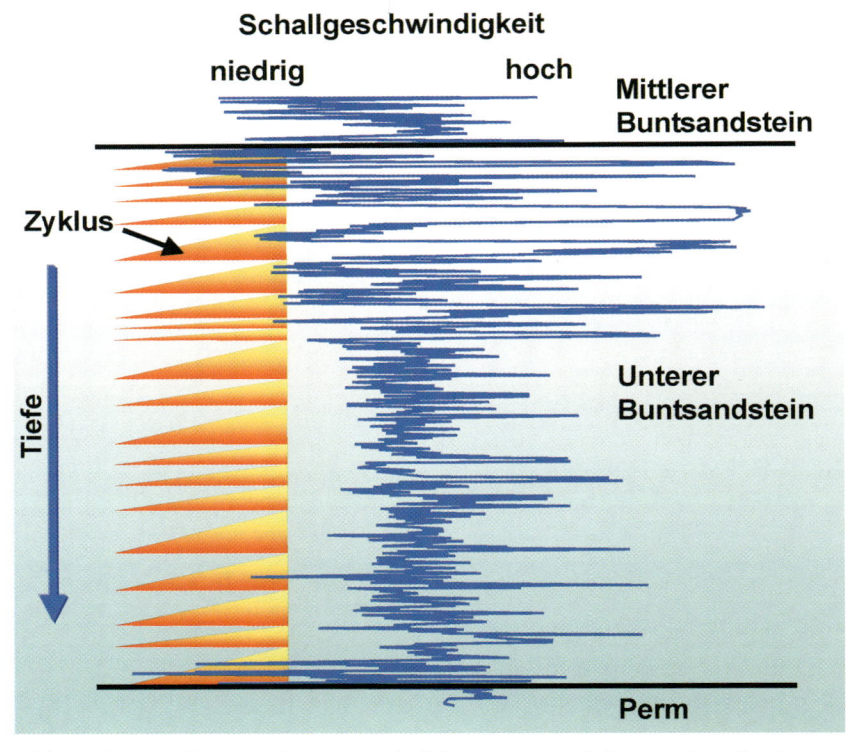

Abb. 5.12: Schalluntersuchungen an Bohrkernen ermöglichen es dem Geologen, die unterschiedlichen Ablagerungen des Buntsandstein zu erkennen und Klimazyklen zuzuordnen, die etwa 100 000 Jahre umfassen.

extremen Bedingungen spielte hier insbesondere der Sedimenttransport durch Wind eine große Rolle. Starke Sandstürme, wie wir sie heute aus der Sahara kennen, waren in der flachen Landschaft in der Lage, Sandkörner über weite Strecken bis ins Zentrum des Beckens zu verfrachten.

6 Eisgepanzerte Kontinente

Die Eiskammern unseres Planeten prägen die Klimaentwicklung durch Rückkopplung mit dem Klimasystem. Ihre Größe bzw. das Wachsen und Schmelzen der Gletscher bestimmen die Schwankungen des Meeresspiegels. Heute bedecken Kontinentalgletscher die Arktis und die Antarktis, in denen etwa 31 Millionen km^3 Eis gespeichert sind.

Die Antarktis beherbergt heute die größten Eismassen der Erde, die sich vor mehr als 34 Millionen Jahren aufbauten. Ihre Gletscher schieben sich allmählich mit unterschiedlichen Geschwindigkeiten vom Kontinent in den Ozean. Aber nicht überall auf dem Kontinent bewegen sie sich: Meteoriten auf dem Eis belegen, dass der Eisfluss in einigen Bereichen des antarktischen Eisschildes seit langer Zeit fast still steht.

Im Vergleich zu den gewaltigen, in der Antarktis ruhenden Eismassen von rund 30 Millionen km^3 ist das Volumen des grönländischen Eises mit 2,2 Millionen km^3 relativ bescheiden. In Grönland kann man besonders gut beobachten, wie der Gletscherfluss funktioniert. Schmelzwasser, im Sommer gebildet, dringt über Gletscherspalten bis zur Unterseite des Gletschers und bildet somit das Schmiermittel für die Gleitbahnen des Eises. Dadurch wird Reibungswärme freigesetzt, die zusätzliche Schmelzprozesse an der Unterseite des Eises zur Folge hat. In ihrem Zusammenwirken führen diese Prozesse dazu, dass große Eismassen mit beträchtlicher Geschwindigkeit in Richtung Meer abfließen können.

Eiskerne aus Grönland und der Antarktis belegen in hoher zeitlicher Auflösung die wechselvolle Klimageschichte unseres Planeten im Verlauf der letzten 400 000 Jahre. Lokale Temperaturen und globale Spurengaskonzentrationen sind Beispiele für die vielfältigen Informationen aus der Vergangenheit, die Glaziologen dem Eis entlocken. Die Eiskerne Grönlands verschaffen uns auch Klarheit über die Geschwindigkeit, mit der das Klima von einem Zustand in den anderen springt. Sie bezeugen die Temperaturschwankungen während der letzten Kaltzeit und das wechselvolle Vorrücken und Abtauen der Gletscher.

6 Eisgepanzerte Kontinente

Die Gefriertruhe der Erde liegt am Südpol

Der antarktische Kontinent mit seiner Fläche von fast 14 Millionen km² ist heute von einem mächtigen Eispanzer überzogen, der eine mittlere Dicke von 2 km aufweist, die stellenweise auf über 4,5 km anwachsen kann. Auf die Alpen übertragen hieße dies, dass nur noch eine kleine Spitze des Mont Blanc zu sehen wäre. Aber damit fangen die Superlative erst an. Die Antarktis ist der windigste, trockenste und kälteste Kontinent unseres Planeten. Mehr als 98 % seiner Fläche sind von ewigem Eis bedeckt, und mit −89,2 °C hält er den Kälterekord. Selbst die mittleren Jahrestemperaturen in der Zentralantarktis liegen kaum über −50 °C. Rund 90 % der gesamten Süßwasservorräte unserer Erde sind im Eispanzer der Antarktis gespeichert. Ist es da verwunderlich, dass dieser eisige Kontinent mit seinen extremen Bedingungen einen weltweiten Einfluss auf das Klima unseres Planeten ausübt? Die oft tagelang wütenden Blizzards in der antarktischen Eiswüste können ohne Weiteres sogar Verschiebungen des empfindlichen Wettersystems zur Folge haben und so selbst bei uns zum Beispiel einen Regentag verursachen. Mit seiner gewaltigen Eismasse als Kühlreservoir und den eisigen Temperaturen, aber auch mit den Meeresströmungen, welche die Antarktis umkreisen, wird eine weltweite Klimamaschine in Gang gehalten. Für das Klima der Erde spielt die Antarktis eine entscheidende Rolle.

Das war allerdings nicht immer so. In den letzten 200 Millionen Jahren war die Antarktis zeitweilig auch ein Kontinent mit Wäldern und Prärielandschaften. Pollenfunde, versteinerte Baumreste und Dinosaurierknochen bezeugen, dass

Abb. 6.1: Überreste von Bäumen zeigen, dass die Antarktis nicht immer von Eis bedeckt war.

die mittlere Jahrestemperatur in der Antarktis einmal deutlich höher lag als heute und rund +10 °C betragen haben muss. Auch die Antarktis war also einem klimatischen Wandel unterworfen, obwohl sich ihre Lage am Südpol in den letzten 120 Millionen Jahren kaum verändert hat. Der Wandel von einem eisfreien zu einem eisbedeckten Kontinent hat vor mehr als 35 Millionen Jahren stattgefunden; für die Erde ein relativ junger Zeitabschnitt. Eine entscheidende Rolle für diesen Wandel spielt die Kontinentaldrift, durch die sich Südamerika, Afrika und Australien von Antarktika entfernten und so alle Brücken zwischen den Kontinenten abgebrochen wurden. Die Antarktis war nun vollständig vom Meer umgeben. Erst von diesem Zeitpunkt an kam die zirkumpolare Meeresströmung in Gang, die seitdem über Austauschprozesse mit den übrigen Ozeanströmungen unseres Globus in erdumspannender Verbindung steht.

Die Eismassen der Ost- und Westantarktis

Das gesamte antarktische Eisvolumen beträgt 30 Millionen km³. Davon ist die Hauptmasse von 26 Millionen km³ in der Ostantarktis gespeichert. Auf die Westantarktis entfallen nur 3,2 Millionen km³ Eis. Die Antarktische Halbinsel, der Ross-Eisschelf und der Ronne-Filchner-Eisschelf enthalten zusammen 0,8 Millionen km³ Eis.

Die Hauptmasse des antarktischen Kontinents, die Ostantarktis, wird in etwa vom 70. südlichen Breitengrad umgrenzt. Mit ihr verbunden sind die Westantarktis und die antarktische Halbinsel, die in einem geschwungenen Bogen auf die Spitze Südamerikas zielt. Ost- und Westantarktis

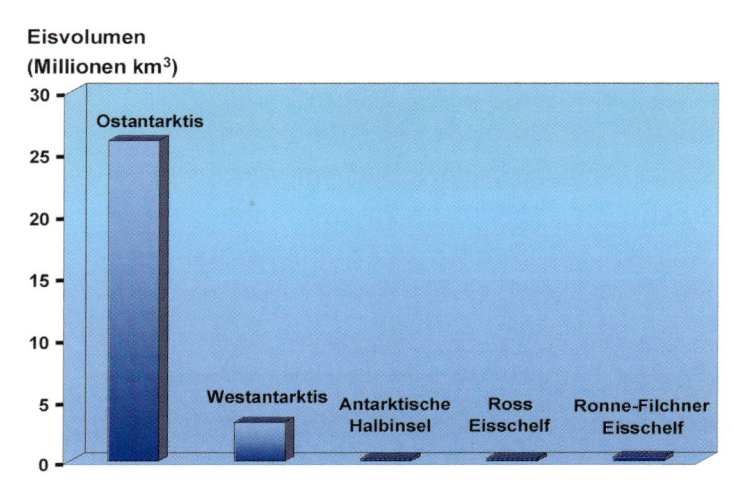

Abb. 6.2: Die größten Eismassen befinden sich im Osten des Antarktischen Kontinents.

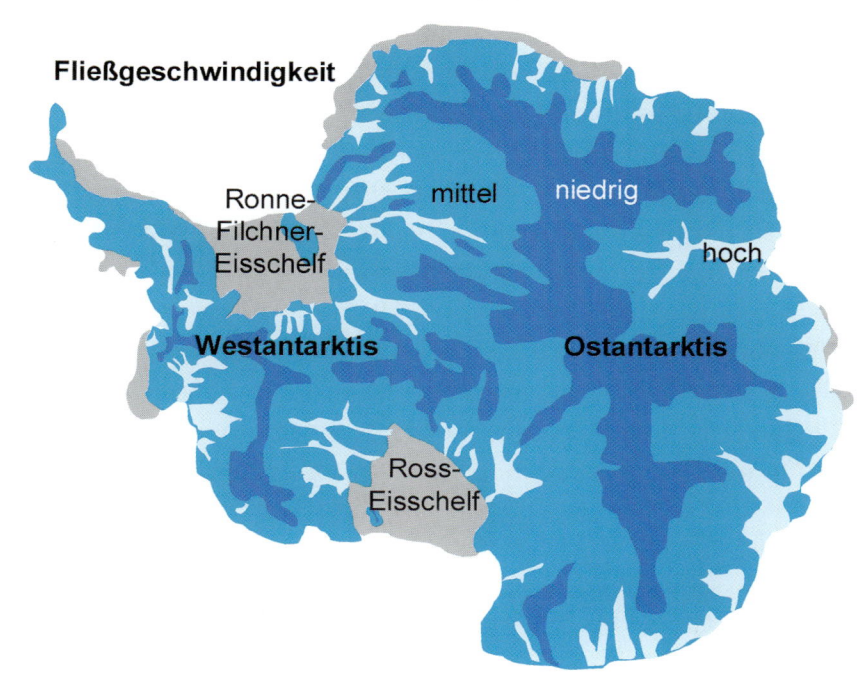

Abb. 6.3: Die Eismassen der Antarktis fließen mit unterschiedlicher Geschwindigkeit zum Meer ab.

unterscheiden sich nicht nur geologisch, sondern auch im Vergleich ihrer Eismassen zeigen sich Unterschiede. An den Einschnürungen, die beide Teilkontinente voneinander trennen, liegen der in Richtung Neuseeland offene Ross-Eisschelf bzw. ihm gegenüber der zum Atlantik geöffnete Ronne-Filchner-Eisschelf. Beide Schelfeisgebiete werden von Eisströmen gespeist, die von der Ost- bzw. Westantarktis herabfließen. Dort vereinigen sich die verschiedenen Eisströme zu riesigen zusammenhängenden Eisplatten, die zum Teil direkt auf dem Meeresboden liegen, zu einem beträchtlichen Teil aber auch im Meerwasser schwimmen. An der Unterseite des schwimmenden Schelfeises entsteht durch Schmelzprozesse superkaltes Wasser, das auf Grund seiner hohen Dichte in die zirkumantarktischen Tiefenwas-

6 Eisgepanzerte Kontinente

sergebiete absinkt. Gleichartige Vorgänge dürften auch in länger zurückliegenden Zeiten abgelaufen sein, aber erst im jüngeren Tertiär haben sie mit der tektonischen Aufweitung und Vertiefung der Meerespassage zwischen Westantarktis und Südamerika ihre heutige Qualität gewonnen. Erst nach der Trennung dieser beiden Landmassen konnte sich die den antarktischen Kontinent ständig umkreisende kalte Meeresströmung entwickeln. Dies hat dazu geführt, dass die Antarktis von wärmeren Meeresströmungen im Norden teilweise abgeschirmt ist. Dort hat sich gewissermaßen ein Gegenstück zum warmen Golfstrom entwickelt.

Was können Meteoriten über Bewegungen des Eises berichten?

Wie reagierte der Eisschild der Ostantarktis auf die Klimavariationen der letzten Jahrhunderttausende? Erwiesenermaßen ist mit jeder Kaltphase sowohl das Eis des Ross- als auch des Ronne-Filchner-Eisschelfs um ca. 500 Meter dicker geworden und mehrere hundert Kilometer nach Norden vorgestoßen. Noch bis vor 10 000 Jahren war das Gebiet des heutigen Ross-Meeres gänzlich vom Schelfeis bedeckt. Eisströme vom Polarplateau, die heute in Victoria-Land direkt ins Ross-Meer fließen, drangen damals weit auf den Schelf vor und verschweißten zu einer riesigen Eismasse. Der Aufbau und die Bewegungen des Eisschildes erfolgten aber nicht in allen Regionen gleichförmig. Dies belegen Meteoritenfunde auf dem Eis.

Anfang der 80er Jahre stießen japanische Wissenschaftler auf dem Eisfeld des Yamato-Plateaus fernab von anderen

Abb. 6.4: Meteorit auf dem Eis der Antarktis.

Gesteinsvorkommen auf sechs schwarze Steinbrocken, sammelten sie auf und brachten sie zurück nach Tokio. Erst Monate später wurde erkannt, um welch sensationellen Fund es sich dabei handelte, nämlich um Meteoriten. Dieser erste Meteoritenfund hatte Folgen. Speziell amerikanische Wissenschaftler suchten systematisch und mit großem Erfolg die antarktischen Eisfelder nach Meteoriten ab. Heute beläuft sich die Gesamtzahl gefundener Fragmente auf ca. 20 000. Wie erklärt sich dieser Fundreichtum?

Niedergehende Meteoriten schlagen auf der gesamten Erdoberfläche ein (s. Kapitel 2), somit von Zeit zu Zeit auch in der Antarktis. Ein Großteil dieser Meteoriten verschwindet im Schnee, Firn und Eis und wird, ohne je wieder Licht zu sehen, mit dem Eis in Richtung Meer abtransportiert. Einige wenige Exemplare gelangen dabei jedoch in Regionen, in denen das Eis beim Überfahren von aufragenden Gesteinsplateaus sehr stark abgebremst wird. Es wird dann dort durch die so genannte Sublimation abgebaut. Dies ist ein Verdampfungsprozess, bei dem das im Eis gebundene Wasser direkt in gasförmigen Wasserdampf übergeht. Auf dem Eisfeld von Allan Hills fanden die Forscher weit über

6 Eisgepanzerte Kontinente

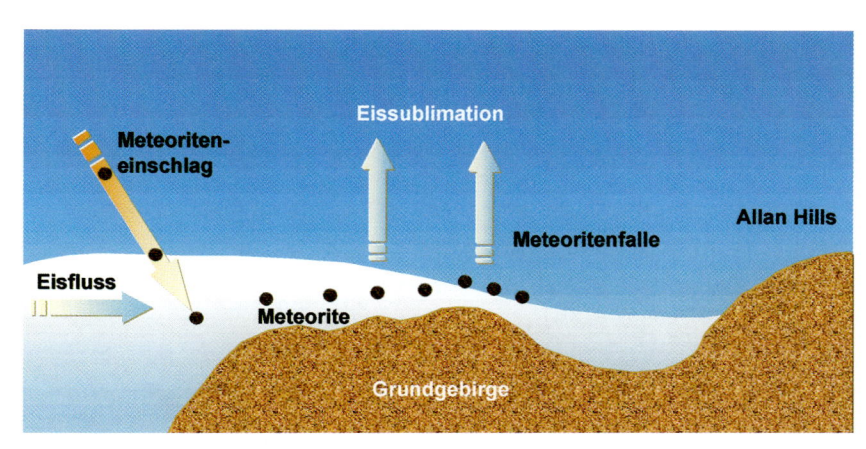

Abb. 6.5: Meteorite erscheinen an den Allan Hills wieder an der Oberfläche des langsam fließenden Eises.

1 000 Stücke von Meteoriten. Hier überfährt ein von Süden nach Norden gerichteter Eisstrom ein Gesteinsplateau, das die Fließbewegung abbremst. Die über das Gesteinsplateau hinweg kriechende Eismenge entspricht annähernd dem Volumen, das dort mit der Zeit durch Sonneneinstrahlung verdampft. Alle in das heranfließende Eis eingeschlagenen Meteoriten tauchen hier allmählich wieder aus dem verdampfenden Eis ans Tageslicht auf. Sie sind gewissermaßen in eine Falle geraten, sammeln sich an der Eisoberfläche und bleiben dort liegen. Diese „Meteoritenfalle" reagiert übrigens höchst empfindlich auf Veränderungen der Eisdicken. Würde die Eisdicke bei den Allan Hills nur um 50 m wachsen, so würde die auf der Eisoberfläche reitende Meteoritenansammlung rascher über das Gesteinsplateau hinweggleiten und für immer verschwinden. Die Meteorite haben aber die vergangenen Kalt- und Warmzeiten unbeschadet in dieser Position überstanden, was zeigt, dass der Eiszuwachs und der Eisfluss in dieser Region des Eisschildes sich von anderen Regionen unterschied.

Neben der Allan-Hills-Meteoritenfalle wurde von Wissenschaftlern aus Hannover während der GANOVEX IV-Expedition eine weitere Falle bei den Frontier Mountains gefunden. Amerikanische Wissenschaftler haben mehrere entsprechende Stellen weiter im Süden identifiziert. Gemeinsam ist all diesen Meteoritenfallen in der Ostantarktis, dass sie in der Nähe der 2000-m-Höhenlinie des Polareises liegen. Offensichtlich scheinen in diesem Höhenbereich im Zyklus der Warm- und Kaltzeiten die geringsten Eisschwankungen aufzutreten.

Was findet sich unter dem Eis? – Das Cape-Roberts-Projekt

Das internationale Cape-Roberts-Projekt ist ein ehrgeiziges Vorhaben, das der Geschichte der antarktischen Vereisung

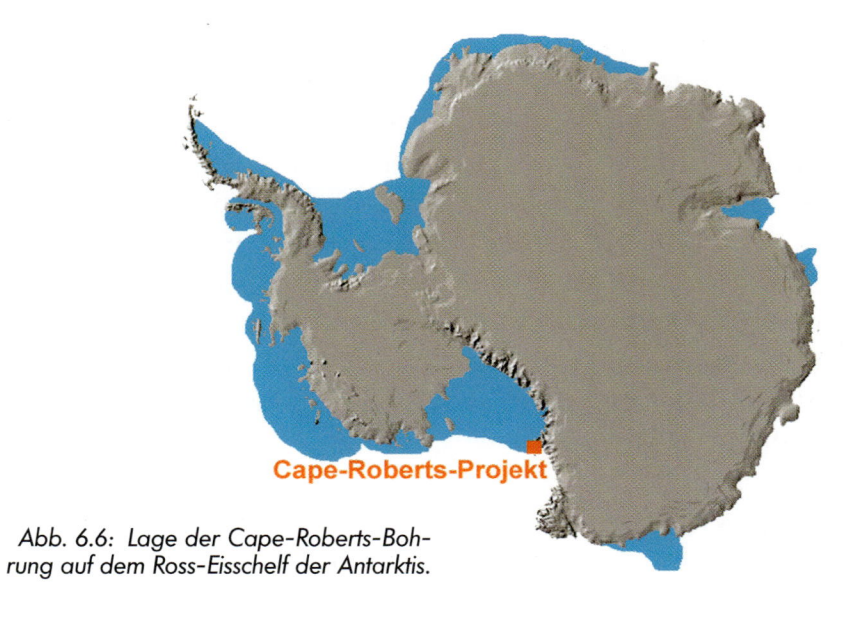

Abb. 6.6: Lage der Cape-Roberts-Bohrung auf dem Ross-Eisschelf der Antarktis.

6 Eisgepanzerte Kontinente

Abb. 6.7: Die Cape-Roberts-Bohrung in der Weite des Ross-Eisschelfs.

im wahrsten Sinne des Wortes auf den Grund geht. Forscher aus den USA, aus Australien, Deutschland, Italien, Neuseeland und Großbritannien wollen hier einen Abschnitt der Klimageschichte erkunden und damit die nach dem Aussterben der Dinosaurier wohl einschneidendsten Veränderungen der Erdgeschichte erhellen. Zu diesem Zweck hat man sich einen sehr einsamen und unwirtlichen Ort ausgesucht. Er liegt auf 77° südlicher Breite am Rande des Transantarktischen Gebirges unweit von Cape Roberts auf dem schwimmenden Eis des Ross-Meeres. Hier sind Spuren der Eiszeiten und Warmzeiten erhalten, hier haben sie im Meeresboden regelrecht ihre Fingerabdrücke hinterlassen. Diese gilt es zu finden und zu interpretieren.

Von einem rund 50 t schweren Bohrturm aus, dem eine nur 2 m dicke Schicht schwimmenden Meereises Tragfähigkeit verleiht, werden über 800 m tiefe Bohrungen in den Meeresuntergrund vorgetrieben. Im Jahre 1998 wurde bereits die zweite Bohrung CRP-2 ca. 25 km entfernt von der Küste erfolgreich niedergebracht. Zwischen Bohrturm und Meeresboden liegen dabei 200 m Wasser, ein ungemütlicher Gedanke auf dem dünnen Eis. Aber riesige Ballons stützen das Eis von unten und verleihen der schweren Bohranlage Auftrieb. Zusätzlich wird die Durchbiegung des Eises kontinuierlich gemessen, um bei kritischen Werten Mensch und Maschinen rasch vom Eis abziehen zu können. Alle Geräte sind transportabel auf Kufen montiert. Bei Projektende werden die Anlagen in einem langen Treck wieder zum Festland gezogen. Bohrarbeiten sind jeweils nur in dem relativ kurzen antarktischen Frühling möglich, also in der Zeitspanne von Oktober bis Dezember. Nur in diesem Zeitfenster lassen die Wetterbedingungen Aktivitäten in der Eiswüste zu. Bereits ab Dezember, also im Südsommer, beginnt das Meer-

Abb. 6.8: Die Bohranlage des Cape-Roberts-Projektes.

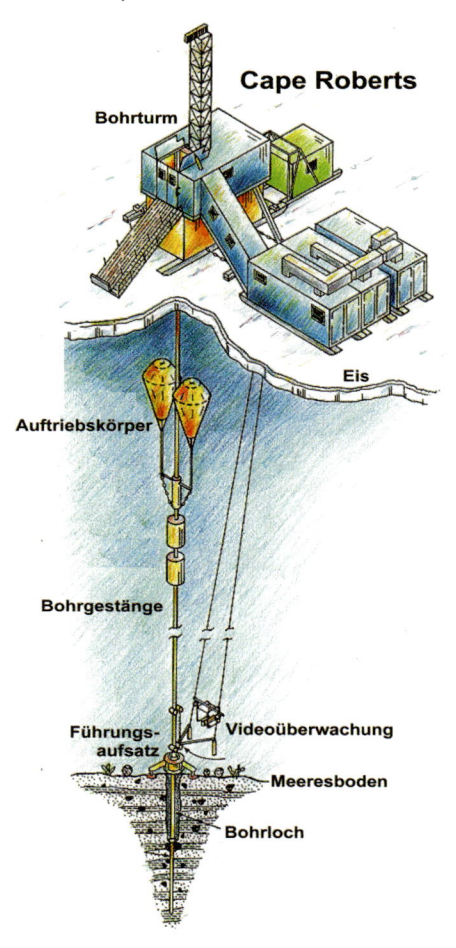

6 Eisgepanzerte Kontinente

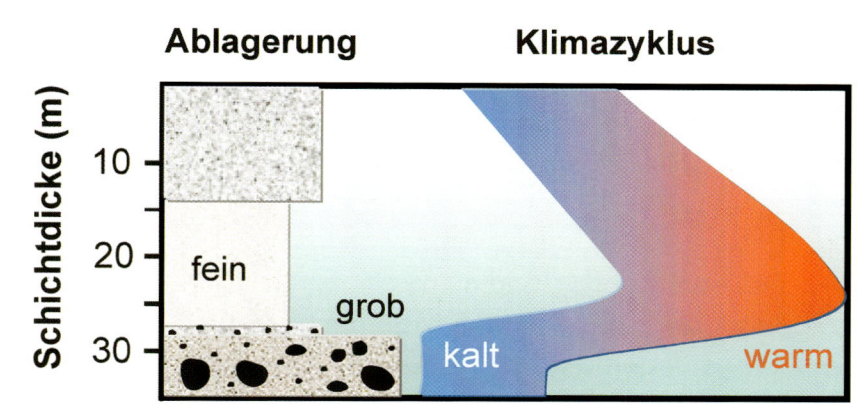

Abb. 6.9: Beispiel von Ablagerungen auf dem antarktischen Schelf innerhalb eines Klimazyklus. Beginnend mit einer Kaltzeit erkennt man danach die Ablagerungen einer Warmzeit, an die sich die nächste Kaltzeit anschließt.

eis wieder zu tauen und aufzubrechen. Bohrschiffe, wie die Wissenschaftler sie im Ocean Drilling Program (ODP) verwenden, können wegen der schwierigen Eisverhältnisse und treibender Eisberge nicht eingesetzt werden. In einem 24-Stunden-Betrieb arbeiten rund 40 Wissenschaftler und Techniker bei Wind und Wetter an der Bohrung und in den angegliederten Labors, so manches Mal auch von einem Blizzard und Temperaturen von −30 °C tagelang eingeschlossen.

Und der Lohn all dieser Mühen? Bohrkerne, aneinandergereiht insgesamt 624 m lang, abwechselnd bestehend aus Ton, Sand und Geröll, zum Teil verfestigt, zum Teil als Schlamm, wurden ans Tageslicht befördert. Darin festgehalten sind die Fingerabdrücke des Klimas im Meeresboden. Wie sind sie zu lesen, wie lassen sich den heraufgeholten Bohrkernen Informationen über die Kalt- und Warmzeiten der Erdgeschichte entlocken? Bereits beim ersten Blick auf die Bohrkerne fällt auf, dass diese aus Sedimenten mit deutlich unterschiedlichen Körnungen zusammengesetzt sind.

Zum Teil ist es sehr feiner toniger Schlamm, zum Teil wurden aber auch metergroße Findlinge durchbohrt. Kein Wunder, dass das Bohren in diesen unterschiedlich harten Gesteinen technisch höchst problematisch ist.

Und diese unterschiedlichen Körnungen der Ablagerungen haben ihren Hintergrund, das Geheimnis des Klimas steckt hier hauptsächlich in den Korngrößen. Abhängig von der jeweiligen Eissituation in der Antarktis und dem Grad der Vergletscherung wurden sehr feinkörnige Sedimente oder aber grobe Gesteinsbrocken sowie alle möglichen Zwischenformen abgelagert. Diese wechselhaften Sedimente lassen wiederum Rückschlüsse auf das damals vorherrschende Klima zu, hier schließt sich also der Kreis. Von entscheidender Bedeutung sind dabei die Eismassen und die Bewegungen der Gletscher, die sich von den Bergen des rund 30 km entfernten Transantarktischen Gebirges heruntergeschoben und dabei Gesteinsmaterial regelrecht abgehobelt haben. Direkt vom Eis ins Meer befördert oder durch abgekalbte Eisberge herangeführt, sinkt diese grobe Gesteinsfracht beim Schmelzen auf den Boden des flachen Ross-Meeres. Feinkörniges Material wird hingegen dann abgelagert, wenn das Transportmittel Eis fehlt, also in den Warmzeiten.

Dieser stete Wechsel zwischen Kalt- und Warmzeiten ist im Bohrkern mit seinen unterschiedlichen Körnungen dokumentiert. So lassen sich auch die weltweit wechselnden Hoch- und Tiefstände des Meeresspiegels aus den Bohrkernen ablesen. Die Meeresspiegelschwankungen stehen in einem direkten Zusammenhang mit abschmelzenden oder anwachsenden Eismassen. Ein Problem dabei ist, dass

6 Eisgepanzerte Kontinente

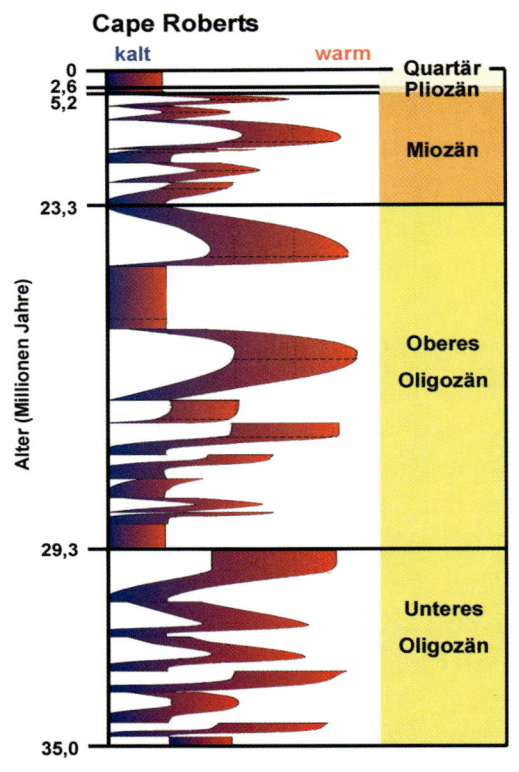

Abb. 6.10: Eine Vielzahl von Klimaänderungen der Vergangenheit ist in den Ablagerungen des Ross-Eisschelfs dokumentiert.

diese Zeittakte des Klimas nicht vollständig im Bohrkern erhalten sein müssen. Vielmehr ist damit zu rechnen, dass durch weit vorrückende Gletscher früher abgelagerte Schichten abgehoben werden und durch Bewegungen der Erdkruste Lücken im Schichtenverzeichnis entstanden sind. Möglicherweise enthalten die im Bohrkern dokumentierten Abfolgen nur Ausschnitte einer erheblich längeren und komplizierteren Geschichte. Daher kommt einer hochauflösenden Altersbestimmung der Bohrkerne besondere Bedeutung zu. Sie ermöglicht es, Lücken in der Abfolge aufzuspüren.

In den Bohrkernen gefundene mächtige Aschenlagen belegen, dass es Phasen mit aktivem Vulkanismus gegeben hat. Aufgrund der guten Datierbarkeit mit Hilfe der Isotope des Argon können diese Aschenlagen als Zeitmarken verwendet werden. Um das Alter der Schichten zu ermitteln, sind auch die Bestimmungen von Leitfossilien (s. Kapitel 3) und magnetische Untersuchungen äußerst hilfreich. Der Vergleich der am Bohrkern gemessenen magnetischen Polaritätsmuster mit der internationalen magnetischen Polaritätsskala (s. Kapitel 3) ermöglicht, eine Altersabfolge zu ermitteln.

Die ältesten erbohrten Sedimente stammen aus dem frühen Oligozän, sind also etwa 35 Millionen Jahre alt. Die jüngsten Ablagerungen am Meeresboden sind quartärer Herkunft. Insgesamt kann man 24 Ablagerungsfolgen erkennen, die jeweils durch scharfe Grenzen voneinander getrennt sind. Diese Schichten gehen teilweise auf Meeresspiegelschwankungen zurück. Die Fieberkurve der Cape-Roberts-Bohrung zeigt nicht nur Kalt- und Warmzeiten und somit das Vordringen und Schmelzen der Gletscher an, sondern auch weltweit wirksame Schwankungen des Meeresspiegels.

...und was erzählt uns das Eis?

Bohrungen im Eis der Antarktis verfeinern die Erkenntnisse der Klimaentwicklung der Vergangenheit. Ein neunzehnköpfiges Team französischer, russischer und amerikanischer Wissenschaftler hat es nach zehn Jahren mühevoller Arbeit geschafft, dem

Abb. 6.11: Lage des Vostok-Eiskerns in der Antarktis.

6 Eisgepanzerte Kontinente

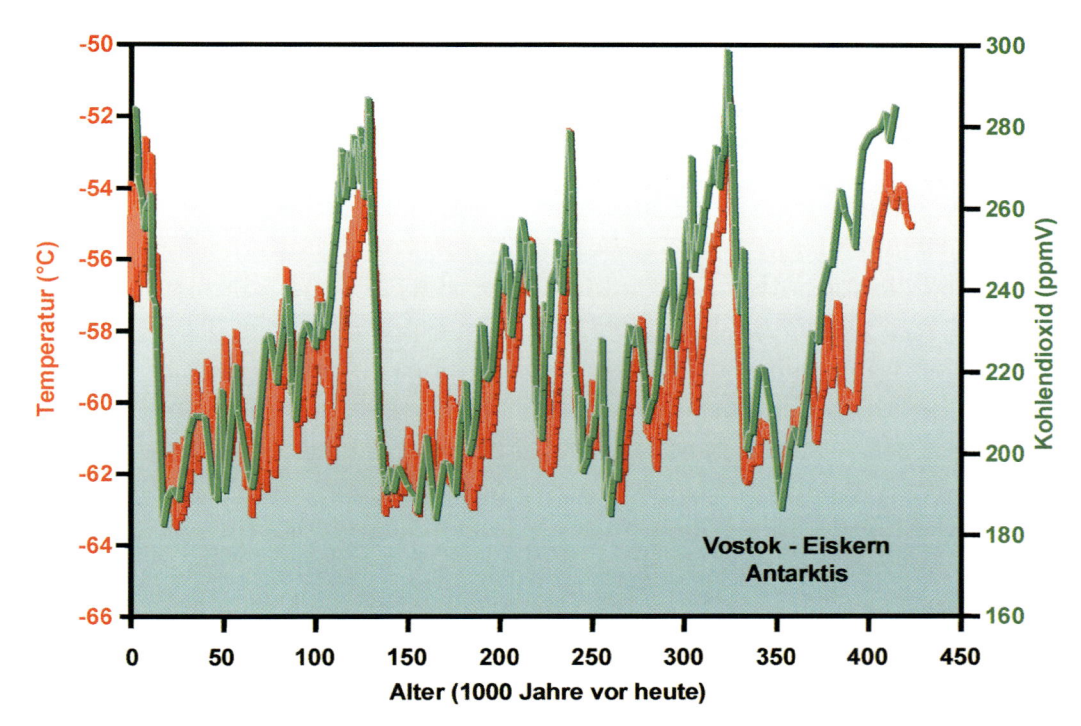

Abb. 6.12: Klimainformationen der letzten 420 000 Jahre lassen sich dem antarktischen Eis entlocken.

Eis der Antarktis die letzten 420 000 Jahre der Klimageschichte zu entlocken. Ein 3 623 m langer Eiskern an der russischen Antarktisstation Vostok bildete hierfür die Grundlage. Die Bohrung wurde in 3 500 m Höhe unter unwirtlichen Bedingungen mit Temperaturen um −55 °C in das Eis getrieben. Die Mühen der Wissenschaftler haben sich allerdings gelohnt, konnten sie doch die Atmosphärenentwicklung für die letzten vier Zyklen von Warm- und Kaltzeiten nachweisen. Erstmals liegen nun Ergebnisse über Temperaturen, atmosphärisches Kohlendioxid, Methan sowie Sauerstoffgehalte über einen sehr langen Zeitraum vor. Auch die Mengen von Wüstenstaub, die in der Atmosphäre enthalten waren, und die Aerosole, die von den Ozeanen im Verlauf der letzten 420 000 Jahre in die Luft gelangten, ließen sich ermitteln.

Die Messungen an den Eiskernen belegen die Klimawirksamkeit der Milankovitch-Zyklen; Perioden von 100 000, 40 000 und 20 000 Jahren traten im Eis der Antarktis auf. Innerhalb der Wechsel von Warm- und Kaltzeiten änderten sich die Temperaturen um 12 °C an der Eisoberfläche. Der Kohlendioxidgehalt der Luft schwankte zwischen 180 und 300 ppmV, während das Methan Werte von 350 und 700 ppbV aufwies, Konzentrationen, die deutlich unter denen der heutigen Atmosphäre lagen, denn der heutige Kohlendioxidgehalt beträgt 365 ppmV und der Methangehalt liegt heute bei 1 700 ppbV.

Grönland – Die Kühlkammer des Nordens

Im Vergleich zu den gewaltigen in der Antarktis ruhenden Eismassen von rund 29 Millionen km^3 ist das Volumen des grönländischen Eises mit 2,2 Millionen km^3 relativ bescheiden. Immerhin würde ein vollständiges Abschmelzen dieses stellenweise 3 230 m dicken, im Durchschnitt ca. 1 200 m mächtigen Eispanzers den Meeresspiegel global um 6,5 m anheben. Ein hinreichender Grund, die im grönländischen Eis gespeicherten Klimainformationen genauestens zu untersuchen.

6 Eisgepanzerte Kontinente

Warme Gletscher und schnell fließendes Eis

Jede globale Erwärmung beeinflusst die Stabilität der Eisschilde. Wegen der geringen Wärmeleitfähigkeit des Eises dringt eine Wärmewelle jedoch nur sehr langsam vor, und es dauert Jahrtausende, bis sie einen z. B. 1 500 m dicken Gletscher vollständig durchdrungen hat. Erheblich beschleunigt wird dieser Prozess jedoch dadurch, dass sich – wie z. B. heute in Grönland zu beobachten – bei ausreichender Erwärmung jeweils im Sommer riesige Schmelzwasserseen auf der Eisoberfläche bilden und das anfallende Schmelzwasser über Gletscherspalten bis zur Basis des Gletschers hinunter vordringt. Wahrscheinlich werden dadurch die Gleitbahnen des Eises an der Gletschersohle „geschmiert", auf jeden Fall aber wird der untere Teil des Gletschers erwärmt. Beide Effekte erhöhen die Gleitfähigkeit des Eises, was wiederum Reibungswärme freisetzt und zusätzliche Schmelzprozesse an der Unterseite des Eises zur Folge hat. In ihrem Zusammenwirken führen diese Prozesse dazu, dass große Eismassen mit beträchtlicher Geschwindigkeit in Richtung Meer abfließen können.

Rasch vorwärts gleitende Gletscher kann man heute in Westgrönland am Jakobshavn-Eisfjord beobachten. Dort schiebt sich ein Eisstrom mit Geschwindigkeiten von bis zu 7 km pro Jahr auf die Küste zu und kalbt pro Tag 60 Millionen Tonnen Eis ins Meer. Stellt man sich vor, dass die vormaligen Gletscher Skandinaviens und des nordamerikanischen Kontinents in ähnlicher Weise mehrere rasch ins Meer gleitende Eisströme entwickelt haben, so müssen diese Impulse auch in den Schichtenabfolgen am Meeresboden nachzuweisen sein.

Tatsächlich haben Meeresforscher in den letzten Jahrzehnten zahlreiche Belege für solche Ereignisse, so genannte „Heinrich-Lagen", entdeckt (s. Kapitel 9). Es ist Gesteinsschutt, der, in Gletschereis eingefroren, vom Eis über die Kontinente hinaus bis ins Meer verfrachtet wurde. Die „Heinrich-Lagen" sind jeweils am Ende von Zeitabschnitten mit niedrigen Temperaturen des oberflächennahen Seewassers bzw. niedrigen Lufttemperaturen aufgetreten. Die Ablagerungen sind Ausdruck von Zeiten eines schnellen Zerfalls von Teilen der Eisschilde auf der Nordhemisphäre und des Abkalbens zahlreicher Eisberge. Diese schnellen Gletschervorstöße und -rückzüge spiegeln das hohe Tempo der Klimaänderungen innerhalb der letzten kalten Phase des Quartär wider. Informationen über die schnellen Änderungen des Klimas müssten sich demnach auch im Archiv des grönländischen Eises finden lassen.

Klimasignale aus dem Grönlandeis

Nur an wenigen Stellen, meist in der Nähe so genannter Eisscheiden (vergleichbar den Wasserscheiden), sind Eismassen anzutreffen, die eine annähernd ungestörte Schichtenfolge bzw. ein lückenloses Klimaarchiv enthalten. Bislang konnten auf Grönland 250 000 Jahre umfassende Eisablagerungen erbohrt werden. Alles ältere Eis ist inzwischen zu den Küsten abgeflossen und im Meer verschwunden. Grönländische Eiskerne können uns also nur Informationen über die letzten beiden Zyklen von Kalt- bzw. Warmzeiten liefern. Sie ermöglichen es aber, die schnellen Klimaänderungen innerhalb der letzten Warm- und Kaltzeiten aufzuspüren.

6 Eisgepanzerte Kontinente

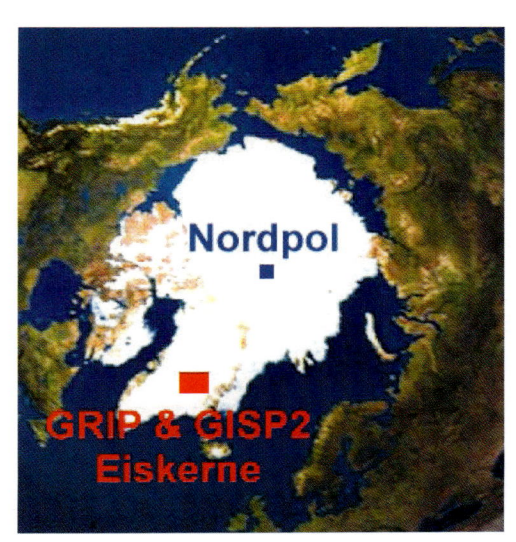

Abb. 6.13: Lage der grönländischen Eiskerne GISP2 und GRIP.

Die Temperaturänderungen auf Grönland lassen sich anhand der Sauerstoffisotopen-Verhältnisse des Eises ermitteln (s. Kapitel 3). Die Isotopenwerte aus den Eiskernen der Bohrung des „Greenland Ice Core Project" (GRIP) und des „Greenland Ice Sheet Project 2" (GISP2), die im Zentrum Grönlands standen, sind ein überzeugender Beleg für die schnellen Temperaturänderungen auf Grönland. In den ersten mehr als tausend Metern der Eissäule sind Aufzeichnungen über die letzten 10 000 Jahre gespeichert. Das Eis speicherte in dieser Zeit die Temperaturentwicklung von der letzten Kaltzeit bis heute. In den tieferen Eisschichten erkannten die an den GRIP- und GISP2-Bohrungen arbeitenden Wissenschaftler, dass es bereits vor 120 000 Jahren in der Eem-Warmzeit ähnliche Temperaturen wie heute gegeben hat. Noch weitere Details sind zu erkennen. Nach dem Ende dieser letzten Warmzeit setzte eine lang anhaltende Kaltphase ein, unterbrochen von kürzeren warmen Abschnitten.

Die Existenz dieser langen Kaltphase des Quartär war in Mittel- und Nordeuropa bereits seit Jahrzehnten in groben Umrissen bekannt. Diese Kaltzeit (Weichsel-Kaltzeit) hat insgesamt fast zehnmal länger gedauert als die vorausgegangene Warmzeit (Eem-Warmzeit). Auch die einzelnen Wärmeschwankungen innerhalb der Kaltzeit wurden zuerst auf dem Land entdeckt und nach ihren Fundorten in den Niederlanden, Norddeutschland und Dänemark benannt (Brørup, Odderade, Oerel, Glinde, Hengelo, Denekamp und Bølling). Aber erst die Eiskerne aus Grönland erlauben uns heute, eine genaue und sichere zeitliche Einordnung der Temperaturschwankungen vorzunehmen und die im Eis, auf dem Land (s. Kapitel 7) sowie im Meer (s. Kapitel 9) aufgezeichneten Klimaänderungen in einen gegenseitigen Zusammenhang zu stellen.

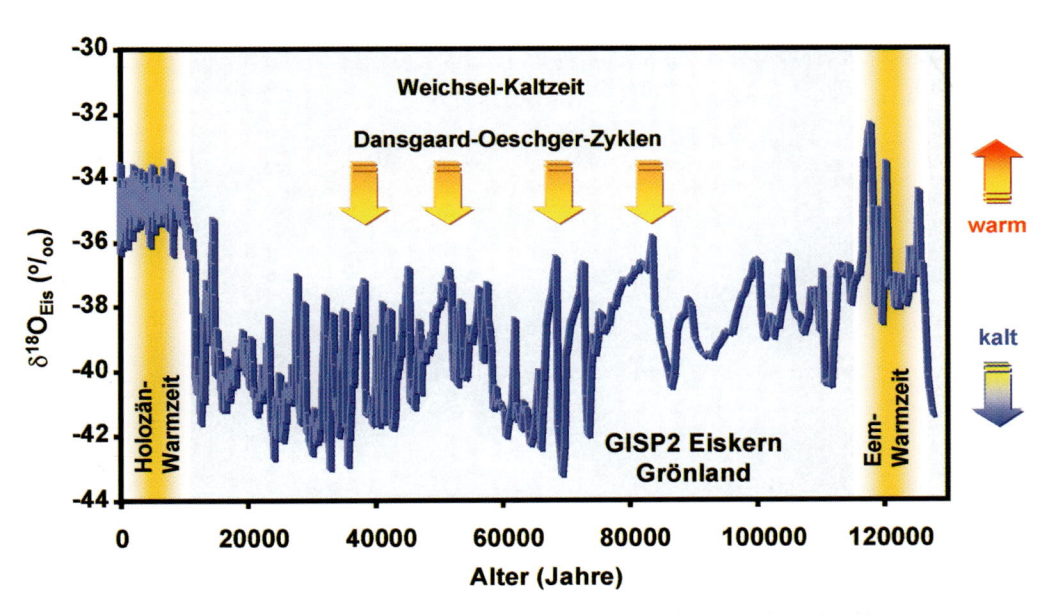

Abb. 6.14: Der grönländische Eiskern GISP2 liefert Aufschluss über das klimatische Auf und Ab (Dansgaard-Oeschger-Zyklen) während der letzten Kaltzeit.

6 Eisgepanzerte Kontinente

Warum es am Nordpol keinen Eisschild gab

Das Nordpolargebiet wird von dem zwischen 1 000 und über 4 000 Meter tiefen Arktischen Ozean eingenommen, auf dem sich im Winter eine durchschnittlich nur 3,5 Meter dicke Schicht von Meereis oder zusammengeschobenem Packeis bildet. In einer gewagten Tauchfahrt ist es dem amerikanischen U-Boot Nautilus im Jahre 1958 erstmalig gelungen, unter dieser riesigen Eisplatte von ca. 2 700 km Durchmesser hindurchzufahren. Im Polarsommer bricht diese Eisplatte großenteils auf, wobei die Bruchstücke der Ränder von Strömungen nach Süden transportiert werden. Durch die zwischen Grönland bzw. Spitzbergen und Skandinavien gelegene Grönland-See kann das Eis weit nach Süden abwandern.

Weil sich der Nordpol im Zentrum des Arktischen Ozeans befindet und nicht auf dem Festland, unterliegt die Eisplatte den unbeständigen Bedingungen des Meereises. Daher konnte sich dort auch während der extrem kalten Klimaabschnitte des Quartär kein dicker Eisschild bilden. Völlig andere Verhältnisse boten dagegen die Landmassen Nordamerikas und Skandinaviens, die großenteils südlich von 75° nördlicher Breite liegen. Dies ist eine klimatisch etwas gemäßigtere Zone. Dort sind im gleichen Zeitraum wiederholt Eisschilde entstanden, die durchaus mit den heutigen Abmessungen des grönländischen Eisschildes vergleichbar waren.

7 Das Land – frostige Zeiten und wohlige Wärme

Die Klimaschwankungen während des Quartär sind in den Klimaarchiven in Norddeutschland gespeichert. Sie liefern Informationen für das Verständnis der Klimaentwicklung, die wir heute erleben. Überall in Norddeutschland finden sich Spuren der Gletscher, die aus Skandinavien vorrückten und während der Kaltzeiten des Quartär wiederholt für ein unwirtliches Klima gesorgt haben. Moränen, Gletscherschrammen, Überreste des Permafrostes, Staubablagerungen, Schmelzwasserrinnen und alte Flusssysteme künden von der extremen Kälte, die vormals in der norddeutschen Region herrschte. Die Forscher wissen heute, dass im Wechselspiel von Warm- und Kaltzeiten die Kaltzeiten stets die wesentlich längeren Zeitabschnitte gewesen sind. So entfielen im jüngsten Warm-Kalt-Zyklus von den insgesamt etwa 130 000 Jahren Dauer nur etwa 21 000 Jahre auf die Warmzeiten Eem und Holozän. Die Kaltzeit war damit etwa sechsmal länger als die Warmzeiten.

Sehr genaue Informationen über die Geschwindigkeit, die Dauer und die Auswirkungen von Klimaänderungen in Norddeutschland gewinnen Geologen aus dem Schlamm der Seen, der vielfach Jahresschichten enthält. Blütenpollen, die in diesem Schlamm eingebettet sind, erzählen uns von dem wechselvollen Auf und Ab des Klimas. Und die Änderungen kamen nicht langsam, sondern das Klima vollführte regelrechte Sprünge. Brisant sind die Erkenntnisse über das Ende der letzten Kaltzeit: innerhalb von maximal 15 Jahren stieg die Temperatur in unseren Breiten um 5 bis 6 °C. Die Klimaarchive der Seen, Flüsse und Moore belegen eindeutig, dass die Menschen der norddeutschen Tiefebene von der Steinzeit bis heute auf die Klimawechsel reagiert haben, sie waren Klimafolger und nicht Klimamacher.

7 Das Land – frostige Zeiten und wohlige Wärme

Eisspuren

Vereisungen sind charakteristisch für extrem kalte Zeitabschnitte der Erdgeschichte. Das quartäre Eiszeitalter, das vor ca. 2,6 Millionen Jahren begann und bis heute andauert, ist das jüngste derartige Ereignis in einer Reihe vergleichbarer Vorgänger. In durchschnittlichen Abständen von ca. 250 Millionen Jahren hat es davor weitere Kaltzeiten – die permokarbonische, die ordovizische sowie mehrere präkambrische Vereisungen – gegeben (s. auch Kapitel 4). Ganze Kontinente waren zeitweilig von dicken Eispanzern überzogen. So war während der größ-

Abb. 7.2: Gletscherzunge des Skaftafjellsjökul, Island. Im Mittelgrund ist der Moränenwall zu erkennen, den der Gletscher beim seinem Vorstoß während der „Kleinen Eiszeit" aufgestaucht hat und von dem er seither zurückgeschmolzen ist.

ten Ausdehnung der quartären Eisschilde etwa ein Drittel der festen Erde mit Eis bedeckt, heute dagegen ist es nur ein Zehntel.

In Nord- und Süddeutschland und auf dem nordamerikanischen Kontinent wurden im Quartär drei bis vier größere Vereisungszyklen nachgewiesen. Sie lassen sich jeweils wieder in mehrere Einzelvorstöße unterschiedlicher Reichweite untergliedern. Meistens blieben die jüngeren Vorstöße in ihrer Ausdehnung hinter den älteren zurück. Bemerkenswert ist auch, dass das nordeuropäische Eis seine größte Ausdehnung stets erst gegen Ende der Kaltzeiten erreichte.

Vor wenigen Jahrzehnten war die überwiegende Zahl von Wissenschaftlern noch der Meinung, dass in der Wechsel-

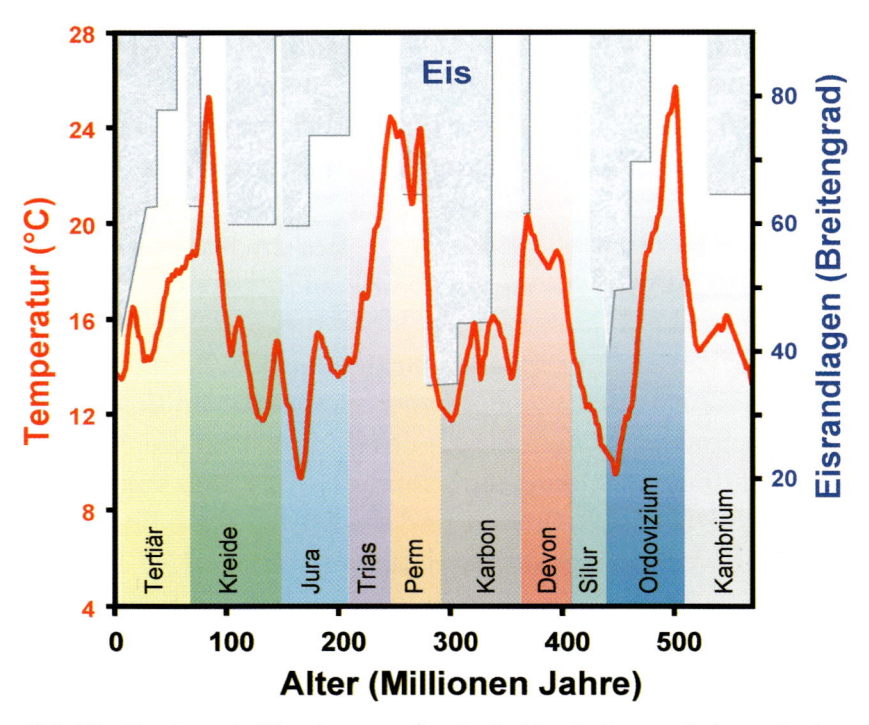

Abb. 7.1: Eiszeiten mit Gletschervorstößen in niedrige Breitengrade hat es in der geologischen Vergangenheit immer wieder gegeben.

7 Das Land – frostige Zeiten und wohlige Wärme

folge von Warm- und Kaltzeiten die Warmzeiten stets die längeren Zeitabschnitte sind. Inzwischen ist klar erwiesen, dass im jüngsten Zyklus von den insgesamt etwa 130 000 Jahren nur etwa 21 000 Jahre auf die Warmzeiten Eem und Holozän entfallen. Die Kaltzeit war etwa sechsmal länger als die Warmzeiten. Und das war auch in früheren Zyklen so.

Vieles spricht dafür, dass sich das Eis rasch ausgebreitet hat und ebenso schnell geschmolzen ist. Nach Abschätzungen von Wissenschaftlern ist das Eis der Elster-Kaltzeit an manchen Stellen, wie z. B. in der Leipziger Bucht, mit einer Geschwindigkeit von 600 bis 900 m pro Jahr vorgestoßen.

Leicht vorstellbar, dass ein vorrückender Gletscher der Landschaft deutliche Spuren aufprägt. Stellenweise schürft oder hobelt er das Gelände tief aus, anderenorts staucht er bis über hundert Meter hohe Schuttwälle auf – die girlandenartig die Landschaft durchziehenden Endmoränen. Weitflächig bedecken mächtige Schuttablagerungen des Eises oder seiner Schmelzwässer die alte Landschaft.

Schutt des Eises – Moränen

Wichtigste Zeugin des Eises in unseren Breiten ist die Grundmoräne, ein unsortiertes Materialgemisch aus dem, was der Gletscher unterwegs in sich aufgenommen, mitgeschleppt und dann wieder abgesetzt hat. Meist besteht die Grundmasse der Moräne aus feinkörnigem Ton und Sand, seltener aus Kies. In dieser Grundmasse „schwimmen" größere Steine und gewaltige Findlingsblöcke. Die

Abb. 7.3: Gletscher schieben bei ihrem Vorstoß Schuttwälle vor sich her, die Endmoränen. Die am Eisrand austretenden Schmelzwässer schütten im Vorfeld der Gletscher aus Kies und Sand bestehende Sander auf, wie hier am Exit-Gletscher (Alaska).

Grundmoräne überzieht die ehemals vereisten Gebiete als eine Schicht mit Mächtigkeiten von einigen Metern bis Zehnermetern. In Norddeutschland ist sie die am weitesten verbreitete Ablagerung!

Die Grundmoräne bildet sehr fruchtbare, wenn auch schwere Böden. Das extrem lebensfeindliche Element Eis ist auf diese Weise, in geologischen Dimensionen gesehen, ein Leben spendendes Elixier.

Abb. 7.4: Unsortierter Gletscherschutt einer Grundmoräne, der nach dem Abtauen des Eises sichtbar wird. Die Querrillen markieren die Richtung des Gletschervorstoßes.

7 Das Land – frostige Zeiten und wohlige Wärme

Beim Vorrücken des Gletschers gravieren die im Eis eingefrorenen Gesteinsbrocken Gletscherschrammen in die unter dem Eis liegenden Festgesteine. Sie sind Anzeiger für die Fließrichtung des Eises. Die Schrammen auf dem Muschelkalk von Rüdersdorf, die der schwedische Geologe Otto Torell schon 1875 als eindeutige Gletscherschrammen erkannte, waren es auch, die die Vermutung einer Vereisung Norddeutschlands endgültig bestätigten.

Die Orientierung von Gesteinsbrocken, die mit dem Eis transportiert wurden und von den Geologen als Geschiebe bezeichnet werden, markieren ebenfalls die Bewegungsrichtung des Eises. Längliche Geschiebe regeln sich stets mehr oder weniger parallel zur Fließrichtung ein. Und schließlich liefern die häufig parallel laufenden, in die Grundmoränenlandschaften eingeschnittenen Täler Hinweise. Ihre Anordnung und Ausrichtung zeichnet das Muster ehemaliger Eisspalten des Gletschers nach.

Schürfwunden

Beim Zusammenschieben der Moränen schürft der Gletscher an manchen Stellen über 100 m tiefe so genannte Zungenbecken in den Untergrund. Häufig füllen sie sich nach dem Schmelzen des Gletschers mit Wasser. Zahlreiche norddeutsche Seen sind auf diese Weise entstanden, so z. B. in Schleswig-Holstein, Mecklenburg-Vorpommern und Brandenburg. Ebenso verdanken die Seen des nördlichen Alpenvorlandes sowie die Seen Norditaliens ihre Existenz der schürfenden Tätigkeit des Eises. Ursprünglich waren auch in den Verbreitungsgebieten der älteren Vereisungen (Elster- und Saale-Kaltzeit) entsprechende Seen vorhanden. Ein Beispiel dafür ist das Quakenbrücker Becken in Niedersachsen, ein vom Eis der Saale-Kaltzeit tief ausgeschürftes Zungenbecken. Heute gibt es im südlichen Oldenburger Land nahezu keine Hinweise, dass dort einmal der größte See Niedersachsens gelegen hat. Nur Bohrungen schaffen Zugang zu diesen verschütteten Zeugen. Schmelzwasserablagerungen der ausklingenden Saale-Kaltzeit und mächtige Seesedimente aus der nachfolgenden Eem-Warmzeit haben das Seebecken vollständig verfüllt. Die dort abgesetzte Schichtenfolge ist ein einzigartiges Klimaarchiv vom Ende der Saale-Kaltzeit über die Eem-Warmzeit bis in die Weichsel-Kaltzeit.

Aber dieser verlandete See ist winzig im Vergleich zu der riesigen Schürfwunde, die das Eis mit der Ostsee hinterlassen hat. War deren Gebiet im jüngeren Tertiär und älteren Quartär noch ein

Abb. 7.5: Gekritztes Geschiebe auf Island. Die Riefen sind entstanden, als der im Gletschereis eingefrorene Block über andere Gesteine schrammte.

7 Das Land – frostige Zeiten und wohlige Wärme

vom Baltischen Flusssystem durchflossenes Niederungsgebiet, so räumten die Gletscher nach und nach das heutige Ostsee-Becken aus. Am stärksten beteiligt waren daran die Gletscher der Saale-Vereisung. Rekonstruiert wurde dieses allmähliche Aushobeln des Ostseebeckens durch eine Analyse der „Leitgeschiebe". „Leitgeschiebe" sind in der Sprache der Quartärgeologen Gesteinsbrocken, die auf Grund ihrer Minerale und Eigenschaften ihre Herkunftsgebiete verraten.

Aber nicht nur in Nordeuropa kennt man solche Schürfwunden, die das Eis geschaffen hat. Auch durch das Aushobeln der Hudson-Bay und der Großen Seen Nordamerikas hat das Eis einen Kontinent geprägt.

Verborgene Rinnen

Die heutige Landoberfläche lässt das riesige System fjordartiger Rinnen kaum erahnen, das im Untergrund Norddeutschland, Nordpolen und Weißrussland sowie weite Teile der südlichen Nordsee durchzieht. Vermessungen mit Schallwellen in der Nordsee und Bohrungen an Land ergaben ein Muster von Rinnen, die, viele Kilometer breit und oft über 100 km lang, stellenweise 500 m tief in den Untergrund eingeschnitten sind. Während man sie früher als verschüttete Flusstäler gedeutet hat, gelten sie heute als Schmelzwasserrinnen der Elster-Kaltzeit, die unter dem Eis entstanden sind. Es ist nicht nur wissenschaftliche Neugierde, die das Interesse der Geologen auf diese im Untergrund verborgenen Rinnenstrukturen lenkt. Vielmehr sind die Sand- und Kiesfüllungen als wasserführende Schichten von erheb-

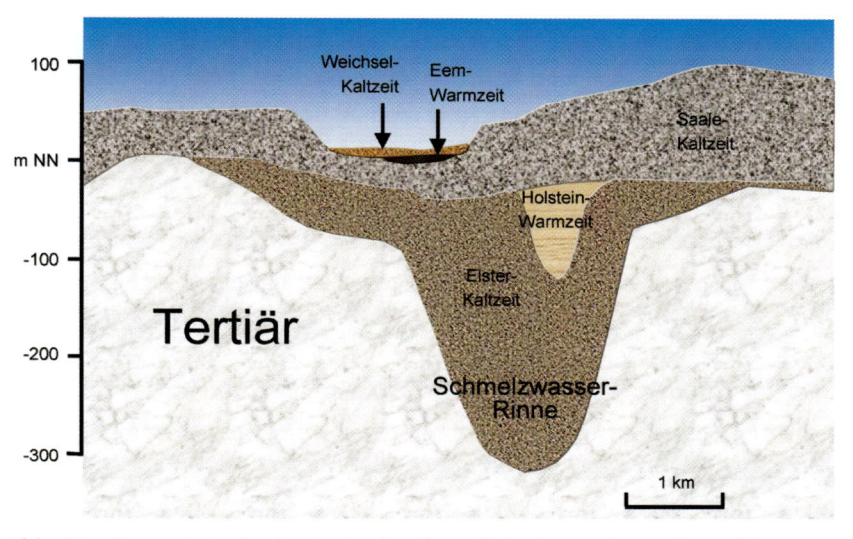

Abb. 7.6: Querschnitt durch eine in der Elster-Kaltzeit angelegte Rinne. Unter dem Gletschereis mit hohem Druck abfließende Schmelzwässer haben tiefe Rinnen geschaffen, die mehrere hundert Meter in den Untergrund eingeschnitten sind. Sie wurden größtenteils bereits in der Elster-Kaltzeit verfüllt. Verbliebene Hohlformen sind in der nachfolgenden Holstein-Warmzeit durch Meeres- und Süßwasserablagerungen aufgefüllt worden. Zum Teil zeichneten sie sich noch in den folgenden Kalt- und Warmzeiten als Senken in der Landschaft ab.

licher Bedeutung für die Trinkwasserversorgung Norddeutschlands. Und die darüber lagernden Tone sind ein wichtiger Rohstoff für die keramische Industrie.

Gegenüber den vom Eis geschaffenen großen Formen, wie die Becken und Rinnen, fallen die wesentlich zahlreicheren kleinen Hohlformen viel weniger auf. Am ehesten entdeckt man sie noch in den Jungmoränengebieten, da sie dort häufig mit Wasser gefüllt sind. Diese um 100 m großen rundlichen Vertiefungen werden als Toteislöcher gedeutet. Reste von zerfallendem – „totem" – Gletschereis, die zunächst von Sedimenten überschüttet worden und erst mit großer zeitlicher Verzögerung geschmolzen sind, haben

7 Das Land – frostige Zeiten und wohlige Wärme

diese kleinen Narben in der Landschaft hinterlassen. Ähnliche Hohlformen können auch durch mancherlei andere Weise, wie zum Beispiel durch Permafrostprozesse, entstehen.

Fragliche Vereisungsgebiete

Über die alten Eisschilde der Antarktis und Grönlands gibt es eine Fülle von Informationen, ebenso über die zeitweiligen Eismassen, die in den Kaltzeiten des Quartär auf dem nordamerikanischen Kontinent, in Skandinavien sowie in Teilen Mitteleuropas existiert haben. Erstaunlicher Weise gibt es aber zwei Regionen auf der Erde, in denen zumindest zeitweilig entsprechende Eismassen gelegen haben könnten, von denen die Wissenschaft aber bis heute nicht sicher weiß, ob sie tatsächlich existiert haben.

Eine dieser Regionen ist die sibirische Nordküste. Manche Forscher vermuten, dass dort zwei getrennte Eisschilde

Abb. 7.7: Schmelzender Gletscher mit Gletschertor in Nepal.

Abb. 7.8: Spuren der Vergletscherung in Nepal. Ein Gletscher fräste das Tal bei seinem Vorstoß in der Kaltzeit aus. Danach entstand ein Schmelzwassersee, da von Schutt bedeckte Reste des Gletschereises, die wie ein Pfropfen zwischen den Talwänden klemmen, den Abfluss verhindern.

bestanden haben, einer im Bereich der heutigen Kara-See, der andere im Gebiet der Neusibirischen Inseln. Andere, vor allem auch russische Wissenschaftler bezweifeln dies und sehen nur Raum für eine kleinere Eiskalotte mit Zentrum in Nowoja Semlja. Forschungsarbeiten zur endgültigen Klärung dieser fachlichen Kontroverse werden sicher noch einige Jahre in Anspruch nehmen.

Offenbar ist Sibirien, was seine Klimageschichte angeht, ein Sonderfall. Es war und ist von wärmenden ozeanischen Strömungen weitestgehend unbeeinflusst und hat ein ausgeprägt kontinentales Klima mit sehr geringen Niederschlägen. Wahrscheinlich reichten die Niederschlagsmengen nicht aus, um dort größere Eisschilde aufzubauen.

7 Das Land – frostige Zeiten und wohlige Wärme

Ähnliches gilt für das tibetische Hochplateau. Wissenschaftler vermuteten dort einen Eispanzer, der eine Fläche von 2,4 Millionen km² bedeckt haben soll. Der sichere Nachweis einer derartigen Eisbedeckung könnte erhebliche Folgen für unser Verständnis des Klimageschehens haben. Es wäre ein weiterer Beleg, dass subtropische, möglicherweise sogar tropische Gebiete von quartären Klimaänderungen in ähnlicher Weise getroffen wurden wie die gemäßigten Zonen. Bislang wurde vermutet, dass sich die Klimaschwankungen des Quartär nur in stark gedämpfter Form auf die Tropen ausgewirkt haben. Ein höchst interessanter Aspekt dieser Hypothese sind Vermutungen über Rückkopplungen innerhalb des Klimasystems, den ein in subtropischen Breitengraden gelegener Eisschild auslösen könnte. Da die Sonneneinstrahlung in den niedrigen Breiten wesentlich stärker ist als in Polarregionen, würde z. B. ein am Äquator liegender Eisschild mit seiner weißen Eisoberfläche (Albedo ca. 90 %; s. Kapitel 2) erheblich mehr Sonnenenergie in den Weltraum zurückstrahlen als eine entsprechend große Eisfläche in Polarregionen. Hier setzen Fragen und Spekulationen an. Hat der tibetische Eisschild zu Beginn der letzten Kaltzeit über Rückkopplungseffekte eine verstärkende Rolle gespielt oder hat er nicht?

Bodenfrost

Während extremer Kaltphasen gefriert der Boden eisfreier Polarwüsten in der kalten Jahreszeit tiefer als er in der warmen Jahreszeit auftaut. Auch in den Eiszeiten gibt es Sommer! Es entwickelt sich Dauerfrost im Boden, der so genannte Permafrost. Er reicht mindestens 3 m tief. Im Verlauf einer Eiszeit nimmt die Dicke des dauergefrorenen Bodens langsam zu, in Nord-Kanada reicht der Dauerfrost über 200 m, in Sibirien teilweise über 1 200 m tief.

Abb. 7.9: Luftbild eines fossilen Eiskeilnetzes bei Wolfsburg. Die dunkelgrünen Linien der Polygone zeichnen die ehemaligen Eiskeile in einem Getreidefeld nach. Grüne Pflanzen mit günstigen Wachstumsbedingungen heben sich vom trockenen, gelben Getreide ab.

In Europa gibt es heute so gut wie keinen Dauerfrost. Dass es nicht immer so war, davon zeugen Landschaftsformen, die nur im Dauerfrostboden entstehen und deren Reste sich viele Jahrtausende erhalten. Solche typischen Formen sind Eis- und Frostkeil-Polygone, Pingoreste, Thermokarstseen, Fließerden und Würgeböden. Sie belegen, dass in Deutschland noch vor 20 000 Jahren eine Polarwüste existierte, wie wir sie heute in Nordsibirien und Nordkanada antreffen.

Sibirien, heute eines der kältesten Gebiete der Erde, war in den Kaltzeiten des Quartär wahrscheinlich nur in seinen Gebirgsregionen vereist (s. Kapitel 6). Die weitaus größeren Flächen der sibirischen Landmasse blieben eisfrei, waren aber über mehrere hunderttausend Jahre außerordentlich niedrigen mittleren Jahrestemperaturen ausgesetzt. Hier entwickelte sich ein außergewöhnlich tief reichender Permafrost bis in über 1 200 m Tiefe, ein Ergebnis mehrerer Kaltphasen der Vergangenheit, deren einzelne Kältewellen

7 Das Land – frostige Zeiten und wohlige Wärme

sich tief in die Erdkruste fortgepflanzt haben. Hätte ein Kontinentalgletscher auf Sibirien gelegen, an dessen Basis Eistemperaturen nahe dem Schmelzpunkt herrschen, wäre ein derart mächtiger Permafrost nicht denkbar. Die Permafrostflächen in Kanada waren zumindest regional vereist. Daher drang der Permafrost im Schnitt deutlich geringer in den Untergrund ein. Die Untergrenze des Permafrostes liegt dort in maximal 300 bis 600 m Tiefe.

Die Rolle des Wassers

Den Permafrostboden darf man sich nicht als durchgehend gefrorene Gesteinsplatte vorstellen. Die Art des Bodens, der Pflanzenbewuchs oder die jährliche Niederschlagsverteilung spielen eine Rolle bei seiner Bildung. So behindern Seen und Flüsse die Permafrostbildung, da ihre Eigenwärme den Untergrund wärmt. Ursache ist das hohe Wärmespeichervermögen von Gewässern. Oft bleiben die unter Seen bzw. Flüssen gelegenen Bereiche frei von Permafrost. Solche Brücken zwischen dem Oberflächenwasser und den unterhalb der Permafrostschicht liegenden Grundwasserstockwerken heißen Talik. Anders als in Warmzeiten, in denen der Hauptanteil der Grundwasserbewegungen in aller Regel in den oberflächennahen Schichten stattfindet, fließt das Grundwasser in Kaltzeiten in tieferen Stockwerken unter dem Permafrost. Es ist zu vermuten, dass auf diese Weise in Kaltzeiten mehr Frischwasser durch die tieferen Stockwerke fließt als in Warmzeiten. Berechnungen mit Computermodellen helfen dem Wissenschaftler, die Permafrostentwicklung unter Gewässern zu verstehen (s. Kasten „Gewässer und Permafrost").

GEWÄSSER UND PERMAFROST

Das dargestellte Flusssystem besteht aus drei 70 m, 120 m und 50 m breiten Flussarmen, die durch etwa 500 m breite Landflächen voneinander getrennt sind. Die Flüsse entwickelten sich in einem Gebiet, in dem sich bis zu 200 m dicker Permafrost ausbilden konnte. Nach Computerberechnungen verhinderten die beiden breiteren Flüsse während der frühen und mittleren Weichsel-Kaltzeit zunächst eine Ausbildung von Permafrost unter den Flussbetten. Dem schmalen Flussbett gelang dies nicht. In der Phase extremer Abkühlung schloss sich allmählich der Permafrost unter dem gesamten Flusssystem. Bis vor 43 000 Jahren stand das Grundwasser unter dem Permafrost also noch in Kontakt mit dem dicht unter der Erdoberfläche liegenden Grundwasserstockwerk. Vor rund 28 000 Jahren war dieser Austausch durch eine dicke Permafrostschicht unterbunden. Vor 11 000 Jahren löste sich die Permafrostschicht von oben durch die klimatisch bedingte Wiedererwärmung, von unten durch den terrestrischen Wärmestrom auf. Die letzten Reste von Permafrost in ca. 120 m Tiefe verschwanden dann im Verlauf der folgenden 1 500 Jahre.

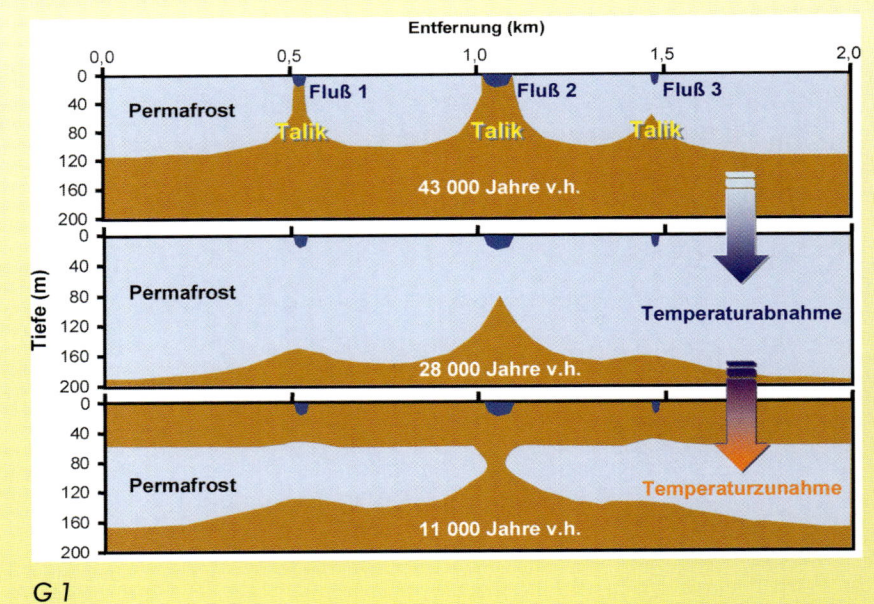

G 1

7 Das Land – frostige Zeiten und wohlige Wärme

Kältewellen in der Vergangenheit

In Deutschland lassen sich Spuren des Permafrostes an vielen Stellen nachweisen. Aber was wissen wir über die Geschichte des Permafrostes in der Vergangenheit? Wissenschaftler sind heute in der Lage, den Klimagang in Nordeuropa, genauer gesagt die Veränderungen der mittleren Jahrestemperaturen, über die letzten Jahrhunderttausende mit einiger Sicherheit anzugeben. Die mit Pollen nachgewiesenen Veränderungen der Vegetation liefern Hinweise auf Schwankungen der Oberflächentemperaturen (s. Kapitel 3) und lassen Aussagen über das Verhalten des Permafrostes in den letzten 200 000 Jahren zu.

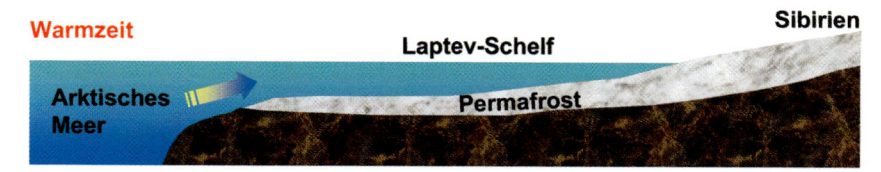

Abb. 7.10: Permafrost breitete sich während einer Kaltzeit auf dem heutigen Laptev-Schelf aus. Er blieb auf Grund des eiskalten Meerwassers auch nach der Überflutung erhalten.

Die Laptev-See, nördlich des Mündungsdeltas der Lena, wartet mit erstaunlichen Permafrostbildungen auf. Ähnlich wie unter großen Seen und Flüssen würde man vermuten, dass sich unter dem Meer kein Permafrost entwickelt. Aber mit Schallwellenuntersuchungen haben Wissenschaftler aus Hannover einen mehrere 100 m dicken Permafrost im Meeresboden der Laptev-See nachgewiesen. Wie konnte Permafrost an dieser Stelle entstehen? Des Rätsels Lösung liegt darin, dass mit dem Absinken des Meeresspiegels während der letzten Kaltzeit weite Teile der nur 10 bis 70 m tiefen Laptev-See trockengefallen waren. Unter diesen Bedingungen, wahrscheinlich auch schon während früherer Kaltphasen konnte Permafrost in den damaligen Boden eindringen. Als vor ca. 8 000 Jahren das arktische Meer wieder zurückflutete, war dessen Wassertemperatur so niedrig, dass der Permafrost erhalten blieb. Auch heute liegen die Temperaturen des salzigen Bodenwassers der Laptev-See im Sommer unterhalb −2 °C.

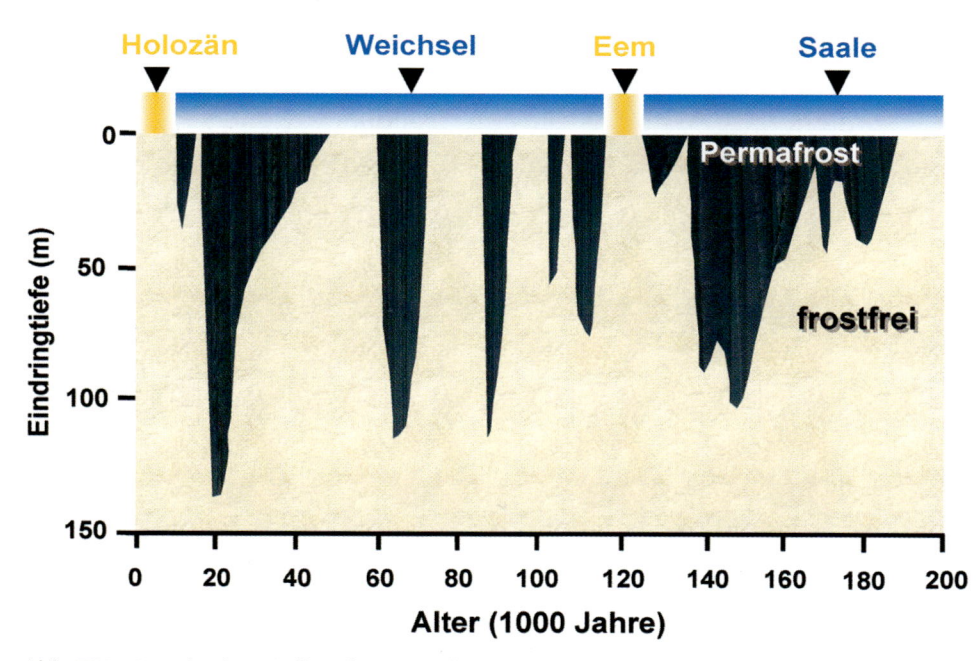

Abb. 7.11: Regelrechte Wellen des Permafrostes zogen im Verlauf der letzten 200 000 Jahre über Norddeutschland hinweg und drangen tief in den Untergrund.

7 Das Land – frostige Zeiten und wohlige Wärme

Hierfür muss man wissen, wie sich die Temperaturen an der Erdoberfläche auf die Temperaturen in der Tiefe auswirken. Heute misst man in 10 m Tiefe in Deutschland Werte um 8 °C, in 1000 m Tiefe bereits 38 °C. Sinkt die Oberflächentemperatur um z. B. 10 °C, so sinkt auch die Gesteinstemperatur in 1000 m Tiefe. Dies geschieht allerdings, wegen der schlecht leitenden Gesteine, mit einer Zeitverzögerung von einigen 1 000 Jahren. Jede Temperaturveränderung an der Oberfläche stößt somit langfristig anhaltende Änderungen der Untergrundtemperaturen an. Der Computer ermöglicht den Wissenschaftlern, ein Bild vom Ablauf der Permafrostentwicklung zu entwerfen. Mehr als 84 000 Jahre der letzten 120 000 Jahre war der Boden in Norddeutschland tief gefroren. Wir leben also heute in einer klimatischen Ausnahmesituation.

SPUREN DES PERMAFROSTES

Eiskeile

Wie jeder weiß, dehnt sich Wasser beim Gefrieren aus. Weniger bekannt ist, dass Eis sich wieder zusammenzieht, wenn die Temperaturen unter 0 °C absinken. Deshalb müssen bei großer Kälte durch das Zusammenziehen Risse im Boden entstehen. Diese Risse sind im ersten Jahr nur wenige Millimeter breit und füllen sich im Eiszeit-Sommer mit Raureifeis. Damit wird der eisgefüllte Riss zu einer

S 1: Riesiger Eiskeil im heutigen Permafrost von Kanada (Eismeerküste bei Tuktoyaktuk)

bleibenden Schwachstelle, die in den folgenden Wintern erneut aufreißt, später durch Eis verheilt und anschließend wieder aufgeweitet wird. So entstehen im Laufe von wenigen tausend Jahren im Boden Eiskeile, die oben mehrere Meter breit werden können und sich nach unten verjüngen. Sie reichen so tief, wie sich der jährliche Klimagang im Boden auswirkt – bei uns bis in ca. 10 m Tiefe.

Mindestens bis in die Tiefen, in denen der Eiskeil aufhört, muss auch der Permafrost während der letzten Eiszeit gereicht haben. Als das Klima wärmer wurde, schmolz das Eis, und das Gesteinsmaterial rutschte in die sich öffnenden, nun wassererfüllten Spalten. Heute werden die ursprünglichen Eiskeile durch charakteristische V-förmige Strukturen nachgezeichnet. Man findet sie an den Wänden von Sand- und Tongruben. Von oben gesehen sind Eiskeile in einem vieleckigen Muster angeordnet, meist 5- bis 6-eckig. Die einzelnen Vielecke haben Durchmesser

7 Das Land – frostige Zeiten und wohlige Wärme

von 1 m bis mehr als 30 m. Heute, Jahrtausende später, ist davon am Boden nichts mehr zu sehen, nur Pflanzen zeichnen diese alten Strukturen immer noch in ihrem Wuchsmuster nach. Sie sind in Luftbildern gut zu erkennen. Auswertungen von Luftaufnahmen lieferten Hinweise auf mehrere Generationen von Eiskeilen, darunter auch solche aus der vorletzten, der Saale-Kaltzeit. Aber auch aus der Weichsel-Kaltzeit, also aus der Zeitspanne vor ca. 117 000 bis 11 500 Jahren, sind mehrere nacheinander gebildete Generationen von Eiskeilen bekannt. Offenbar haben sich mehrmals unwirtliche Polarwüsten mit Permafrost über Zentraleuropa ausgedehnt.

Pingo

Pingo heißt in der Eskimo-Sprache „Berg, Hügel" oder „hinauf". Die Geologen-Bezeichnung „Quelleishügel" ist kaum aufschlussreicher. Am ehesten kann man sich unter Frostaufbruch etwas vorstellen: im Winter die Aufbeulungen oder die später zurückbleibenden Löcher im Asphalt der Straße. Ein Pingo entsteht dadurch, dass im Permafrost ein größeres, tief dauergefrorenes Gebiet zeitweilig auftaut, was z. B. unter einem See oder in einem weiten Flusstal der Fall sein kann. Dabei füllt sich der gesamte Porenraum des getauten Bodenmaterials vollständig mit Wasser. Dringt später erneut Dauerfrost in den Untergrund, so drückt die von allen Seiten her vorrückende Frostfront das eingeschlossene Porenwasser zusammen, wobei dessen Volumen gleichzeitig wächst. Zuletzt bleibt ein Wasserkörper über, der dem allseitig wachsenden Druck nur in Richtung Erdoberfläche ausweichen kann. Die über ihm liegenden Bodenschichten werden nach oben gepresst, so dass die mehrere Meter dicke „gefrorene Haut" des entstehenden Hügels in einem Kranz aufbricht und zum Teil nach der Seite abrutscht. Hiernach gefriert das zurückbleibende Wasser und bildet einen Kern aus massivem klaren Eis. Bei Durchmessern bis 800 m können Pingohügel bis über 50 m Höhe erreichen. Wenn der Pingo nach dem Ende der Kaltzeit taut, sackt der Frostaufbruch in sich zusammen. Dort, wo ursprünglich der Eiskern gelegen hat, entsteht ein kleiner, meist tiefer See. Um diesen herum bildet das abgerutschte Bodenmaterial oft einen Wall. Pingos zeichnen sich in der heutigen Landschaft als rundliche Seen oder von Torf erfüllte Senken ab. Sie sind gar nicht selten, in Niedersachsen kennt man Pingos von Friesland bis ins osthannoversche Flachland. Die meisten stammen aus der kältesten Phase der letzten Eiszeit

S 2: Eiskeilpolygone im heutigen Permafrost von NW-Kanada (Luftaufnahme aus geringer Höhe)

S 3: Pingo und Thermokarstseen in einer Permafrostlandschaft.

7 Das Land – frostige Zeiten und wohlige Wärme

vor ca. 25 000 bis 18 000 Jahren. Geschmolzen sind diese Pingos vor 17 000 bis 13 000 Jahren, denn in vielen der entstandenen Hohlformen sind über 15 000 Jahre alte Abfolgen von Seeablagerungen anzutreffen.

Thermokarst-Seen

Unter Permafrostbedingungen werden in feinkörnigen Ablagerungen stellenweise große Mengen von Wasser eingelagert, die beim Frieren Eislinsen bilden, dadurch an Dicke zunehmen und die überlagernden Schichten leicht anheben. Tauen die Eislinsen später, so sackt das Sediment an den entsprechenden Stellen zusammen. Die entstehenden flachen Dellen werden häufig nicht mehr aufgefüllt, weil bei dem nun herrschenden wärmeren Klima kein Sand mehr herantransportiert wird. Auf diese Weise können ausgedehnte flache Seen entstehen. Man kann diese Vorgänge heute noch sehr gut an den meist kurzlebigen, arktischen Seen mit ihren typischen runden Uferformen, den Thermokarst-Seen oder Auftau-Seen beobachten. Bedeutende Zeugen des eiszeitlichen Thermokarsts in Norddeutschland sind das Steinhuder Meer und der Dümmer. Beide großen Flachseen Norddeutschlands sind auf diese Weise entstanden, als in diesem Raum noch eine Polarwüste bestand.

S 4: *Permafrostlandschaft mit Thermokarstsee und Eiskeilnetz. Beim Durchqueren des Gebietes hat ein Raupenfahrzeug die Vegetationsdecke zerstört und eine deutliche Spur hinterlassen.*

S 5: *„Würgeboden" der Saale-Kaltzeit; er besteht aus zerflossenem Bodenmaterial und lagerte sich auf den ebenen Kieselgurschichten der Holstein-Warmzeit ab (Fundort: Ohe in der Lüneburger Heide).*

Fließerden und Strukturböden

In jedem Eiszeit-Sommer taut eine 0,5 bis 3 m dicke Bodenschicht über dem dauerhaft gefrorenen tieferen Untergrund auf. Tonhaltige Ablagerungen bewegen sich dann als breiartige Fließerden hangabwärts. Stellenweise können Lagen von Sand und Kies in die darunter liegende leichtere und aufgeweichte Masse hineinsacken und dort Dezimeter große tropfen- oder taschenförmige Fremdkörper bilden. Steine werden durch Absinken im getauten Boden sowie durch Hochfrieren im Winter von dem umgebenden Feinmaterial getrennt. Alle diese Vorgänge lassen sich heute in den arktischen Regionen studieren. Fossile Gegenstücke dieser Prozesse sind häufig an Wänden von Ton-, Sand- oder Kiesgruben zu erkennen. In Norddeutschland kann man sie an der Erdoberfläche nur gelegentlich ausmachen. Sie pausen sich – ähnlich wie die Eiskeil-Vielecke – in Trockenperioden nach oben durch die Bodenkrume, zeichnen sich im Pflanzenwuchs ab und werden im Luftbild sichtbar.

7 Das Land – frostige Zeiten und wohlige Wärme

Vom Winde verweht

Staubstürme

Löss bildet den fruchtbaren Boden der deutschen Börden, uns allen bekannt aus dem Erdkundeunterricht. Aber nicht nur in Deutschland findet sich Löss, auf der Nordhalbkugel der Erde gibt es einen regelrechten Lössgürtel, der von Nordamerika, Europa, Nordafrika, über Mittelasien bis nach China reicht. Die Entstehung des Löss war lange umstritten, obwohl bereits der deutsche Geologe v. Richthofen im 19. Jahrhundert bei seiner Arbeit in China erkannte, dass es sich um eine Ablagerung von Staub handelt, die der Wind herantransportiert hatte.

Klimainformationen über 1 Million Jahre sind in den Lössschichten Chinas gespeichert. Die wechselvolle Geschichte zwischen Lössanwehung in den Kaltzeiten und einer Bodenbildung in den warmen Phasen des quartären Klimas lässt sich lückenlos in den Schichten von Xifeng nachvollziehen. Lössablagerung und Bodenbildung vollziehen sich im Gleichklang mit der Änderung der Erdbahnparameter, den Milankovitch-Zyklen.

Der Lössgürtel in Deutschland hat sich in Kaltzeiten zwischen den nordischen Gletschern und den Gletschern der Alpen gebildet. Die feinen Gesteinspartikel des Löss stammen aus Ablagerungen der Schmelzwässer und aus Moränen, die die Gletscher zurückgelassen haben. Die arktischen Tundren mit ihrer geringen Pflanzenbedeckung boten dem Wind genügend Angriffsfläche, um die feinen Gesteinsteilchen aufzuwirbeln, in die Luft zu heben und

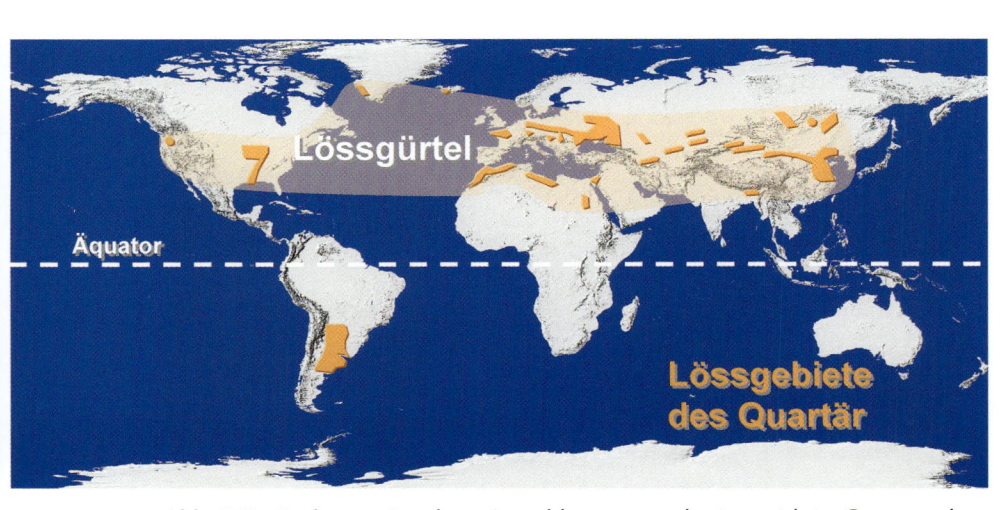

Abb. 7.12: Ein breites Band von Lössablagerungen breitete sich im Quartär als Folge der Vereisungen auf der Nordhalbkugel aus.

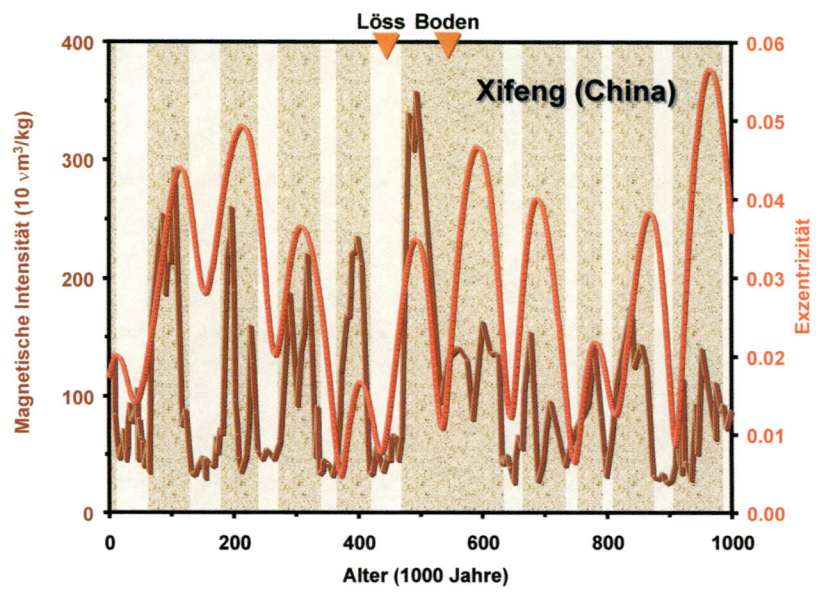

Abb. 7.13: Die Ablagerung von Löss in den Kaltzeiten und die sich anschließende Bodenbildung in den Warmphasen erfolgte in China in den vergangenen 1 Million Jahren im Rhythmus der Erdbahnzyklen (Exzentrizität).

7 Das Land – frostige Zeiten und wohlige Wärme

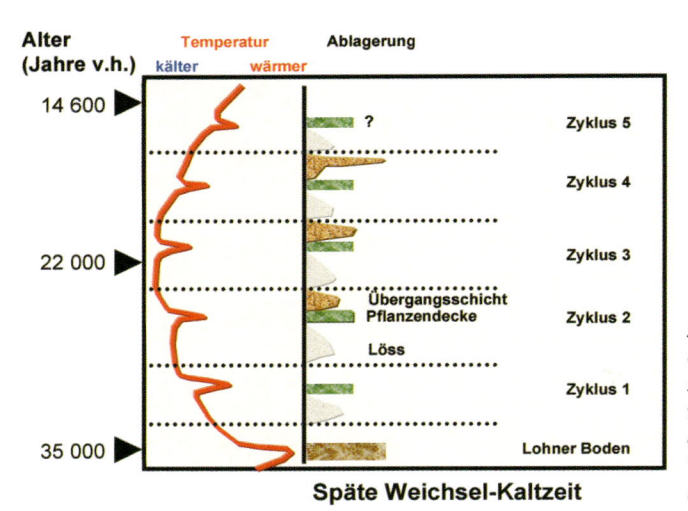

Abb. 7.14: Im jüngeren Teil der letzten Kaltzeit lassen sich in Norddeutschland fünf Zyklen der Lössbildung erkennen. Sie sind durch Wechsel von Temperatur und Niederschlag geprägt.

weit zu transportieren. Ließ der Wind nach, so lagerte sich der Staub in Schichten ab.

Die Staubablagerungen in Norddeutschland ermöglichen den Forschern aus Hannover, die Wechsel zwischen Kalt- und Warmzeiten zu erkennen. Sie sehen im Löss auch wiederkehrende Muster, die auf Schwankungen des Klimas zwischen kälteren und wärmeren Bedingungen innerhalb der Weichsel-Kaltzeit deuten. Die Abfolge von grobkörnigen zu feinkörnigen äolischen Sedimenten und anschließender Bodenbildung wiederholte sich in der späten Weichsel-Kaltzeit mehrmals. Der Wechsel von grobem zu feinem Staub ist das Ergebnis zunehmender Trockenheit bei abnehmenden Temperaturen. Im Löss zeigen Netze aus Eiskeilen, dass in dieser kalten Zeit Permafrost herrschte. Danach zeugt die Bildung eines Bodens mit durchgehender Pflanzenbedeckung von einer leichten Erwärmung, mit der auch das Klima feuchter wird. Es folgt schließlich ein erneuter Kälteeinbruch, und die Pflanzendecke wird zerstört. Der neue Zyklus beginnt. Insgesamt gibt es fünf solcher Folgen in der Lössablagerung, die sich zwischen 30 000 und 14 600 J.v.h. bildeten.

Flugsand

Stürmische Winde spielen in der arktischen Tundra eine wichtige Rolle beim Sedimenttransport. Bei dünner oder lückenhafter Schneedecke sowie fast gänzlich fehlender Vegetation blasen sie Sand- und Staubmaterial aus den Schmelzwassertälern aus und verteilen es über riesige Flächen. Unter gleichen Bedingungen sind im eiszeitlichen Norddeutschland 1 m bis 3 m mächtige Schichten von Flugsand abgelagert worden, die weite Landstriche überdecken. Kennzeichnend für diese Sande ist eine Landoberfläche mit weit gespannten flachen und welligen Rücken. Stellenweise hat der Wind auch Dünen aufgeweht. Flug-

Abb. 7.15: Sanddünen in Norddeutschland zeugen von der Kraft des Windes.

7 Das Land – frostige Zeiten und wohlige Wärme

sande kennen wir vor allem aus der Zeitspanne von 18 000 bis 11 500 Jahre von heute.

Erheblich jünger sind die einige Meter hohen Dünen des norddeutschen Binnenlandes. Sie sind Zeugen trockener Klimaphasen, insbesondere aber auch ein Produkt menschlicher Wirtschaftsweise. Intensive Beweidung mit Schafen und die Plaggenwirtschaft haben ab dem Mittelalter die Vegetationsdecke auf dem ohnehin empfindlichen Sandboden verletzt. Danach konnte an den offen liegenden Flächen der Wind den Sand abtragen. Es wurde ein Kreislauf von Sandverwehung und Dünenbildung in Gang gesetzt, der erst in der Neuzeit durch die Aufforstung von Kiefernwäldern durchbrochen und beendet wurde.

Abb. 7.17: Verflochtener Schmelzwasserfluss im Permafrostgebiet von Spitzbergen. Ähnlich muss man sich die Landschaft in Norddeutschland nach dem Rückzug der Gletscher vorstellen.

Schmelzendes Eis

Beim Abtauen der riesigen, bis 3 km dicken Eisschilde entstehen enorme Mengen von Schmelzwasser. Weniger bedacht wird dagegen, dass schon beim Aufbau und Vorrücken des Eises bedeutende Mengen von Schmelzwasser anfallen, teils durch Abschmelzen an der Gletscheroberfläche, teils durch Schmelzwässer unter den Gletschern, die aus den Gletschertoren austreten.

Das strömende Gletscherwasser kann beträchtliche Mengen von Sand und Kies transportieren, die als Sander vor der Gletscherfront abgelagert werden und teilweise mehrere Zehner Meter Dicke erreichen können. Mit wachsender Entfernung vom Eisrand und sich vermindernder Transportkraft des Wassers verringert sich auch die Korngröße des mitgeführten Materials. Da der Sander sich beim Vorrücken des Gletschers ebenfalls vorwärts schiebt, wird vor der Eisfront allmählich ein zusammenhängender Körper aus Schmelzwassersanden aufgeschüttet. So wurde z. B. während der Saale-Kaltzeit im Unterelbe-Bereich noch reichlich Kies abgelagert, dessen Anteil im Sander jedoch in Richtung Weser allmählich abnimmt. Von der Weser zur Ems verringert sich dann auch die Korngröße des Sandes. Hieraus erkennt der Geologe die Bewegungsrichtung des Eises: es schob sich in Deutschland von Nordosten nach Südwesten.

Abb. 7.16: Gletschertor am Rande des grönländischen Inlandeises.

7 Das Land – frostige Zeiten und wohlige Wärme

Abb. 7.18:
Grundmoräne des saalezeitlichen Gletschervorstoßes über Schmelzwassersanden. Diese wurden vor dem heranrückenden Gletscher abgelagert und danach vom Eis überfahren (Loxstedt bei Bremerhaven).

Sofern das feinkörnige Material nicht durch die Urstromtäler als so genannte Gletschertrübe bis in die Nordsee hinaus verfrachtet wurde, konnte es sich auch auf dem Festland absetzen. Tiefe, vom Eis zuvor ausgeschürfte Becken boten besonders günstige Ablagerungsbedingungen. Dort hinterließen die Schmelzwässer zum Teil mächtige Schichten aus Ton- und Feinsand. Im Verlauf der Jahreszeiten führten sie wechselnde Mengen von Gletschertrübe mit sich, die als feine geschichtete Lagen (so genannte Rhythmite) zu erkennen sind. Schwache Schmelzwasserströme im Winter transportierten vorwiegend feine Tonteilchen, stärkere Zuflüsse im Sommer dagegen etwas gröbere Partikel. Auf diese Weise kam eine Jahresschichtung zustande, die als Kalender genutzt werden kann (s. Kapitel 3). In Norddeutschland hat insbesondere die ausklingende Elster-Kaltzeit solche feingeschichteten bis 170 m dicken Ablagerungen hinterlassen, den so genannten Lauenburger Ton.

Nicht erst mit den drei großen nordischen Vereisungen gelangte skandinavisches Material nach Norddeutschland. Man vermutet, dass am Ende des Tertiär in Skandinavien bereits Gebirgsvergletscherungen existierten, deren Schmelzwässer die in Eisschollen eingefrorenen Gesteinsblöcke mit dem Baltischen Flusssystem über die Ostsee-Senke bis weit nach Westen transportierten. Schmelzwässer haben stark verwittertes nordisches Material bis in die Lausitz verfrachtet. Auch im so genannten Kaolinsand auf Sylt, der sich im Pliozän ablagerte, finden sich bis über kopfgroße Blöcke, die aus Skandinavien stammen. Unter ihnen viele mit verkieselten Fossilien, wie die sehr alten lavendelblauen Versteinerungen aus dem Silur und weitere Gesteine aus dem Ostseegebiet.

Besonders aus den Ablagerungen des Unterpleistozän, der so genannten Menap-Kaltzeit, kennt man zahlreiche Hinweise auf den Ferntransport. Die Wissenschaftler fanden Anzeichen für eine weite Verbreitung der skandinavischen Gletscher, deren Schmelzwässer Gesteine quer durch Norddeutschland bis ins Emsland und die Niederlande transportierten.

Flussgeschichten

Die Schmelzwässer der Gletscher sammelten sich in einiger Entfernung vom Eisrand in so genannten Urstromtälern und strebten dem Meer zu. Erinnerungen aus dem Geographie-

7 Das Land – frostige Zeiten und wohlige Wärme

unterricht und persönliche Eindrücke von Reisen haben in jedem von uns ein mehr oder weniger detailliertes Bild über die Flussläufe von Rhein, Weser und Elbe geschaffen. Schwer vorstellbar, dass diese Flussläufe in früheren Zeiten gar nicht existiert haben oder in völlig andere Richtungen geflossen sein könnten. Aber genau dies trifft zu. Und in Norddeutschland waren es vor allem Einflüsse des Klimas, die zu diesen einschneidenden Veränderungen geführt haben.

Wie sah die Flusslandschaft am Ende des Tertiär und zu Beginn des Eiszeitalters bei uns aus? Gegen Ende des Tertiär war das heutige Nordseebecken in seinen groben Umrissen bereits angelegt. Auf dem angrenzenden nordwesteuropäischen Festland gab es damals zwei bedeutsame Entwässerungssysteme, die über lange Zeit wirksam waren.

Eines davon war das heute nicht mehr bestehende Baltische Flusssystem, dessen Einzugsgebiet weit in den baltischen und skandinavischen Raum sowie in die ostdeutschen und polnischen Mittelgebirge hinein reichte. Dieses Flusssystem verlief durch das Ostseebecken, Schleswig-Holstein, Niedersachsen und die Niederlande nach Westen zur Nordsee. Dort schüttete es ein riesiges Delta auf, das in seiner Ausdehnung von 0,5 Millionen km² mit dem größten heutigen Delta der Erde, dem Ganges-Brahmaputra-Delta, vergleichbar ist. Seine Ablagerungen sind als Quarzsande, Tone und Braunkohlen erhalten. Dieses von Osten nach Westen gerichtete Flussnetz entwickelte sich ab dem Miozän und existierte über eine Zeitspanne von etwa 20 Millionen Jahren.

Ein weniger bedeutsamer Fluss war der Vorläufer des Rhein. Mit seinem Einzugsgebiet reichte dieser von Süden

Abb. 7.19: Frühere und heutige Mäanderbögen der unteren Aller. Nach einem Winter-Hochwasser zeichnen sich die von Eis bedeckten Rinnen im Gegenlicht besonders gut ab (Luftaufnahme aus 2000 m Höhe).

nach Norden verlaufende Fluss damals nur bis in das heutige Rheinland. Erst am Ende des Tertiär gelang diesem Gewässernetz durch Abtragung und Bewegungen der Erdkruste der Anschluss an den heutigen Oberrhein und an einen Teil der Alpenflüsse.

Auch die Vorläufer der Weser hatten ursprünglich einen völlig anderen Verlauf als der moderne Fluss. Der heutige nach Norden gerichtete Weserlauf entstand erst einige hunderttausend Jahre später nach dem ersten großen Eisvorstoß der Saale-Kaltzeit. Flusskiese der Weser geben über diese Entwicklung Auskunft. Vom Unterpleistozän bis zur Elster-Kaltzeit floss die Weser von Hameln bis in das Gebiet nördlich von Hannover. Dort schwenkte sie um, strömte im flachen Vorland der Mittelgebirge westwärts und vereinigte sich mit einem aus dem sächsisch-thüringischen Raum kommen-

7 Das Land – frostige Zeiten und wohlige Wärme

den Fluss, setzte dann ihren Lauf durch das Emsland und die Niederlande zur Nordsee fort. Während der Elster-Kaltzeit ist dann das nordische Inlandeis im Wesertal bis Bodenwerder vorgedrungen. Dies führte zu einer Ablenkung des Weserlaufs bei Hameln zur Porta Westfalica. Nördlich dieser Austrittsstelle ins Flachland behielt der Fluss seine ursprüngliche Ost-West-Richtung bei. Völlig neue Verhältnisse schuf der Hauptvorstoß der Saale-Kaltzeit. Das ehemalige nach Westen gerichtete Haupttal verlor seine Bedeutung. Gegen Ende der Saale-Kaltzeit sammelten sich die am Eisrand austretenden Schmelzwässer im Breslau-Magdeburg-Bremer Urstromtal und schufen eine Rinne, die das heutige Aller- und Wesertal vorzeichnete.

Verglichen mit der Weser ist der Unterlauf der Elbe erheblich später entstanden. Er besteht erst seit der Weichsel-Kaltzeit, bildete zeitweilig die Abflussbahn sämtlicher Schmelzwässer aus Ostdeutschland und dem westlichen Teil Polens und führte weit hinaus in die Nordsee. Die Spur dieses später teilweise aufgefüllten Tales ist streckenweise noch auf Wassertiefenkarten der Deutschen Bucht zu verfolgen.

Pflanzen erzählen

Pflanzliche und tierische Hinterlassenschaften einer Eiszeit geben nur in begrenztem Umfang Auskunft über das Ausmaß der Temperaturerniedrigung. Anders die warmzeitlich geprägten Klimaabschnitte des Quartär, sie liefern eine Fülle erstaunlich genauer Aussagen, besonders auch zur Temperatur (s. Kapitel 3). Vor allem das Klima der jüngsten Warmzeiten ist heute gut durch die jeweiligen Pflanzengemeinschaften belegt.

Im Tertiär, vor 65 bis 2,6 Millionen Jahren, waren die Temperaturen weltweit höher als im jüngsten Abschnitt der Erdgeschichte, dem Quartär, und wiesen über längere Zeitabschnitte nur vergleichsweise geringe Schwankungen auf. Mit Beginn des Quartär vor 2,6 Millionen Jahren kam es zu einer Abkühlung. Außerdem setzten in rascher Folge zyklische Klimaschwankungen mit einem Wechsel zwischen Kaltzeiten (Glazialen) und Warmzeiten (Interglazialen) ein. Die meisten Warmzeiten waren nur 10 000 bis 15 000 Jahre lang und umfassten lediglich etwa ein Zehntel der Dauer von Kaltzeiten.

Der Wechsel von Warm- und Kaltzeiten führte im Verlauf des Quartär zu einer fortschreitenden Verarmung an Gehölzpflanzen. Magnolie, Flieder oder Buchsbaum, die uns heute als Ziergehölze bekannt sind, wuchsen zu Beginn des Quartär noch in den mitteleuropäischen Wäldern. Während der Kaltphasen „überwinterten" wärmeliebende Arten in südlich gelegenen Rückzugsgebieten, um in den Warmzeiten erneut nach Norden vorzustoßen. Bei diesen Wanderbewegungen mussten jedes Mal die Gebirge Europas, Alpen, Pyrenäen und Karpaten, überwunden oder umwandert werden. Nach jeder neuen Kaltzeit gelang immer weniger Arten die erneute Ausbreitung nach Mittel- und Nordeuropa, so dass die Pflanzengemeinschaften dieses Raumes an Arten verarmten. Diese Entwicklung deutet darauf hin, dass die Stärke und vermutlich auch die Dauer der Kaltzeiten im Verlaufe des Quartär zugenommen haben.

7 Das Land – frostige Zeiten und wohlige Wärme

Die Klimaschwankungen in Norddeutschland

Bavel-Komplex

Zu den wenigen Funden warmzeitlicher Ablagerungen aus dem Unterpleistozän (2,6 bis 0,78 Millionen Jahre) gehören in Deutschland Ablagerungen und Torfe in Geländesenken über Salzstöcken. So wurden über den Salzstöcken von Gorleben und Gehlenberg Schichten der Bavel- und der Leerdam-Warmzeit entdeckt. Während die Vegetation der Bavel-Warmzeit eine recht gleichförmige Entwicklung ohne Klimasprünge widerspiegelt, ist die Leerdam-Warmzeit zweigegliedert. Ebenfalls zum Bavel-Komplex gehören die Linge-Kaltzeit und die Dorst-Kaltzeit. Hiervon ist die ältere Linge-Kaltzeit nur mäßig ausgeprägt und reich an Heidevegetation, während Gräser und Riedgräser eine geringere Rolle spielen. Gegen Ende dieser Kaltzeit ist eine Wärmeschwankung zu verzeichnen, in der sich kurzfristig auch Birke und Kiefer ausbreiteten. Zu Beginn der jüngeren Dorst-Kaltzeit sind zwei Phasen vorübergehender Erwärmung zu verzeichnen. In diesen besserte sich das Klima so weit, dass Wälder der kalten Klimazone mit Birke und Kiefer wachsen konnten. Dies spricht dafür, dass die mittleren Julitemperaturen zeitweilig deutlich über +10 °C lagen. Erst danach sanken die Werte derart ab, dass sich eine Kältesteppe mit typischer Gras- und Kräutervegetation entwickelte. Auch gegen Ende dieser Kaltzeit gab es mindestens zwei Abschnitte, in denen sich schüttere und grasreiche Kiefernwälder entwickeln konnten.

Cromer-Komplex

Den Beginn des Cromer-Komplexes markiert die Osterholz-Warmzeit (bzw. Sohlingen- oder Waardenburg-Warmzeit). Ihre Vegetation ist im Raum Gorleben ganz wesentlich durch Kiefern geprägt mit geringen Anteilen von Fichte sowie Laubbäumen (Eiche, Erle, Hainbuche, Ulme, Linde und Hasel). Die anspruchslosen kiefernreichen Wälder auf den nährstoffarmen Böden im Tiefland unterscheiden sich jedoch deutlich von den gleichalten Wäldern des Berglandes, die auf kalkreicheren Böden wuchsen. Hier waren in der gleichen Warmzeit Birke und Kiefer nur anfänglich verbreitet, wurden dann aber durch Erle, Ulme sowie Eiche und später durch Hainbuche und Fichte verdrängt.

Die Vegetation während der anschließenden Kaltzeit war anfangs reich an Heidegewächsen. Später wandelte sich das Gebiet in eine grasreiche Kältesteppe.

Die Klimaschaukel schwang mit der Hunteburg-Warmzeit (bzw. Westerhoven- oder Harreskov-Warmzeit) weiter. Besonders deutlich zeigt sich in dieser Warmzeit, wie stark sich die Standortbedingungen der unterschiedlich stark ausgelaugten Böden auf die Zusammensetzung der jeweiligen Wälder auswirkten.

Trägt man die Befunde von den unterschiedlichen Punkten zusammen, lassen sich innerhalb des Cromer-Komplexes insgesamt mindestens fünf Warmphasen nachweisen. In ihnen verdrängten jeweils zunächst Birken das Grasland, und schließlich wuchsen Wälder mit Kiefern, Fichten sowie unterschiedlichen Laubbäumen. Dagegen breitete sich in

7 Das Land – frostige Zeiten und wohlige Wärme

den dazwischen liegenden Abkühlungsphasen erneut Grasland aus.

Am Ausklang der jüngsten Kaltzeit des Cromer-Komplexes treten innerhalb einer Zeitspanne von insgesamt 8 000 bis 9 000 Jahren drei Wärmeschwankungen auf, die nach Jahresschichten-Zählungen an Seeablagerungen jeweils ca. 3 000 bzw. 2 450 Jahre dauerten und durch kurze Phasen der Temperaturabsenkung voneinander getrennt sind.

Mit der darauf folgenden Bilshausen-Warmzeit (bzw. Ruhme- oder Voigtstedt-Warmzeit), benannt nach den Fundpunkten Bilshausen in Niedersachsen bzw. Voigtstedt in Sachsen-Anhalt, endet der Cromer-Komplex. Diese Warmzeit umfasst nach Jahresschichten-Zählungen mindestens 25 000, wahrscheinlich aber 28 000 Jahre. Hiervon sind die ersten 4 500 Jahre durch ein Waldsteppenklima sowie zahlreiche Temperatur- und vor allem Feuchtigkeitsschwankungen gekennzeichnet, die eine Dauer von jeweils etwa 1 000 Jahren hatten. Innerhalb der einzelnen Temperaturschwünge folgte auf das Grasland die Ausbreitung eines lichten Waldes. Erst ca. 10 000 Jahre nach Beginn der Warmzeit entwickelte sich ein vollständig geschlossener Mischwald aus Fichten, Tannen und Eichen. Dabei zeigt die sich damals ausbreitende Tanne ein feuchteres Klima an. In dieser Phase dürften die mittleren Julitemperaturen zeitweilig etwas mehr als +20 °C erreicht haben.

Etwa 14 000 Jahre nach Beginn der Warmzeit vernichtete eine Katastrophe in sehr kurzer Zeit alle wärmeliebenden Bäume, die innerhalb weniger Jahrzehnte durch Birken und Kiefern ersetzt wurden. Laubhölzer, wie Eiche, Ulme und

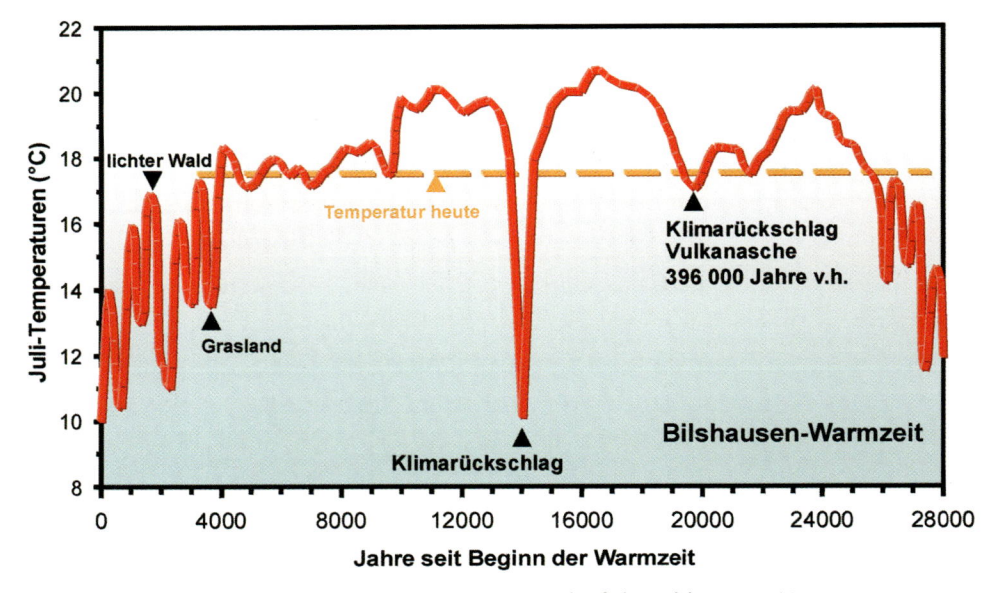

Abb. 7.20: Temperaturschwankungen im Verlauf der Bilshausen-Warmzeit.

Linde, benötigten ca. 300 Jahre, um sich wieder auszubreiten, die Tanne sogar über 2 000 Jahre, um in den Wäldern wieder Wurzeln zu schlagen. Etwa 5 000 bis 6 000 Jahre später erfolgte ein weiterer deutlicher Temperaturrückgang, von dem sich vor allem die wärmeliebende Linde nicht wieder erholte. Der Ausbruch eines Vulkans bei Kärlich in der Eifel vor ca. 396 000 ± 20 000 Jahren könnte der Grund dafür gewesen sein. Wahrscheinlich stammt die 4 mm dicke Lage vulkanischer Asche in der fast 250 km entfernt gelegenen Schichtenfolge von Bilshausen vom gleichen Ausbruch.

7 Das Land – frostige Zeiten und wohlige Wärme

Elster-Komplex

Die Pflanzengemeinschaften aus dem Elster-Komplex zeigen eine neuerliche Klimaverschlechterung nach der Bilshausen-Warmzeit an. Die mittlere Julitemperatur war zu Beginn des Elster-Komplexes zunächst für mehrere Jahrtausende deutlich unter +10 °C abgesunken. Es folgten zwei Erwärmungen, in denen die Temperaturen nochmals auf +12 bis +13 °C stiegen. Später sanken die Temperaturen dann aber derart, dass sich das skandinavische Inlandeis erstmalig bis weit in die Flachlandgebiete Polens, Norddeutschlands sowie in die Niederlande ausgebreitet hat. Auch nahezu das gesamte südliche Nordseegebiet war damals von Eis bedeckt.

Holstein-Warmzeit

Die genaue zeitliche Stellung der Holstein-Warmzeit ist unter den Wissenschaftlern umstritten. Gesichert ist nur, dass die Holstein-Warmzeit zeitlich vor mindestens 230 000 Jahren und nach der Bilshausen-Warmzeit einzustufen ist.

Ungeachtet dieser Unsicherheiten bei der zeitlichen Einordnung

Abb. 7.21: Die Kieselgur-Schichten von Munster-Breloh zeichneten die Klimaentwicklung in der Holstein-Warmzeit auf.

Abb. 7.22: Temperaturschwankungen der Holstein-Warmzeit mit den Hölzern der typischen Baumarten.

haben die Wissenschaftler recht genaue Vorstellungen über die Dauer der Holstein-Warmzeit sowie über den Ablauf der Klimaänderungen. Diese Kenntnisse stammen aus Untersuchungen an der jahresgeschichteten Kieselgur von Hetendorf und Munster-Breloh in der Lüneburger Heide. Sie ergaben für die Holstein-Warmzeit eine Gesamtdauer von ca. 15 000 Jahren; in den wärmsten Abschnitten dürfte die mittlere Julitemperatur knapp +20 °C erreicht haben.

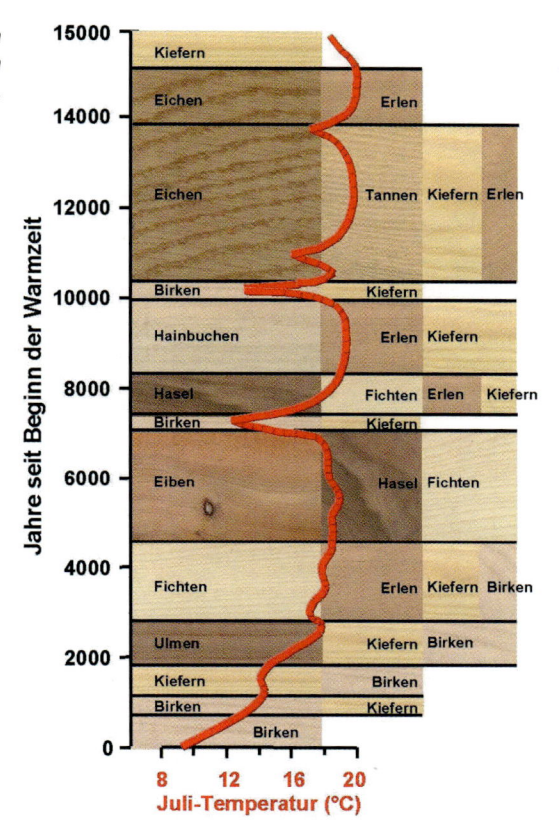

Auch innerhalb dieser Warmzeit zeichnen sich zwei kurzfristige Klimarückschläge ab. Beim ersten Klimarückschlag gingen schlagartig sämtliche Gehölzpflanzen in weniger als zwei Jahrzehnten zurück. In den darauffolgenden 200 Jahren breiteten sich Birken und Kiefern als Anzeiger eines kühlen Klimas aus. Eine zweite kühlere Zeit folgte 3 000 Jahre später. Dabei breiteten sich für etwa 400 Jahre wieder Birken und Kiefern aus. Zeitgleiche Klimaeinschnitte zeigt auch die Pflanzenentwicklung in Oberschlesien und

7 Das Land – frostige Zeiten und wohlige Wärme

England. Damit ist belegt, dass die Klimarückschläge überregional wirksam gewesen sind.

Saale-Komplex

Im Anschluss an die Holstein-Warmzeit beginnt der Saale-Komplex, zunächst mit dem erneuten Einsetzen eines nahezu arktischen Klimas in der Fuhne-Kaltzeit. Dieser folgten zwei durch eine kühle Phase unterbrochene, wärmere Abschnitte, die Dömnitz-Warmzeit (bzw. Wacken oder Reinsdorf) sowie die Schöningen-Warmzeit. Diese von einem warmen Klima geprägten Zeitabschnitte sind bislang nur an wenigen Stellen in Europa belegt, z. B. im Braunkohletagebau von Schöningen bei Helmstedt. Dort entdeckte man entsprechende Ablagerungen in den eiszeitlichen Deckschichten der Braunkohle in mehreren alten Flussrinnen. Die darin erhaltenen Schichtenabfolgen liefern aber nur bruchstückhafte Klimainformationen, so dass die Ausprägung sowie die zeitliche Einstufung dieser Wärmeschwankungen unter den Wissenschaftlern noch umstritten ist. Erst im Anschluss daran kühlte sich das Klima der Saale-Kaltzeit so stark ab, dass das skandinavische Eis erneut bis in unseren Raum vorgestoßen ist, wobei es aber in den meisten Gebieten nicht die Maximalausdehnung des älteren Elster-Eises erreicht hat.

Eem-Warmzeit

Jüngstes Gegenstück zu den heutigen warmen Verhältnissen ist die Eem-Warmzeit, benannt nach einem kleinen Flusstal

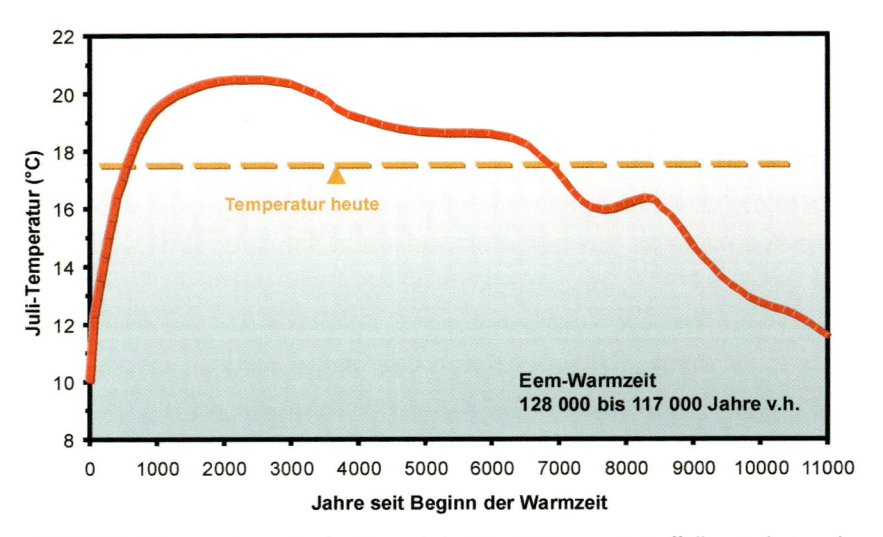

Abb. 7.23: Temperaturverlauf während der Eem-Warmzeit. Auffällig sind ein sehr rascher Temperaturanstieg zu Beginn und geringe Temperaturschwankungen im weiteren Verlauf der Warmzeit.

in der Nähe von Amsterdam, wo man erstmalig Schichten dieser Warmzeit fand. Anhand jahresgeschichteter Seeablagerungen von Bispingen in der Lüneburger Heide konnte die Dauer der Eem-Warmzeit mit ca. 11 000 Jahren bestimmt werden. Diese Phase warmen Klimas umfasst den Zeitabschnitt von etwa 128 000 bis 117 000 J.v.h. und entspricht damit dem Stadium 5e der Tiefseechronologie (vgl. Kapitel 9).

Im Gegensatz zu allen anderen bisher erwähnten Warmzeiten zeichnet sich das Eem durch einen verhältnismäßig ausgeglichenen Klimaverlauf aus. Zu Beginn der Warmzeit breiteten sich auch damals zuerst Birke und Kiefer aus. Großreste von Wärme liebenden Wasserpflanzen zeigen bereits zu Anfang günstige mittlere Sommertemperaturen an. Später lagen die mittleren Julitemperaturen etwas über

7 Das Land – frostige Zeiten und wohlige Wärme

+20 °C. Außerdem müssen milde Winter geherrscht haben. Dieser wärmste Abschnitt des Eem begann bereits ca. 750 Jahre nach Beginn der Warmzeit und dauerte etwa 2 150 bis 2 350 Jahre. Nach diesem Temperaturmaximum verschlechterte sich das Klima etwas. Dabei war das feuchte Klima zunächst noch wintermild, wie Efeu und Stechpalme belegen. Als es sich weiter verschlechterte, breitete sich die Kiefer massenhaft aus. Entsprechende und vergleichbare klimatische Verhältnisse finden wir heutzutage in der skandinavischen und russischen Nadelwaldzone. Mit den später noch weiter absinkenden Temperaturen wurden die Kiefernwälder immer lichter, Pflanzenarten der Tundra breiteten sich aus. Gegen Ende der Eem-Warmzeit sanken die Temperaturen rasch und ohne wesentliche Schwankungen bis zur Weichsel-Kaltzeit ab.

Weichsel-Kaltzeit

Im Verlauf der Weichsel-Kaltzeit (117 000 bis 11 500 J.v.h.) herrschten in Norddeutschland nur zeitweilig arktische Klimaverhältnisse. Wiederholt erwärmte sich das Klima in so genannten Interstadialen oder Intervallen, so dass sich Wälder in weiten Teilen Mitteleuropas ausbreiten konnten. Während dieser Zeiten wurde jedoch nicht die volle Klimagunst der Warmzeiten erreicht. Zwischen diesen wärmeren Abschnitten gab es als Stadiale bezeichnete Zeiten kälteren Klimas.

Die erste kältere Phase nach der Eem-Warmzeit war das Herning-Stadial. Zu dieser Zeit war das mitteleuropäische Tiefland von einer heide- und krähenbeerenreichen Zwergstrauchtundra bedeckt, die sich allmählich in eine Grastundra verwandelte. Die durchschnittliche Julitemperatur lag unter +10 °C, die Januartemperatur bei ca. –15 °C.

Als wärmerer Abschnitt folgte darauf das Brörup-Interstadial. Dabei kam es zu einer raschen Wiederbewaldung der Landschaft. Auch die Temperaturen stiegen zunächst rasch an, danach verlangsamte sich der weitere Anstieg etwas, wobei mittlere Julitemperaturen zwischen +14 und +16 °C erreicht wurden. Ein Klimarückschlag gegen Ende der ersten Hälfte des Brörup-Interstadials traf im Norden und Westen die Birkenwälder, im Osten die Kiefernwälder. Dieses mehrere hundert Jahre dauernde Ereignis wird von Wissenschaftlern wegen der Pollenzusammensetzung in den Ablagerungen in zwei Abschnitte geteilt. Der Klimarück-

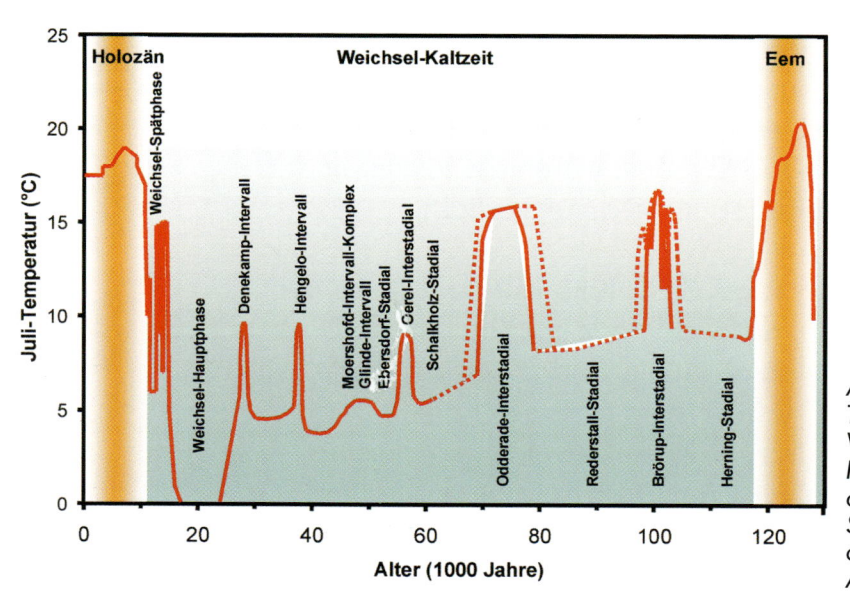

Abb. 7.24: Temperaturverlauf der Weichsel-Kaltzeit. Die Rekonstruktion beruht auf Einzelfunden von Stadial- und Interstadialablagerungen und Altersabschätzungen.

7 Das Land – frostige Zeiten und wohlige Wärme

schlag betraf ganz Europa vom Mittelmeer bis ins mitteleuropäische Tiefland, von Polen über Dänemark bis in die Niederlande. Die mittlere Julitemperatur ging um mindestens 2° bis 3°C zurück, so dass die in Mitteldeutschland beheimateten Kiefernwälder in Kiefern-Birken-Wälder umgewandelt wurden. Birkenwälder, die als Gürtel zwischen Kiefernwäldern und Tundra lagen und die natürliche Waldgrenze bildeten, wurden aufgelichtet. Möglicherweise verschob sich die Waldgrenze auch insgesamt weiter nach Süden. Nach diesem Klimarückschlag stieg die durchschnittliche Julitemperatur wieder auf ca. +14 bis +16 °C an.

Das Rederstall-Stadial, die zweite langandauernde und gravierende Kälteschwankung, die zur erneuten Entwaldung Mitteleuropas führte, war durch eine Tundra geprägt. Der Anteil kälteunempfindlicher und lichtliebender Pflanzen, wie Beifuß und Nelkengewächse, war größer als im Herning-Stadial und belegt eine zunehmende Kontinentalisierung des Klimas im mitteleuropäischen Tiefland. Die Julitemperatur erreichte nur noch etwa +8 °C, die Januartemperatur lag bei ca. –15 bis –17 °C. Somit waren die Winter im Rederstall-Stadial härter als im Herning-Stadial.

Gegen 74 000 J.v.h. setzte die zweite wärmere Phase der Weichsel-Kaltzeit ein, das Odderade-Interstadial. Die Dauer des Odderade-Interstadials ist nicht ganz geklärt, dürfte aber ca. 5 000 bis 10 000 Jahre betragen haben. Die Klimabesserung führte zur Wiederbewaldung Mitteleuropas. Die Julitemperatur lag im Odderade-Interstadial mit durchschnittlich +14 bis +16 °C genauso hoch wie im Brörup-Interstadial. Dagegen war die Januartemperatur im Odderade-Interstadial schon etwas tiefer als im Brörup-Interstadial und betrug durchschnittlich ca. –10 °C. Auch in den Interstadialen wurden nun die Winter härter.

Hiernach begann die Hauptphase der Weichsel-Kaltzeit. Die Tundra kehrte für lange Zeit zurück. In den kühlen und sehr kurzen Sommern konnten keine Bäume mehr wachsen. Die Temperaturen der Winter und Sommer sanken unter Schwankungen weiter ab. Die mittleren Julitemperaturen blieben unter +10 °C. Nur in einer leichten Erwärmung zwischen 57 700 und 55 400 J.v.h., dem Oerel-Interstadial, wuchsen wieder Zwergsträucher in der Tundra. Ähnliche Verhältnisse können wir heute in den skandinavischen Fjellregionen beobachten. In diesem Interstadial entwickelten sich auch Hochmoore aus Bleichmoosen.

Nach dieser Erwärmung breiteten sich mit Beginn des Ebersdorf-Stadials arktische Grastundren und Steppen aus,

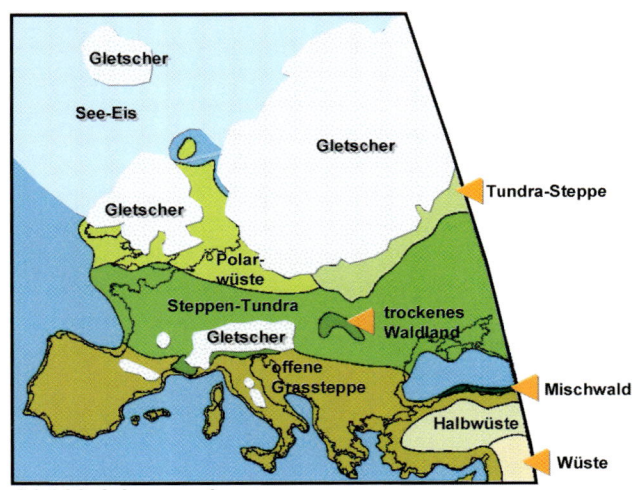

Abb. 7.25: Die Pflanzenzonen (vorwiegend Kalt- und Trockengebiete) in Europa während der Hauptvereisungsphase der Weichsel-Kaltzeit. Meeresspiegelabsenkungen führten dazu, dass das heutige Marmara-Meer und Teile der Adria Festland waren; die europäische Westküste reichte von Frankreich bis zum Eisrand auf Irland.

7 Das Land – frostige Zeiten und wohlige Wärme

in denen Zwergsträucher selten vorkamen. Die Sauerstoff-Isotopenkurven aus den grönländischen Eiskernen oder von Tiefseebohrungen zeigen, dass dieser Abschnitt der Weichsel-Kaltzeit durch eine Vielzahl schnell ablaufender, kurzfristiger Klimaschwankungen gekennzeichnet war (s. Kapitel 9). Die mittlere Januartemperatur erreichte zu Beginn des Ebersdorf-Stadials schließlich nur noch −27 °C und ist im weiteren Verlauf der Weichsel-Kaltzeit noch weiter abgesunken. Unter solchen Klimabedingungen bildete sich in Mitteleuropa weit verbreitet Permafrost, der in Norddeutschland bis 140 m tief in den Untergrund eindrang. Das Inlandeis aus Skandinavien rückte weiter vor und erreichte zwischen 22 000 und 18 000 J.v.h. fast die Elbe. Dadurch, dass immer größere Wassermengen im Gletschereis gebunden wurden, sank der Nordseespiegel um ca. 130 m. Dies wiederum führte dazu, dass sich die Küstenlinie ca. 600 km weit nach Norden verschob und der Einfluss des Meeres auf das Klima Mitteleuropas sich deutlich abschwächte. Kennzeichnend für das stärker kontinental geprägte Klima ist das weite Auseinanderklaffen der Winter- und Sommertemperaturen.

Auf dem Weg zum heutigen Klima

Vor etwa 14 500 Jahren neigte sich dann die vorerst letzte Kaltzeit ihrem Ende zu. Riesige Eismassen schmolzen rasch ab, so dass die Eisfront schrittweise nach Skandinavien zurückverlegt wurde. Das Spätglazial dauerte aber noch etwa 3 000 Jahre, bis das Holozän begann, die Warmzeit, in der wir heute leben. Diese Übergangszeit vom kalten zum warmen Klima ist in Mitteleuropa durch sehr

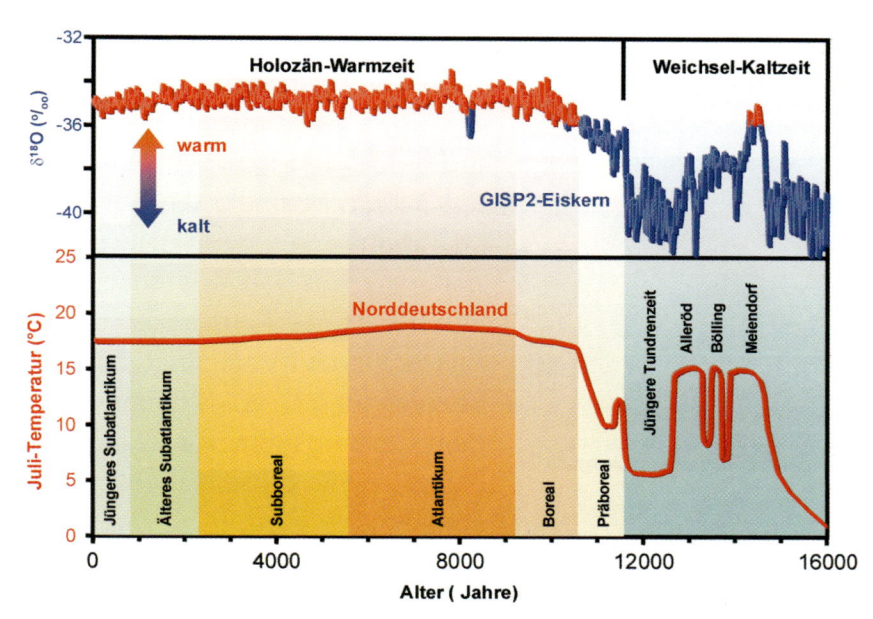

Abb. 7.26: Temperaturentwicklung während der letzten 16 000 Jahre in Norddeutschland im Vergleich mit dem Gang der Sauerstoffisotope (Temperaturanzeiger) des grönländischen Inlandeises.

schnelle und kurzfristige Schwankungen des Klimas gekennzeichnet.

Während einer ersten 650 Jahre dauernden Erwärmung, dem Meiendorf-Intervall, kamen neben zahlreichen lichtbedürftigen und kälteunempfindlichen Kräutern und Gräsern bereits erste Baumbirken vor, die der Kälte standhielten. Die mittlere Julitemperatur lag bei +15 °C. Grundsätzlich hätten bei diesen Temperaturen auch schon in unseren Breiten Kiefernwälder wachsen können, doch lagen die Gebiete, in denen dieser Baum die letzte Eiszeit überdauert hatte, so weit entfernt im Südosten und Süden, dass das Meiendorf-Intervall für das Einwandern der Kiefer zu kurz war.

7 Das Land – frostige Zeiten und wohlige Wärme

Abb. 7.27: Dryas octopetala (Silberwurz); die in der Tundra lebende Pflanze war namengebend für die Dryas-Zeiten der ausgehenden Weichsel-Kaltzeit.

Eine rasche Abkühlung beendete diese erste Warmphase. Noch einmal kehrte die arktische Tundra für 130 Jahre nach Norddeutschland zurück, die Baumbestände schrumpften. Diese Zeit wird von den Wissenschaftlern als Älteste Tundrenzeit oder Älteste Dryas bezeichnet. Die Bezeichnung Dryas stammt von dem Gattungsnamen einer Blume, die in diesem rauen Tundrenklima wächst.

Im folgenden zweiten wärmeren Abschnitt, dem 200 Jahre dauernden Bölling-Interstadial, breiteten sich wieder Birkenwälder aus. Ein leichter vorübergehender Temperaturrückgang nach etwa 100 Jahren bewirkte lediglich eine Auflichtung der Wälder.

Der nächste Klimarückschlag, die Ältere Tundrenzeit, dauerte ebenfalls 200 Jahre und war nicht ganz so hart wie ihre Vorläufer. Gräser und Kräuter breiteten sich wieder stärker aus.

Eine neuerliche Erwärmung brachte das 625 Jahre dauernde Alleröd-Interstadial. Zunächst entstanden dichte Birkenwälder, später herrschte die aus dem Süden einwandernde Kiefer vor. Holzkohlen zeigen an, dass es gelegentlich Waldbrände gegeben hat. Die mittlere Julitemperatur erreichte ca. +15 °C.

Der Übergang vom Alleröd zur kalten Jüngeren Tundrenzeit vollzog sich innerhalb weniger Jahrzehnte. Die arktische Steppentundra breitete sich letztmalig in Mitteleuropa aus, nun aber für mehr als 1 100 Jahre. Über die Zwergbirken fegten bisweilen eisige Sandstürme. Raue Verhältnisse herrschten für mehrere Jahrhunderte besonders am Ende der Jüngeren Tundrenzeit. Mancherorts fraß sich sogar der Permafrost wieder in den Boden.

Schlagartig ging 11 560 Jahre vor heute die Kaltzeit zu Ende, das Holozän begann. Die durchschnittliche Jahrestemperatur stieg um mindestens 5 bis 6 °C und das innerhalb von fünf, höchstens fünfzehn Jahren, also rasend schnell!

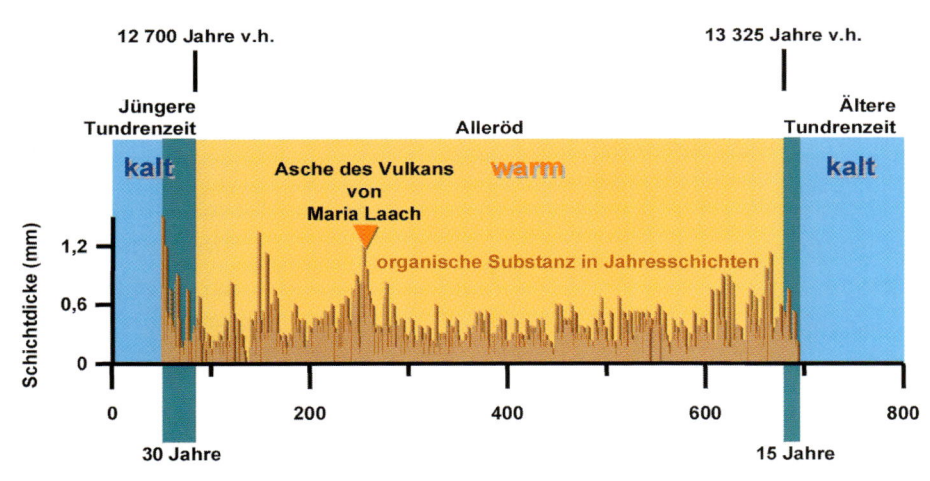

Abb. 7.28: Jahresgeschichtete Seeablagerungen belegen: der Umbruch von der Älteren Tundrenzeit (Ältere Dryas) zur wärmeren Phase des Alleröd vollzog sich in nur 15 Jahren. Der Rücksprung zu kalten Klimabedingungen am Ende des Alleröd und zum Beginn der Jüngeren Tundrenzeit (Jüngere Dryas) erfolgte innerhalb von 30 Jahren.

7 Das Land – frostige Zeiten und wohlige Wärme

Noch ist es warm! – Das Holozän

Zu Beginn des Holozän, im Präboreal, setzten sich die kurzen Klimaschwankungen fort, wenn auch nicht mit gleicher Stärke wie in der Kaltzeit. Die Dauer der kurzen warmen und kühlen Phasen ließ sich sehr genau anhand der Jahresschichten im Schlamm des Plußsee in Schleswig-Holstein ermitteln. Den Beginn machte die warme 120 Jahre dauernde Friesland-Schwankung, in der die Tundrenvegetation endgültig verschwand. Es dauerte etwa zwei Jahrzehnte, bis die Wälder, in denen überwiegend Birken wuchsen, dicht geschlossen waren. Der Friesland-Schwankung folgte abrupt die kühle, rund 280 Jahre lange Rammelbeek-Phase, in der sich die Wälder lichteten und Gräser sich breit machten. Rund 90 Jahre nach dem Beginn der Rammelbeek-Phase setzte eine mäßige Erwärmung ein. Birken breiteten sich zögernd wieder aus. Nach weiteren 190 Jahren klang die kühle Phase endgültig aus. Die Rammelbeek-Phase lässt sich anhand der Sauerstoffisotopen-Werte von Muschelkrebsschalen aus dem Ammersee in Süddeutschland nachweisen. Auch die Sauerstoffisotopen-Werte des Grönland-Eises zeigen die Rammelbeek-Phase. Es ist somit ein überregionaler kurzer Klimarückschlag, der sich an unterschiedlichen Orten auf der Nordhalbkugel nachweisen lässt. Der folgende 520 Jahre dauernde Klimaaufschwung im jüngeren Teil des Präboreal verlief ruhig und leitete ins frühe Boreal mit trockenen und strahlungsreichen Sommern über. Wälder breiteten sich nun in Norddeutschland dauerhaft aus.

Ab 9 200 J.v.h., mit Beginn des Atlantikum, führte die gleichförmige Klimaentwicklung in das Klimaoptimum des Holozän. In diesem wärmsten Abschnitt des Holozän, der von 9 200 bis 5 700 J.v.h. dauerte, war es in unserem Raum 1 bis 2 °C wärmer, aber ähnlich feucht wie heute. Ab 9 200 J.v.h. breiteten sich Hochmoore in Nordwestdeutschland zunächst kleinflächig aus. Die große Hochmoorausbreitung setzte jedoch erst um 6 500 J.v.h. ein und dauerte bis in die Zeit beginnender Moorkultivierung.

Gegen Ende des Atlantikum wurde der Mensch sesshaft und griff mit Ackerbau und Viehzucht erstmalig – und von diesem Zeitpunkt an ständig – in die natürliche Pflanzen-

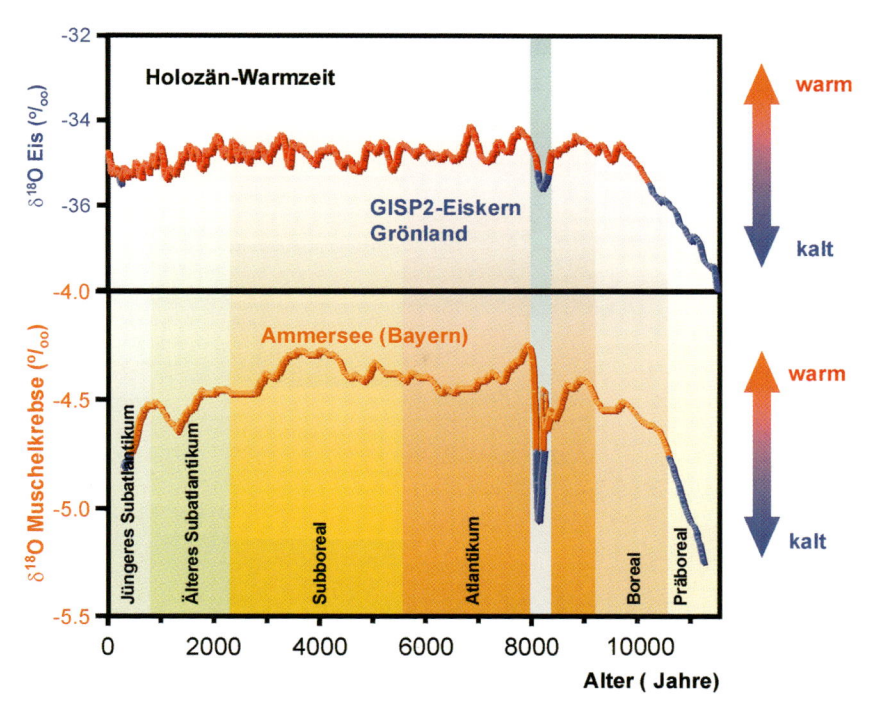

Abb. 7.29: Die Sauerstoffisotope der Kalkschalen von Muschelkrebsen im Ammersee belegen um 8 200 Jahre vor heute einen Klimasprung von warmen zu kalten Bedingungen und einen schnellen Rücksprung ins Warme, der sich auch im Eis von Grönland wiederfindet.

7 Das Land – frostige Zeiten und wohlige Wärme

und Landschaftsentwicklung ein. Auch in dieser Zeit schwankte das Klima leicht. Die etwa 500 Jahre langen Schwingungen sind jedoch so sanft, dass man sie erst neuerdings durch die intensivierte Klimaforschung zu entdecken beginnt. Oft ist es schwierig zu entscheiden, ob die beobachteten Veränderungen vom Menschen verursacht sind oder das natürliche Klima widerspiegeln. Man darf annehmen, dass der Mensch von Anbeginn auf Klimagunst und -ungunst reagierte und so ein Gleichklang erzeugt wurde.

Die geschilderten Klimaschwankungen des Holozän, zu denen auch die historisch belegte Erwärmung während der Stauferzeit sowie die Abkühlung während der Kleinen Eiszeit (14. bis 19. Jahrhundert) gehören, sind genauso dramatisch wie jene Klimaänderungen, die im Verlauf der letzten 150 Jahre beobachtet wurden. Dessen ungeachtet werden die jüngsten Klimaänderungen in der öffentlichen Diskussion – oft ungeprüft – ausschließlich auf Einflüsse der Industrialisierung zurückgeführt.

Abb. 7.30: Während des Klimaoptimums des Holozän breiteten sich in Europa Pflanzengemeinschaften aus, die insgesamt ein wärmeres und feuchteres Klima als heute anzeigen.

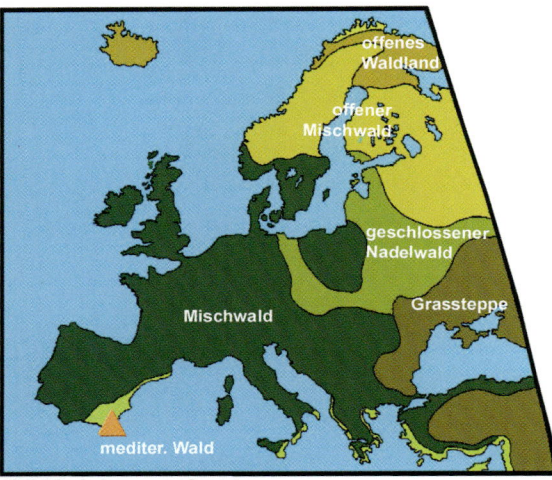

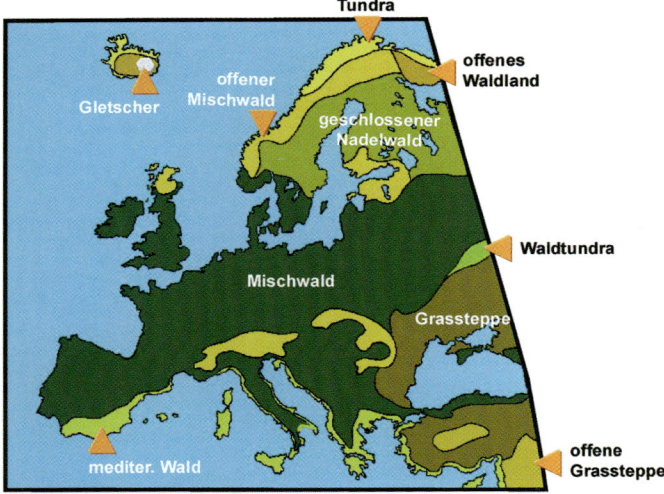

Abb. 7.31: Um 5 500 Jahre vor heute näherten sich in Europa die Zonen von Pflanzengemeinschaften dem heutigen Bild und belegen eine leichte Abkühlung gegenüber dem holozänen Klimaoptimum.

7 Das Land – frostige Zeiten und wohlige Wärme

DAS MOOR

Allen Mooren, gleich in welcher Region dieser Erde, ist gemeinsam, dass sie auf eine positive Wasserbilanz angewiesen sind. Nur ein wassergesättigtes, sauerstoffarmes Milieu bewirkt, dass die von der Moorvegetation gebildete Biomasse nicht vollständig abgebaut, sondern angereichert und zu Torf umgewandelt wird. Torfe bestehen aus den an Ort und Stelle gewachsenen und angesammelten Pflanzenresten. Generell unterscheidet man durch Grundwasser gespeiste Niedermoore von Hochmooren, die ihren Nährstoffbedarf ausschließlich aus dem Regenwasser decken. Bei ausreichend zufließendem Oberflächen- oder Grundwasser können sich Niedermoore stellenweise auch unter sehr trockenem Klima entwickeln. Um Rückschlüsse auf das Klima zu ziehen, müssen die Bildungsbedingungen von Niedermooren daher sehr genau betrachtet werden.

Wächst ein Niedermoor über den Grundwasserbereich hinaus, so stellen sich immer nährstoffärmere Verhältnisse ein, und das grundwassergespeiste Niedermoor kann sich zum Hochmoor umwandeln, dessen Pflanzen ihren Nährstoffbedarf ausschließlich aus dem Regenwasser decken. Hochmoore können also nur dort entstehen, wo die Verdunstung geringer ist als die Niederschlagsmenge. Meist ist dies in ozeanisch und subozeanisch geprägten Gebieten der Fall oder aber im Regenstau von Gebirgen. So nehmen in Nordwestdeutschland z. B. die Hochmoore vom subozeanisch geprägten Westen bzw. Nordwesten in Richtung auf Gebiete mit kontinentalem Einschlag im Osten ab. Verglichen mit dem oldenburgisch-ostfriesischen Moorgebiet sind die Lüneburger Heide und das hannoversche Wendland bereits arm an Hochmooren. Im Alpenvorland und in den Alpen, aber auch in den Mittelgebirgen, wie Bayerischer Wald, Schwarzwald oder Harz, finden sich noch heute größere, weitestgehend intakte Hochmoore mit torfbildender Vegetation. Im Oberharz beispielsweise wachsen Hochmoore in 750 bis 1 100 m Höhe. Bei mehr als 1 400 mm Niederschlag pro Jahr und durchschnittlich 80 bis 85 % relative Luftfeuchte treten sie dort z. T. auch an stärker geneigten Hängen auf.

Hochmoortorfe lassen sich in einen älteren Schwarztorf und den jüngeren Weißtorf untergliedern. Schwarztorf bildete sich vermutlich unter vergleichsweise trockeneren Klimaverhältnissen als Weißtorf. Etwa um die Zeitenwende endete die Schwarztorf-Bildung in zahlreichen Hochmooren Nordwestdeutschlands, der Britischen Inseln und Schwedens. Mit oft scharfem Übergang bildete sich danach Weißtorf und zeigt ein feuchter werdendes Klima an. Die scharfe Grenze zwischen Schwarz- und Weißtorf ist aber keine exakte Zeitmarke innerhalb der Moorentwicklung. Offenbar wurde das Klima nicht schlagartig, sondern langsam innerhalb der letzten 2 000 Jahre feuchter.

MO 1: Hochmoor in Chile

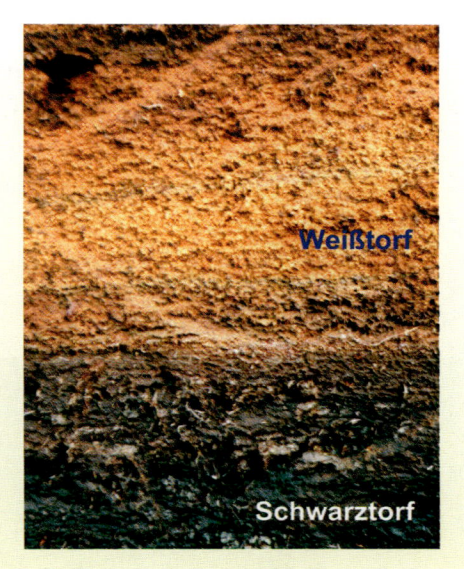

MO 2: Wand eines Torfstiches. Der Schwarztorf unten ist stärker zersetzt als der Weißtorf oben.

7 Das Land – frostige Zeiten und wohlige Wärme

Das Gedächtnis der Seen

Sprünge des Klimas

„Natura non facit saltum" (die Natur macht keine Sprünge) ist ein Satz, der in vielen Bereichen zu den unumstößlichen Wahrheiten gehört. Er war es auch bis vor wenigen Jahren in der Klimadiskussion. Das stimmt so nicht mehr. Zwar wussten Wissenschaftler schon länger, dass der Übergang von der letzten Eiszeit zur heutigen Warmzeit am Ende der Jüngeren Tundrenzeit schnell vor sich gegangen ist. Aber erst 1989 wurde sowohl im grönländischen Dye-Eiskern als auch in Dünnschliffen von Ablagerungen des Plußsee und des Hämelsee festgestellt, dass dieser Klimaübergang um rund 11 560 J.v.h. abrupt erfolgt ist und zwar innerhalb weniger Jahre. Mehr noch, die Wissenschaftler sind heute in der Lage, verschiedene Arten von Klimasprüngen zu unterscheiden.

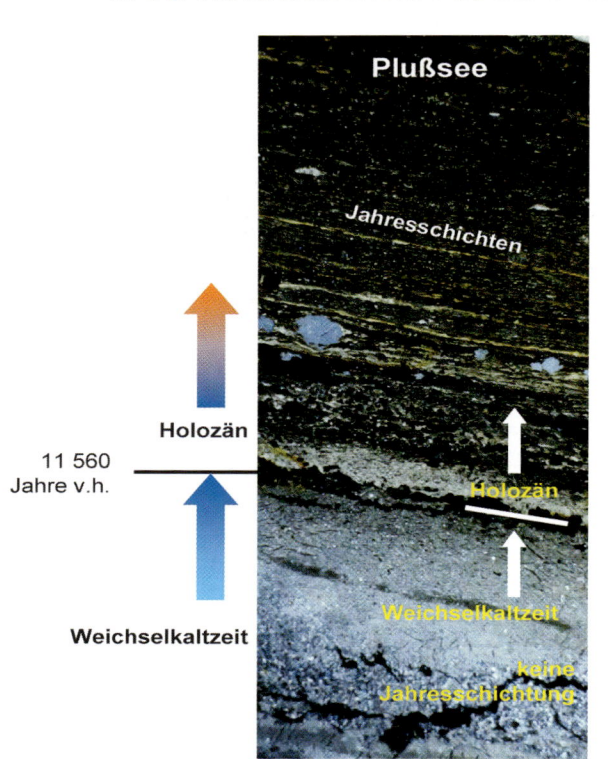

Abb. 7.32: Dünnschliff von einem Sedimentkern aus dem Plußsee bei Plön. Der Klimaumschlag von den ungeschichteten Ablagerungen der Weichsel-Kaltzeit zu den jahreszeitlich geschichteten Ablagerungen des Holozän erfolgte 11 560 Jahre vor heute in weniger als zehn Jahren.

Der Begriff „Klima" wird von vielen Menschen mit „Temperatur" gleichgesetzt. Erst in zweiter Linie denkt man an das Wasser, das ein wichtiger Zeuge für Trocken- und Feuchtperioden in der Klimageschichte ist. Wie in einem Tagebuch sind Jahr für Jahr, über Jahrtausende die Umwelt- und damit Klimaveränderungen in den Seesedimenten gespeichert, auch Seespiegelschwankungen von mehreren Metern.

Im Hämelsee bei Hannover ist es gelungen, die Seespiegelschwankungen zeitlich sehr genau festzulegen. Der Hämelsee ist für Klimaaussagen zu trockenen und feuchten Zeitabschnitten ideal geeignet, da er weder einen Zufluss noch einen Abfluss besitzt. Sein Wasserhaushalt wird ausschließlich über das Grundwasser, den Niederschlag und die Verdunstung gesteuert.

Abb. 7.33: Wasserstandsschwankungen von Seen bilden sich in vielfacher Weise in den Ablagerungen ab. Im Hämelsee haben innerhalb von 230 Jahren wiederholte Wasserspiegel-Erniedrigungen zu starken Eisenkarbonat-Ausfällungen (gelbe Linien im Bohrkern) geführt. Die gleichen Vorgänge haben sich auch auf die Vergesellschaftung der Wasserflöhe ausgewirkt.

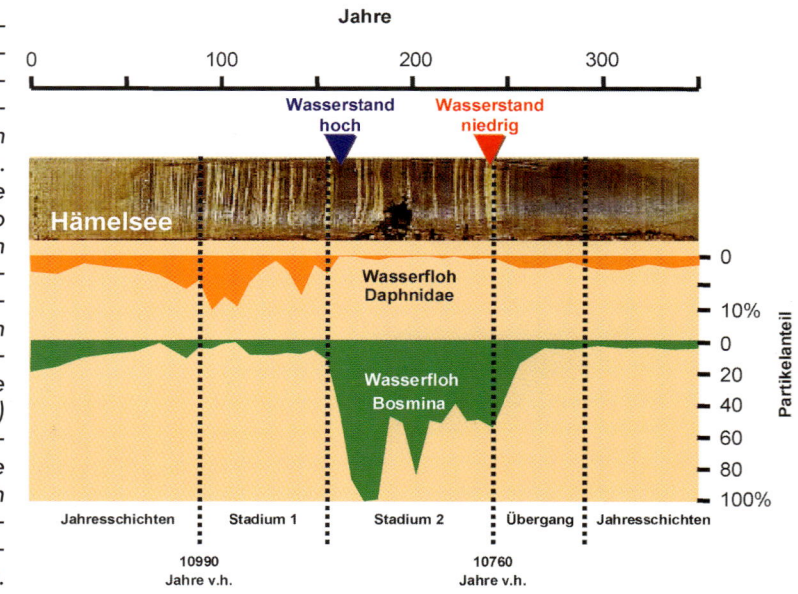

7 Das Land – frostige Zeiten und wohlige Wärme

Abb. 7.34: Auch heute lassen sich Wasserstandsmarken beobachten, so in diesem Wasserloch in der libyschen Wüste. Beim Verdunsten lagert sich der Ton des trüben Wassers in den windstillen Nächten auf den Steinen ab. Tagsüber erzeugt der Wind leichte Wellen, die den Ton von den Steinen abwaschen. Die Dicke der hellen und dunklen Bänder sind ein Maß für die Verdunstung und die Windstärke der vergangenen Tage.

Die Seespiegelabsenkungen, die sich in den ufernahen Bohrungen dokumentieren, lassen sich in seewärtigen Bohrungen hochaufgelöst verfolgen. Die verschiedenen Bohrprofile konnten über Pollenuntersuchungen und Aschelagen, wie den Saksunarvatn-Tuff aus Island, zeitlich genau miteinander verbunden werden.

Im oberen Präboreal hatte der Hämelsee seine größte natürliche Seespiegelabsenkung mit etwa 4 bis 5 m auf den heutigen Seespiegel bezogen. Dabei handelt es sich nicht um einen einphasigen Vorgang, sondern um mehrere Seespiegelabsenkungen von wenigen Jahren Dauer im Wechsel mit 3 bis 20 Jahre dauernden normalen Wasserständen. Wichtig dabei ist, dass zwischen 10 990 und 10 760 J.v.h., also in einem Zeitraum von 230 Jahren, ungewöhnlich gehäuft Seespiegeltiefstände auftraten, hunderte von Jahren davor und danach nicht. Eine weitere starke Seespiegelschwankung ereignete sich im Hämelsee im Boreal, gefolgt von schwächeren im Älteren Atlantikum und im Subboreal.

Schon seit Mitte des 19. Jahrhunderts sind Seespiegelschwankungen bekannt. Man fand zu dieser Zeit versunkene Reste von Pfahlbauten im Bodensee, Starnberger See, Mondsee und im Zürichsee. Die Forscher interpretierten diese Funde bis vor kurzem noch als Beleg für über mehrere Jahrhunderte andauernde gleichförmige Seespiegel- und auch Grundwasserabsenkungen. Erst die detaillierten Untersuchungen im Hämelsee konnten den Typus der schnell wechselnden Seespiegeländerungen erfassen. Die Ergebnisse vermitteln die damaligen hydrologischen Verhältnisse zeitlich extrem genau. Damit lassen sich die Klimaparameter Niederschlag und Verdunstung bis zum jahreszeitlichen Gang zurückverfolgen.

Asche aus fernen Vulkanen – nur ein Hauch

Vor 12 900 Kalenderjahren, 200 Jahre vor dem Ende der letzten Warmphase der Weichsel-Kaltzeit, explodierte der Vulkan von Maria Laach. Zwei Aschenfahnen, die aus mehreren Ausbrüchen stammten, reichten von der Eifel in Richtung Nordosten bis nach Gotland und in den Süden über Turin hinaus. Schätzungsweise 16 km^3 von Bimstuff wurden ausgeschleudert und bildeten eine Aschenschicht, die bei Berlin noch über 1 cm und am Bodensee noch 4 mm dick ist. Sie verbindet das Gebiet der letzten skandinavischen und der alpinen Vereisung mit einer einmalig jahrgenauen Zeitmarke.

7 Das Land – frostige Zeiten und wohlige Wärme

Die Dauer des Ausbruches war so kurz, dass zwischen den Aschen der einzelnen Phasen in keiner der untersuchten Seeablagerungen eine Unterbrechung, etwa die Einlagerung einer Algenschicht o.ä. festgestellt werden konnte. Der Ausbruch dauerte also insgesamt nur wenige Tage bis Wochen. Die Bimspartikel des ersten Ausbruchs gelangten mit vielen Sandstein- und Schieferstückchen, die beim Freisprengen des Schlotes entstanden waren, und Holzkohlesplittern, die von den Waldbränden im Gefolge des Ausbruchs zeugen, in die Seen und sanken rasch ab. Sie bildeten zusammen mit den folgenden Aschen eine einheitliche Schicht. Der Ausbruch ereignete sich nach dem Pollenregen im späten Frühjahr und vor der Bildung der sommerlichen Siderit- oder Kalklage, etwa zwischen Ende April und Juni/Juli.

Eine größere Anzahl von Seen hatte vor dem Ausbruch des Vulkans von Maria Laach über Jahrzehnte oder Jahrhunderte laminierte Schichten gebildet. Alle diese Seen weisen direkt nach dem Absatz der Asche für längere Zeit keine Jahresschichtung mehr auf. Dies bedeutet, dass eine Wasserzirkulation eingesetzt haben muss, die vermutlich durch stärkeren Wind hervorgerufen und angetrieben wurde. Nur im Hämelsee bei Nienburg in Niedersachsen blieb die Feinschichtung weiter bestehen, wenn auch mit geringen, aber aufschlussreichen Veränderungen. Dieser See zeichnete die Reaktion des Klimas als Folge des Vulkanausbruchs sehr genau auf. Aus den Beobachtungen an den Seeablagerungen schließen die Forscher in Hannover, dass das Klima für etwa 10 Jahre nach dem Ausbruch des Vulkans durch Staubpartikel in der Luft deutlich verändert war. Genaueste Jahreszählungen zeigen, dass sich erst 20 Jahre nach der Ablagerung der Aschenschicht die Wetter- und Klimaverhältnisse wieder völlig normalisiert haben. Der Umschlag zum Tundrenklima der Jüngeren Tundrenzeit erfolgte 200 Jahre später und kann daher nicht mehr mit dem Vulkanausbruch in Zusammenhang gebracht werden. Ein wichtiges Zeugnis für die Klimaforschung: es ist unwahrscheinlich, dass durch einzelne Vulkanausbrüche mehr als kurzfristige Klimaänderungen verursacht werden können.

Verschwundene Seen in 4 000 m Höhe

Nicht nur in unserer kühl-feuchten Klimazone in Deutschland geben Seen Auskunft über Klimaänderungen der Vergangenheit.

Abb. 7.35: Salzkrusten in der heutigen Atacama-Wüste erinnern an die Seen vergangener feuchter Zeiten.

7 Das Land – frostige Zeiten und wohlige Wärme

Abb. 7.36: Ausgetrocknete Flusstäler der Atacama belegen bessere Zeiten in der Vergangenheit.

genheit. Überreste von Seen in heutigen Trockengebieten sind ein besonderer Leckerbissen für Wissenschaftler, um die Klimaänderungen der Vergangenheit zu verfolgen. Eine Besonderheit haben die Anden in Südamerika zu bieten. In der chilenischen Atacama-Wüste in weit über 4 000 m Höhe fällt heute fast kein Regen. Es gibt aber viele verschwundene Seen mit meist hoch versalzenem Wasser, die bis auf wenige offene Wasserlöcher mit dicken Salzkrusten bedeckt sind. In der näheren Umgebung dieser Seen findet man alte Uferlinien, die Zeugnisse dafür ablegen, dass es in der heutigen Wüstenlandschaft des Altiplano einst tiefe Seen von riesiger Ausdehnung gegeben hat. Bestimmt man die Alter solcher Seeablagerungen, zum Beispiel mit der ^{14}C-Methode (s. Kapitel 3), erfährt man, wann es in diesem Gebiet unter einem anderen Klima wesentlich mehr Regen gegeben hat als heute.

Bevor das Eis der Weichsel-Kaltzeit seinen bisher letzten Vorstoß nach Norddeutschland wagte, regnete es viel in der Atacama. Diese Zeit begann vor mehr als 38 000 Jahren und dauerte bis etwa 23 000 J.v.h., als in unseren Breiten die größte Eisausdehnung der Weichsel-Kaltzeit begann. In dieser Feuchtzeit haben die Seespiegel aufgrund der wechselnden Niederschlagsmengen stark geschwankt. Dennoch lagen die Wasserspiegel der damaligen Seen weit über dem heutigen Niveau.

Es folgte im Altiplano eine äußerst trockene Zeit, die mit der Hauptvereisung der Weichsel-Kaltzeit zusammenfällt. Am Ende der Hauptvereisung in unseren Breiten füllten sich die Seen im Altiplano wieder. Danach begann um rund 14 660 J.v.h. wieder ein feuchter Zeitabschnitt.

Während die globale Temperatur um 11 430 J.v.h. plötzlich sprunghaft auf das heutige Niveau anstieg, blieben die Seespiegel in den Anden noch für zweitausend Jahre auf hohem Niveau. Erst um 8 790 J.v.h. begann wieder eine Phase trockenen Klimas, das dort bis heute anhält. Im südlichsten Teil der Atacama lebten zu dieser Zeit keine Menschen. Sie hatten sich wegen der unwirtlichen Lebensbedingungen aus den Ebenen der Salzseen in höher gelegene Flusstäler zurückgezogen, wo es Wasser gab. Erst um 3 760 J.v.h. nahmen die Regenfälle wieder leicht zu. Humose Böden bildeten sich in Senken, die Menschen kehrten in die Atacama zurück und begannen ab 3 410 J.v.h. Ackerbau zu treiben.

Dieses bewegte klimatische Geschehen lässt sich nicht nur in diesen Regionen beobachten. Um 8 790 J.v.h. fiel die

7 Das Land – frostige Zeiten und wohlige Wärme

Abb. 7.37: Die Sahara war in früheren Zeiten keine Wüste, sondern in weiten Teilen Gras- und Buschland. Die Überreste ausgetrockneter Seen belegen diese vormaligen besseren Zeiten.

hohe Meerwassertemperatur an der Küste von Nordchile und Peru abrupt, und kaltes Tiefenwasser begann aufzusteigen. Die Verdunstung von Meerwasser nahm in dieser Region ab. In Bolivien sank der Wasserstand des Titicacasee im Mittelholozän auf sein tiefstes Niveau. Riesengürteltiere im östlichen Argentinien waren die Leidtragenden: sie starben um 8 790 J.v.h. aus. In Zentralbrasilien verdrängte Trockenlaubwald den regenliebenden Wald.

Das Klima im heute trockenen Nordafrika verlief ganz ähnlich und völlig zeitgleich. Auch dort entstanden um 14 660 J.v.h. ausgeprägte Seen, die um 8 790 J.v.h. austrockneten. Mehrere Jahrhunderte danach füllten sie sich wieder leicht, verschwanden dann aber 4 400 J.v.h. in einer erneuten Trockenzeit.

Der Mensch greift ein!

Die Natur blieb lange vom Menschen verschont. Vergleicht man die Naturgeschichte seit Entstehung der Erde mit einem Tagesablauf, so taucht der Mensch in Form des Homo sapiens erst etwa neun Sekunden vor Mitternacht auf. Ein Nichts in der Geschichte der Erde, aber eine lange Zeit der Entwicklung für den Menschen. Aus der Urform des Homo sapiens entwickelte sich vor 500 000 Jahren der moderne Mensch. Seit 120 000 Jahren lebt der moderne Homo sapiens sapiens, wie man ihn wissenschaftlich nennt, zunächst neben dem Neandertaler, dann – seit 30 000 Jahren – führt er allein Regie. Erste Kulturen entstanden, so vor 40 000 Jahren die Cro-Magnon-Kultur mit ihrer Fähigkeit, durchdachte Werkzeuge herzustellen. Schließlich schufen Menschen der letzten Vereisung um 20 000 J.v.h. Aufsehen erregende Höhlenzeichnungen. Aber erst nach der letzten Kaltzeit ging mit dem Temperaturhoch des Holozän, ab etwa 9 000 J.v.h., die menschliche und technische Entwicklung schnell bergauf: von der Steinzeit über die Bronze- und Eisenzeit, über die Hochkulturen der Ägypter, Griechen, Römer bis ins Mittelalter und in die Neuzeit, in der dann die industrielle Revolution erfolgte.

Der Mensch hat sich über Jahrtausende aus der Natur bedient und hierdurch ganze Regionen und Landschaften umgestaltet. Viele dieser Eingriffe veränderten die ursprüngliche Vegetation und prägten sich auch der Erdoberfläche auf. Holz wurde als Baumaterial oder Brennholz gewonnen, auch um neue Ackerflächen zu schaffen, rodete und brannte man den Wald ab. Das Verbrennen von Holz beim Heizen oder bei der Brandrodung entlässt das Treibhausgas Kohlendioxid in die Atmosphäre. Seit der Industrialisierung reißt auch die Erschließung von Rohstoffen mancherorts große Narben in die Wälder, insbesondere aber erhöht die Verbrennung von Kohle, Erdöl und Erdgas den Gehalt der Treibhausgase in der Atmosphäre. Neben der Emission von Kohlendioxid ist die Umwandlung von Wald in Ackerland als eine klimawirksame Maßnahme anzusehen. Hierdurch änderte der Mensch das Rückstrahlvermögen der Erdoberfläche (s. Kapitel 2). Seine Eingriffe in die Vegetation beeinflussen höchst wahrscheinlich auch den Wasserkreislauf und dadurch die Anteile des Wasserdampfes in der Atmosphäre, unser wichtigstes Klimagas.

Die Vermutung liegt nahe, dass der Mensch nicht nur Spielball des Klimas ist, sondern dass er selbst auch das Klima lenkt. Einige dieser Eingriffe des Menschen wurden aufgezeichnet. Die Ablagerungen von Seen und Flüssen oder die Torfe der Moore sind Zeugen für das menschliche Handeln.

Spiegel des Menschen in Seen, Flüssen, Wäldern und Mooren

Frühgeschichtler glauben, dass der Mensch bereits in der Altsteinzeit zur Treibjagd Feuer eingesetzt hat, was die stellenweise häufig zu findenden Holzkohlebröckchen in Schichten der ausgehenden Eiszeit an Land sowie in Seeablagerungen bezeugen sollen. Solche frühen menschlichen Tätigkeiten dürften allerdings kaum die Zusammensetzung des Waldes und erst recht nicht das Klima verändert haben.

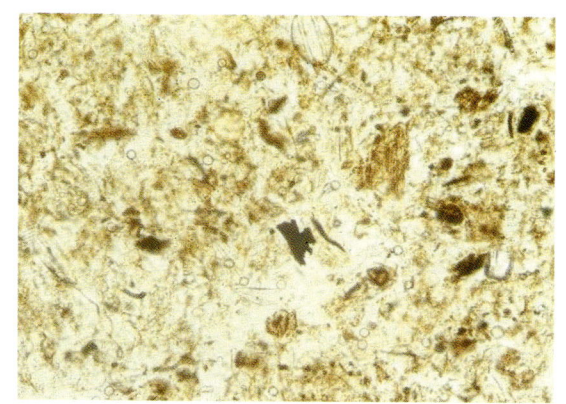

Abb. 7.38: Holzkohleflitter in mittelalterlichen Ablagerungen des Schleinsees, Oberschwaben. Sie belegen die Brandrodung durch den Menschen in Europa seit über 6 000 Jahren.

Seit etwa 8 000 Jahren überlagern und verzahnen sich natürliche Entwicklungsprozesse der Vegetation mit umgestaltenden Einflüssen des Menschen, und seither kann in unserem Lebensraum von einer flächendeckenden natürlichen Vegetation nicht mehr die Rede sein. Mit der so genannten neusteinzeitlichen Revolution, der Umstellung von der Lebensweise eines Jägers und Sammlers auf die eines Ackerbauern und Viehzüchters, setzten schwerwiegende und bleibende Veränderungen ein. Sicher ist, dass die Menschen der Jungsteinzeit vor über 8 000 Jahren in Deutschland den Wald fleckenhaft durch Brand gerodet und ersten Ackerbau mit Stein- und Holzwerkzeugen betrieben haben. In der späten Jungsteinzeit (5 000 bis 4 500 J.v.h.) nahmen Brandrodung und Wanderfeldbau erheblich zu: Wald wurde damals in einem Maß verbrannt, dass Holzkohlesplitter in den Ablagerungen der Seen im Alpenvorland durchgehend vorkommen. Große Holzkohlemengen sind außerdem verbunden mit Anzeichen für eine Überdüngung der Seen durch menschliches Wirken. Das pulsierende Auf und Ab in den Seeablagerungen hat seine genauen Entsprechungen im wellenförmigen Verlauf der Kulturen der

7 Das Land – frostige Zeiten und wohlige Wärme

Jungsteinzeit. Zuerst besiedelten die Bandkeramiker und Vertreter der Rössener Kultur die fruchtbaren Lössböden am Rande der Mittelgebirge, später folgte die Megalith-Kultur.

Der Wald, der ursprünglich – abgesehen von Sonderstandorten, wie Felsklippen, Hochgebirgen, Mooren und Küsten – ganz Mitteleuropa bedeckte, wurde für den Ackerbau zunächst kleinflächig, bald aber auch in größeren Gebieten durch Waldweide und Rodung aufgelockert, verändert oder gar vernichtet. Die freigelegten Ackerböden waren viel stärker durch Abtragung gefährdet als der zuvor existierende Wald, zudem war das Wasserrückhaltevermögen der krautigen Pflanzen geringer. Durch das Abtragen der feinkörnigen Ackerkrume gelangte mehr Feinmaterial in die Bäche und Flüsse, eine Fracht, die sich bei Hochwässern über die zu dieser Zeit noch bewaldeten Auen ausbreitete und dort als eine Decke von Auelehm ablagerte. Verantwortlich für die Ablagerung des Auelehms ist die Wirtschaftsweise des Menschen, die an einschneidenden Veränderungen in den Flussauen deutlich abzulesen ist. Forschungen an Weser, Elbe, Saale und vielen anderen Flüssen zeigen, dass Auelehmablagerung im frühen Holozän kaum eine oder gar keine Rolle gespielt hat. Typisch sind eher sandige Ablagerungen; Auelehm fehlt oder ist dünn und auf kleine Flächen beschränkt.

In den dicht geschlossenen Wäldern dieser Zeit hielten die Pflanzen die Niederschläge gut zurück, so dass das abfließende Wasser nur nach und nach in die Flüsse gelangte und keine extremen Hochwässer auftraten. Zudem waren damals auch die Auen noch dicht bewachsen; zunächst im Boreal (vor ca. 10 600 bis 9 200 Jahren) mit Weiden und Kiefern, später im Atlantikum (vor ca. 9 200 bis 5 700 Jahren) mit Eichen, Erlen, Eschen und Ulmen. Diese dichten Auenwälder bremsten die Fließgeschwindigkeit des Hochwassers und minderten seine Kraft erheblich. Verstärkt setzten die Auelehmablagerungen während der Bronzezeit und der Eisenzeit (Hallstatt-, Latène-Zeit) sowie der Römerzeit ein und dauerten bis in die Neuzeit.

Durch Rodung der Wälder entstanden lichte und offene Standorte und boten Pflanzen und Tieren Lebensraum, die zuvor in den dichten Wäldern gar nicht oder nur vereinzelt vorkamen. Folge dieser Öffnung des Waldes durch den Menschen war eine größere Artenvielfalt. Im Verlaufe der Jahrtausende wanderten in die lichten Wälder, noch stärker aber in waldfreie Standorte, neue Arten ein, die in Mitteleuropa ursprünglich nicht vertreten waren. Viele Arten, die bis in die 50er Jahre des 20. Jahrhunderts beispielsweise die artenreichen und buntblumigen Acker-Unkrautgesellschaften aufbauten, sind zugewandert und haben zu einer Bereicherung der ursprünglichen Flora und Fauna geführt. Pflanzen und Tiere sind auch ganz bewusst durch den Menschen nach Mitteleuropa gebracht worden und fassten hier Fuß. Über Jahrtausende hinweg hat der Mensch auf direktem und indirektem Wege für eine Artenbereicherung gesorgt. Erst in den letzten Jahrzehnten trägt er durch die Verstärkung der Landwirtschaft zu einer Artenverarmung bei.

Der Mensch hat seine Umwelt und besonders den Wald nach seinen Vorstellungen verändert und zurückgedrängt. Es gibt aber auch Beispiele, wie der Mensch zunächst durch die Natur zurückgedrängt wurde. So hat die Klimaentwicklung in den letzten 8 000 Jahren dazu geführt,

7 Das Land – frostige Zeiten und wohlige Wärme

Bohlenwege, wie beispielsweise im Campemoor am Dümmer oder im Ipweger Moor nördlich Oldenburg, zeugen von den Bemühungen des Menschen, den unwirtlichen Lebensraum Moor zu überwinden. Aber solche Maßnahmen halfen nur vorübergehend, auch die Bohlenwege wurden wiederum von Torfmoosen überwuchert und so bis in unsere Tage konserviert. Wen wundert es da, dass Menschen die Moore über Jahrtausende hinweg als unwirtlich und bedrohlich empfanden.

Erst in der Neuzeit, zunächst in den Niederlanden, später auch in Norddeutschland, war man in der Lage, diese lebensfeindlichen Flächen für den Menschen wieder nutzbar zu machen. Oberstes Ziel war die Zurückdrängung und das Vernichten der Moore durch Entwässerung, Torfstich oder Moorbrand. Plinius der Ältere hat das Stechen von Brenntorf im Küstenraum schon im ersten nachchristlichen

Abb. 7.39 Bohlenweg bei Oltmannsfehn im Landkreis Leer, Niedersachsen. Diese um 700 v. Chr. aus gespaltenen Baumstämmen gebaute „Moorbrücke" aus der Eisenzeit querte ein unzugängliches Moorgebiet und wurde nach 60 bis 80 Jahren selbst von einem Hochmoor überwachsen.

Abb. 7.40: Zeitgenössische Darstellung der Moorbrandkultur aus dem letzten Jahrhundert in Niedersachsen.

dass Hochmoore sich ausbreiteten. Die Hochmoore verdrängten und zerstörten nicht nur den ursprünglichen Wald, sie engten auch die vom jungsteinzeitlichen Menschen besiedelten Gebiete ein, überwucherten diese und machten sie unbewohnbar. Solchen Entwicklungen stand der Mensch mit seinen damaligen technischen Möglichkeiten hilflos gegenüber. Großsteingräber der Megalith-Kultur wurden vom Hochmoor überwuchert. Die wachsenden und unwegsamen Moore mussten umgangen werden, Transportwege verlängerten sich beträchtlich. Mehrere tausend Jahre alte

7 Das Land – frostige Zeiten und wohlige Wärme

Jahrhundert beschrieben. Auf den ursprünglich ungeregelten bäuerlichen Torfstich, der zunächst nur Randbereiche der großen Moore betraf, folgte die Moorkultivierung in historischer Zeit. Vor allem Mönche des Zisterzienser-Ordens, die ihre Klöster am Rand der Geest anlegten, haben ab Mitte des 12. Jahrhunderts die Kultivierung von Moorgebieten betrieben. Die Mooroberfläche wurde entweder abgebrannt oder systematisch entwässert und gedüngt, um dann als Ackerfläche und später als Grünland zu dienen. Schwarztorf, den man als Brenntorf zum Heizen verwendete, wurde über ein planmäßig angelegtes Netz von künstlichen Haupt- und Nebenkanälen zu den Verbrauchern transportiert, so z. B. vom 18. bis ins 20. Jahrhundert hinein aus dem Teufelsmoor nach Bremen. Diese Kanäle mit den dazugehörigen Siedlungen (Fehnsiedlungen) sind heute noch landschaftsprägend für die großen Moorgebiete Nordwestdeutschlands. Aber erst in der ersten Hälfte des 20. Jahrhunderts begann man, Torf in großen Mengen zu verbrennen, um Strom zu erzeugen. Hierzu errichtete man in Wiesmoor und in Rühle bei Meppen Torfkraftwerke mit einer Gesamtleistung von 40 Megawatt, von denen das letzte 1974 seinen Dienst einstellte. Bis heute wird Torf in erheblichem Umfang für Pflanzenzucht und Gartenbau gewonnen.

Durch die systematische Entwässerung der Moore vernichtete der Mensch eine wichtige Senke für atmosphärisches Kohlendioxid (s. Kapitel 4). Stechen und Verbrennen des Torfes setzte außerdem Kohlendioxid aus dem Moor frei. Beides sind menschliche Eingriffe in den natürlichen Kohlenstoffkreislauf.

Der Mensch ein Klimamacher?

Nach dem Ende der letzten Eiszeit zeigen das Klima sowie die menschliche Kulturentwicklung einen wellenförmigen Verlauf. Dafür gibt es zahlreiche Klimazeugen: Baumringe, Sauerstoffisotope, Eiskerne und viele mehr. Doch kann aus diesem zeitlichen Zusammenklang von Klimaänderungen und menschlichen Aktivitäten gefolgert werden, dass der vorzeitliche Mensch bereits das Klima verändert hat?

Zweifellos hat der Mensch die Umwelt verändert. Bei allen Untersuchungen finden sich Anzeichen, dass Klimaänderungen Einfluss auf das Leben des vorgeschichtlichen Menschen nahmen, aber es gibt keine sicheren Belege dafür, dass er umgekehrt auch das Klima verändert hat. Verglichen mit unseren fernen Vorfahren haben wir heute

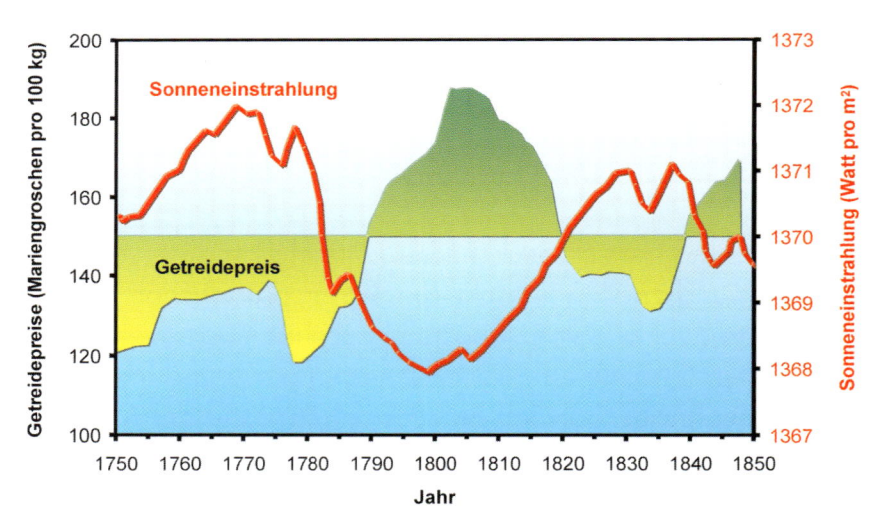

Abb. 7.41: Die Getreidepreise im Großraum Hannover (dreißigjähriges gleitendes Mittel) und die globale Sonneneinstrahlung verhalten sich gegenläufig. In den warmen und ertragreicheren Abschnitten sanken die Preise, während sie in den kühleren Phasen anstiegen.

7 Das Land – frostige Zeiten und wohlige Wärme

wesentlich mehr Möglichkeiten und Kraft, das Klima zu beeinflussen. Es ist höchst unwahrscheinlich anzunehmen, dass die Aktivitäten des vorgeschichtlichen Menschen dazu ausgereicht hätten, das Klima zu beeinflussen. Es gab damals fünf bis zehnmal weniger Menschen in Europa als heute. Ihr Flächenbedarf, der durch Brandrodung gedeckt wurde, war bescheiden. Selbst der Holzverbrauch für das Verhütten von Bronze und später Eisen und damit die Produktion von Treibhausgasen waren gering im Vergleich zu heute. Überdies wird in jüngster Zeit zunehmend erkannt, welch wichtige Rolle die Sonne im Klimageschehen spielt. Dafür sprechen auch Klimaschwankungen in historischer Zeit, die keine Ursachen im geänderten menschlichen Verhalten erkennen lassen, aber einen starken Bezug zur Sonnenaktivität aufweisen.

Ziemlich sicher haben sich prähistorische Klimaschwankungen auf die demografische und wirtschaftliche Entwicklung ausgewirkt. So kann der beobachtete Gleichschritt zwischen menschlichen Kulturen und Klimaänderungen damit erklärt werden, dass der vorgeschichtliche Mensch nicht unbeeinflusst geblieben ist von der Gunst bzw. Ungunst des Klimas. Mittlerweile sind die Zusammenhänge zwischen der Entwicklung der mittelmeerischen Kulturen mit dem „Third Millennium Event" – dem Klimawechsel im Dritten Jahrtausend v.Chr. – in der Paläoklimaforschung sowie in der Archäologie anerkannt. Der Mensch ist demnach – zumindest bis zum Beginn der Neuzeit, wenn nicht gar bis ins späte Industriezeitalter – eher Klimafolger und nicht Klimamacher.

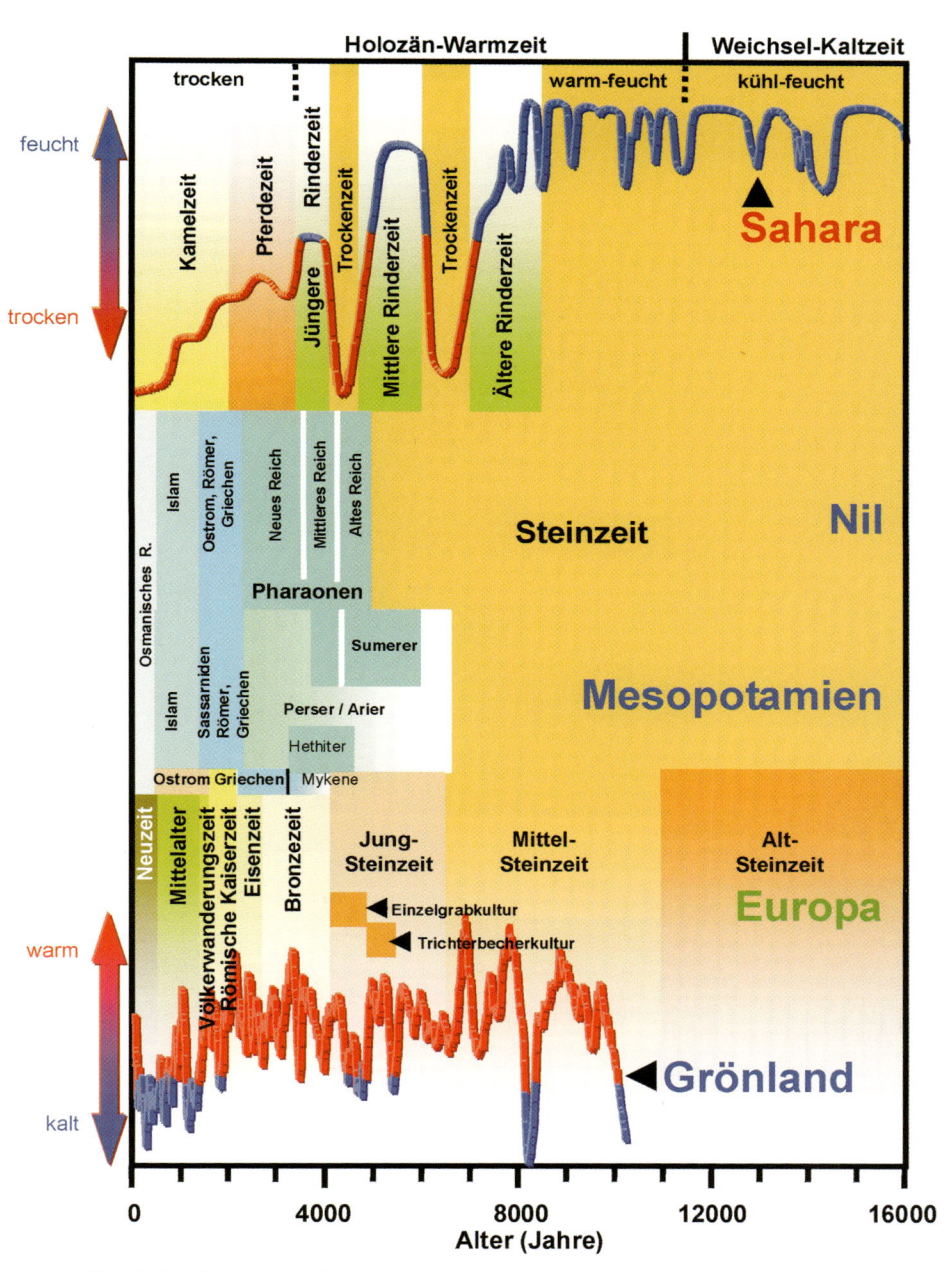

Abb. 7.42: Klimaentwicklung und Kulturgeschichte gehen Hand in Hand. Die Menschen der Vergangenheit reagierten auf den Klimawandel oftmals durch Wanderungen in andere, bessere Klimazonen, in denen sie ihr Auskommen finden konnten.

8 Zwischen Land und Meer

Der Rückblick auf die letzten 2,6 Millionen Jahre der Erdgeschichte belegt, dass es eine größere Anzahl über die Eis/Wasser-Bilanz der Erde gesteuerte Meeresspiegelschwankungen gegeben hat, die in den Ablagerungen des norddeutschen Küstenraumes dokumentiert sind. Während der Phase extremer Abkühlung in der letzten Kaltzeit, die zwischen 22 000 bis 18 000 Jahren vor heute stattfand, sank der Meeresspiegel sogar bis 130 m tief ab, so dass die Küstenlinie der Nordsee damals ca. 350 km nördlich der Doggerbank lag. Nach der Kaltzeit und mit dem Schmelzen der Gletscher kehrte die Nordsee zurück und eroberte die Küste zwischen 10 000 und 7 100 J.v.h. mit beständig zunehmender Geschwindigkeit, die Anstiegsraten erreichten bis zu 200 cm pro Jahrhundert. Danach verlangsamte sich der Meeresspiegelanstieg auf 50 cm pro Jahrhundert. Mit geringem Auf und Ab pendelte sich das Mitteltidehochwasser innerhalb der letzten 2 000 Jahre auf das heutige Niveau ein, das je nach Küstenabschnitt zwischen NN +1,0 m und +1,6 m liegt. Für die letzten 150 Jahre verzeichneten die Pegelmessungen an der Nordseeküste einen Anstieg von 20 cm pro Jahrhundert. Wir dürfen die heutigen Wassertiefen der Nordsee und den Küstenlinienverlauf nicht als Endzustand eines abgeschlossenen Entwicklungsprozesses ansehen. Vielmehr repräsentieren sie einen vorübergehenden Gleichgewichtszustand, der sich im Zusammenspiel von Meeresspiegelbewegungen und Sedimentangebot eingestellt hat.

Der seit der Steinzeit besiedelte Meeres- und Küstenraum spiegelt die menschlichen Eingriffe in den Naturhaushalt wider. Zunächst wichen die Menschen vor dem rasch steigenden Meer aus. Später schütteten sie in der flachen Marsch zeitweilig Hügel auf, die Wurten, um ihre Wohnplätze vor Überflutungen bei Sturmfluten zu sichern. Schließlich wurde mit dem Bau von Seedeichen im Verlauf der letzten tausend Jahre eine klare Grenze geschaffen, die zwar bei den großen Deichbrüchen des Mittelalters und bis in die jüngste Zeit häufiger zerstört worden ist, aber bei den heute aufwendigen technischen Maßnahmen als stabil angesehen werden kann.

8 Zwischen Land und Meer

Klimaänderungen haben unmittelbare Auswirkungen auf den Eis/Wasser-Haushalt der Erde. Die Küstenzonen sind hierfür die beredtesten Zeugen. In Kalt- oder Eiszeiten fällt ein Teil des verdunsteten Meerwassers in Form von Schnee auf die Erde und wird eine Zeit lang in den wachsenden Eisschilden der höheren Breiten gebunden.

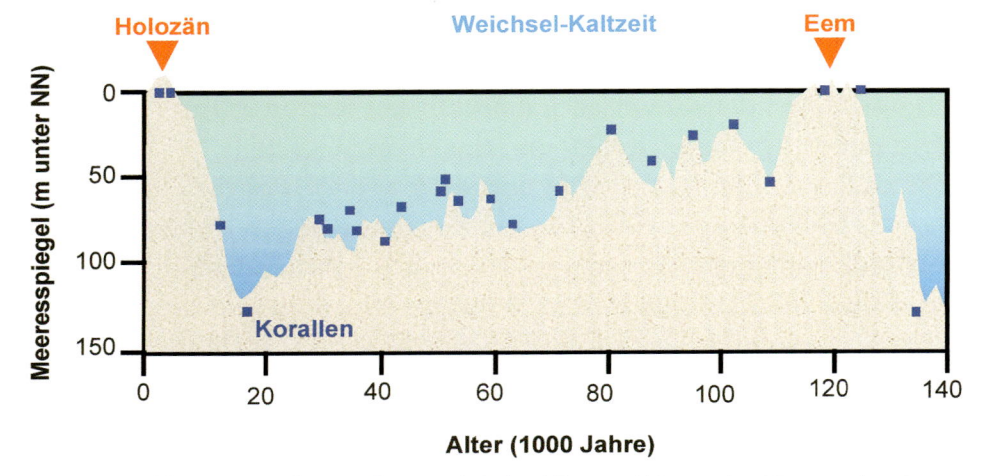

Abb. 8.1: Korallen wachsen im lichtdurchfluteten Wasser der Meere nahe der Meeresoberfläche. Sie eignen sich daher als Anzeiger für die Meeresspiegelstände vergangener Zeiten (blaue Quadrate). Auch Sauerstoffisotopenwerte lassen sich als Wasserstandsanzeiger verwenden (Kurve). Wir wissen daher, dass der globale Meeresspiegelstand im Klimaoptimum des Holozän bereits höher gewesen ist als heute.

Zusätzlich zu den heute existierenden Inlandeismassen der Antarktis und Grönlands sind so in Nordamerika sowie in Nord- bzw. Mitteleuropa ausgedehnte, über 3 000 m dicke Eisschilde entstanden. Dies führte zur globalen Absenkung des Meeresspiegels bzw. zu Meeresspiegeltiefständen. Weltweit fielen große Flächen der flachen Schelfmeere trocken. Umgekehrt hat das Abschmelzen großer Teile des Inlandeises in Warmzeiten zu einem Steigen des Meeresspiegels bzw. zu Meeresspiegelhochständen geführt und die vorher trockengefallenen Zonen wieder überflutet. Seit dem Ende der letzten Vereisung betrug der Meeresspiegelanstieg etwa 130 m.

Welch enorme Mengen an Wasser als Eis in der Hochphase der letzten Kaltzeit gebunden gewesen sein müssen, wird klar, wenn man das oft beschriebene Abschmelzen der heutigen Polkappen berechnet. Heute belaufen sich die gesamten Süßwasservorräte auf ca. 37 Millionen km^3. Davon sind 30 Millionen km^3 im Inlandeis gebunden. Die beiden Eisschilde der Antarktis und Grönlands enthalten rund 99 % des gesamten Eisvorrates der Erde, während alle anderen Gletscher zusammengenommen nur ca. 1 %

Abb. 8.2: Satellitenaufnahme des Gebietes zwischen Emsmündung und Unterweser mit den ostfriesischen Barriere-Inseln (Juist bis Wangerooge) und deren Rückseitenwatten sowie den Buchtenwatten von Dollart und Jadebusen.

ausmachen. Ein vollständiges Abschmelzen der heutigen Eismassen würde den Meeresspiegel um ca. 73 m anheben.

Rückblickend auf die letzten 2,6 Millionen Jahre der Erdgeschichte, die durch rasch aufeinander folgende Klimaschwankungen mit deutlich ausgeprägten Kalt- bzw. Warmzeiten gekennzeichnet waren, bleibt festzustellen, dass es eine größere Anzahl klimatisch, d. h. über die Eis/Wasserbilanz gesteuerter Meeresspiegelschwankungen gegeben hat. Mit einem Anstieg von jeweils ca. 100 m wirkten sich diese Schwankungen vor allem auf Flachmeere und Küstenräume aus, wo sie charakteristische Sedimentabfolgen bzw. Landschaftsformen hinterließen. Obwohl diese Hinterlassenschaft die Entwicklung nur bruchstückhaft überliefert, erlaubt sie es uns doch, die klimatisch gesteuerten Prozesse recht zuverlässig nachzuzeichnen und die Auswirkungen von Klimaänderungen in ihrem Ausmaß und ihrer Dynamik zu erfassen. Geologische Methoden erlauben es nicht nur, die Großzyklen mit Meeresspiegelschwankungen um ca. 100 m zu rekonstruieren, sondern auch untergeordnete Ausschläge von weniger als 1 m Höhe zu erfassen.

Wissenschaftler des Niedersächsischen Landesamtes für Bodenforschung haben gemeinsam mit Kollegen aus Forschungseinrichtungen des In- und Auslandes auf dem Nordseeschelf und in den angrenzenden Küstenräumen Untersuchungen durchgeführt, die zeigen, dass das südliche Nordseegebiet eine sehr wechselvolle und spannende Landschaftsgeschichte durchlaufen hat. Dabei haben wiederholte grundlegende Umgestaltungen dieses Raumes schrittweise zu den heutigen Verhältnissen geführt.

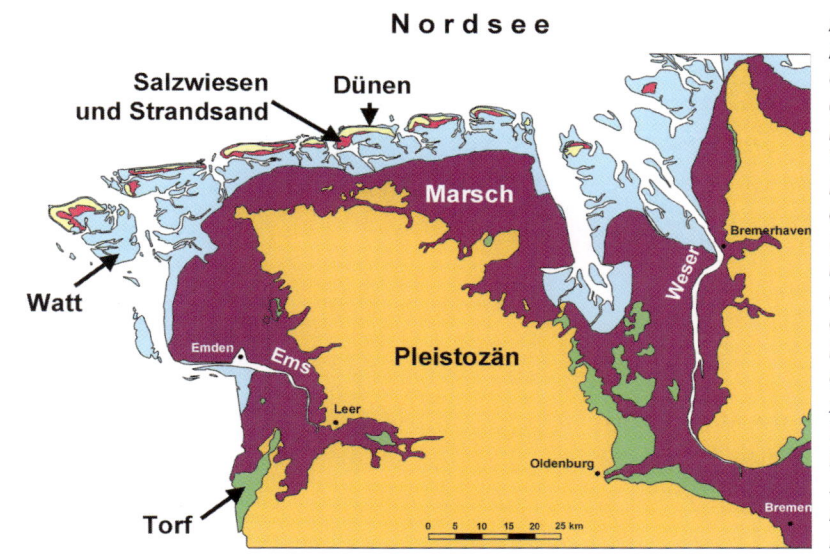

Abb. 8.3: Beim Meeresspiegelanstieg in den letzten 8 500 Jahren entstand die heutige Küstenlandschaft. Wichtigste Landschaftselemente sind die Barriere-Inseln (Borkum bis Wangerooge) mit ihren Salzwiesen und den landwärts anschließenden Rückseitenwatten, ferner die offenen Watten zwischen Jade und Unterelbe, die Buchtenwatten (Dollart, Jadebusen) sowie die Marschen mit den Marschrandmooren (grün).

Somit dürfen wir auch die heutigen Wassertiefen der Nordsee, den Küstenlinienverlauf sowie die Landschaftselemente – Inseln, Watten und Marschen – nicht als Endzustand eines abgeschlossenen Entwicklungsprozesses ansehen. Vielmehr repräsentieren sie einen vorübergehenden Gleichgewichtszustand, der sich im Zusammenspiel von Meeresspiegelbewegungen, Sedimentangebot unter den Einflüssen von Gezeiten, Seegang, Brandung und Windregime eingestellt hat. Hinzu kommen in dem seit der Steinzeit besiedelten Lebensraum menschliche Eingriffe in den Naturhaushalt. So wurde mit dem Bau von Seedeichen im Verlauf der letzten tausend Jahre eine klare Grenze geschaffen, die zwar bei den großen Deichbrüchen des Mittelalters und bis in jüngere Zeit häufiger zerstört worden ist, aber bei den heute auf-

8 Zwischen Land und Meer

wendigen technischen Maßnahmen als stabil angesehen werden kann. Vertiefungen der Fahrrinnen veränderten den ursprünglich allmählichen Übergang der Flüsse ins Meer drastisch. Heute ist der Gezeitenbereich der Flüsse in der Regel durch Sperrwerke gegen die gezeitenfreien Flussabschnitte abgeriegelt.

... lang, lang her!

In seinen groben Umrissen wurde das heutige Nordseebecken am Ende des Tertiär angelegt, als sich das Meer allmählich aus den nordwesteuropäischen Festlandsgebieten zurückzuziehen begann. Dabei entwickelten sich zwei bedeutsame Entwässerungssysteme, die über lange Zeit aktiv waren (s. Kapitel 7). Das heute nicht mehr aktive Baltische Flusssystem und der Vorläufer des Rhein sind seit dem Miozän für den Sedimenttransport zur Küste verantwortlich. Ein großes Delta baute sich vor der Küste auf.

Drastische Abkühlungen zu Beginn des Quartär führten vor ca. 2,6 Millionen Jahren zum Absinken des Nordseespiegels um ca. 80 bis 100 m, zu einer weitgehenden Entwaldung Nordeuropas und zeitweilig zur Ausbildung eines Dauerfrostbodens. Dadurch wuchs die Sedimentfracht der Flüsse so enorm an, dass riesige Sedimentmassen in das Nordseebecken geschüttet wurden. In wärmeren Klimaphasen des Pleistozän stieg der Meeresspiegel wiederholt so weit an, dass das vom Nordatlantik her vordringende Meerwasser tiefer gelegene Gebiete des südlichen Nordseebeckens überflutete. Diese Meeresvorstöße lassen sich zeitlich bestimmen und haben während der Tegelen-, Waal- bzw. Cromer-Zeit stattgefunden. Sie haben aber nur randliche Gebiete des Deltas überflutet und sind nicht bis in die Deutsche Bucht vorgedrungen, wo sich trotz der Klimaschwankungen weiterhin das Flussdelta aufbaute.

Einschneidende Veränderungen brachte der weit nach Süden reichende Eisvorstoß der Elster-Kaltzeit mit sich, bei dem das skandinavische und englisch-schottische Eis über die südliche Nordsee hinweg zeitweilig eine zusammenhängende Eisfront bildeten. Die Ablagerungen dieser Kaltzeit bedecken eine durch Abtragung geschaffene Fläche, die meist in weniger als 50 m Tiefe unter der heutigen Landoberfläche bzw. dem Nordseeboden anzutreffen ist.

Abb. 8.4: Maximale Ausdehnung des Inlandeises während der Elster-Kaltzeit. Geschiebe aus dem Oslogebiet, die an der englischen Ostküste gefunden wurden, bezeugen, dass sich das skandinavische Inlandeis zeitweilig über große Teile der südlichen Nordsee hinweg ausgebreitet und mit dem englisch-schottischen Inlandeis eine zusammenhängende Masse gebildet hat.

In der sich anschließenden Holstein-Warmzeit stieg der Nordseespiegel wieder an. Der Verlauf der Küstenlinie zur Zeit des Meeresspiegel-Hochstandes konnte durch geologische Untersuchungen rekonstruiert werden. Der Rhein, an dessen Entwässerungsnetz auch die Weser angeschlossen

8 Zwischen Land und Meer

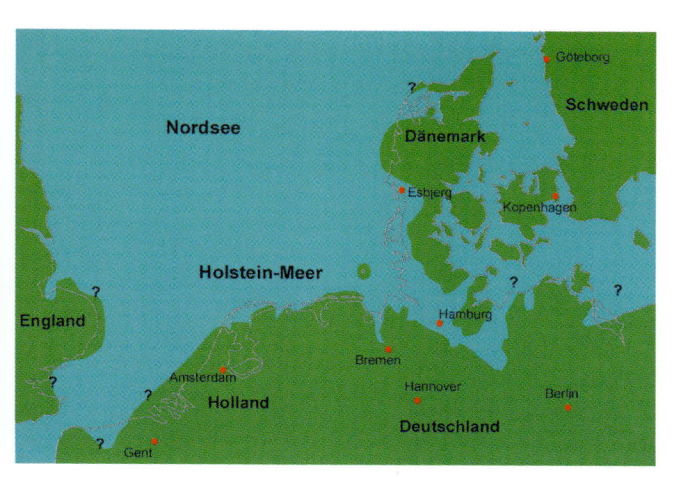

Abb. 8.5: Verteilung von Land und Meer am Höhepunkt der Holstein-Warmzeit.

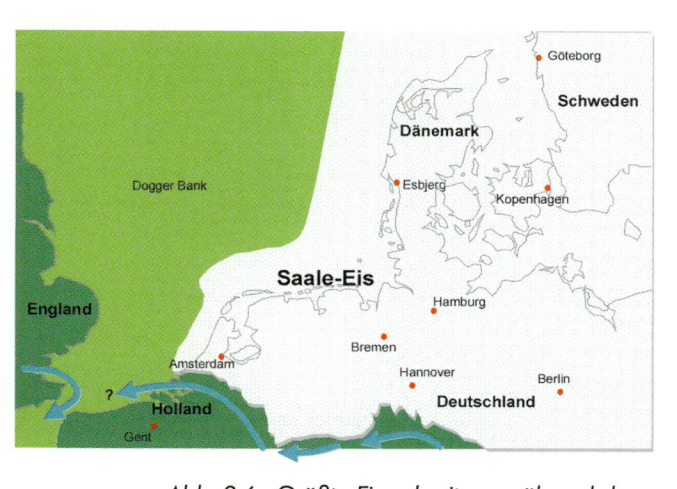

Abb. 8.6: Größte Eisverbreitung während der Saale-Kaltzeit; große Teile der südlichen Nordsee blieben eisfrei.

war, mündete zwischen den Inseln Texel und Terschelling in die Nordsee. In Norddeutschland verlief die Küste des Holstein-Meeres seewärts vor den Ostfriesischen Inseln, reichte aber mit schmalen und verzweigten Buchten bis weit ins Unterelbegebiet, in den westlichen Teil Schleswig-Holsteins und nach Mecklenburg-Vorpommern. Für den Hamburger Raum und das Unterelbe-Gebiet beträgt der Meeresspiegel-Anstieg in der Holstein-Warmzeit 55 m mit einer Meeresspiegelanstiegsrate von mindestens 1 m pro Jahrhundert.

Das skandinavische Inlandeis der Saale-Kaltzeit bedeckte bei seiner größten Ausdehnung Dänemark, Teile von Norddeutschland sowie den Niederlanden und drang bis zu 110 km weit über die heutige Küste hinaus in das Gebiet der Nordsee vor. Große Teile der heutigen Nordsee blieben jedoch eisfrei, weil das englisch-schottische Eis sich nicht über die heutige Küstenlinie der Britischen Inseln hinaus ausgebreitet hat. Vom Eisvolumen her ist zu vermuten, dass der Meeresspiegel während der Saale-Kaltzeit erheblich tiefer gelegen haben muss als heute; verlässliche Angaben über diesen Tiefstand gibt es jedoch noch nicht.

Mit Beginn der Eem-Warmzeit (128 000 J.v.h.) stieg der Meeresspiegel erneut rasch an. Im Höhepunkt dieser Warmzeit erreichte der Meeresspiegel eine solche Höhe, dass auch randliche Teile des heutigen Festlandes überflutet wurden. Bei seiner größten Ausdehnung hatte das Eem-Meer eine Küstenlinie, die, von einigen Abweichungen abgesehen, in groben Zügen dem heutigen Küstenverlauf entspricht. Nördlich von Amsterdam bestand eine bis zur Ostseite des Ijsselmeeres reichende Bucht, in die der Rhein mündete. Weitere Buchten existierten im Raum südlich Terschelling sowie bei Groningen. In Ostfriesland gab es eine bis Emden reichende trichterförmige Flussmündung sowie ein durch Buchten und Inseln gegliedertes eemzeitliches Wattenmeer. Helgoland hatte damals eine

Abb. 8.7: Verteilung von Land und Meer am Höhepunkt der Eem-Warmzeit. Der Küstenlinienverlauf zeigt bereits große Ähnlichkeiten mit den heutigen Verhältnissen.

153

8 Zwischen Land und Meer

erheblich größere Ausdehnung als heute und war möglicherweise mit dem schleswig-holsteinischen Festland verbunden. Unbekannt ist, wie weit das Eem-Meer in das Unterwesergebiet vorgedrungen ist. An der Unterelbe bzw. der schleswig-holsteinischen Westküste reichten tiefe Buchten bis in den Raum Bederkesa, ins Mündungsgebiet der Eider und in das heutige Wattenmeer östlich Sylt. Wahrscheinlich haben auch quer durch Schleswig-Holstein verlaufende Verbindungen zur Ostsee bestanden. Außerdem waren Nord- und Ostsee über das Skagerrak und die Beltsee miteinander verbunden. Im Ostseebecken hatte das Eem-Meer eine erheblich größere Ausdehnung als die heutige Ostsee; zeitweilig bestand auch eine Verbindung zum Weißen Meer.

In den Schichten, die die Überflutung markieren, erlauben Pollen, den Ablauf der eemzeitlichen Meeresspiegelschwankungen zu datieren. Jahresschichtenzählungen ergänzen die zeitliche Einordnung. Die ältesten Schichten der eemzeitlichen Meeresüberflutung liegen bei uns etwa 45 m, die jüngsten etwa 5 bis 7 m unter dem heutigen Nordseespiegel. Mit der äußerst raschen Temperaturzunahme am Beginn der Warmzeit stieg auch der Meeresspiegel rasch an. Bislang sind die ältesten Überflutungen aus der Eichenmischwald-Zeit des Eem (ca. 127 250 bis 126 800 J.v.h.) bekannt. Während dieser nur 450 Jahre umfassenden Zeitspanne ist der Meeresspiegel um ca. 20 m gestiegen, was einer extrem hohen Anstiegsrate von über 4 m pro Jahrhundert entspricht. Hiernach verringerte sich die Rate rasch und leitete zu einer 4 000 bis 4 500 Jahre dauernden Phase über, in der der Meeresspiegel sich nicht änderte. Diese Phase umfasst das eemzeitliche Klimaoptimum sowie den Beginn des anschließenden, ebenfalls noch recht warmen Abschnittes der so genannten Hainbuchen-Fichten-Zeit des Eem (Beginn um 121 000 J.v.h.). Mit dem Temperaturrückgang gegen Ende der Eem-Warmzeit sank der Nordseespiegel dann wieder um mindestens 40 m ab.

Wattsedimente und Torfschichten, die den Höchststand der eemzeitlichen Meeresüberflutung (um 124 000 bis 121 000 J.v.h.) markieren und somit ursprünglich annähernd gleich hoch gelegen haben, sind heute im Umfeld der südlichen Nordsee in unterschiedlicher Höhenlage anzutref-

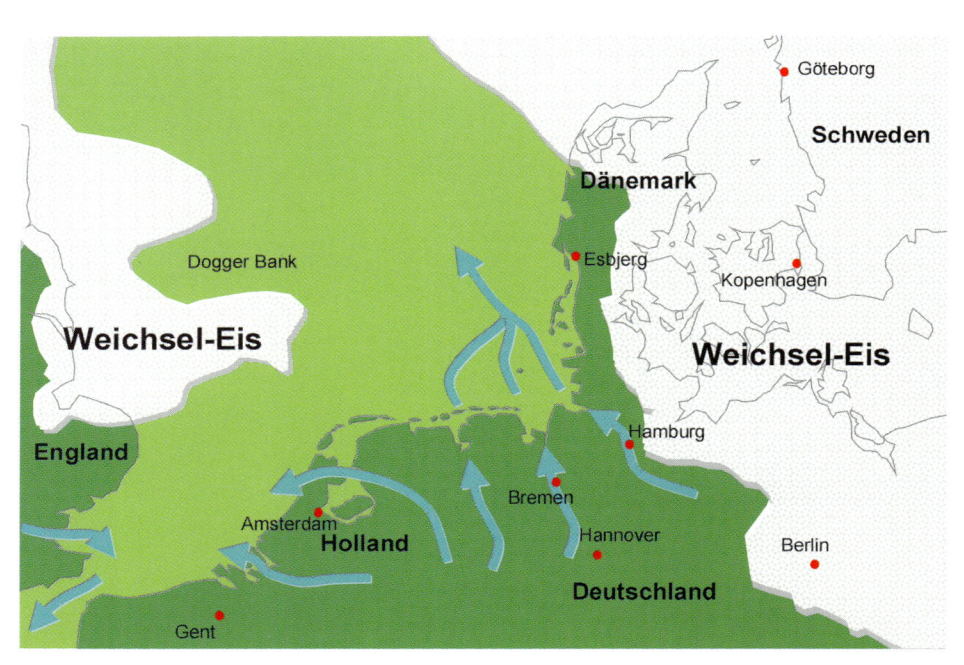

Abb. 8.8: Größte Eisverbreitung in der Weichsel-Kaltzeit. Durch den ca. 130 m tief abgesenkten Meeresspiegel lagen große Teile der heutigen Nordsee trocken, und die damaligen Unterläufe von Ems, Weser und Elbe bildeten ein zusammenhängendes Flusssytem, das zum Nordatlantik entwässerte. Vorläufer von Rhein und Maas flossen dagegen durch das Gebiet des heutigen Ärmelkanals nach Westen.

8 Zwischen Land und Meer

fen. Die Extremwerte schwanken zwischen 7 m über dem Meeresspiegel an der englischen Ostküste und 13 m unter dem Meeresspiegel im östlichen Teil der Niederlande. Diese Höhenunterschiede sind nicht leicht zu erklären. Vermutlich haben Senkungen des Landes, die nach der Eem-Warmzeit einsetzten und deren Ursache man im einzelnen nicht kennt, zur Verbiegung der vormals annähernd ebenen Oberfläche der eemzeitlichen Küstenablagerungen geführt. Diese Forschungsergebnisse spiegeln recht gut den generellen Trend der quartären Krustenabsenkung im Bereich des Nordseebeckens wider. Sie verdeutlichen außerdem, in welch verhältnismäßig geringem Ausmaß sich hier Bewegungen der Erdkruste auf den Gesamtbetrag des Meeresspiegelanstieges ausgewirkt haben.

Im Verlauf der gesamten sich anschließenden Weichsel-Kaltzeit (117 000 bis 11 560 J.v.h.) lag der Nordseespiegel durchgehend mindestens 40 m unter dem heutigen Niveau. In der Phase extremer Abkühlung (22 000 bis 18 000 J.v.h) sank er sogar 130 m tief ab, so dass die Küstenlinie der Nordsee zeitweilig ca. 350 km nördlich der Doggerbank lag. Riesige Teile der Nordsee fielen dabei trocken. Auf der Westseite des Nordseebeckens breiteten sich Eiszungen von den Britischen Inseln bis in das Gebiet nördlich und südlich der Doggerbank aus. Auf dem Festland reichte der Rand des skandinavischen Eises bei Hamburg bis nahe an die Elbe heran und schuf im östlichen Teil Schleswig-Holsteins sowie Jütlands eine von Süden nach Norden verlaufende Endmoräne. Während dieser Phase gab es keine Verbindung zwischen dem englisch-schottischen und skandinavischen Inlandeis. In weiten Teilen der trocken gefallenen Nordsee sind zu dieser Zeit Schmelz- und Flusswasser-

Abb. 8.9: Das Sehestedter Außendeichsmoor am Jadebusen, ein versinkendes Land.

sedimente abgelagert worden. Auch Flugsandablagerungen und Strukturen ehemaliger Eiskeile, die der Permafrost hinterlassen hat, konnten nachgewiesen werden. Ems, Weser, Elbe und Eider bildeten in dieser Phase ein zusammenhängendes Flusssystem, das zum Nordatlantik entwässerte und das sich z. T. heute noch als eine 30 bis 40 km weite Rinne am Nordseegrund abzeichnet. Der Rhein und seine Nebenflüsse bildeten ein unabhängiges Flusssystem, das von den Niederlanden in südwestlicher Richtung durch das Gebiet des Ärmelkanals zum Atlantik verlief.

Der Wiederanstieg der Nordsee nach dem Tiefstand am Ende des Weichsel-Hochglazials (18 000 J.v.h.) lässt sich in drei Abschnitte untergliedern. Aus der Frühphase gibt es nur grobe Abschätzungen zur Rate des Meeresspiegel-

8 Zwischen Land und Meer

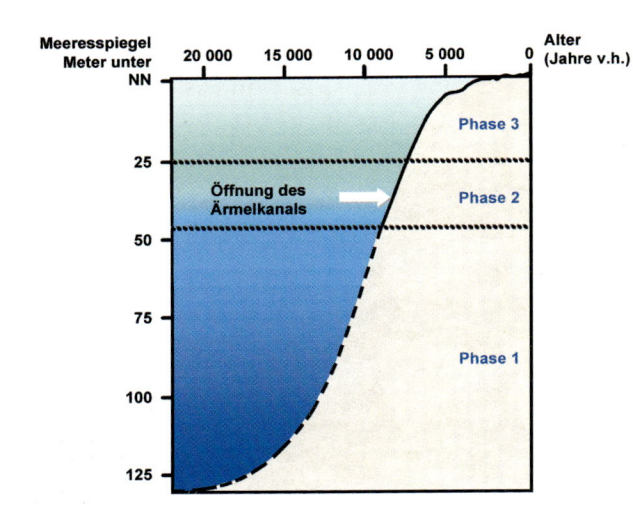

Abb. 8.10: Anstieg des Meeresspiegels am Ende der Weichsel-Kaltzeit und im Holozän. Über das Ansteigen der Nordsee während der ersten Phase gibt es nur lückenhafte Informationen. Dagegen liefern überflutete Torflagen für die zweite Phase zahlreiche und zuverlässige Hinweise über das Vordringen des Meeres. Erst in der dritten Phase ist die heutige Küstenlandschaft mit den Inseln, Watten und Marschen entstanden.

Abb. 8.12: Reste alter Salzwiesenschichten am Strand der Insel Juist.

anstieges. Vor ca. 10 000 Jahren haben sich 65 m unter dem heutigen Meeresspiegel Wattsedimente abgelagert. Sie dokumentieren die Rückkehr des Meeres, das von Norden her zwischen der englischen Ostküste und der Doggerbank hindurch ins südliche Nordseebecken vorgedrungen ist. Dort entwickelte sich zwischen 9 000 bis 8 000 J.v.h. ein ausgedehntes Wattenmeer. Vor ca. 8 300 Jahren öffnete sich über den Ärmelkanal eine weitere Verbindung zum Atlantik, und England konnte nicht mehr trockenen Fußes vom Festland erreicht werden. Zwischen 8 600 und 7 100 J.v.h. ist die Nordsee von 45 m auf 15 m unter dem heutigen Niveau angestiegen. Die durchschnittliche Anstiegsrate hat in dieser Zeit ca. 2 m pro Jahrhundert betragen. Dabei verschob sich das Meer mit seiner Küstenzone rasch landwärts über eine „ertrinkende" Landschaft hinweg. Zeugen hierfür sind Reste von Torf, Brackwasser- und Wattablagerungen, die stellenweise am Nordseeboden vorkommen.

Der Anstieg der Nordsee verlangsamte sich deutlich ab 6 500 J.v.h. und wurde wiederholt durch Stillstandsphasen bzw. durch zeitweilige Meeresspiegelabsenkungen unterbrochen. Jedoch erreichte die Nordsee vor 5 000 Jahren bereits einen Stand um 4 bis 3 m unter dem heutigen Meeresspiegel.

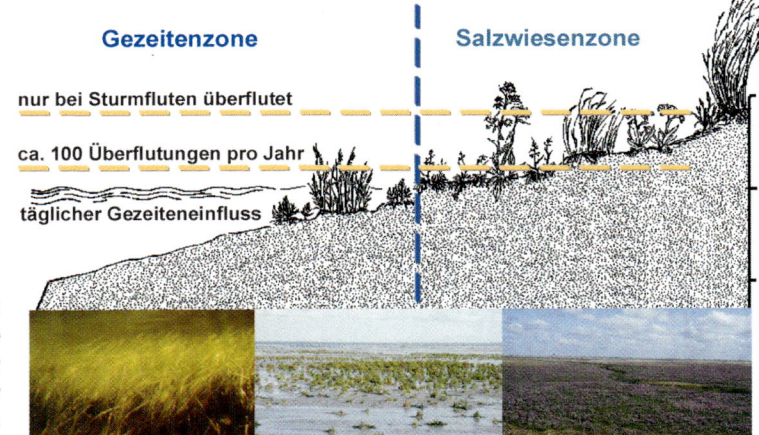

Abb. 8.11: Schnitt durch den Gezeitenbereich und die Salzwiesen mit typischen Vegetationsgemeinschaften wie Seegraswiesen, Quellerzone und Salzwiesen.

Günstige Bedingungen, um Meeresspiegelschwankungen der letzten 2 000 Jahre genauer zu erfassen, bieten sich auf den Ostfriesischen Inseln. Durch Erosion am seeseitigen Strand der Inseln werden dort fossi-

8 Zwischen Land und Meer

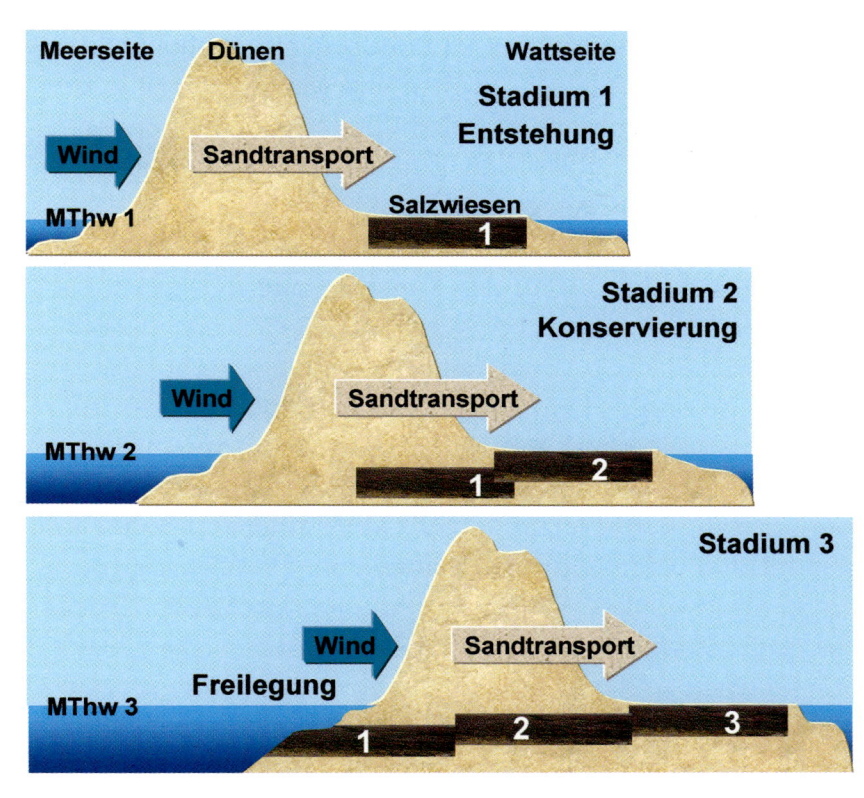

Abb. 8.13: Schema der Entstehung, Erhaltung und Freilegung von Salzwiesenschichten auf den Ostfriesischen Inseln. Antreibende Kräfte sind dabei das Ansteigen des Mitteltidehochwassers (MThw) sowie der Wind, der die Dünensande landwärts verlagert.

le Watt- und Salzwiesenhorizonte freigespült, die ursprünglich auf der Landseite der Inseln entstanden sind. Diese bis zu 2 000 Jahre alten Ablagerungen erlauben es, Schicht für Schicht den Stand des Mitteltidehochwassers (MThw) für verschiedene Zeitabschnitte genau einzugrenzen. Zur Beurteilung des Klimageschehens und der Klimaentwicklung sind diese Zeugen besonders wertvoll, weil sie auch Hinweise auf Auswirkungen des Tide- und Sturmflutgeschehens liefern. Nach den bisherigen Ergebnissen hat das MThw im Bereich der Insel Juist um die Zeitenwende (2 000 J.v.h) ungefähr bei „Normal Null" gelegen und ist danach angestiegen, so dass es vor etwa 550 Jahren beim mittelalterlichen Meeresspiegelhochstand ein Marke erreichte, die nahezu dem heutigen an den Küstenpegeln gemessenen MThw entspricht. Dieser generelle Anstieg wurde jedoch vor ca. 660 Jahren von einer kurzfristigen Meeresspiegelabsenkung unterbrochen. Ein weitere Phase, in der das MThw vorübergehend um ca. 0,5 m abgesunken ist, setzte nach dem bereits erwähnten mittelalterlichen Hochstand ein. Hierbei wirkte sich vermutlich der Klimaeinbruch der Kleinen Eiszeit aus. Mit deren Ende stieg das MThw erneut an und leitete damit die jüngste Phase der Küstenentwicklung ein, die auch mit den 150 Jahre zurückreichenden Messreihen der Wasserstandsänderungen an den Küstenpegeln der Deutschen Bucht erfasst ist. Diese Pegelmessungen zeigen, dass das MThw zwischen 1855 und 1990 mit einem linearen Trend von 20 cm/Jahrhundert angestiegen ist. Der entsprechende Trend beim Mitteltideniedrigwasser

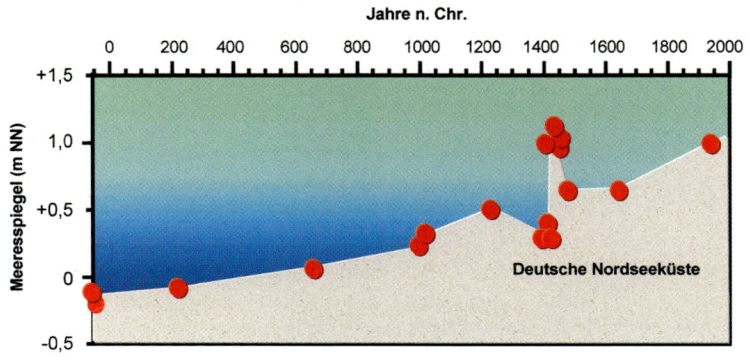

Abb. 8.14: Änderungen des Meeresspiegels (MThw) im Verlauf der letzten 2 000 Jahre. Der allgemeine Anstieg wird von zwei kurzen Absenkungsphasen unterbrochen. Davon fällt die jüngere Absenkung zeitlich mit der Kleinen Eiszeit zusammen.

8 Zwischen Land und Meer

(MTnw) beträgt dagegen nur 4 cm/Jahrhundert. Ein beschleunigter Meeresspiegelanstieg, wie er aus Prognosen mancher Klimamodellierungen zu erwarten wäre, ist nach sorgfältiger Analyse der Pegeldaten nicht erkennbar.

Diese Befunde belegen klar, dass der jüngste Meeresspiegelanstieg bereits lange vor dem Industriezeitalter begonnen hat. Bislang gibt es keine Indizien dafür, dass anthropogene Umwelteinflüsse zu einer Beschleunigung der Anstiegsrate beigetragen haben. Somit dürfte der derzeit registrierbare Anstieg des Mitteltidehochwasser von 20 cm pro Jahrhundert im wesentlichen auf natürliche, vom Menschen unbeeinflusste Prozesse zurückgehen.

Gewinn und Verlust

Normalerweise werden das Ansteigen des Meeresspiegels und das Überfluten von Land als gefährlich und zerstörerisch eingestuft. Das ist verständlich, denn diese Vorgänge haben für die unmittelbar betroffenen und im Überflutungsgebiet lebenden Menschen sowie Tiere und Pflanzengesellschaften schwerwiegende Folgen. Andererseits ist die gesamte Flachküstenregion im Randgebiet der südlichen Nordsee mit ihren Inseln, Watten und Marschen erst in den jüngsten 8 500 Jahren unter dem Einfluss der steigenden Nordsee geschaffen worden. Zerstörung und Aufbau liegen hier ganz eng zusammen.

Die deutsche Küste ist für den Klimaforscher deshalb so spannend, weil zahlreiche Zeugen für die Rekonstruktion der „ertrunkenen" ursprünglichen Landschaft vorhanden sind. So gelang es Forschern aus Niedersachsen, für das Gebiet zwischen Ems und Weser die Menge des umgelagerten und im Küstenraum abgesetzten Materials zu bestimmen. Innerhalb der letzten 8 500 Jahre sind dort Sand, Ton und Torf mit einem Gesamtvolumen von 41 Milliarden m^3 abgelagert worden. Mit dieser gigantischen Menge könnten zwei Eisenbahnzüge, die bis zum Mond reichen, beladen werden. Der Torf der Küstenmoore macht davon immerhin 10 % aus, die auffälligen, bis zu 25 m hohen Dünen der Ostfriesischen Inseln nur einen Anteil von ca. 1,3 %. Dieser Abschnitt der deutschen Küste liefert uns die faszinierende Erkenntnis, dass der natürliche Sedimentzuwachs einen klimatisch bedingten Meeresspiegelanstieg bis maximal 1 m pro Jahrhundert ausgeglichen hat.

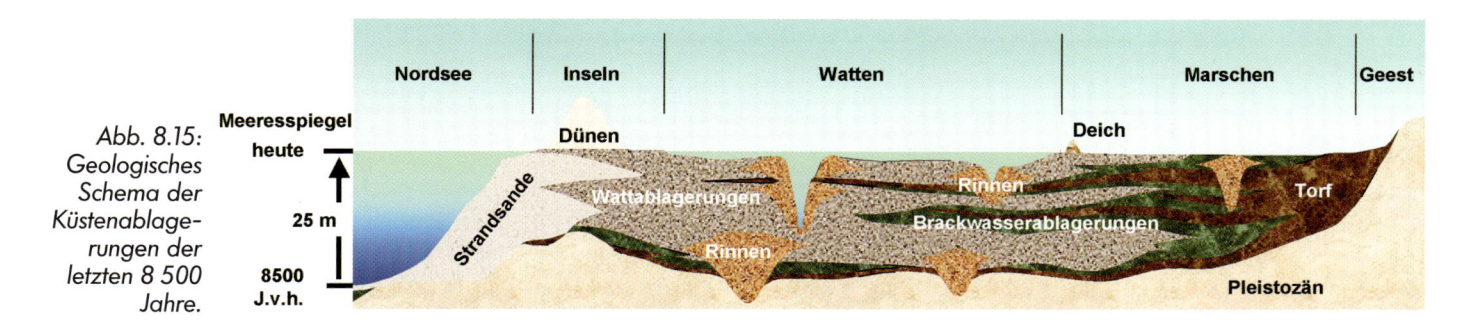

Abb. 8.15: Geologisches Schema der Küstenablagerungen der letzten 8 500 Jahre.

Die an der Nordseeküste gewonnenen Erkenntnisse machen deutlich, dass die großen Meeresspiegelschwankungen mit ca. 100 m Höhenunterschied zwischen Warm- und Kaltzeiten eindeutig auf

8 Zwischen Land und Meer

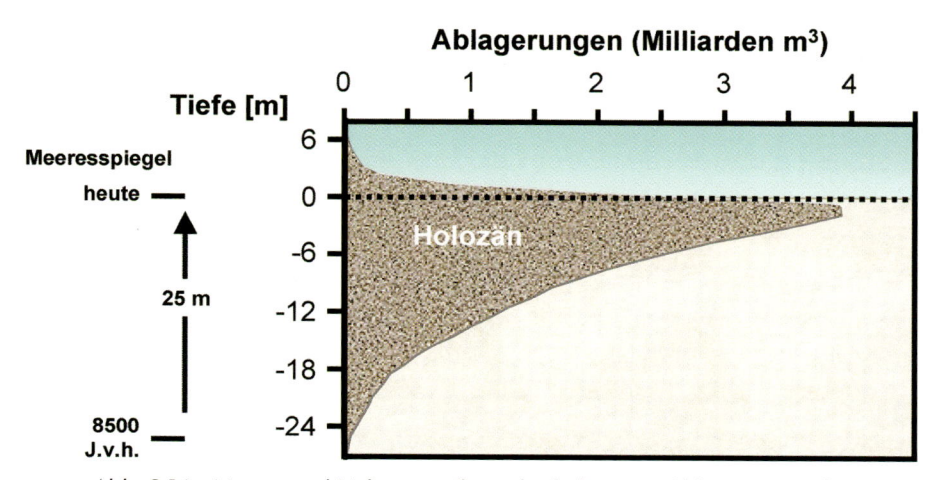

Abb. 8.16: Menge und Höhenverteilung der holozänen Ablagerungen für den Küstenraum zwischen Ems und Unterweser.

großklimatische Veränderungen der Eis/Wasser-Bilanz der Erde zurückzuführen sind und diese wiederum durch die Sonne und die Erdbahnparameter gesteuert werden. Kleinere Schwankungen im Dezimeterbereich können auch ohne ein Abschmelzen bzw. Anwachsen der Inlandeismassen erklärt werden. Bei Meerwassertemperaturen von mehr als 4 °C bewirken steigende bzw. sinkende Temperaturen stets auch eine Zu- bzw. Abnahme des Meerwasservolumens. Dabei löst eine Temperaturerhöhung um 1 °C einen Meeresspiegelanstieg von 16 cm aus.

Küstenmensch – von der Reaktion zur Aktion

Die Rolle des Menschen hat sich im Zuge der Landschaftsentwicklung an der Küste fortlaufend verändert und vom bloßen Reagieren auf Naturprozesse zu einem massiven Eingreifen in den Naturhaushalt gewandelt. Einzelne vom Nordseeboden aufgefischte Gebrauchsgegenstände aus dem Mesolithikum (8 000 bis 4 000 v.Chr.) sind Indizien dafür, dass der Mensch in diesem Raum anwesend war und die Überflutungen erlebt hat. Für ihn war das Vordringen des Meeres ein einschneidendes Ereignis, engte es doch seine Lebensräume und Jagdgebiete ein, und es zwang ihn, auf höher gelegene Gebiete auszuweichen. Wahrscheinlich geht die Sintflutsage in ihrem Kern auf den klimatisch bedingten und naturwissenschaftlich fassbaren Anstieg des Meeresspiegels zurück, den unsere Vorfahren wahrgenommen haben. Somit ist es keineswegs notwendig, für die Erklärung der Sintflutsage höchst spekulative Hypothesen über außergewöhnliche Naturkatastrophen zu entwickeln.

Aus der jüngeren Bronzezeit, um ca. 800 v.Chr., sind die ersten Siedlungsplätze in der Marsch belegt. Damals lebten die Menschen auf der natürlichen Oberfläche der Marschenlandschaft und betrieben dort Weidewirtschaft und Ackerbau, bis jüngere Meeresüberflutungen zur Aufgabe der Siedlungsplätze zwangen und diese mit Meeresschlamm überdeckten. Auch aus der älteren vorrömischen Eisenzeit (ca. 600 bis 300 v.Chr.) sind entsprechende Flachsiedlungen bekannt, die ein ähnliches Schicksal ereilt hat. Zahlreiche in der römischen Kaiserzeit angelegte Siedlungen deuten auf eine Besiedlung ausgedehnter Marschgebiete hin. Dabei legten die Menschen ihre Siedlungsplätze bevorzugt auf natürlichen Erhebungen in der flachen Landschaft an. Vor allem die hohen Uferwälle von Flüssen boten Schutz vor Überflutung sowie günstige Ausgangspunkte für Jagd und Fischfang. Außerdem waren Wasserwege damals im Vergleich zu Fußpfaden häufig die günstigere Verkehrsverbindung in dem vom Wasser geprägten Lebensraum.

8 Zwischen Land und Meer

Kurz nach Christi Geburt begannen die Küstenbewohner erstmalig damit, künstliche Wohnhügel, die Wurten (Warften), in der Marsch aufzuschütten. Zu diesem Zweck gruben sie im Umfeld der Siedlungen Boden ab und trugen diesen schichtweise zu Hügeln auf, um ihre Wohnplätze höher zu legen und einen gewissen Schutz vor Sturmfluten zu erzielen. Der Wurtenbau ist somit eine erste Küstenschutzmaßnahme, die sich auf den engsten Lebensbereich der Küstenbewohner, den einzelnen Hofplatz oder auf benachbarte Häuser bzw. Dörfer bezog. Eine erste Bauphase von Wurten an der niedersächsischen und schleswig-holsteinischen Küste datiert von 100 bis 450 n.Chr. Nach einer weiteren Bauperiode ab 750 n.Chr. endete der Wurtenbau im 12. Jahrhundert. Aus dieser Zeit existieren in Nordfriesland zahlreiche Wurten, die in einer Bauphase auf Höhen von 3 m über den Meeresspiegel aufgeschüttet worden sind.

Völlig neue Entwicklungen setzten mit dem Deichbau ab 1100 n.Chr. ein. Zunächst wurden ringförmige niedrige Sommerdeiche um kleine Wirtschaftsflächen angelegt, um diese gegen sommerliche Überflutungen zu schützen. Schrittweise wurden die durch Ringdeiche geschützten Flächen miteinander verbunden, so dass allmählich ein zusammenhängender Seedeich entstand, der im 13. Jahrhundert nahezu die gesamte Marsch umschloss. Mit dem Deichbau einhergehend musste auch die Entwässerung eingedeichter Gebiete über Grabensysteme, Siele und Schöpfwerke geregelt und betrieben werden. Als Folge dieser Entwässerung traten stellenweise starke Setzungen der Küstenablagerungen auf, wobei die Marschoberfläche erheblich unter ihr ursprüngliches Niveau abgesackt ist. Diese Setzungen sowie das plötzliche Nachgeben von Deichen vor hoch auflaufenden Fluten waren wesentliche Ursachen der oft verheerenden mittelalterlichen Sturmfluten mit erheblichen Landverlusten.

Ab dem 15. Jahrhundert wurden weite Gebiete durch systematische Eindeichungen zurückgewonnen. Orientierten sich

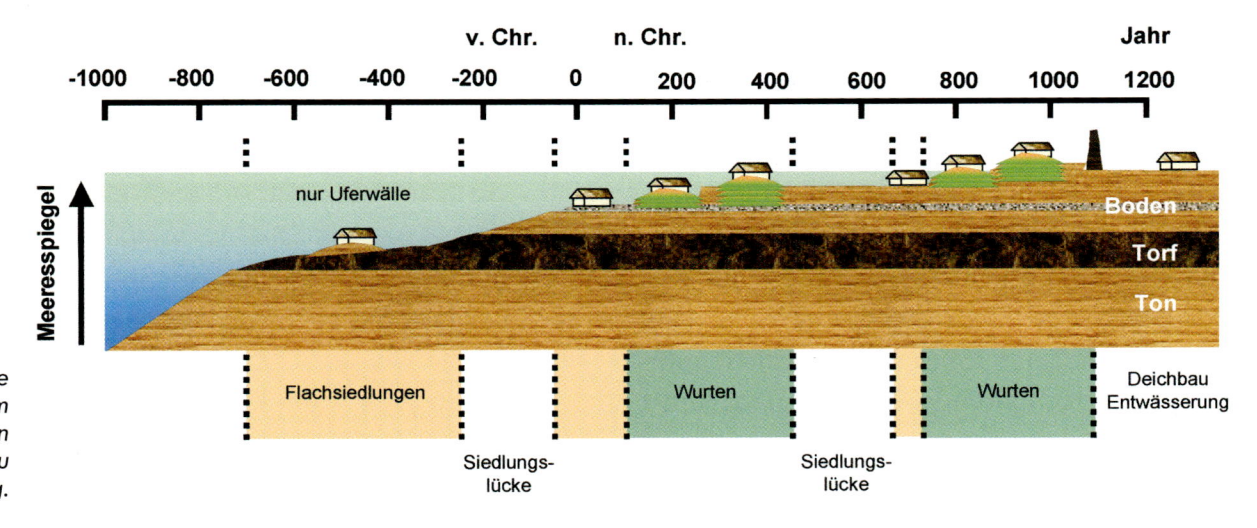

Abb. 8.17: Die Siedlungsgeschichte im niedersächsischen Küstenraum vollzieht sich im Wandel von Flachsiedlungen über den Wurtenbau bis zur Bedeichung.

8 Zwischen Land und Meer

Abb. 8.18: Darstellung des mittelalterlichen Deichbaus im „Sachsenspiegel"

die Ziele des Deichbaus zunächst an den jeweils verfügbaren technischen Möglichkeiten sowie an wirtschaftlichen und politischen Vorgaben, haben sich Umfang und Ziele im Lauf der Zeit gewandelt. Die im Industriezeitalter rasch voranschreitenden technischen Entwicklungen ermöglichten massive Eingriffe in den Naturhaushalt.

Seit einigen Jahren zielt jedoch das wachsende Umweltbewusstsein darauf ab, die derzeitige Küstenkonfiguration mit den noch verbliebenen Buchten, Watt- und Salzwiesenflächen weitestgehend unangetastet zu lassen. Darüber hinaus werden auch Konzepte entworfen, bestimmte Deichabschnitte zurückzubauen und Marschgebiete in Stauraum für Sturmflutwasserstände umzugestalten. Insgesamt werden heute bei Baumaßnahmen in der Küstenregion die vielfältigen konkurrierenden Nutzungsansprüche von Insel- und Küstenschutz, Binnenentwässerung, Schifffahrt, Fischerei, Tourismus und nicht zuletzt die des Naturschutzes gegeneinander abgewogen.

9 Der Schlamm im Meer

Die Klimazeitung der Vergangenheit ist Seite um Seite, Jahr um Jahr am Meeresboden abgelegt. Pflanzen und Tiere, speziell Einzeller, wie Algen und Foraminiferen, ermöglichen den Forschern u. a. die Rekonstruktion der Umweltbedingungen der Vergangenheit. Meeressedimente sind Zeugen der Klimageschichte, die besonders gut geeignet sind, die ferne Vergangenheit ans Licht zu holen. So herrschten vor 145 bis 124 Millionen Jahren im Treibhaus der Kreide nicht nur warme und paradiesische Zustände, sondern es kam wiederholt zu Kälteeinbrüchen. Mit den Schwüngen des Klimas ereigneten sich vor 110 Millionen Jahren in der Kreidezeit dramatische Veränderungen in den Ozeanen. Natürliche Überdüngung der Meere führte mehrmals zu gigantischen Algenblüten und letztlich zur weltweiten Sauerstoffarmut im Ozeanwasser: riesige Mengen von Algenresten bedeckten den Meeresboden. Die zyklischen Klimaschwankungen mit Zeitspannen zwischen 100 000 und 19 000 Jahren, die auf den Änderungen der Erdumlaufbahn um die Sonne beruhen, sind in den Ablagerungen der Meere besonders deutlich nachweisbar. Und nicht nur in den Schichten der jüngeren Vergangenheit des Quartär tauchen sie auf, sondern auch in der fernen Kreidezeit vor 102 bis 97 Millionen Jahren.

Besonders präzise Klimainformationen lassen sich aus den jüngeren Meeresablagerungen gewinnen. So belegen die Untersuchungen der Wissenschaftler an Schichten in der

9 Der Schlamm im Meer

biologischen Hochproduktionszone vor Peru, dass während der letzten 1,3 Millionen Jahre im Pazifik bereits Klimazustände geherrscht haben müssen, die den heutigen El Niño und La Niña recht nahe kommen.

Nicht nur die Klimaschwankungen zwischen den Warm- und Kaltzeiten des Quartär haben weltweit ihre Spuren im Meer hinterlassen, sondern auch die kurzzeitigen Erwärmungen und Abkühlungen innerhalb der Warm- und Kaltzeiten. Sie sind deutlich zu sehen in Sedimenten der letzten Kaltzeit aus dem Indischen Ozean und entsprechen exakt den Schwankungen, die bereits an den Eiskernen Grönlands beobachtet wurden. Das Vorrücken und Abschmelzen der nördlichen Eiskappe ist auch in den Meeressedimenten belegt. Nach dem Kalben der Gletscher im nördlichen Atlantik rieselten beim Abschmelzen der Eisberge die groben vom Eis mitgeführten Gesteinspartikel auf den Meeresboden ab. Die Spur der Eisberge lässt sich an Hand dieses Schuttes rekonstruieren. Winde und Meeresströmungen haben die Eisberge auf eine lange Reise bis in die Meeresgebiete vor Portugal und sogar Marokko geschickt.

Die Ablagerungen der Ozeane zeigen – wie die Eiskerne und die Klimaarchive auf den Kontinenten – den schnellen Klimawandel nach dem Ende der letzten Kaltzeit an. Das nachfolgende Holozän zeichnet sich durch vergleichsweise geringfügige Änderungen aus. Sie lassen sich im Arabischen Meer mit besonders hoher zeitlicher Auflösung für die letzten 5 000 Jahre rekonstruieren.

9 Der Schlamm im Meer

Die wasserfeste Zeitung

Durch die Abtragung der Landflächen werden Sand und Ton über die Flüsse von den Kontinenten ins Meer transportiert. Sie vermischen sich dort mit den Überresten der Pflanzen und Tiere des Meeres und bilden Ablagerungen, die die Klimageschichte des Ozeans und seiner benachbarten Kontinente aufzeichnen. Die Klimazeitung der Vergangenheit ist Seite um Seite, Jahr um Jahr am Meeresboden abgelegt, und die oberste Seite enthält die jüngsten und neuesten Informationen über das Klima. Die jüngsten Seiten lassen sich am besten entziffern, da sie mit den heutigen klimatischen Vorgängen eng verbunden sind und direkt verglichen werden können. Die Entzifferung der älteren Seiten im Unterwasserarchiv, die Trennung von lokalen, regionalen und globalen „Nachrichten" wird mit zunehmendem Abstand von den heutigen klimatischen Bedingungen immer schwieriger.

Wie kommt man an dieses Klimaarchiv im Meer heran? Die Wissenschaftler in Deutschland nutzen Forschungsschiffe wie die METEOR, VALDIVIA, SONNE und POLARSTERN, um vom Schiff aus die Meeresablagerungen zu bergen. Die dazu benutzten Werkzeuge muss man sich als bis zu 30 m lange und bis zu 10 cm dicke Hohlnadeln vorstellen, die an einem Stahlseil zum Meeresboden gelassen werden, sich durch ihr Gewicht in den Boden drücken und aus diesem eine große Probe der Schichtenfolgen ausstanzen und die dann wieder an Bord der Schiffe geholt werden. Viele der deutschen Wissenschaftler sind zudem an einem internationalen Programm zur Erkundung der Meere (Ocean Drilling Program) beteiligt und haben damit die Möglichkeit, zeitlich weit zurückreichende Teile des Klimaarchivs mit Bohrungen vom Schiff aus zu beproben. Das modernste Bohrschiff, die JOIDES RESOLUTION, ist seit vielen Jahren im Einsatz, und mit seiner Hilfe gelingt es, mehr als einen Kilometer in das Klimaarchiv einzudringen.

Abb. 9.1: Das deutsche Forschungsschiff FS SONNE bietet Forschergruppen Gelegenheit, Klimainformationen des Meeresbodens zu gewinnen.

Abb. 9.2: Bis zu 25 m lange Lote drücken sich wie Hohlnadeln in den weichen Meeresboden und ermöglichen es den Forschern, Ablagerungen aus der Tiefsee zu bergen.

9 Der Schlamm im Meer

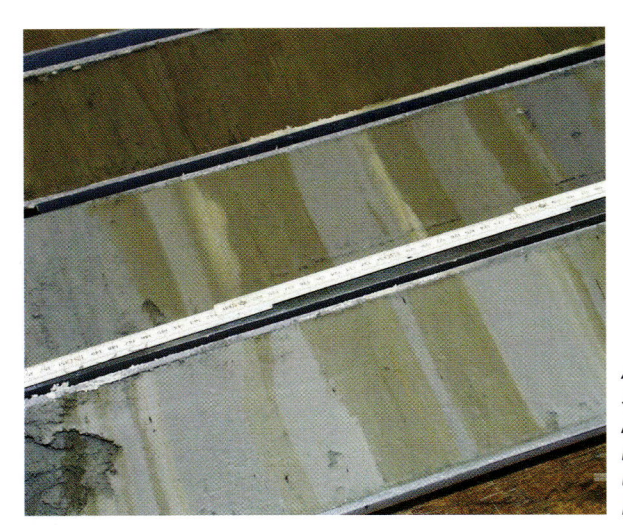

Abb. 9.3: Die Schichten des Meeresbodens zeigen häufig einen Wechsel unterschiedlicher Farben.

Es gibt aber einen weiteren Weg, an die Klimainformationen aus dem Meer zu gelangen, ohne ein Schiff zur Verfügung zu haben. Allerdings trifft dies eher für Ablagerungen aus Zeiten zu, die viele Millionen Jahre zurückliegen. Gebirgsbildende Vorgänge heben den Meeresboden, er fällt trocken und wird zum Land. Nun kann der Geologe seine Proben zur Entschlüsselung der Klimainformationen sammeln. Der Aufwand, der dafür betrieben werden muss, hängt davon ab, wie gut diese alten Meeresablagerungen zugänglich sind. Hervorragende und einfach zu beprobende Verhältnisse finden sich immer dann, wenn Flüsse sich tief in die Ablagerungen eingegraben und Schicht um Schicht freigelegt haben. Ein weltberühmtes und wunderbares Beispiel hierfür ist der Grand Canyon. Wesentlich aufwendiger ist die Gewinnung von Proben und Informationen, wenn gebohrt werden muss.

Hat man die Ablagerungen erst einmal geborgen, so helfen moderne Analysen und Untersuchungen dem Geologen bei der Entschlüsselung der Klimazeitung des Meeres.

Abb. 9.4: Wissenschaftler nehmen Proben aus den geborgenen Meeresablagerungen.

Abb. 9.5: Das Bohrschiff „Joides Resolution" ermöglicht den Wissenschaftlern besonders weit zurückreichende Klimainformationen in Gesteinen im Meeresboden zu erschließen.

Das sieht auf den ersten Blick sehr einfach aus. Aber nur in wenigen Gebieten, wo das Bodenwasser keinen Sauerstoff enthält und der Meeresboden nicht von Tieren besiedelt ist, werden die Ablagerungen aus einzelnen Jahresschichten aufgebaut, so heute im sauerstoffarmen Bodenwasser vor Pakistan. In den meisten Fällen aber durchwühlen Krebse, Würmer, Seeigel und andere Tiere die Sedimente nach fressbarem Material und zerstören die jahreszeitliche Schichtung. Das Klimasignal verliert hierdurch an Schärfe, und je nach der Menge des jährlich abgesetzten Sedimentes und nach der Aktivität der Bodenwühler beinhaltet eine Probe das klimatische Signal von einigen Jahren bis mehreren Zehnerjahren oder Jahrhunderten.

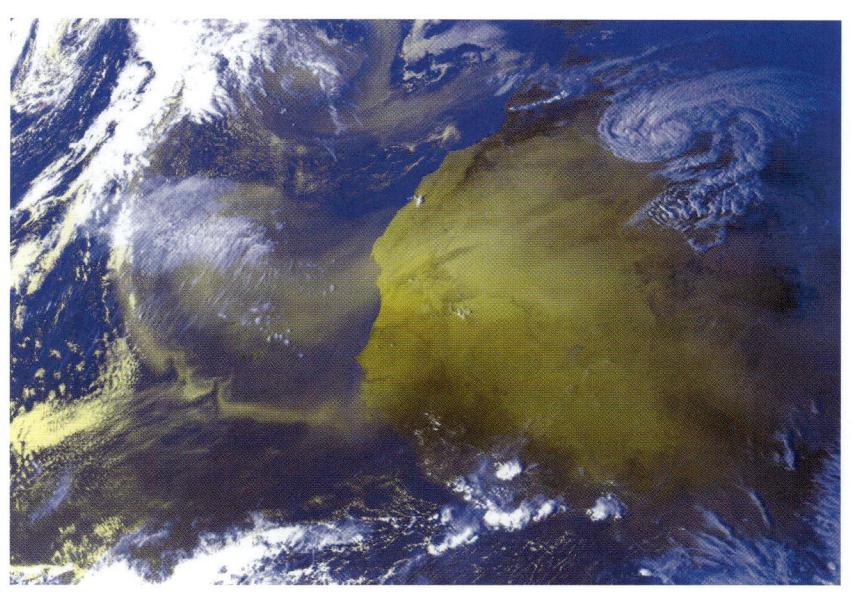

Signale vom Land

Die Ozeanbecken und deren Ränder, die Kontinentalhänge, bilden riesige Schutthalden, wo Flüsse den Abtragungs- und Verwitterungsschutt der Kontinente abladen. Vor allem die feinkörnige Flussfracht mit nur wenigen Mikrometern Durchmesser sinkt nur sehr langsam in größere Wassertiefen ab oder schwebt teilweise über Monate hinweg in

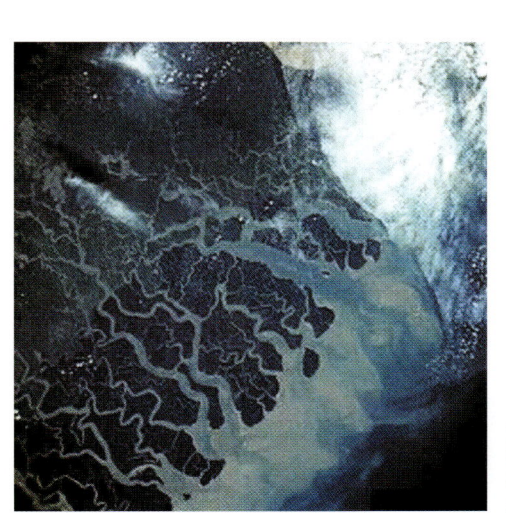

Abb. 9.6: Über die Mündung des Ganges-Brahmaputra werden gewaltige Mengen Schlamm in den Golf von Bengalen geschüttet.

Abb. 9.7: Starke Winde tragen den Staub der Sahara bis weit in den Atlantik hinaus, wo er in die Tiefsee absinkt.

einer Trübeschicht dicht über dem Meeresboden. Dadurch kann das feinkörnige Material des Landes von den Strömungen im Meer weit verteilt werden. Die chemische Zusammensetzung der Ablagerungen und die Art ihrer Mineralien erlauben es, die Liefergebiete und das Verwitterungsgeschehen auf dem Lande zu ermitteln. Die Korngrößen lassen Rückschlüsse zu, wie die Partikel im Meer an ihren Ablagerungsort transportiert worden sind. Mit Isotopenanalysen kann häufig ein bestimmtes Liefergebiet an Land als Quelle identifiziert werden. Die Menge des Materials, die in einer bestimmten Zeit am Meeresboden abgesetzt wird, hängt im wesentlichen von den Verwitterungsprozessen und den Niederschlägen auf dem benachbarten Kontinent ab und ist somit Ausdruck des dortigen Klimageschehens.

9 Der Schlamm im Meer

Staub, aufgewirbelt in den Trockenwüsten der Erde, fällt ähnlich wie feinkörnige Asche von mächtigen Vulkaneruptionen erst nach langem Transport durch die Atmosphäre auf den Erdboden oder die Meeresoberfläche zurück. Stäube werden durch den Wind vom Festland auf das Meer hinaus transportiert. So findet man den Staub Chinas im Pazifik oder den Staub aus Nordafrika im Atlantik. Die Aschen der großen Vulkanausbrüche schießen in die Jetströme der oberen Atmosphäre und verteilen sich weltweit. Sie sind ideale Zeitmarkierungen (s. Kapitel 3) in den Meeresablagerungen, da sie genau zu datieren sind und sich weltweit verfolgen lassen. Die Asche der Eruption des Vulkans Toba auf Sumatra (Indonesien) ist noch mit einer 1 mm dünnen Aschenlage in den Sedimenten vor Pakistan nachweisbar und macht sich in den Eiskernen von Grönland mit hohen Schwefelgehalten bemerkbar.

Auch die Gletscher der Polarregionen transportieren mit ihrem Vorrücken Abtragungsschutt in das Meer, viel davon bleibt auf den Schelfen liegen. Beim Kalben der Gletscher, wie man es vor Grönland und der Antarktis beobachten kann, entstehen Eisberge, die mit den Meeresströmungen wandern. Sie enthalten feinste Gesteinspartikel, die sie ins Meer streuen, wenn die Gletscher tauen (s. Kapitel 5 und 6). Der „Fallout" der im Meer schmelzenden Eisberge hinterlässt eine Streuspur, die es erlaubt, die Wege von Meeresströmungen vergangener Zeiten aufzuspüren.

Signale des Meeres

Mit zunehmender Entfernung von Flussmündungen nehmen in den Ablagerungen der großen Ozeanbecken die Überreste von marinen Lebewesen schnell zu. Sehr auffällig sind die kalkschaligen, kugelförmigen Gehäuse der Foraminiferen, die umhertreibend im oberflächennahen Meerwasser leben. Einige dieser weltweit verbreiteten Einzeller sind besonders an das kalte Wasser in den hohen Breiten angepasst, andere bevorzugen nährstoffreiches Wasser und kommen daher vor allem in den Meeresbereichen vor, in denen Tiefenwasser mit vielen Nährstoffen an die Meeresoberfläche strömt. Viele Arten lieben besonders die warmen Gewässer um den Äquator. Weiß man, welche Arten in den Ablagerungen vorkommen, so ist man über einen Vergleich mit heutigen Verhältnissen in der Lage, die Temperatur und den Salzgehalt des Wassers zu ermitteln, in dem die Foraminiferen früher gelebt haben. Die weltweit ersten Arbeiten mit dieser Methode wurden von Wolfgang Schott, Meeresforscher der Bundesanstalt für Geowissenschaften und Rohstoffe, Mitte der 30er Jahre des vergangenen Jahrhunderts an den Kernen einer METEOR-Expedition in den Atlantik vorgenommen. Schott gelang es 1937 erstmalig, eine klimabezogene Altersgliederung der Tiefseeablagerungen des Atlantik zu erstellen. Sauerstoffisotopenbestimmungen an Gehäusen von Foraminiferen ermöglichen es, die Lebensbedingungen der einzelligen Tiere zu erkennen (s. Kapitel 3).

Auch Algen des Oberflächenwassers können in großer Zahl in Ablagerungen des Meeresbodens nachgewiesen werden, z. B. die wenige Mikrometer großen feinstrahligen

Ringe der Coccolithophoriden-Alge. Sie stammen aus den lichtdurchfluteten obersten Wassermassen. Wie bei den Foraminiferen lässt das gemeinsame Auftreten verschiedener Algen in den Ablagerungen Rückschlüsse auf den ehemaligen Lebensraum zu. Die Algenreste enthalten darüber hinaus in sehr geringen Mengen organische Bestandteile, die Forscher für die Rekonstruktion von Wassertemperaturen benutzen (s. Kapitel 3).

Der Rhythmus des Klimas

Die täglichen Daten über Temperatur, Wind und Niederschlagsmengen zeichnen im Laufe eines Jahres den Wechsel der Jahreszeiten nach. Die statistische Glättung der jahreszeitlichen Schwankungen lässt die Klimaentwicklung erkennen. In Proben aus den Meeresablagerungen sind Informationen über mehrere Jahre oder Jahrzehnte zusammengefasst. Die Sedimente verzeichnen keine täglichen Schwankungen, selbst der saisonale Wechsel ist nur in sehr seltenen Fällen erkennbar. Meist ist die ablesbare Information bereits ein über viele Jahre gemitteltes Zeugnis aller klimatischen Einflüsse. Das ist ein besonderes Problem bei der Verwendung der Paläoklimadaten für die Klimamodellierung, da hierfür Daten der konkreten Klimasituationen einzelner Jahre benötigt werden und keine gemittelten Werte. Nicht alle Jahreszeiten werden in den Ablagerungen gleichförmig und gleichgewichtig abgebildet. Phasen besonders hoher biologischer Aktivität des Oberflächenwassers sind in den Sedimenten erheblich besser belegt als Perioden, in denen wenig organisches Material durch die Wassersäule abregnete, weil im Oberflächenwasser nur wenig biologische Aktivität herrschte. So sind zum Beispiel rekonstruierte Temperaturen im allgemeinen nicht Mittelwerte der Temperaturen des Oberflächenwassers über mehrere Jahre hinweg, sondern geben vielmehr die Bedingungen wieder, die bei der Produktion des am häufigsten auftretenden Fossils geherrscht haben.

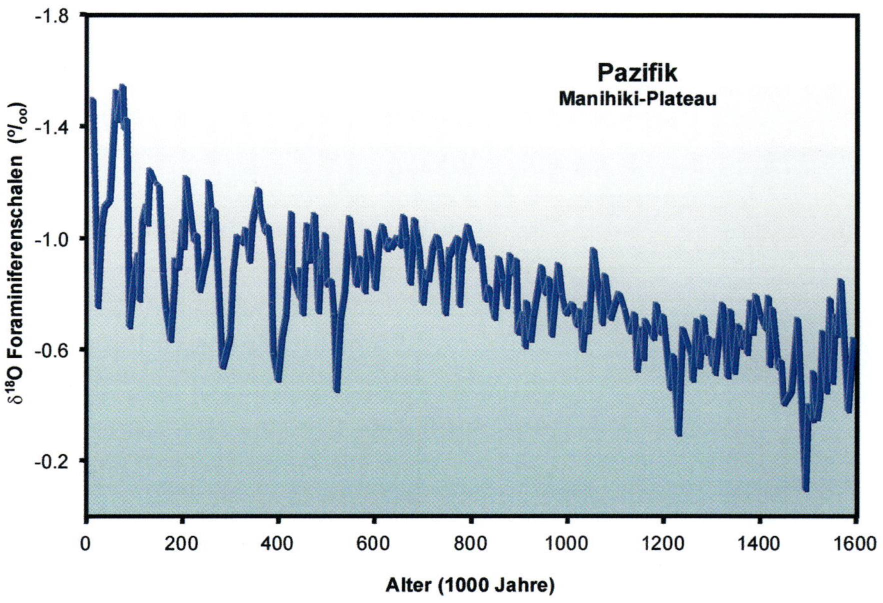

Aber gerade die langjährige natürliche Mittelung der paläoklimatischen Informationen in den Meeresablagerungen ermöglicht es, die klimatischen Veränderungen sicher zu erkennen. Die Veränderungen können in verschiedenen Zeitskalen betrachtet werden. Extrem langfristige klimatische Trends gehen

Abb. 9.8: Schalen der einzelligen Foraminiferen, die man in verschiedenen mehr als 1 Million Jahre alten Ablagerungen des Pazifik findet, dokumentieren anhand der Sauerstoffisotope die Klimawechsel der Vergangenheit.

9 Der Schlamm im Meer

einher mit den langsamen plattentektonischen Veränderungen der Ozeanbecken. Mit der Öffnung der Drake-Passage zwischen Südamerika und Antarktis setzte eine zirkumpolare Strömung ein, die auf dem südlichsten Kontinent mächtige Eisschilde wachsen ließ. Die Trennung von Pazifik und Atlantik durch die Hebung Mittelamerikas hat ähnlich schwerwiegende Folgen für das Klima gehabt. Erst mit der Hebung des Himalajas haben die kräftigen Regen des Sommermonsuns über Indien begonnen. Weitere Beispiele lassen sich leicht anführen, sie sind erst aus dem Zeugnis der Ozeane vergangener Zeiten ableitbar.

Die Kreidezeit, ein Treibhaus lang vergangener Zeiten

Der Königstuhl auf Rügen, der durch Kaspar David Friedrichs Gemälde berühmt wurde, oder die imposanten weißen Klippen von Dover sind Zeugen eines tropisch warmen Randmeeres in der jüngeren Kreidezeit. Aus der Mitte der Kreidezeit berichten Funde den Wissenschaftlern von Laubwäldern und Krokodilen in den damaligen hohen Breiten. Dinosaurier hinterließen während der unteren Kreide ihre mächtigen Fußspuren im Schlamm eines tropischen Küstensumpfes in Münchehagen in Niedersachsen. Dies sind Hinweise für ein gemäßigtes bis tropisches Klima während der Kreidezeit (145,5 bis 65 Millionen Jahre).

Kälteeinbruch im Treibhaus

Aufgrund der fossilen Zeugen für die tropischen Klimabedingungen während der Kreidezeit galt diese Periode der Erdgeschichte unter Geowissenschaftlern lange Zeit als einheitlich warm.

Erst in der jüngeren Vergangenheit erkannte man, dass vor allem in der Unterkreide (145,5 bis 97 Millionen Jahre) kühlere Klimaphasen geherrscht haben müssen. Der deutsche Paläontologe Edwin Kemper von der Bundesanstalt für Geowissenschaften und Rohstoffe in Hannover war einer der Ersten, der erkannte, dass auch die Kreidezeit Warm- und Kaltzeiten gehabt haben muss. Während einer Expedition im kanadisch-arktischen Archipel entdeckte er zwischen 1974 und 1976 in Meeresablagerungen besonders auffällige Reste von Kalziumkarbonat-Mineralen. Diese so genannten Glendonite konnten sich nur bei Temperaturen um den Gefrierpunkt bilden und sind daher ein Zeichen für kalte arktische Klimabedingungen in der Kreidezeit. Zusätzlich fand sich in den Meeresablagerungen des Nordens an manchen Stellen massenhaft Treibholz. Das Holz bezeugt,

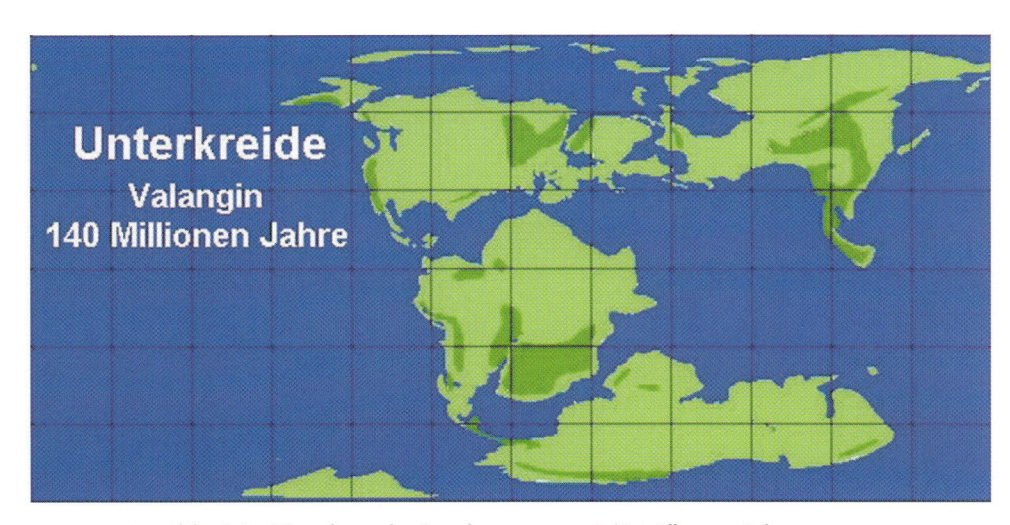

Abb. 9.9: Verteilung der Landmassen vor 140 Millionen Jahren.

dass es einen Nadelwaldgürtel gab, der bis in die hohen Breiten reichte. Diesen Bäumen machte das kalte Klima nichts aus. Später in der Kreidezeit gediehen dann in einem beständig warmen Klima in den hohen nördlichen Breiten auf Spitzbergen Bäume wie Gingko, Elatides (Araukarie) und Pityophyllum. Aus diesen gingen sogar Kohleflöze hervor. Die neuen warmen Klimabedingungen führten in unseren Breiten zum Aussterben kälteliebender Ammoniten im Nordseebecken. Ihre nahen Verwandten entfalteten sich ab dieser Zeit in den arktischen Meeren. Dann wieder eine Abkühlung. Glendonite als Eiszeugen tauchten zu dieser Zeit nicht nur in den Meeresablagerungen der hohen nordischen Breiten auf, sondern auch auf der Südhalbkugel in Südostaustralien. Sie treten in Schichten auf, die Gerölle enthalten, die durch Eisberge transportiert wurden.

Diese Befunde lassen nur einen Schluss zu: Es muss zur Zeit der frühen Kreide Klimaschwankungen von ganz erheblichem Ausmaß gegeben haben. Kemper vermutete, dass es zumindest zu Zeiten der Glendonit-Horizonte kalte Klimabedingungen und eventuell sogar Meereis in hohen Breiten gegeben hat. Trotz dieser Hinweise auf Kaltzeiten in der Kreide gibt es keinen Beleg für dauerhaft vergletscherte Polkappen, und die längsten Abschnitte der Kreide unterlagen sehr wahrscheinlich den Klimabedingungen eines Treibhauses.

GLENDONITE – ANZEIGER FROSTIGER ZEITEN

GL 1

Glendonit ist ein Kalziumkarbonat-Mineral, das bei tiefen Temperaturen (um den Gefrierpunkt) oder hohen Drücken entsteht. Eine kurzfristige, jahreszeitliche Abkühlung bis nahe an den Gefrierpunkt reicht für ihre Bildung nicht aus. Vielmehr muss eine dauerhafte Abkühlung auftreten. Sie muss auch den Meeresboden bis in mehrere Meter Tiefe auf Werte um und unter 0 °C kühlen. Treten Glendonite in ihrer typischen Form als stachelkugelige und sternförmige Gebilde in flachen Meeresbecken auf, ist das ein untrügliches Zeichen für eine Abkühlung unter polaren Bedingungen.

9 Der Schlamm im Meer

Leben im Treibhaus

Durch das immer dichter werdende Netz an Informationen über die Kreide weiß man, dass die Zeit zwischen ca. 100 und 80 Millionen Jahren die wärmste Phase der letzten 250 Millionen Jahre der Erdgeschichte war. Die Sauerstoffisotopenverhältnisse (s. Kapitel 3) der kalkigen Gehäuse von Einzellern (Foraminiferen) bezeugen gemäßigte bis sogar tropische Wassertemperaturen in hohen und mittleren Breiten. Untersuchungen an Tiefseebohrkernen des Falkland-Plateaus in der Nähe des südlichen 59. Breitengrades ergaben Oberflächenwassertemperaturen von 25 bis 30 °C für den Zeitraum von 90 bis 80 Millionen Jahren vor heute. Die Temperaturen in einer Wassertiefe von ca. 1 000 m lagen immerhin noch bei 15 bis 18 °C. Da ähnlich warme Temperaturen auch in subtropischen bis tropischen Breiten auftraten, muss man für große Zeitabschnitte der Kreide von einem wesentlich geringeren Temperaturgefälle zwischen den Polen und dem Äquator ausgehen, als dies heute der Fall ist. Zeitgleich setzte auch an Land eine grundlegende Veränderung der Pflanzenwelt ein: die Blütenpflanzen befanden sich auf dem Vormarsch.

Was waren die Gründe für diese außergewöhnlichen Klimabedingungen? Ein Blick auf die Weltkarte während der mittleren Kreidezeit zeigt große Unterschiede zur heutigen Verteilung von Kontinenten und Meeren. Der Atlantik bildete noch keine tiefe Meeresverbindung zwischen Nord- und

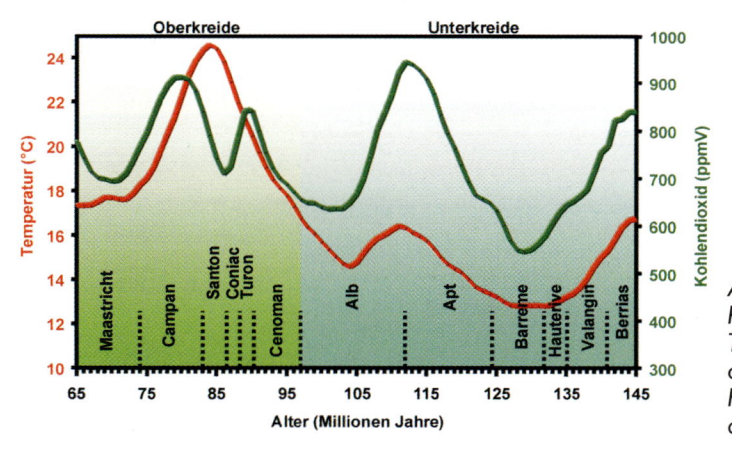

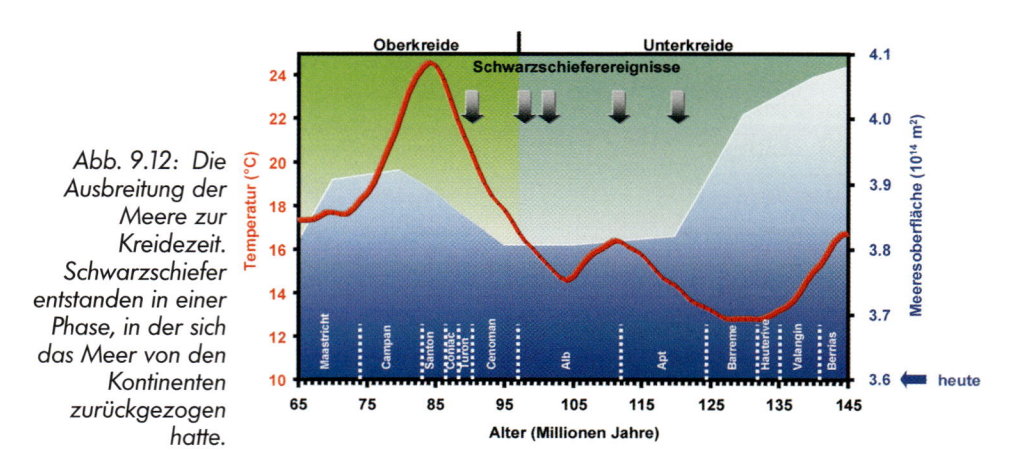

Abb. 9.10: Rekonstruktion von Temperatur und atmosphärischem Kohlendioxid für die Kreidezeit.

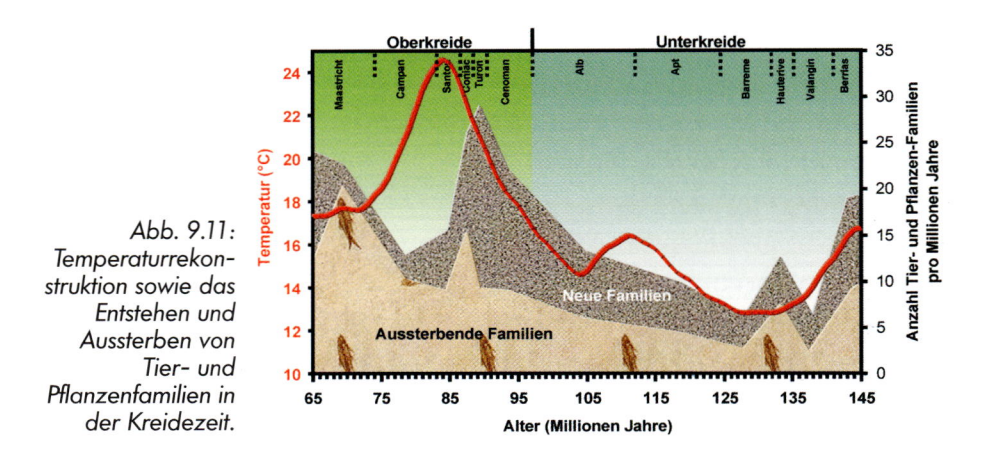

Abb. 9.11: Temperaturrekonstruktion sowie das Entstehen und Aussterben von Tier- und Pflanzenfamilien in der Kreidezeit.

Abb. 9.12: Die Ausbreitung der Meere zur Kreidezeit. Schwarzschiefer entstanden in einer Phase, in der sich das Meer von den Kontinenten zurückgezogen hatte.

9 Der Schlamm im Meer

Südpol. Ein großer Ozean, die Tethys, erstreckte sich von Westen nach Osten, und der Pazifik war größer als heute. Das warme Meerwasser der Tropen konnte bis in die Polgebiete vordringen, in der Kreide waren die Pole daher zeitweilig eisfrei. Der Anteil der Meeresflächen zum Festland war wesentlich größer als heute. Dies ist auf einen sehr hohen Meeresspiegelstand während der Kreidezeit zurückzuführen. Beide Phänomene, die Verteilung von Kontinenten und Meeren und der hohe Meeresspiegel, sind die Voraussetzungen für die klimatische Ausgeglichenheit während großer Abschnitte der Kreide. Ein hoher Meeresspiegel vergrößerte die Fläche der Erde, die durch Wasser bedeckt ist. Hierdurch verringerte sich die Wärmerückstrahlung der Erde ins All, und es wurde mehr Wärme auf der Erde gespeichert. Gleichzeitig ist in der Kreidezeit von der großen Ozeanoberfläche mehr Wasser verdunstet und hat als das wichtigste Treibhausgas Wasserdampf zu einer Erwärmung unseres Planeten beigetragen.

Einen Beitrag für die wohlige Wärme der kreidezeitlichen Welt leistete auch ein gegenüber heute um zweifach höherer atmosphärischer Gehalt des Treibhausgases Kohlendioxid (s. Kapitel 4). Diesen hohen Gehalt führen Wissenschaftler vor allem auf einen starken Vulkanismus während der mittleren Kreide zurück. In dieser Phase zwischen ca. 125 bis 89 Millionen Jahren bewirkten Prozesse im Erdinneren ein Zerbrechen der Erdkruste und den Ausbruch von Vulkanen. Es bildeten sich riesige untermeerische Vulkangebiete, zum Beispiel im Bereich der heutigen Kerguelen-Inseln im Indischen Ozean und im südwestlichen Pazifik (Manihiki Plateau, Otong-Java Plateau). Zusätzlich beschleunigte sich das Auseinanderwandern der kontinentalen Platten, die Erdkruste im Ozean riss auf. Im Bereich der Mittelozeanischen Rücken füllte erstarrte Lava die Risse, es bildete sich sogenannte ozeanische Kruste (s. Kapitel 2).

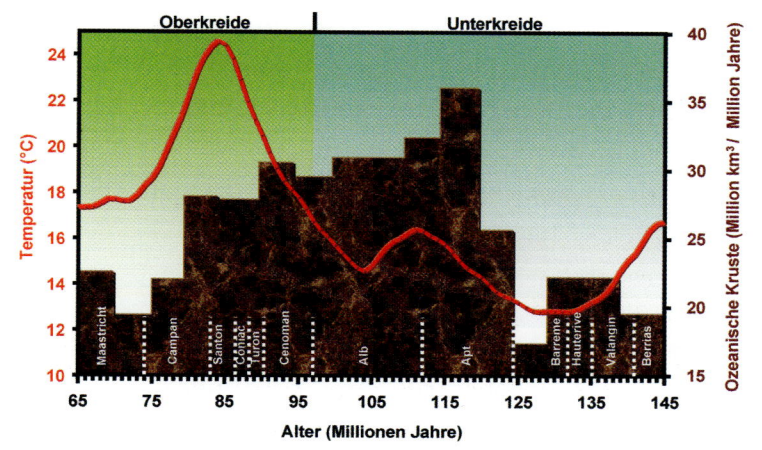

Abb. 9.13: Am Ende der Unterkreide bildete sich verstärkt neue ozeanische Kruste.

Während der Kreide kam es mehrfach zum Aussterben vieler Lebewesen in den Meeren. Nicht nur die hohen Temperaturen sind hierfür der Grund, sondern die natürliche Über-

Abb. 9.14: Schwarzschiefer erkennt man leicht an der dunklen Gesteinsfärbung.

9 Der Schlamm im Meer

düngung der Ozeane ist dafür mitverantwortlich. Als Folge kam es zu einer verstärkten Ablagerung von organischem Kohlenstoff. So genannte Schwarzschiefer zeugen heute davon.

Als das Weltmeer umkippte

Als zu Beginn der siebziger Jahre das Bohrschiff GLOMAR CHALLENGER in der Tiefsee des Atlantik Schwarzschiefer der Kreidezeit erbohrte, reagierte die Fachwelt mit Staunen. Damals waren zwar Schwarzschiefer aus der Kreidezeit bekannt, jedoch glaubte man, dass ihre Vorkommen auf flache Randmeere begrenzt seien. Die damalige Theorie ging davon aus, dass es zu periodischen Abschnürungen dieser Randmeere gekommen sei. Dies habe die Strömungen innerhalb der Randmeere unterbunden und die Entstehung von Schwarzschiefern in dem ruhigen sauerstoffarmen Wasser ermöglicht. Doch nun fand man Schwarzschiefer mitten im Atlantischen Ozean und musste davon ausgehen, dass große Teile dieses Meeres unter Sauerstoffarmut gelitten haben. Den Wissenschaftlern fiel auf, dass es weltweit mehrere Phasen der Bildung von Schwarzschieferablagerungen gegeben hat. Sie fanden bisher fünf solcher „Sauerstoff-Minimum-Ereignisse".

Was waren die Gründe für diese plötzlich auftretenden Phasen verringerten Sauerstoffs am Meeresboden, und gibt es einen Zusammenhang mit dem Klima? Antwort gibt eine Tiefseebohrung des internationalen Ocean Drilling Program (ODP) vor Florida. Die Bohrfahrt 171 erbohrte 400 km vor der Nordküste Floridas Ablagerungen der Kreidezeit mit einem Schwarzschieferhorizont. Untersuchungen von fossilen Einzellern, den Foraminiferen, erlauben es, diese Schwarzschiefer auf ein Alter von ca. 110 Millionen Jahren zu datieren (s. Kapitel 3). Neben diesem Vorkommen im Atlantik kennen die Wissenschaftler weite-

Abb. 9.15: Schwarzschiefer der Unterkreide lassen sich heute an vielen Stellen der Erde nachweisen.

Abb. 9.16: Bohrungen ermöglichen es, die Klimainformationen aus Schwarzschiefer auch in der sonst unzugänglichen Tiefsee zu gewinnen (Schwarzschiefer OE1b, ODP Bohrung 1049C).

9 Der Schlamm im Meer

re zeitgleiche Ablagerungen in Frankreich, Italien, Indien und in den Alpen. Die Forscher untersuchten die Isotopenverhältnisse der Kalkschalen von Foraminiferen und konnten damit Aussagen über die Umweltbedingungen treffen.

Die Sauerstoffisotope sagen den Wissenschaftlern, dass eine Erwärmung des Oberflächenwassers kurz vor der Entstehung der Schwarzschiefer begonnen hat. Diese Erwärmung fand etwas später auch im Bodenwasser statt. Die Kohlenstoffisotope verraten den Forschern, dass es parallel zur Erwärmung des Oberflächenwassers zu einer Planktonblüte kam. Dieses Zeugnis einer Planktonblüte im Oberflächenwasser wird auch durch die am Boden lebenden Foraminiferen bestätigt. Kurz vor der Ablagerung des Schwarzschiefers tauchten vermehrt Arten auf, von denen man weiß, dass sie Umweltbedingungen bevorzugen, in denen viel organisches Material am Meeresboden abgelagert wird. Markiert durch den Beginn der kohlenstoffreichen Schicht wurde soviel organisches Material am Meeresboden abgelagert, dass die dort lebenden Organismen dieses nicht mehr fressen konnten. Sauerstoffarmut, hervorgerufen durch fressende Bakterien, machten zudem den Meeresboden für viele der dort lebenden Foraminiferen unbewohnbar. Nur wenige konnten überleben. Als die Phase der hohen Planktonproduktion im Oberflächenwasser endete, konnten auch der Meeresboden wieder besiedelt und die nun deutlich geringeren Mengen herabrieselnden organischen Kohlenstoffs von den Bodenorganismen abgebaut werden. Diese Phase markiert die Obergrenze der Schwarzschiefer. Nachdem die Hauptphase der Planktonblüte und die Bildung des Schwarzschiefers vorbei war, zeigen die Sauerstoffisotope in den Kalkschalen der Fora-

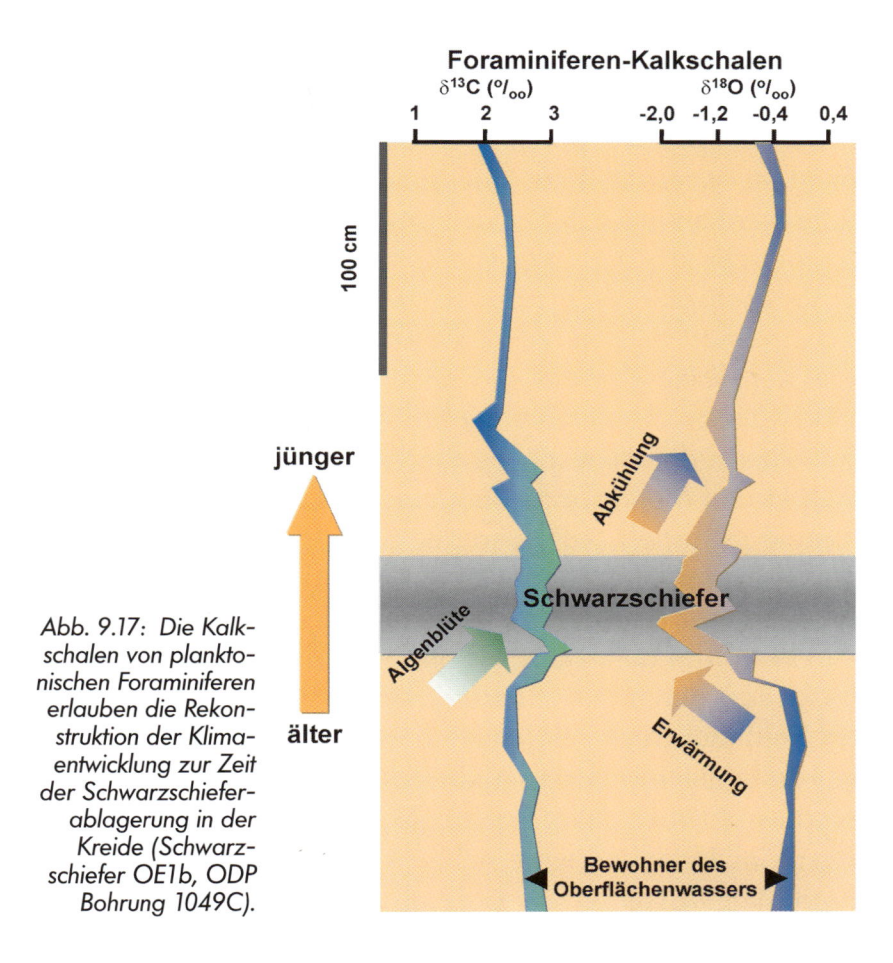

Abb. 9.17: Die Kalkschalen von planktonischen Foraminiferen erlauben die Rekonstruktion der Klimaentwicklung zur Zeit der Schwarzschieferablagerung in der Kreide (Schwarzschiefer OE1b, ODP Bohrung 1049C).

miniferen den Wissenschaftlern eine allmähliche Abkühlung an.

Man geht davon aus, dass diese Abläufe nicht nur für das Schwarzschieferereignis vor 110 Millionen Jahren, sondern auch für viele andere dieser Ereignisse in der Kreide gelten. Was jedoch war die Ursache für den Beginn und das Ende der Planktonblüte im Oberflächenwasser des Meeres? Und hat das etwas mit dem Klima zu tun?

9 Der Schlamm im Meer

Der Ablauf lässt sich so rekonstruieren: Nährstoffe werden an Land durch Verwitterung gelöst und über die Flüsse ins Meer transportiert. Durch ein Nährstoffüberangebot kam es im Meerwasser zu einer Überdüngung, und einige Algenarten vermehrten sich explosionsartig. Gleichzeitig stieg die Temperatur und der Salzgehalt sank. Zu erklären ist dieses Zusammenspiel von Ereignissen wie folgt. – Ein verstärkter Vulkanismus, den die Wissenschaftler im Bereich der heutigen Kerguelen-Inseln im südlichen Indischen Ozean ausgemacht haben, führte zu einer Erhöhung des Kohlendioxidgehaltes in der Atmosphäre. Der Vulkanismus wölbte großflächig den Meeresboden auf, und es kam zu einem Meeresspiegelanstieg. Aufgrund der größeren Meeresoberfläche verdampfte mehr Wasser und zirkulierte als Wasserdampf in der Atmosphäre. Die Treibhausfunktion der Atmosphäre wurde durch das vulkanische Kohlendioxid und besonders durch den Wasserdampf verstärkt. Dieses Mehr an Treibhausgasen führte zu einer Erwärmung der Erde. Sie wurde begleitet von gesteigerten Regenmengen. Durch die erhöhten Niederschläge gelangte viel Süßwasser über die Flüsse ins Meer und legte sich wie ein Deckel auf das salzigere Meerwasser. Diese weniger salzige Deckschicht verhinderte die Zirkulation des Meerwassers. Sie führte zu einer schlechten Durchmischung und ausgeprägten Schichtung des Meeres und unterstützte zusätzlich die Erhaltung von organischem Material am Meeresboden.

Am Ende des Ereignisses der weltweiten Schwarzschieferablagerung geschah dann folgendes. – Die Planktonblüte und die Ablagerung des Kohlenstoffs am Meeresboden haben der Atmosphäre Kohlendioxid in riesigen Mengen entzogen. Dies verminderte den atmosphärischen Treibhauseffekt und leitete eine Abkühlung noch vor dem Ende des Schwarzschieferereignisses ein. Die Verdunstung verminderte sich, und es fiel weniger Regen. Dadurch transportierten die Flüsse weniger Nährstoffe ins Meer, und die Algen- und Planktonblüte hörte auf. Gleichzeitig verschwand die Süßwasserdecke, und die Zirkulation zwischen Bodenwasser und Oberflächenwasser setzte erneut ein.

Von den Schwarzschieferereignissen der Kreide kann man lernen, wie schnell und durchgreifend das Klimasystem durch externe Faktoren angeschoben wird, denn der Motor dieser Klimaänderungen waren die Kräfte des Erdinnern: die Tektonik und der Vulkanismus. Darauf reagierte das Klimasystem und ließ ausgleichende Prozesse anlaufen.

9 Der Schlamm im Meer

WAS SIND SCHWARZSCHIEFER?

Als Schwarzschiefer bezeichnet man dunkle, feingeschichtete Ablagerungsgesteine der Meere, die einen hohen Anteil an organischem Kohlenstoff von mehr als 1 % haben. Hohe Gehalte an organischem Material und Feinschichtung sind Hinweise für eine Sauerstoffarmut zur Zeit der Ablagerung. Organismen, die sich von dem organischen Kohlenstoff ernähren, der auf dem Meeresboden abgelagert wird, brauchen Sauerstoff zum Leben. Diese Lebewesen sorgen auch für ein Durchwühlen des abgelagerten Schlamms und tragen damit zur Zerstörung der Feinschichtung bei. Fehlen solche Organismen in den Ablagerungen, kann man davon ausgehen, dass auch das Angebot an Sauerstoff knapp war. Lange Zeit wurde angenommen, dass eine schlechte Durchlüftung, also die Sauerstoffarmut am Boden eines Meeres, die Ursache für die Bildung von Schwarzschiefern sei. Man weiß jedoch heute, dass zunächst eine verstärkte Zufuhr von organischem Material zum Meeresboden benötigt wird, bevor sich dort Bedingungen einstellen, die zur Erhaltung des Kohlenstoffs in den Schwarzschiefern führen. Dieser organische Kohlenstoff kann sowohl von im Meer lebenden Organismen stammen – man spricht dann von organischem Kohlenstoff marinen Ursprungs –, als auch von Land über die Flüsse und Wind ins Meer transportierter Pflanzenhäcksel sein – in diesem Falle spricht man von organischem Material terrestrischen Ursprungs.

SR 1: Schwarzschiefer weisen feinste Schichten auf, die möglicherweise Jahreslagen darstellen.

Klimazyklen im Treibhaus

Wenn man verstehen will, wie das heutige Klima gesteuert wird, muss man testen, ob die bekannten Änderungen der Erdbahnparameter, die als Antrieb für das Klima des Quartär gelten, auch in Millionen von Jahren alten Ablagerungen nachzuweisen sind. Wenn man derartig kurzfristige Schwankungen von einigen 10 000 bis 100 000 Jahren sucht, hat es nicht viel Sinn, in großen Abständen Proben aus der gesamten Kreide, die eine Dauer von 80 Millionen Jahre hatte, zu untersuchen. Man muss vielmehr Meeresablagerungen finden, in denen die Schichten über einen längeren Zeitraum ohne Unterbrechung durch große Mengen Schlamm aufgebaut wurden, so dass die Spuren der periodischen Schwankungen der Erdbahnparameter in den Schichten erkennbar sind.

Die Forschungsbohrung Kirchrode im Stadtgebiet von Hannover förderte solche mächtigen und kontinuierlichen Meeresablagerungen aus der Kreidezeit (Oberalb, 102 bis 97 Millionen Jahre) zutage. Zu dieser Zeit hatte sich der Atlantik bereits geöffnet. Es gab eine Meeresverbindung von der Antarktis im Süden bis zum arktischen Meer im nördlichen Polbereich. Die Meeresverbindung im nördlichen Nordatlantik war allerdings noch nicht sehr tief, und der Atlantik war weniger breit als heute. Die weiten Flachmeere bedeckten damals, anders als heute, einen großen Teil der Kontinente. In diesen Flachmeeren waren Wassertiefen um 100 m weit verbreitet. In Senken kamen auch Tiefen bis zu einigen Hundert Metern vor, ähnlich wie in der heutigen Ostsee.

9 Der Schlamm im Meer

Abb. 9.18: Ablagerungen eines kreidezeitlichen Flachmeeres konnten in der Bohrung Kirchrode (Hannover) gewonnen werden.

Das norddeutsche Flachmeer der nördlichen mittleren Breiten war zwar mit dem großen Ozean der damaligen Zeit, dem so genannten Tethysmeer verbunden, unterschied sich von diesem aber durch das Auftreten anderer Arten von Foraminiferen und Algen. Auch unter den größeren Tieren, wie z. B. den Verwandten der Tintenfische, den Ammoniten und Belemniten, sind diese Unterschiede zwischen dem Tethysmeer und dem Schelfmeer der mittleren Breiten deutlich. Die Meeresablagerungen des Alb, welche die For-

Abb. 9.19: Der Ammonit der Gattung Calihoplites ermöglichte eine zeitliche Einordung der Gesteine der Bohrung Kirchrode (Hannover).

scher heute bei ungefähr 52° nördlicher Breite mit Hilfe der Forschungsbohrung Kirchrode geborgen haben, lagen damals ungefähr bei 40°N. In ihnen ist eine Tier- und Pflanzenwelt nördlicher Breiten enthalten, die sich von der Lebewelt der damaligen Äquatorialmeere unterscheidet.

Es deutete sich bereits beim Öffnen der Kerne aus der Bohrung Kirchrode an, dass die Farbe des Sedimentes in recht regelmäßigen Abständen über die gesamte Abfolge der Meeresablagerungen abwechselnd heller und dunkler erschien. Mikroskopische und chemische Analysen der Schichten zeigten sehr schnell, dass dieses Farbspiel die jeweiligen Anteile des vom Land eingetragenen Materials und der Kalkschalen der im Meer lebenden Tiere widerspiegelt. Auf solche Schwankungen hatten die Forscher gehofft. Nun galt es zu klären, ob sie den oben beschriebenen Milankovitch-Zyklen folgten oder ob es ganz andere Prozesse waren, die diese regelmäßig erscheinenden Schwankungen in der Sedimentzusammensetzung hervorriefen.

Die genaue Datierung der Schichten durch Leitfossilien (s. Kapitel 3) war nicht leicht, aber mit Hilfe der Kalkschalen von Ammoniten – den Vorläufern der heutigen Tintenfische – gelang eine detaillierte zeitliche Einordnung der Ablagerungen des Oberalb in sieben Abschnitte. Die Forscher wählten für ihre weiteren Untersuchungen ein 165 m dickes Ablagerungspaket aus, das einen dieser Abschnitte umfasst. Um alle notwendigen Messungen und Bestimmungen durchführen zu können, waren die Aufgaben auf Spezialisten an verschiedenen Forschungsinstituten Deutschlands und am Britischen Museum für Naturgeschichte aufgeteilt.

9 Der Schlamm im Meer

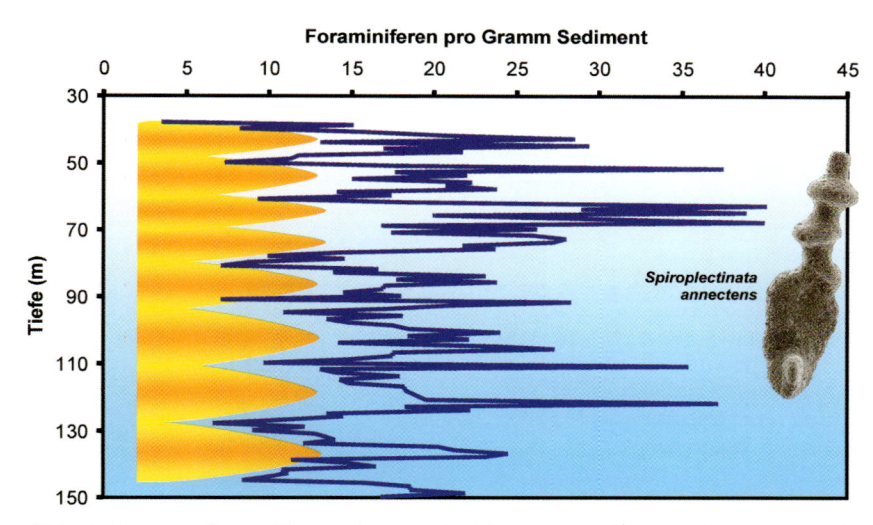

Abb. 9.20: Die Klimazyklen in den Kreideablagerungen lassen sich an dem Auftreten einer im Meeresboden lebenden Foraminifere ermitteln.

Die feinkörnigen kalkhaltigen Sedimente sprechen für einen Meeresbereich, der relativ weit und geschützt vor der damaligen Küste gelegen hat. Dies bezeugen auch die einzelligen, am Boden wohnenden Foraminiferen. Sie lebten in einer Wassertiefe von 100 m oder mehr. Unter diesen ruhigen Ablagerungsbedingungen haben sich tatsächlich Schichtungsfolgen erhalten, die den Änderungen der Erdbahnparameter entsprechen. Die langen Zyklen von ungefähr 100 000 Jahren – hervorgerufen durch den Einfluss der Exzentrizität (s. Kapitel 2) – enthalten kurzfristige Zyklen von 41 000 Jahren und spiegeln die Auswirkungen der sich ändernden Schiefe der Rotationsachse der Erde wider (s. Kapitel 2, Obliquität). Auch der Einfluss des sich verschiebenden Zeitpunktes der Tag- und Nachtgleiche und der Präzessionsbewegung der Erdrotationsachse ist in Zyklen von 19 000 und 23 000 Jahren in den Schichten aus Hannover enthalten.

In welcher Form, über welche Faktoren hat sich das Klima auf die Ablagerungen ausgewirkt? Waren es wie im Quartär sehr starke Schwankungen in der Temperatur? Lassen sich also im Oberalb der Kreide richtige Kalt- und Warmzeiten erkennen? Das scheint nicht so gewesen zu sein. Es gibt im Alb keinen Zusammenhang zwischen dem Auftreten von wärme- und kälteliebenden Organismen und den beobachteten Klimazyklen.

Temperaturschwankungen scheinen also zumindest in den mittleren Breiten nicht ausgeprägt gewesen zu sein. An den Ablagerungen des Alb-Meeres lässt sich aber ablesen, dass die biologische Produktion im Meer den gleichen Rhythmus wie die Erdbahnzyklen hatte. Entscheidend für solche Produktivitätsunterschiede ist das Nährstoffangebot im Meer. Es kann entweder durch den Auftrieb nährstoffreichen Wassers aus größerer Tiefe erhöht werden oder durch Flusszufuhr bei stärkerer Verwitterung an Land. Dies zeugt von einem Wechsel zwischen feuchten und trockenen Klimazuständen. Beide Prozesse – Auftrieb und verstärkter Flusseintrag – scheinen während des Oberalb eine Rolle gespielt zu haben, und beide wurden durch die sich ändernde Erdbahn um die Sonne angeregt.

Die pazifische Klimaschaukel

Nach der Schließung des Seeweges zwischen Pazifik und Atlantik im Bereich des heutigen Panama vor rund drei Millionen Jahren haben sich die Verteilung der Kontinente und somit die Strömungswege für den ozeanischen Wärmetransport nicht mehr wesentlich geändert.

9 Der Schlamm im Meer

Zur Rekonstruktion des Klimas analysierten die Forscher einzellige Foraminiferen der Meeresablagerungen vor Peru, da diese die Zeiten hoher und niedriger biologischer Aktivität im Oberflächenwasser nachzeichnen. In der biologischen Hochproduktionszone am Äquator überwiegen die Kalkschalen von Einzellern, die sich während der letzten 1,3 Millionen Jahre ablagerten, während man im südlich davon gelegenen Peru-Becken, außerhalb der biologischen Hochproduktionszone, überwiegend Abtragungsschutt vom südamerikanischen Festland findet. Die Reaktion des Klimasystems auf die Veränderungen der Erdbahnparameter fällt in den benachbarten Meeresgebieten sehr unterschiedlich aus. Die Intensität der biologischen Produktion verändert sich am Äquator lediglich geringfügig ca. alle 20 000 Jahre und lässt sich auf die Präzession zurückführen

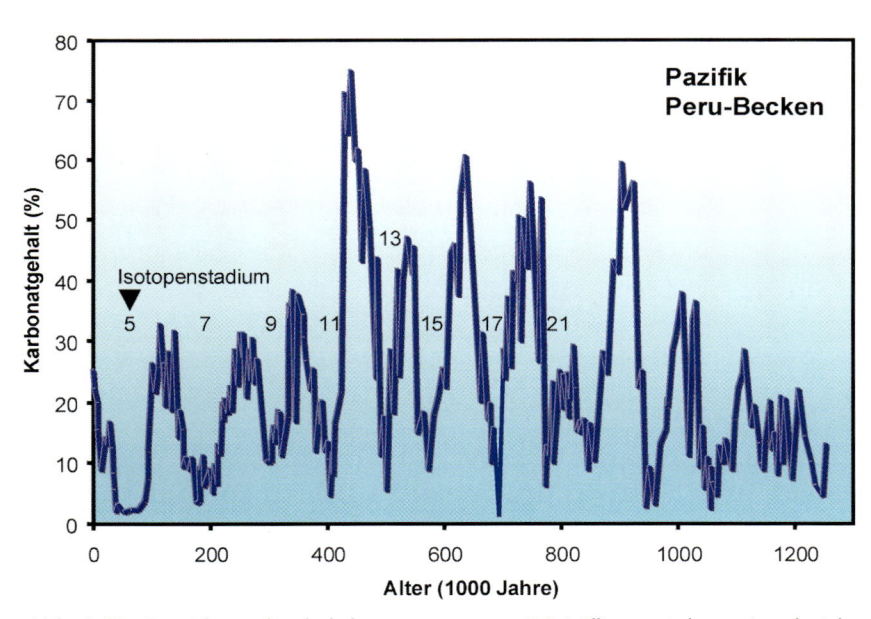

Abb. 9.22: In Äquatornähe lagerte sich im Verlauf von 1,3 Millionen Jahren viel Kalk ab, während im Peru-Becken deutlich mehr vom Land stammende Partikel in den Schichten auftreten.

Abb. 9.21: Die Klimaschaukel der vergangenen 1,3 Millionen Jahre spiegelt sich im Pazifik in den Kalkgehalten der Sedimente des Peru-Beckens wider.

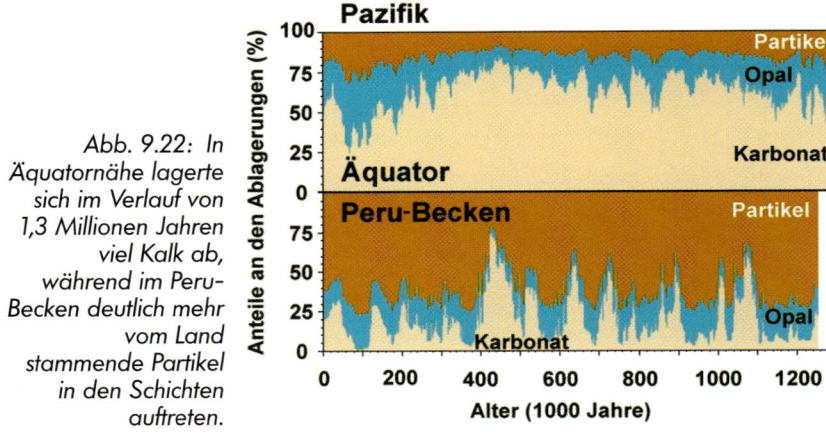

(s. Kapitel 2). Im Peru-Becken treten dagegen große Schwankungen der Sedimentablagerung alle 100 000 Jahre auf. Sie sind durch die Exzentrizität gesteuert (s. Kapitel 2). An den Sedimenten vor Peru konnten die Forscher auch ablesen, dass sich die äquatoriale Hochproduktionszone während der Kaltzeiten oder an den Übergängen von Kalt- zu Warmzeiten bis zu 400 km nach Süden ausgedehnt hat. Dazwischen schrumpfte die Hochproduktionszone und zog sich bis etwa 4°S in nördlicher Richtung zurück.

Diese Beobachtungen der geänderten Bioproduktion lassen vermuten, dass die Situation während der Eiszeiten am ehesten mit den heutigen La Niña-Zeiten vergleichbar ist (s. Kapitel 2). In ihnen ist die Zirkulation intensiv, der Ozean kühler und die biologische Produktion erhöht. Der Rückzug während der Warmzeiten entspricht eher der heutigen El Niño-Situation mit sehr geringer Zirkulation, höheren Temperaturen und verminderter biologischer Produktion.

9 Der Schlamm im Meer

Auf Umwegen in die Eiszeit

Extrem schnelle Klimaumschwünge haben innerhalb von wenigen Jahren bis Jahrzehnten die Eiszeiten beendet. Die klimatischen Veränderungen, die von einer Warmzeit in eine Eiszeit überleiteten, erfolgten dagegen viel langsamer. Fast 100 000 Jahre dauerte dieser Übergang, der außerdem von vielen wärmeren Rückschlägen unterbrochen war. Gerade in den Ablagerungen der Meere finden sich Zeugen für dieses zeitliche und klimatische Auf und Ab. Man erkennt an der zeitlichen Abfolge der Sauerstoffisotope von Kalkschalen der Foraminiferen ein sehr auffälliges Sägezahnmuster. Dieses vergleichsweise schnelle Auf und Ab der Temperaturen (s. Kapitel 3) kann man nicht ausschließlich durch die Änderung der Erdbahnparameter erklären (s. Kapitel 2). Diese bestimmen die großen klimatischen

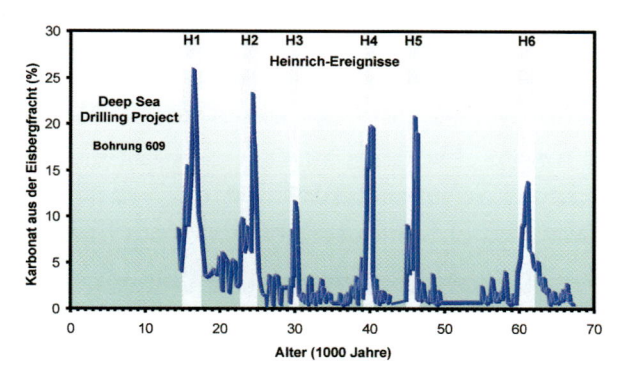

Abb. 9.24: Eistransportiertes Material in den Ablagerungen des Atlantik.

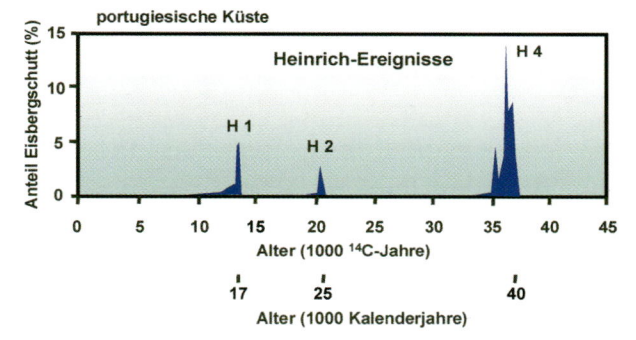

Abb. 9.25: Eistransportiertes Material in den Ablagerungen vor der Küste Portugals. Offensichtlich erreichten die Eisberge des dritten Heinrich-Ereignisses diesen Bereich des Atlantiks nicht.

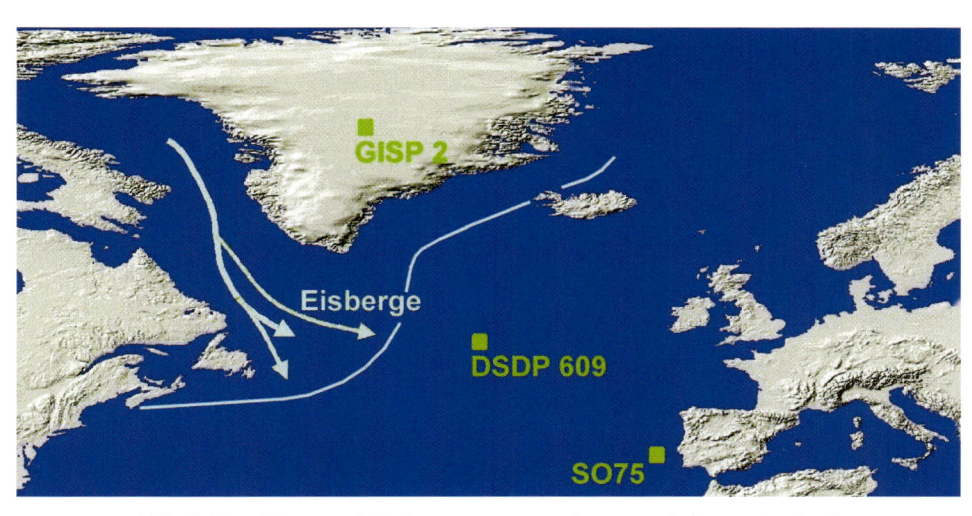

Abb. 9.23: Wege und Verbreitungsgrenze heutiger Eisberge. In der letzten Kaltzeit erreichten sie sogar die Küste Portugals. Material, das die Eisberge transportierten, ließ sich in der Atlantik-Bohrung DSDP 609 und im Kern SO75 nachweisen.

Schwankungen bei der Abkühlung und Erwärmung. Durch sie erfolgen weltweit Veränderungen des Energieflusses und der Energieverteilung in großen kontinuierlichen Schwingungen. Diesen großen Veränderungen untergeordnet, markieren die internen Klimaprozesse mit kurzen Klimaschwüngen den Weg zu einer ausgeprägten Vereisung.

Seit dem Ende der letzten Warmzeit, der Eem-Warmzeit, vor 117 000 Jahren sind in unregelmäßigen Zeitabständen von 10 000 bis 20 000 Jahren die Eisschilde in Kanada und Grönland in stärkere Bewegung geraten (s. Kapitel 6) und haben dabei eine „Flotte" von Eisbergen in den Nordatlantik geschoben. Beim allmählichen Abschmelzen der

9 Der Schlamm im Meer

Eisberge rieselten die groben, vom Eis mitgeführten Gesteinspartikel des nordamerikanischen und grönländischen Grundgebirges auf den Meeresboden ab. Die Spur der Eisberge (so genannte „Heinrich-Lagen"; s. Kapitel 6) lässt sich an Hand dieses Schuttes rekonstruieren. Westliche Winde und der weiter südlich verlaufende Golfstrom haben die Eisberge auf eine lange Reise über den Atlantik geschickt, wo sie, von südlich gerichteten Strömungen angetrieben, die Meeresgebiete vor Portugal und sogar Marokko erreicht haben.

Der Monsun, der das Klima von Indien und Südostasien bestimmt, hat auf diese Änderungen auf der Nordhalbkugel immer wieder zeitgleich reagiert. Dies belegen Ablagerungen der letzten 100 000 Jahre im Arabischen Meer vor der Küste Pakistans. Sie zeigen einen Wechsel zwischen dunklen, feingeschichteten Lagen und hellgrauen bis weißen Schichten. Die feinen dunklen Schichten lagerten sich zu Zeiten ab, als das Meerwasser keinen Sauerstoff enthielt und keine Zirkulationen das Wasser durchmischten. Tieren,

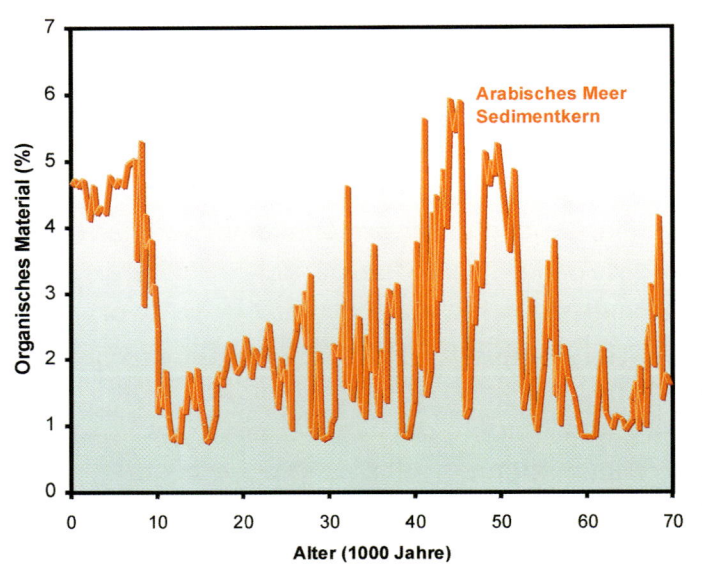

Abb. 9.27: Der Gehalt an organischem Material belegt im Arabischen Meer ein klimatisches Auf und Ab.

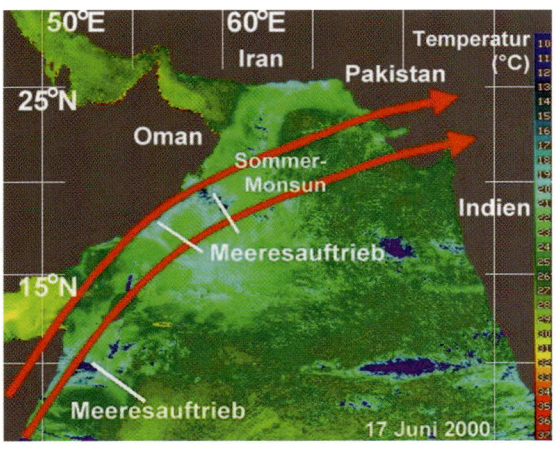

Abb. 9.26: Die starken Winde des Sommermonsuns wehen im Arabischen Meer von Südwest nach Nordost und drängen das Oberflächenwasser von der arabischen Küste nach Nordost. Kaltes und nährstoffreiches Tiefenwasser erhält so die Möglichkeit, an der somalischen Küste und vor Oman an die Meeresoberfläche aufzusteigen. Hierdurch entstehen Algenblüten, deren organisches Material sich in den Ablagerungen des Meeres nachweisen lässt.

die den Boden sonst durchwühlten, fehlte der Sauerstoff zum Leben. Die hellen durchwühlten Schichten zeigen sauerstoffreiches Wasser an, in dem Leben am Meeresboden möglich war. Außerdem war während dieser Zeiten die biologische Produktivität an der Meeresoberfläche gering. Datierungen mit Hilfe der Radiokarbon-Methode und Sauerstoffisotopenmessungen an Kalkschalen (s. Kapitel 3) belegen, dass die Wechsel der beiden Ablagerungstypen schnell erfolgt sind. Selbst nach der Hauptvereisung vor 18 000 J.v.h. sind diese Muster weiter zu erkennen. Die warmen Zeitabschnitte sind durch kohlenstoffreiche dunkle Jahresschichten gekennzeichnet, die kühlen bzw. kalten Zeitabschnitte entsprechen dagegen kalkreichen hellen Abschnitten.

Damit aber nicht genug. Ähnliche Klimazeugnisse kennt man von der Ostseite des indischen Kontinents. Der Golf

9 Der Schlamm im Meer

von Bengalen ist ebenso wie das Arabische Meer nach Norden durch den asiatischen Kontinent begrenzt, und beide Gebiete liegen als Sackgassen im toten Winkel der globalen ozeanischen Zirkulation. Dieser fehlende Anschluss an eine starke Tiefenzirkulation ist unter anderem der Grund für die Ausprägung einer Zone mit sehr wenig Sauerstoff in beiden Ozeanen. Sie ist im Arabischen Meer wegen der höheren biologischen Produktion und des damit verbundenen höheren Sauerstoffverbrauchs beim bakteriellen Umsatz des abgestorbenen organischen Materials ausgeprägter als im Golf von Bengalen. Der Monsun beeinflusst beide Seegebiete in sehr unterschiedlicher Weise. Während der starken Südwest-Winde des Sommermonsuns wird Wärme und Feuchtigkeit aus dem Arabischen Meer über Nordindien hinweg nach Zentralasien transportiert. Ein Teil des aus dem Arabischen Meer verdunsteten Wassers regnet an den Hängen des Himalaja ab und fließt über das große Stromsystem des Ganges und Brahmaputra in den nördlichen Golf von Bengalen. Dieser Transport erklärt die Salzgehaltsunterschiede in den beiden Meeren. Die hohen Salzgehalte im Arabischen Meer von 36 ‰ sind durch die Verdunstung von Süßwasser, die niedrigen Gehalte im Golf von Bengalen von 33 ‰ sind durch den Zufluss von Regenwasser bedingt. Der indische Subkontinent trennt Liefergebiet und Abregnungsgebiet.

Die engen klimatischen Zusammenhänge zwischen dem Arabischen Meer und dem Golf von Bengalen konnten die Forscher der Bundesanstalt für Geowissenschaften am Kontinentalhang 120 km südlich des Mündungsdeltas des Ganges und des Brahmaputra in einer Wassertiefe von 1 250 m nachweisen. Aus den Untersuchungen ergeben sich Auf-

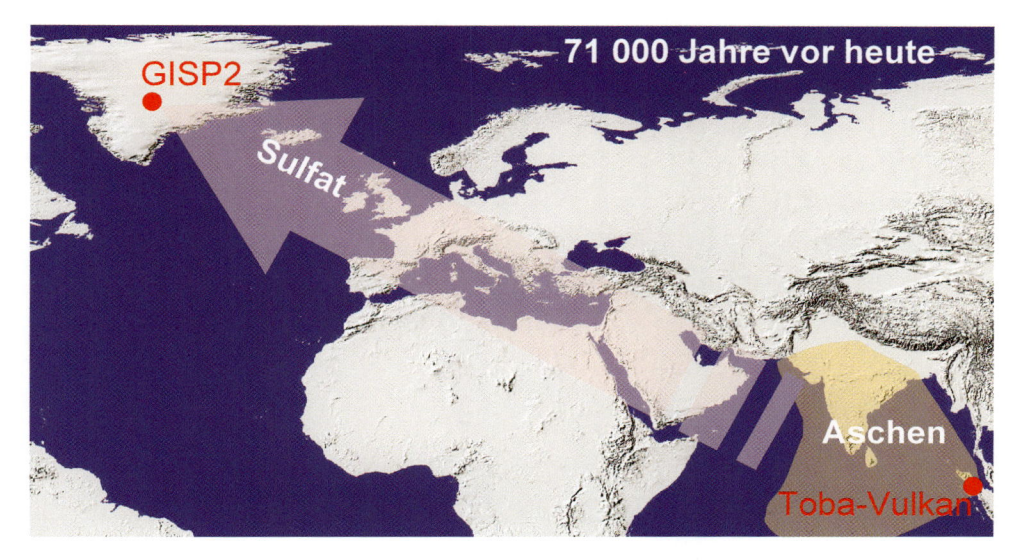

Abb. 9.28: Der Ausbruch des Toba-Vulkans vor 71 000 Jahren lieferte Zeitmarken im Arabischen Meer und in den Eiskernen Grönlands.

schlüsse über Salzgehalt und Temperatur des Meerwassers, Transport der großen Flüsse und die klimatischen Rahmenbedingungen des Monsun-Systems. Die von den Forschern untersuchten Ablagerungen reichen bis 90 000 J.v.h. zurück und belegen sehr eindrucksvoll, dass die Entwicklungen von Salzgehalt, Temperatur, Nährstoffangebot und biologischer Produktion im Golf von Bengalen und im Arabischen Meer völlig zeitgleich ablaufen. Der wichtigste Motor für die klimatische Entwicklung auf beiden Seiten des indischen Subkontinents ist der regenbringende Südwest-Monsun.

Äußerst hilfreich bei einem Blick über die Region des indischen Subkontinentes hinaus erwies sich ein gewaltiger Ausbruch des Vulkans Toba auf Sumatra vor etwa 71 000 J.v.h. Seine Aschen wurden von dem Ausbruch bis in die

9 Der Schlamm im Meer

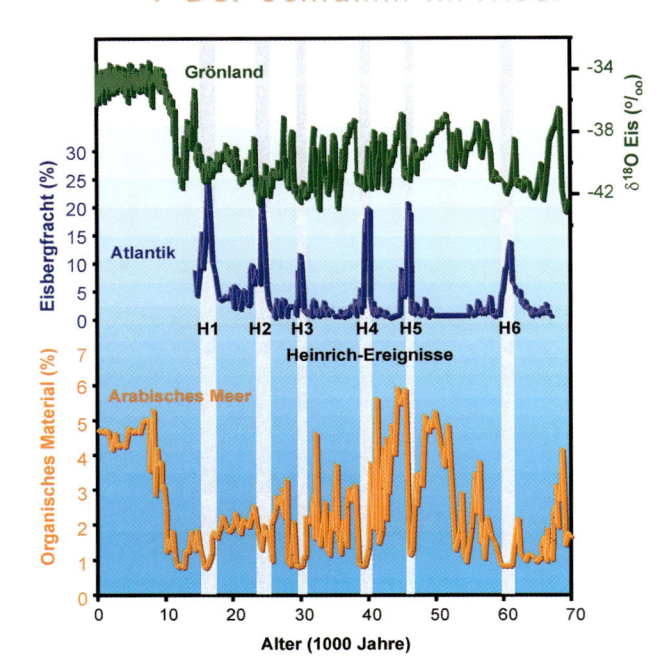

Abb. 9.29:
Der globale Gleichklang der Klimaentwicklung ist in Ablagerungen des Arabischen Meeres, des Atlantik und den Eiskernen Grönlands dokumentiert.

Troposphäre geschleudert und bildeten eine Wolke aus feinem Vulkanglas, die sich weltweit ausbreitete und an verschiedenen Stellen mit den Niederschlägen auf den Erd- und Meeresboden zurückkehrte. Die Toba-Asche und zusätzliche Radiokarbonmessungen an den Ablagerungen im Arabischen Meer und im Golf von Bengalen ermöglichen es, eine Verbindung zwischen Monsun-System, dem Westwindgürtel und dem grönländischen Eis herzustellen. Die Veränderungen des Monsun-Klimas zu beiden Seiten des indischen Kontinents mit einer Dauer von wenigen Jahrtausenden bis Jahrhunderten stimmen zeitlich genau mit den Schwankungen im Nordatlantik überein. Der Monsun veränderte sich in den letzten 90 000 Jahren zeitgleich mit den 22 Klimaschwankungen, die im grönländischen Eis beobachtet wurden. Diese so genannten „Dansgaard-Oeschger-Zyklen" belegen Nordeuropas kurzfristige Klimaschwankungen zwischen warm und kalt, an deren Ende die weitflächige Vereisung zwischen 22 000 und 18 000 J.v.h. steht. Die Forscher konnten zeigen, dass der Monsun am Höhepunkt der letzten Vereisung vor ca. 18 000 Jahren nicht aktiv war. In den Ablagerungen des Indischen Ozeans lassen sich auch sechs Klimaänderungen nachweisen, die zeitgleich mit den „Heinrich-Ereignissen" des Nordatlantik auftreten.

Wir kennen heute viele Regionen, in denen sich die Auswirkungen dieser Klimazyklen nachweisen lassen. Grönland, der nördliche Atlantik, das Südchinesische Meer, die Japan-See und das Santa-Barbara-Becken vor Kalifornien gelten als Beleg, um sagen zu können, dass die beobachteten Klimaschwankungen auf globale Ursachen zurückzuführen sind. Der nördliche Indik ist von der weltumspannenden ozeanischen Zirkulation weitgehend abgetrennt. Nur die atmosphärische Zirkulation kann die Klimasysteme im Nordatlantik und Nordindik miteinander mit hoher Geschwindigkeit verbinden. Die saisonalen Monsun-Winde und der Westwind-Gürtel zwischen 30°N und 60°N, der uns in Deutschland so oft kühles Regenwetter beschert, waren in den letzten 90 000 Jahren offensichtlich sehr eng miteinander gekoppelt. Unsere Klimaküche liegt nicht nur im Eishaus Grönlands, sondern hat enge und schnelle Verbindungen zum Dampfbad der Tropen.

Die Gleichzeitigkeit dieser Veränderungen in sehr weit auseinander liegenden Gebieten der Erde macht die enge Verknüpfung und Verzahnung der gesamten klimatischen Prozesse deutlich. Trotz der weltweiten gleichzeitigen Klimareaktionen kann man aber einzelne gleichgerichtete Veränder-

9 Der Schlamm im Meer

rungen, wie z. B. eine Temperaturzunahme, nicht in allen Gebieten der Erde nachweisen. Erwärmung in einer Region kann mit einer Abkühlung oder einer Dürreperiode in einer anderen Region einhergehen. Die Vielfalt der klimatischen Reaktionen erschwert die Entzifferung der entscheidenden Prozesse und die Identifizierung der wesentlichen Steuerungsgrößen des Klimasystems.

Das Klima der jüngeren Vergangenheit

Unsere heutige Warmzeit – das Holozän (Beginn vor 11 560 J.v.h.) – ist durch eine weltweite Erwärmung seit dem Ende der letzten Kaltzeit geprägt. Meeresablagerungen aus dem Holozän zeichnen ein sehr genaues Bild dieser Klimaentwicklung. Sie belegen Schwankungen des Klimas aus einem Zeitabschnitt, dem man lange Gleichförmigkeit nachgesagt hat.

Das Nordmeer erwärmt sich langsam

Das Europäische Nordmeer ist eine Schlüsselregion für die globale Veränderlichkeit der Umwelt. Es liegt in einer klimatischen Zone, die im Quartär den raschesten und extremsten Veränderungen des Klimas unterworfen war. Neben dem Arktischen Ozean selbst und der Labradorsee ist dieses Meeresgebiet heute das nördliche Zentrum, in dem sich ozeanisches Tiefenwasser bildet. Das Europäische Nordmeer ist ein wichtiger Motor für das weltweite ozeanische Zirkulationssystem.

Mit den heutigen Strömungen gelangen warme und salzreiche Wassermassen des Nordatlantiks in das Nordmeer. Sie fließen entlang des norwegischen Schelfhanges und Spitzbergen bis in den Arktischen Ozean und haben als „Warmwasserheizung Westeuropas" einen maßgeblichen Einfluss auf das Klima unserer Region. Zum Ausgleich fluten westlich der warmen Strömungen kalte Wassermassen mit einem geringen Salzgehalt aus dem Arktischen Ozean an Grönland vorbei zurück in den Nordatlantik. Diese beiden Wassermassen gliedern das Europäische Nordmeer in eine östliche, atlantisch warme und eine westliche polare Zone. Zwischen den Wassermassen liegt eine Mischungszone, die so genannte arktische Domäne. Während der atlantische, warme Einstrom ganzjährig frei von Meereis ist, sind die polaren Meeresgebiete nahezu ununterbrochen eisbedeckt. In der arktischen Mischungszone unterliegt die Eisbedeckung starken jahreszeitlichen Schwankungen.

Abb. 9.30: Warme Meeresströmungen aus dem Atlantik dringen heute entlang der norwegischen Küste bis in die Grönlandsee, während kaltes Oberflächenwasser entlang der Küste Grönlands nach Süden strömt.

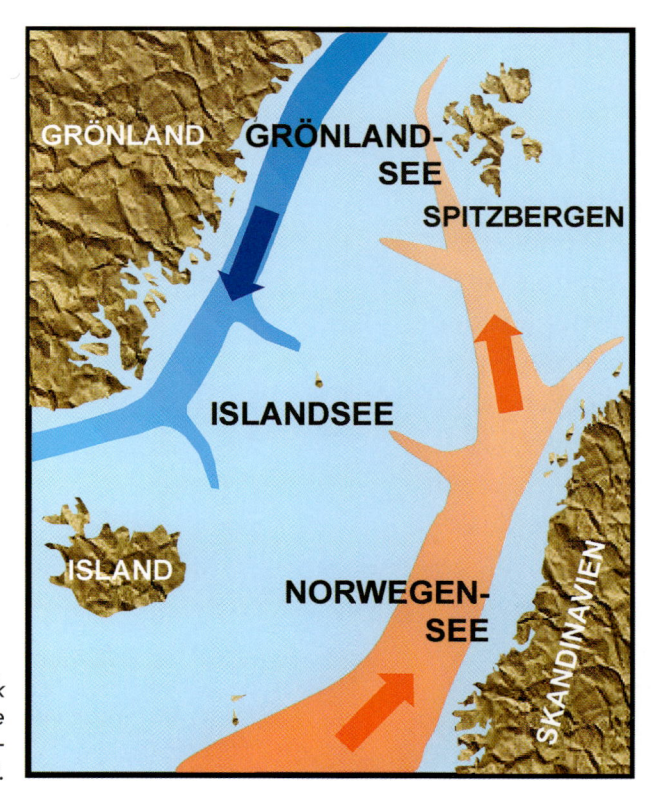

9 Der Schlamm im Meer

Einzellige Algen, wie die Coccolithophoriden (s. Kapitel 3), gedeihen als Plankton im Oberflächenwasser des Nordmeeres. Ihre Überreste in den Meeresablagerungen zeichnen die ozeanographischen und klimatischen Veränderungen seit 15 000 Jahren auf. Die Menge der Algen und die Artenzusammensetzung zeigen Änderungen der Lebensbedingungen im Oberflächenwasser dieser Region an. Zeitabschnitte mit vielen Coccolithophoriden entsprechen wärmeren Perioden. Finden sich in den Ablagerungen hingegen keine Reste dieser Algen, so herrschten kalte polare Bedingungen.

Die vor 15 000 Jahren gebildeten Ablagerungen enthalten sehr alte Algen, die vor Millionen Jahren gelebt haben. Wie kommen sie dort hinein? Gletscher haben die alten Meeresablagerungen der Kreidezeit und des Tertiär auf Grönland abgetragen und in kleinen Bruchstücken zum Meer transportiert. Nach dem Kalben der Gletscher und beim allmählichen Abschmelzen der Eisberge regnete das alte Algenmaterial auf einen jüngeren Meeresboden herab. Vor 15 000 Jahren wuchsen fast keine Coccolithophoriden-Algen in dieser Region, da die Umweltbedingungen für sie lebensfeindlich waren: eine dichte Meereisbedeckung und kaltes, von abschmelzenden Eisbergen produziertes Süßwasser verhinderten ihr Wachstum. Nur gelegentlich brach die Eisbedeckung auf, und wärmere Wassermassen aus dem Atlantik konnten einströmten. Erst ab 11 000 J.v.h. zeigen die Algen eine zunehmende Erwärmung an. Sie beginnt im südlichsten Teils des Europäischen Nordmeeres, der Norwegensee. Der Wärmetransport aus dem Atlantik nach Norden hatte wieder eingesetzt. Auch die Tiefenwasserproduktion, die zu früheren kalten Zeiten in den eisfreien Atlantik verlagert war, fand nun wieder im Europäischen Nordmeer statt. Vor etwa 11 000 Jahren kam es in der Norwegensee und in der Islandsee zu einer ersten Hochphase der Algenblüte und dann weitere 2 500 Jahre später (8 500 J.v.h.) in der Grönlandsee. Algenarten, die an kalte polare Bedingungen angepasst waren, kennzeichneten die erste Phase der Wiederbesiedlung nach dem Schmelzen des Eises. Mit fortschreitender Erwärmung kamen zunehmend wärmeliebende Arten in den Ablagerungen vor, die eine weitere Verstärkung des Einstromes warmen atlantischen Wassers anzeigten. Vor etwa 7 000 Jahren veränderten sich die Lebensgemeinschaften der Algen in den einzelnen Seegebieten des Europäischen Nordmeers. Während in der Norwegensee immer mehr Algen lebten, nahm die Menge in der Grönlandsee nicht weiter zu. Auch in der Artenvielfalt zeigten sich nun deutliche Unterschiede:

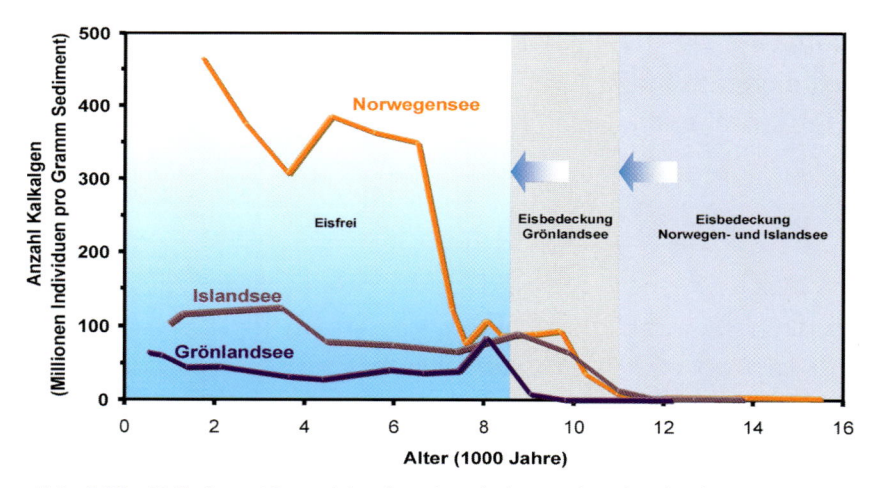

Abb. 9.31: Kalkalgen (Coccolithophoriden) belegen die Klimabedingungen in der Norwegensee, Islandsee und Grönlandsee im Verlauf der letzten 15 000 Jahre. Während in der späten Weichsel-Kaltzeit ganzjährig die Meeresoberfläche mit See-Eis bedeckt war, bildete sich ab dem holozänen Klimaoptimum auch in der Grönlandsee See-Eis nur noch im Wechsel der Jahreszeiten.

wärmeliebende Algen in der Norwegensee und Formen, die es deutlich kühler mögen, in der Grönlandsee. Seit etwa 6 000 Jahren haben sich die Coccolithophoriden-Algen im Europäischen Nordmeer kaum mehr verändert. Die „Warmwasserheizung" Europas durch die nördliche Verlängerung des Golfstromes in das Europäische Nordmeer war also seit dieser Zeit etabliert und hat sich bislang als stabil erwiesen.

5 000 Jahre Monsun

Um zu zeigen, wie exakt die Forscher diesen letzten Abschnitt der Klimageschichte heute beschreiben können, müssen wir noch einmal in das Arabische Meer zurückkehren und uns mit dem Monsun beschäftigen. Jahresschichten in den Meeresablagerungen vor Pakistan ermöglichen den Wissenschaftlern aus Hannover eine sehr genaue zeitliche Beschreibung der Klimaänderungen in den letzten 5 000 Jahren. Jahresschichten sind im Meer ein Glücksfall, denn man findet sie sonst fast nur in Seen auf den Kontinenten (s. Kapitel 3 und 7).

In Tiefen zwischen 150 und 1 000 m fehlt dem Wasser des nördlichen Arabischen Meeres der Sauerstoff. Bakterien haben den ursprünglich im Wasser gelösten Sauerstoff verbraucht, um an herabsinkenden organischen Überresten von abgestorbenen Pflanzen und Tieren zu fressen. Die Tiefenzirkulation des Ozeans ist in dieser Region nicht in der Lage, zusätzlichen Sauerstoff aus anderen Meeresgebieten in ausreichendem Maß heranzuschaffen. Weil es in dieser lebensfeindlichen Zone keine Würmer, Seeigel, Krebse und Fische gibt, die den Schlamm am Meeresboden auf der Suche nach Nahrung durchwühlen, zeichnen die Meeresablagerungen die jahreszeitlichen Wechsel völlig ungestört auf. Das Ergebnis sind Millimeter dünne Lagen, die man als Warven bezeichnet (s. Kapitel 3). Hellgrau treten Winterlagen hervor. Sie bestehen aus Fluss-Schlamm. Die Sommerlagen dagegen sind dunkel und enthalten viel organischen Kohlenstoff. Die Sommer- und Winterlagen sind dick genug, dass Forscher sie messen und zählen können. Diese Klimachronik umfasst die letzten 5 000 Jahre und enthält auf den einzelnen Blättern Jahresaufzeichnungen, die noch exaktere Zeitmarken sind, als der Historiker sie für die Rekonstruktion der Menschheitsgeschichte bis zur Zeit der Pharaonen zur

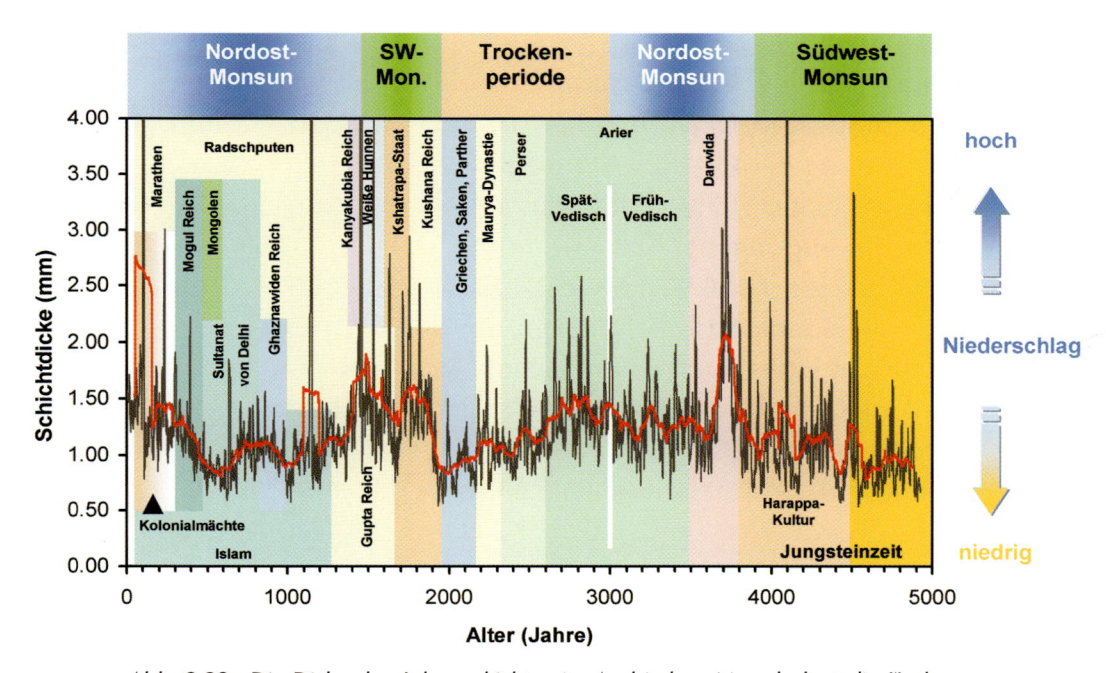

Abb. 9.32: Die Dicke der Jahresschichten im Arabischen Meer belegt die Änderung der Niederschlagsmengen in der pakistanischen Küstenregion. Die kulturelle Entwicklung des Großraumes ist in das Klimageschehen eingebunden.

9 Der Schlamm im Meer

Verfügung hat. Dieses einzigartige Archiv verwendeten die Wissenschaftler aus Hannover, um die Niederschlagsänderungen der letzten 5 000 Jahre zu ermitteln.

Die Dicke der einzelnen Jahreslagen ist ein Maß dafür, wie stark die Regenfälle gewesen sind, denn je mehr Regen fiel, desto mehr Schlamm transportierten die Flüsse in das Arabische Meer. Die beobachteten Wechsel zwischen unterschiedlichen Regenmengen stehen im Zusammenhang mit dem zeitlichen Wandel zwischen Nordost-Monsun und Südwest-Monsun. Möglicherweise hatte die Niederschlagsgeschichte einen Einfluß auf Entstehen und Niedergang der Kulturen des Großraumes. So stellt man fest, dass sich die Hauptphase der Harappa-Kultur am Indus nach einer Zeit mit starken Regenfällen entwickelte. Große Städte entstanden. Mehrere hundert Jahre später, in einer Zeit mit wahrscheinlich heftigen Regengüssen, begann die Zersiedlung, und die alten Städte wurden aufgegeben.

Wie genau Datierungen mit Warven sind, belegen vulkanische Aschen in den Ablagerungen des Arabischen Meeres. Historische Vulkanausbrüche in Indonesien schleuderten die Aschen bis 50 km hoch in die Atmosphäre. Die atmosphärischen „Strahlströme" in Äquatornähe transportierten sie über viele tausend Kilometer von Ost nach West. Vulkaneruptionen in Indonesien, wie die Krakatau- (1883) und Tambora-Eruption (1815), haben in den Kernen des Arabischen Meeres Spuren hinterlassen. Es war eine spannende und mühevolle Kleinarbeit am Mikroskop, bevor die Forscher erste Partikel der Aschen, so genannte Vulkangläser, fanden. Die chemische Zusammensetzung dieser Gläser erbrachte den Nachweis, dass sie vom Krakatau stammen. Diese Gläser fanden sich unter- und oberhalb einer Ablagerung, die eine katastrophale Flut oder einen tropischen Wirbelsturm anzeigt. Ein bedeutender Wirbelsturm erreichte die pakistanische Küste im Februar 1889 nur sechs Jahre nach dem Krakatau-Ausbruch. Dieses Sturmereignis hat die kurz vorher abgelagerten Gläser zum Teil aufgewirbelt, so dass sie jetzt unterhalb – wo sie ursprünglich abgelagert wurden – und einige Millimeter oberhalb der Sturmlage zu finden sind. Etwas tiefer in den Ablagerungen, dort, wo die Forscher nach der Zählung der Schichten das Alter 1815 bestimmt hatten, fanden sich weitere Vulkangläser. Die chemische Zusammensetzung hat sie als Partikel des Tambora-Ausbruchs entlarvt, der für das Jahr 1815 historisch belegt ist.

Abb. 9.33: Die Schichten der Meeresablagerungen vor Pakistan ermöglichen eine jahrgenaue Auflösung. Historische Naturereignisse können so sehr genau datiert werden.

10 Was man so braucht – Wasser und Rohstoffe

Wasser ist das Lebenselixier unseres Planeten, auf das Pflanzen, Tiere und Menschen angewiesen sind. In regenreichen Klimazonen erneuert sich das Grundwasser beständig, in den großen Trockenzonen unserer Erde sind Mensch und Tier auf die Grundwasserspeicher angewiesen, die sich vor Tausenden von Jahren während regenreicher Zeiten gebildet haben. Die mittelalterlichen Mogule im heutigen Pakistan und in Indien haben von solchen alten Grundwässern profitiert. Auch die modernen Ägypter pumpen heute Wasser aus ihren Brunnen, das vor mehr als 4 000 Jahren gebildet wurde.

Wirtschaftlich abbaubare Rohstoffe, wie Kohle, Erdöl und Erdgas oder Erze und Industrieminerale, bilden die Grundlage für unsere heutige Industriegesellschaft. Die Rohstoffe sind an die Bildung in charakteristischen Klimazonen gebunden oder werden durch Klimaschwankungen angereichert. Beispiele sind neben den Energierohstoffen Phosphat-Dünger und Kalisalz, Steinsalz, Gips und Kalkstein. Mineralsande und Lateritböden liefern das Ausgangsmaterial für die Gewinnung von Metallen wie Aluminium, Titan, Gold und viele andere mehr.

10 Was man so braucht – Wasser und Rohstoffe

Abb. 10.1: Wasser im Überfluss ist nicht überall auf der Welt selbstverständlich.

Auf den ersten Blick ist ein unmittelbarer Zusammenhang zwischen Klima und den Gebrauchsgütern unseres täglichen Lebens nicht erkennbar. Deutlicher wird dieser Bezug, wenn man sich vor Augen hält, dass die Rohstoffe, aus denen Gebrauchsgegenstände hergestellt werden, aus Lagerstätten stammen, die unter speziellen klimatischen Bedingungen entstanden sind. Insbesondere gilt dies für alle Rohstoffe, die aus Sedimenten gewonnen werden. Beispiele in den vorausgegangenen Kapiteln haben gezeigt, wie die Bildung von Sedimenten vom Ablagerungsraum sowie von klimaabhängigen Vorgängen bestimmt wird. Gleiches gilt auch für die meist sehr speziellen Bedingungen, die zu einer wirtschaftlich interessanten Anreicherung eines Rohstoffes in einer Lagerstätte führen. Wasser spielt hierbei eine herausragende und wichtige Rolle als Lösungs- und Transportmittel. Aber nicht nur das – Wasser ist schlechthin das Lebenselixier unseres Planeten. Nur zu Zeiten und in Gegenden, in denen Wasser ausreichend zur Verfügung stand, gab es Pflanzen und Tiere und konnte sich die menschliche Zivilisation entwickeln.

Grundwasser heute

In Deutschland decken allein 70 % des durch Niederschläge neugebildeten Trinkwassers den Bedarf der Menschen. Daher interessiert in unserem feucht-gemäßigten Klima die Geschwindigkeit, mit der Grundwasser aus Niederschlägen neu gebildet wird. Es ist die Aufgabe von Hydrogeologen, den Grundwasserhaushalt zu berechnen, um die beste Nutzung und um einen zuverlässigen Schutz des Grundwassers

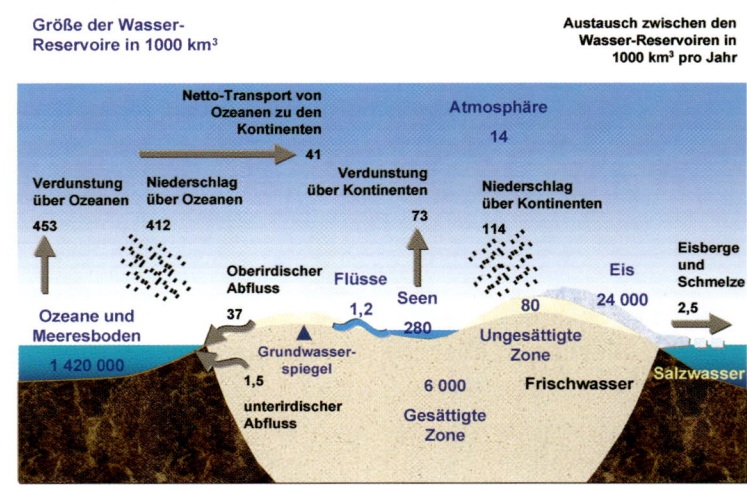

Abb. 10.2: Schematische Darstellung des Wasserkreislaufs.

10 Was man so braucht – Wasser und Rohstoffe

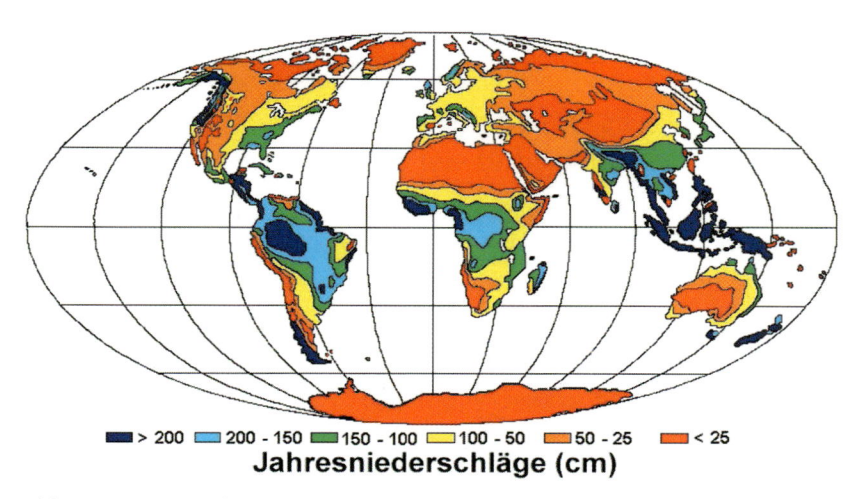

Abb. 10.3: Die ungleiche Niederschlagsverteilung erzeugt auf der Erde Trockenzonen nördlich und südlich des Äquator. Geringe Niederschläge sind auch in den Polarregionen zu verzeichnen.

gelangt und letztlich dem Meer zuströmt. Teilweise laufen die Niederschläge – Regen, Schnee, Nebel oder Tau – oberirdisch über Bäche, Flüsse und versiegelte Flächen ab, teilweise verdunsten sie. Nur der versickernde Rest bildet neues Grundwasser. In unserem Klima findet dies überwiegend im Winter statt, während die Grundwasservorräte im Sommer abnehmen, vor allem durch die hohe Verdunstung.

Das Verhältnis zwischen Niederschlag, Abfluss und Verdunstungsrate liefert eine grobe Gliederung des Klimas. Im feuchten (humiden) Klimabereich ist die Verdunstung geringer als der Niederschlag, Wasser steht beständig zur Verfügung. Wassermangel herrscht dagegen in trockenen (ariden) Klimazonen, da mehr Wasser verdunstet, als durch Niederschläge auf den Erdboden gelangt. Den mengenmäßigen Unterschied zwischen Niederschlag und Verdunstung bezeichnet man als klimatische Wasserbilanz.

zu gewährleisten. Derartige Bilanzen benötigen vielfältige Angaben wie die über den Anteil des Niederschlags, der in Grundwasser umgewandelt wird, auf welcher Fläche und zu welcher Jahreszeit dies geschieht, wohin und wie schnell das Grundwasser abfließt, wie viel davon in Flüsse

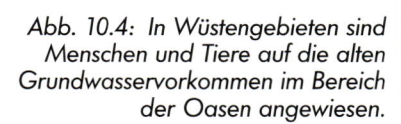

Abb. 10.4: In Wüstengebieten sind Menschen und Tiere auf die alten Grundwasservorkommen im Bereich der Oasen angewiesen.

Wasser, Lebenselixier aus alten Zeiten

Besonders schwierig für den Menschen ist die Situation in den heutigen Trockengebieten – speziell den Wüsten. Dort fällt normalerweise so wenig

10 Was man so braucht – Wasser und Rohstoffe

Abb. 10.5: Brunnen in der Thar-Wüste versorgen Menschen und Tiere aus alten Grundwasservorkommen.

Regen, dass sich kein Grundwasser bilden kann. Nur sintflutartige Abflüsse in Trockentälern, die kurz nach Regenfällen auftreten und genauso schnell wieder verschwinden, führen zu örtlich begrenzter Grundwasserneubildung. Und trotzdem finden Geologen in vielen Wüstengebieten immer wieder frisches Grundwasser von bester Qualität, um das Leben der Nomaden und ihrer Ziegen, Schafe und Kamele zu sichern. Nährgebiete für solches Grundwasser sind oftmals viele hundert Kilometer entfernt liegende Gebirge, in denen häufiger Niederschläge fallen als in den Niederungen. Das langsam fließende Grundwasser braucht dabei erhebliche Zeit und altert, was Wissenschaftler mit Hilfe der Radiokarbon-Methode (s. Kapitel 3 „Die Kohlenstoff-Uhr") nachweisen können. Aber auch dieses Grundwasser ist immer noch Teil des höchst vielschichtigen und gegenwärtigen Wasserkreislaufs, der Verdunstung von Meerwasser, Wolkenbildung, Niederschlag, Versickerung und Abfluss des Grundwassers umfasst.

In manchen Wüsten kommt aber auch Grundwasser vor, das vom heutigen Klima- und Niederschlagsgeschehen völlig losgelöst ist. Es legt Zeugnis von längst vergangenen Zeiten ab, in denen es dort viel mehr geregnet und weit ausgedehnte Oasen mit einer reichen Pflanzen- und Tierwelt gegeben hat, in denen der Mensch ein gutes Auskommen hatte. Solches Grundwasser bezeichnet man als fossil. Es kann nur einmal abgepumpt werden, da keine Neubildung stattfindet, ist dann der Speicher leer. Diese Situation ist mit den Erdöllagerstätten vergleichbar.

Altes Wasser für den Mogul

Beispiele solcher fossilen und nicht erneuerbaren Grundwasserspeicher findet man weltweit. In Cholistan (Punjab), im pakistanischen Teil der Wüste Thar, entdeckten Geologen ein etwa 10 km^3 großes Vorkommen von süßem Grundwasser. Diese Süßwassermenge reicht aus, um die Bevölkerung einer Stadt von der Größe Hannovers rund 250 Jahre lang zu versorgen. Die Wissenschaftler fanden hohe Grundwasseralter von 4 000 und 12 000 J.v.h. und konnten feststellen, dass damals die Neubildungsrate des fossilen

Abb. 10.6: Mogul-Festungen in der Thar-Wüste bezogen ihr Wasser aus Grundwasservorkommen, die vor langer Zeit in einer feuchten Klimaphase entstanden.

10 Was man so braucht – Wasser und Rohstoffe

Grundwassers weit über der heutigen gelegen hat. Gespeist wurde dieses Vorkommen vermutlich durch Überschwemmungen und heftige Niederschläge im Flachland oder Vorgebirge. Überschüssiges Wasser floss damals über das Bett eines heute versiegten Flusses – des Old-Hakra-Flusses – ab. Lange danach erschlossen neue Bewohner dieser Region die alten Vorräte. Zeugnis davon legen die heute verfallenen, aber immer noch eindrucksvollen mittelalterlichen Mogul-Forts der mohammedanischen Altvordern ab. Diese südlich des ehemaligen Flussbettes angelegten Forts deckten ihren Trinkwasserbedarf aus den fossilen Grundwasservorkommen. Schließlich sind auch die ausgetrockneten Seen in Rajasthan, im indischen Teil der Wüste Thar, in diesem Zusammenhang zu nennen. Ihre Ablagerungen entstanden unter feuchten Klimabedingungen zwischen 11 000 und 3 500 Jahren vor heute.

Im Land der Pharaonen

Ganz ähnliche Beobachtungen machten die Hydrogeologen in weiter westlich gelegenen arabischen Ländern und im trockenen Nordafrika. Die fossilen Grundwässer zeigen eine ähnliche Altersverteilung wie die in den Wüsten Asiens.

Im Nil-Tal belegen Untersuchungen des Grundwassers im Großraum Karthoum, der Hauptstadt des Sudan, wie stark sich die Niederschlagsverhältnisse in der Vergangenheit geändert haben. Mit der Radiokarbon-Methode gemessene Wasseralter ermöglichten es, die Entwicklung während der vergangenen 12 000 J.v.h. zurück zu verfolgen. Das jüngste Grundwasser dieser Gegend hat sich um 4 000 J.v.h. gebildet. Damals war dieser Teil der Sahara noch eine blühende Gegend, in der Krokodile in ausgedehnten Seen lebten und Antilopen, Giraffen und Elefanten die weiten Grassavannen besiedelten. Diese Zeit ging wenige Jahrhunderte danach zu Ende. Als die Regenfälle ausblieben, lag der Grundwasserspiegel noch direkt unter der Geländeoberfläche, so dass große Grundwassermengen leicht verdunsteten. Der Grundwasserspiegel begann, in mehreren Kilometern Entfernung vom Nil zu fallen, unter anderem auch, weil Grundwasser in den tieferen Nubischen Sandstein versickerte. Heute liegt der Grundwasserspiegel in dieser Gegend ca. 60 m unter der Erdoberfläche. Nur direkt am Nil hat sich der Grundwasserspiegel kaum verändert. Er

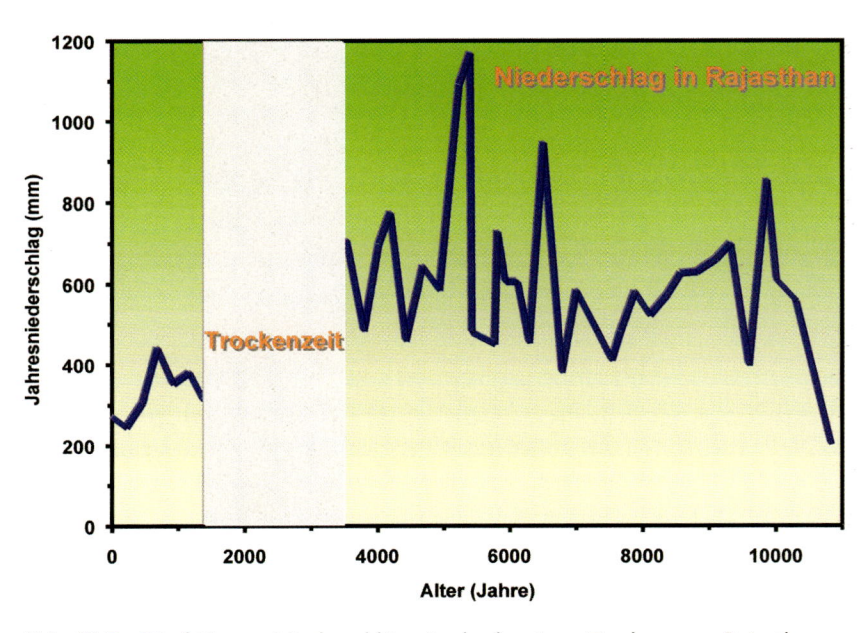

Abb. 10.7: Die früheren Niederschläge in der heutigen Trockenzone Rajasthans lassen sich aus Pollen in den Ablagerungen ehemaliger Seen ableiten. Vor mehr als 3 000 Jahren setzte eine lang anhaltende Trockenheit ein.

10 Was man so braucht – Wasser und Rohstoffe

wird durch die geringe Versickerung des Nil aufrechterhalten.

Fazit dieser Untersuchung ist, dass der größte Teil des Wassers für die Trinkwasserversorgung und Feldbewässerung nicht aus Einspeisungen des Nil stammt, sondern dass es fossil ist. Bestätigt wird dies in erschreckender Weise durch das Absinken des Grundwasserspiegels in den letzten 20 Jahren um 20 m. Bei Brunnen, die in größerer Entfernung vom Nil-Tal liegen, entspricht die gemessene Absenkung rechnerisch genau der Wassermenge, die seither entnommen worden ist.

Rohstoffe

Als Lagerstätte bezeichnet man Anreicherungen von nutzbaren Stoffen, wie Erz, Kohle, Erdöl, Erdgas oder Industrieminerale in der Erdkruste oder im Boden, die wirtschaftlich abgebaut werden können. Zur Bildung von Lagerstätten sind stets Anreicherungsvorgänge notwendig. Die nutzbaren Stoffe werden in der Regel aus einem großen Reservoirbestand herausgelöst, transportiert und in einem kleinen Bereich, in so genannten Fallen, konzentriert. Nicht selten bilden Vorkonzentrationen in Form von „Muttergesteinen" eine Grundlage für die Entstehung von Lagerstätten. In vielen Fällen müssen sich die nutzbaren Stoffe um das fünffache, hundertfache oder gar tausendfache ihrer ursprünglichen Konzentration anreichern, um wirtschaftlich verwendbar oder abbauwürdig zu sein. Hierzu sind häufig mehrere, zeitlich getrennt voneinander ablaufende Anreicherungsschritte notwendig.

An der Erdoberfläche und in oberflächennahen Bereichen spielt das Klima als Auslöser oder Motor Lagerstätten bildender Vorgänge eine wichtige Rolle. So stehen die Art, Intensität und Wirkung von Verwitterung und Transport sowie die Prozesse der Wiederablagerung in enger Beziehung zu klimatischen Faktoren. Wirksam sind besonders Temperaturunterschiede zwischen Tag und Nacht, Sommer und Winter. Auch die physikalisch-mechanischen sowie die chemisch-lösenden Einwirkungen von Wässern und den darin gelösten Stoffen spielen eine Rolle, unter anderem im Wechsel von Regen- und Trockenzeiten. Mechanische Einwirkungen des Windes sind ebenso bedeutsam wie Einwirkungen von Pflanzen und Tieren auf Gesteine und Böden.

Kühl im Norden, warm im Süden: die Prozesse in den Klimazonen

Nach Klimazonen (s. Kapitel 2) geordnet spielen folgende Vorgänge für die Bildung von sedimentären und Verwitterungslagerstätten eine Rolle:

In polaren, kalten Klimazonen herrschen physikalisch-mechanische Verwitterungseinwirkungen gegenüber chemisch-biologischen Prozessen vor. Frostsprengungen durch das Gefrieren wassergefüllter Gesteinsklüfte, Temperaturschwankungen und starke Windeinwirkungen wachsen zu hohen mechanischen Abtragungsraten an. Das Material wird anschließend beim Transport durch Wind und Wasser weiter zerkleinert. Je nach Transportstrecke, Relief und Transportenergie wird es auch mehr oder weniger gut nach Korngrößen aufgeteilt und nach seinem spezifischen

10 Was man so braucht – Wasser und Rohstoffe

Abb. 10.8: Schema der klimatischen Zuordnung der wichtigsten Typen von Minerallagerstätten.

Gewicht sortiert abgelagert. Schmelzwässer der ausgedehnten Vereisungen Norddeutschlands haben so in den Sanderflächen viele wertvolle Sand- und Kiesvorkommen geschaffen (s. Kapitel 7).

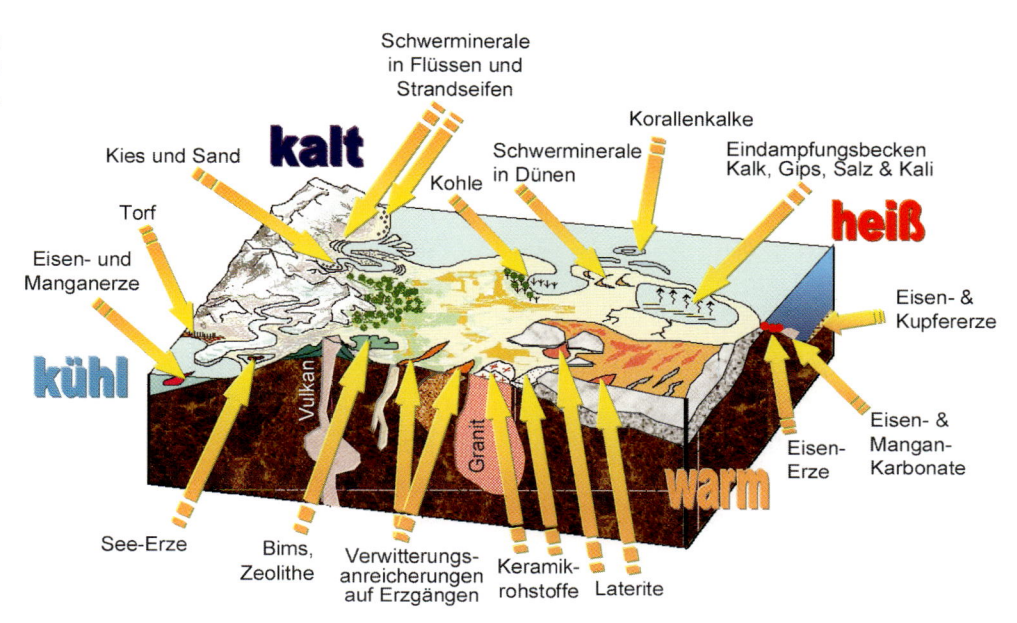

Die enormen, in eisbedeckten Fjorden abgelagerten Lockermassen sind das Ausgangsmaterial für sedimentäre Eisen- und Manganerzlagerstätten. Eisen und Mangan werden dabei unter sauerstoffarmen Bedingungen, die unter der Eisüberdeckung vorherrschen, aus den lockeren Sedimentmassen gelöst und in Lösung meerwärts transportiert, um dann im sauerstoffreicheren Milieu durch Oxidation wieder ausgefällt zu werden. Wirtschaftlich besitzen die Verwitterungslagerstätten der Arktis aufgrund der schwierigen Abbau- und Transportbedingungen derzeit nur geringe Bedeutung.

In den subpolaren Tundren und in der kalten Nadelwaldzone tragen relativ hohe Niederschlagsmengen und die zunehmend an Bedeutung gewinnende chemisch-biologische Verwitterung der Gesteine zur Bodenbildung bei. Hier treten eisenhaltige Ortsteine sowie Rasen-, Sumpf- und See-Eisenerze auf, die in der Vergangenheit lokal abgebaut wurden. Intensive chemisch-biologische Zersetzung sowie hohe Abtragungsraten begünstigen die Anreicherung von Gold in Flussablagerungen, die der Geologe als Seifen bezeichnet. Goldführende Flussseifen in Kanada und Finnland bildeten wiederholt den Auslöser für die historischen Phasen des „Goldrausches". In Moorgebieten abgelagerte Torfe waren lange Zeit ein wichtiger Brennstoff und werden auch heute noch lokal für Heizzwecke abgebaut (s. Kapitel 4 und 7).

In der kühlgemäßigten Zone und den warmgemäßigten Subtropen führen physikalische Verwitterungseinwirkungen, meist verbunden mit vielfältigen chemisch-biologischen Lösungs-, Wanderungs- und Ausfällungsvorgängen, zu der Bildung eines breiten Spektrums von nutzbaren Stoffanreicherungen. Auf den Kontinenten entstehen durch die Verwitterung der Gesteine Rohstoffe der Bau- und Keramikindustrie. Umwandlungsprodukte vulkanischer Tuffe, wie Bentonite und Zeolithe, werden für viele technische Anwendungen genutzt. So sind Zeolithe Hauptbestandteil der Waschmittel. Kaolin oder Porzellanerden, die für die Herstellung von Geschirr verwendet werden können, entstehen durch

10 Was man so braucht – Wasser und Rohstoffe

die intensive Verwitterung aus feldspatreichen Gesteinen. Feuchte Klimate, üppiger Pflanzenwuchs und günstige Ablagerungsbedingungen sind Voraussetzungen für die Entstehung von Torf- und Kohlevorkommen. Die Verkarstung, d. h. die Lösung und Auslaugung von Kalkgesteinen kann zur Anreicherung von Eisen- und Manganerzen, aber auch von Blei- und Zinkerzen führen.

In semiariden bis ariden subtropischen Klimazonen führt die Verwitterung zu eisen- und aluminiumhydroxidreichen Böden – leicht zu erkennen an der intensiv roten Färbung, die allen Mittelmeerurlaubern schon aufgefallen ist –, die als Rohstoff für die Herstellung von Aluminium eine große, für die Eisengewinnung nur lokale oder historische Bedeutung haben.

Trockene Wüstenklimate mit semiariden bis humiden Liefergebieten sind Bildungsbereiche von Eindampfungsgesteinen. Hier können in Eindampfungsbecken große Stein-, Kali- und Magnesium-Salzvorkommen sowie Anhydrit- und Gipslagerstätten entstehen. Vergleichbar der Frostsprengung in kalten Klimazonen, führt die Salzsprengung in semiariden und ariden Klimaten durch das Auskristallisieren von Salzen in Gesteinsklüften zu einer raschen mechanischen Zersetzung von Gesteinen.

In feuchtwarmen subtropischen und tropischen Klimazonen führen die hohen Niederschlagsmengen zu intensiven Wechselwirkungen zwischen einer hohen Abtragungsrate, einer tiefreichenden chemisch-biologischen Zersetzung und einer starken physikalisch-mechanischen Verwitterung der Gesteine. Intensive chemisch-biologische Zersetzung sowie hohe Abtragungsraten begünstigen die Anreicherung von schlecht verwitternden Schwermineralen in Fluss- und Strandablagerungen, die der Geologe als Seifen bezeichnet. Aus diesen auch Schwarzsande genannten Ablagerungen werden Minerale gewonnen, die zur Produktion von Chrom, Titan, Zinn, Seltenen Erden, Thorium, Platingruppenelementen sowie als Schleifmittel, Schmuck- und Edelsteinen dienen. Kupfer, Gold und Silber können sich in mächtigen Eisenhydroxid-Verwitterungsrückständen anreichern, die sich über Schwefelerzvorkommen bilden, die bis an die Erdoberfläche reichen.

Ohne Energie geht nichts!
(Torf, Kohle, Erdöl und Erdgas)

Ablagerungen mit hohen Anteilen organischer, überwiegend pflanzlicher Substanz sind Grundlage unserer Energieversorgung. Hierzu gehören auf dem Festland Torf und Kohle, im Meer Ablagerungen, die als Erdölmuttergesteine fungieren. Ihre Entstehung ist eng an klimatische Bedingungen geknüpft. Die Unterscheidung zwischen Torf, Braun- und Stein-

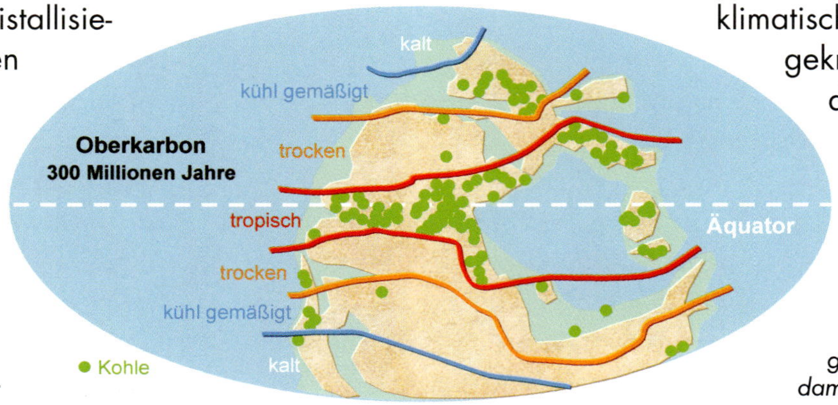

Abb. 10.9: Die Kohlen des Karbon entstanden in den tropischen und kühl gemäßigten Klimazonen der damaligen Zeit.

10 Was man so braucht – Wasser und Rohstoffe

kohle beruht auf der Intensität, mit der das organische Material nach seiner Ablagerung biochemisch bzw. thermisch überprägt und physiko-chemisch verändert worden ist. Die Intensität dieser Inkohlung bestimmt unter anderem die Qualitätsunterschiede der Brennstoffe.

Ein Großteil der Kohle, die weltweit gefördert wird, ist aus Sumpfmoorwäldern feuchtwarmer Tropen und Subtropen hervorgegangen. Aber man kennt auch Kohlebildungen aus kühlgemäßigten Breiten, deren Entstehung eher der heutigen Situation bei der Torfbildung entspricht. In früheren Erdzeitaltern waren allerdings völlig andere Pflanzenarten beteiligt. Solche Bildungen begannen vor ca. 300 Millionen Jahren, nachdem die Pflanzen die Kontinente erobert hatten. Die Landpflanzenablagerungen des Paläozoikum und Mesozoikum haben fast alle das Steinkohlestadium erreicht, während jüngere Bildungen noch im Braunkohlestadium stehen, wie etwa die tertiären deutschen Braunkohlevorkommen bei Helmstedt, in der Lausitz oder in der Kölner Bucht. Die heutigen Moore und die darin gebildeten Torfe sind einerseits an feuchtkalte Klimate der Nord- und Südhalbkugel gebunden, zum anderen kommen sie aber auch im Klima der feuchtwarmen Tropen vor (s. Kapitel 7).

Auch die Erhaltung organischer Substanz in Meeressedimenten ist in hohem Maße vom Klima gesteuert. Insbesondere das atmosphärische Zirkulationssystem bestimmt die Position der biologischen Hochproduktionsgebiete im Meer. In diesen Hochproduktionsgebieten wird durch starke und beständige Windsysteme (Beispiel Monsun-Gebiete) Oberflächenwasser verdriftet und Raum für nachströmendes nährstoffreiches Tiefenwasser geschaffen. Aufgrund dieses

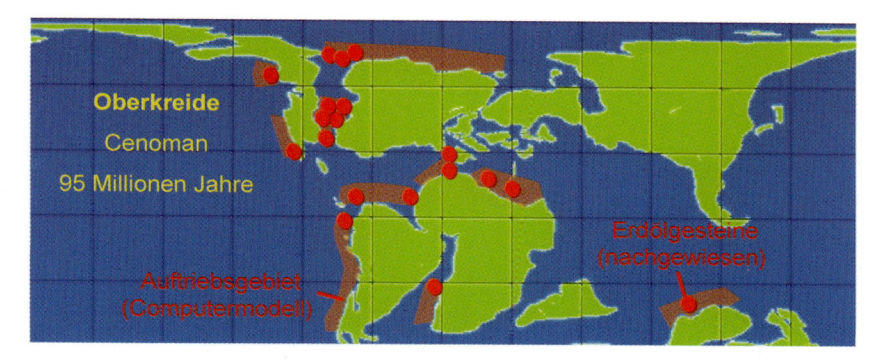

Abb. 10.10: Mit Hilfe des Computers lassen sich die Auftriebsgebiete zur Zeit der Oberkreide rekonstruieren. Ihr Auftreten hängt von den damaligen Windsystemen ab. In diesen Zonen entstanden durch starke und wiederholte Algenblüten Meeresablagerungen, die sehr viel organisches Material enthalten. Tatsächlich lassen sich derartige Gesteine in den berechneten Zonen nachweisen; sie sind das Ausgangsmaterial für unser Erdöl.

Nährstoffreichtums entwickelt sich eine reiche biologische Aktivität, und es kommt zu massivem Algenwachstum. Nach dem Absterben der Algen sinkt das organische Material zum Meeresboden. Auf dem Weg dorthin wird ein Teil der organischen Substanz durch Bakterien abgebaut und umgesetzt, die hierzu große Mengen Sauerstoff aus dem Meerwasser verbrauchen. Die im Sediment angereicherte organische Substanz wird im Laufe von Jahrmillionen in tiefere Bereiche abgesenkt und mit den steigenden Temperaturen so verändert, dass sich Erdöl und Erdgas daraus abspalten können.

Heute können die Vorgänge bei der Anreicherung von organischem Material am Beispiel des durch Monsun-Winde geprägten Arabischen Meeres untersucht werden. Computersimulationen mit Klimamodellen bestätigen und veranschaulichen die Zusammenhänge zwischen solchen Windsystemen und der Bildung von Erdölmuttergesteinen.

10 Was man so braucht – Wasser und Rohstoffe

Lagerstätten von Erdöl und Erdgas können nur dann entstehen, wenn die Substanzen aus dem Muttergestein nach einer mehr oder weniger langen Wanderung durch die Sedimente an anderen Stellen angereichert und gespeichert werden. Indirekt spielen auch hier wieder klimatisch beeinflusste Ablagerungsvorgänge eine Rolle. Die bedeutendsten Speichergesteine sind hoch poröse Sandsteine oder fossile Korallenriffe, die Hinterlassenschaft ganz bestimmter Klimabedingungen. So sind die Erdöllagerstätten im Nigerdelta an Sandhorizonte gebunden, die aus Phasen eines klimatisch bedingten Tiefstands des Meeresspiegels stammen. Diese in Tiefseefächern aufgeschütteten Sande bilden ausgezeichnete Speichergesteine für Kohlenwasserstoffe am Kontinentalsockel und sind damit ein interessantes Ziel bei der Suche nach Erdöl und Erdgas.

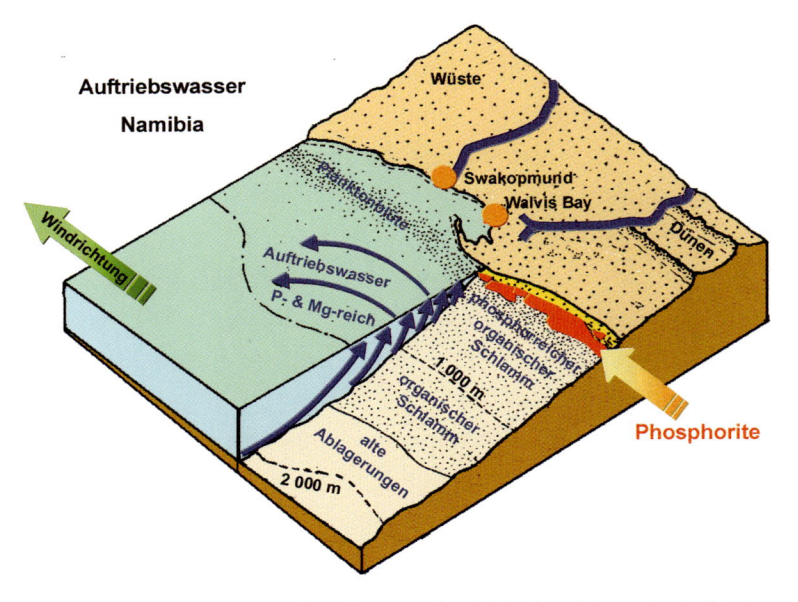

Abb. 10.11: Ablagerung von Phosphoriten durch Planktonblüten im Auftriebsgebiet vor Namibia.

Gut für die Landwirtschaft (Phosphat-Dünger)

Vor dem Hintergrund einer rasch wachsenden Weltbevölkerung ist heute Dünger zur Produktion der pflanzlichen Nahrung unerlässlich. Interessant ist in diesem Zusammenhang, dass auch die Entstehung der für das Leben auf der Erde nicht ersetzbaren Nährstoffe, wie z. B. Phosphat u. a., von den Klimafaktoren Wind, Temperatur und Niederschlag beeinflusst wurde. Die heute wirtschaftlich genutzten Phosphatlagerstätten sind zu 90 % als Ablagerung im Meer entstanden. Ähnliche Bedingungen wie bei der Bildung von Erdöl-Muttergesteinen, nämlich großer biologischer Umsatz in den durch die Windsysteme angetriebenen Auftriebsgebieten, sind notwendig, um Phosphate in Lagerstätten anzureichern. Der im organischen Material enthaltene Phosphor wird durch Bakterien in die Form des stabilen Phosphoritminerals Frankolith umgewandelt. Dieser Vorgang lässt sich am Meeresboden in vielen Auftriebsgebieten beobachten. Unklar ist noch, wie die ursprünglich sehr vereinzelt vorkommenden Mineralkörner sich zu solch enormen Lagerstätten angereichert haben, wie sie heute in Marokko, Jordanien, Utah und Florida abgebaut werden.

Der Eintrag von Phosphat in küstennahe Becken erfolgt durch die Flüsse. Feuchtes Klima am Oberlauf begünstigt die Lösung von organisch-phosphatischen Pflanzen- und Tierresten und deren Lösungstransport. Wichtig ist vor allem eine Anreicherung des organisch-phosphatischen Materials auf dem Transportweg. Flussabschnitte mit geringem Gefälle sowie niederschlagsarme Küstenebenen spielen hierbei

10 Was man so braucht – Wasser und Rohstoffe

Der heiße Tiegel (Kali, Salz und Gips)

Das Salz in unserer Suppe entstammt oft einem industriellen Siedeprozess. Grob vereinfacht dargestellt, wird Salzwasser (Sole) in einer Pfanne eingedampft, und anschließend werden die beim Verdampfen ausgeschiedenen Kristalle als Speisesalz gewonnen. Dieses Siedesalz hat vor Urzeiten schon einmal einen ähnlichen Prozess durchlaufen, als es nämlich in großen natürlichen Becken mit Hilfe von Sonnenenergie durch Eindampfen von Meerwasser entstanden ist. Dies betrifft nicht nur unser Speisesalz, sondern auch Ablagerungen von Gips und Kali. Alle sind an trockene, heiße Klimazonen unseres Planeten gebunden, in denen die Verdunstung die Niederschläge übertrifft. Durch Meeresspiegelschwankungen oder tektonische Ereignisse entstanden vom Meer abgeschnürte Becken und boten ideale Voraussetzungen zur Abscheidung der heute begehrten Rohstoffe – Gips als Baustoff, Salz zum Würzen und Konservieren

Abb. 10.12: Phosphorite mit Tierresten aus dem Auftriebsgebiet vor der Küste von Peru.

die entscheidende Rolle. Grobe Komponenten setzen sich dort ab, während bevorzugt feinkörniges Material ins Meer transportiert wird. Solche für die Subtropen typischen Bedingungen begünstigen den Phosphateintrag vom Festland ins Meer und schaffen ein ausreichendes Angebot für die Bildung von Phosphatlagerstätten. Dies ist der Grund dafür, dass derartige Lagerstätten bevorzugt zwischen dem nördlichen und südlichen 40. Breitengrad vorkommen. Außerdem sind wegen der langsam ablaufenden Bildungsprozesse über lange Zeitabschnitte stabile klimatische bzw. geomorphologische Bedingungen notwendig, damit große abbauwürdige Lagerstätten entstehen.

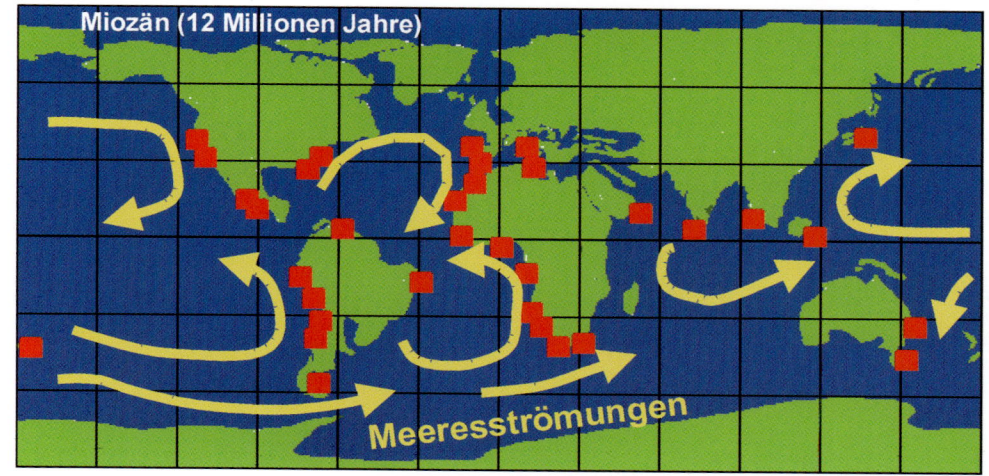

Abb. 10.13: Die Phosphoritablagerungen des späten Tertiär liegen in den Tropen und Subtropen im Bereich weitreichender Meeresströmungen.

10 Was man so braucht – Wasser und Rohstoffe

Abb. 10.14: Die Sonnenenergie lässt in den Trockenzonen der Erde durch Eindampfen Salzseen entstehen.

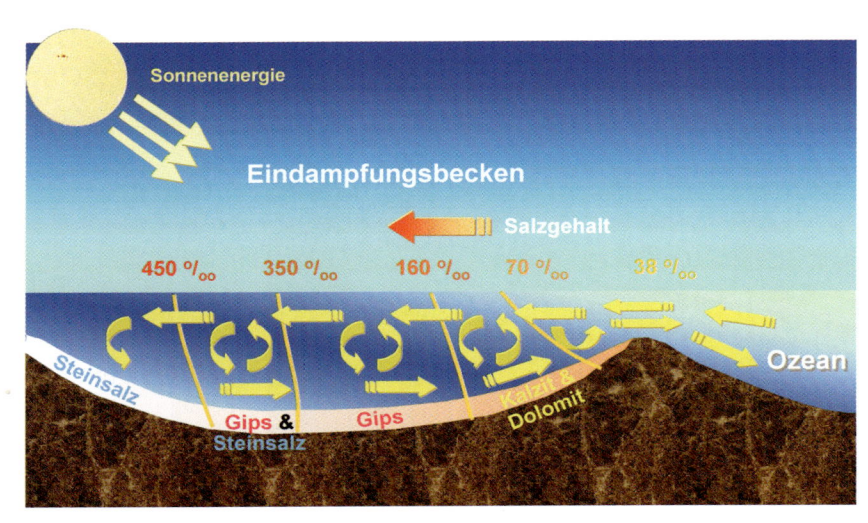

Abb. 10.15: In natürlichen Eindampfungsbecken, die einen Kontakt zum Meer haben, erhöht sich der Salzgehalt durch Verdunstung, und in Abhängigkeit von ihrer Löslichkeit lagern sich am Beckengrund Naturstoffe wie Kalk, Gips und Steinsalz ab. Noch später scheidet sich Kalisalz ab.

oder Kali als Dünger. Wegen ihrer unterschiedlichen Löslichkeiten scheiden sich diese Stoffe in der hier aufgezählten Reihenfolge aus dem Meerwasser ab. Substanzen mit der geringsten Löslichkeit, nämlich Kalk und Dolomit, fallen als erste aus; ihnen folgen Gips und Anhydrit, dann Steinsalz und schließlich die Kalisalze.

In der geologischen Vergangenheit, wie z. B. im Perm, sind teilweise gigantische Vorkommen solcher Eindampfungsgesteine entstanden, unter anderem auch die großen Vorräte an Gips, Steinsalz und Kalisalzen in Norddeutschland. Der Bergbau auf Kali und Salz im Großraum Hannover und die Gipsgewinnung am Harzrand sind Zeugen dafür, dass diese Region vor mehr als 245 Millionen Jahren in einer trocken-heißen Klimazone lag. Auch innerhalb der Abfolge von Salzgesteinen des Zechstein zeigt eine deutliche Schichtung Klimaschwankungen an.

Die warme Badewanne (Kalksteine und Riffe)

Kalkstein – für unsere menschliche Gesellschaft ein außerordentlich wichtiger Grundstoff des Konstruktionsbereichs – ist bei seiner Entstehung eng an bestimmte Klimazonen gebunden. Bevorzugt entstanden ist er im Meer, im Flachwasser warmer Klimazonen. Wie in einer warmen Badewanne fielen aus den mit Karbonat übersättigten Lösungen Kalke aus, wie etwa die Kalke der Oberkreide, die in Deutschland zur Zementherstellung verwendet werden. Auch Tiere sind an der Entstehung von großen Kalkablagerungen beteiligt. Während der Trias-Zeit lebten im flachen Wasser warmer Meere Muscheln und Seelilien im Überfluss. Ihre kalkigen

Gehäuse und das zu feinem Kalkgrus zerriebene Schalenmaterial haben mit der Zeit massive Schichten aufgebaut, die heute gesägt und poliert zu Fensterbänken, Bodenbelägen und Fassadenverkleidungen verarbeitet werden. Korallenriffe und Lagunen, wie wir sie von tropischen Urlaubszielen kennen, haben auch in längst vergangenen Zeiten der Erdgeschichte stets in warmen Klimazonen existiert. So weiß man, dass die Riffe des Karbon sich um den Äquator konzentrierten, sich ab dem Perm in weiter nördlich gelegene Zonen ausbreiteten und schließlich in der Trias und im Jura eine Verbreitung um den 30. nördlichen Breitengrad einnahmen. Dieser regionale Wechsel ist einerseits durch die Landmassenverteilung bedingt, andererseits aber auch im Zuge eines Umschwungs von einer Eiszeit in eine Warmzeit erfolgt, wobei steigende Temperaturen eine Ausdehnung des Lebensraumes in höhere Breitengrade ermöglichten.

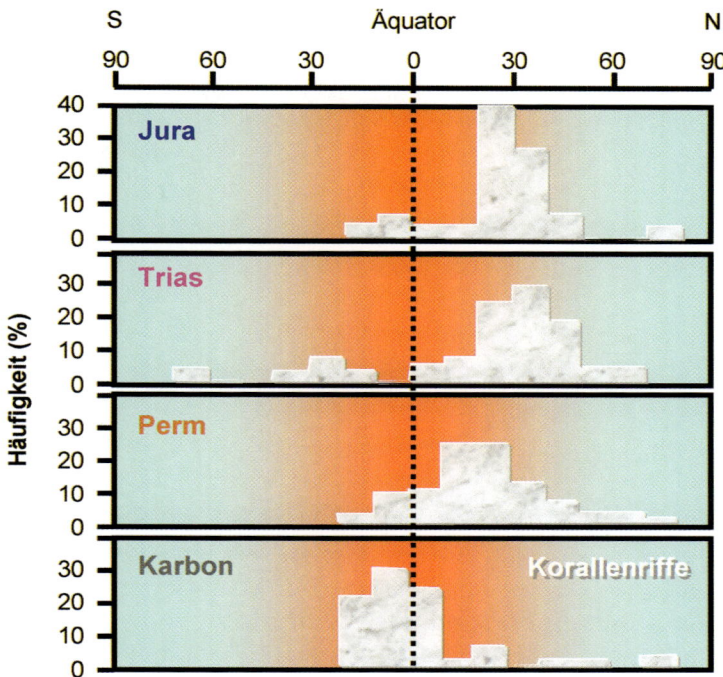

Abb. 10.17: Korallenriffe konnten nach der kalten Zeit des Karbon in den wärmeren Klimaten des Perm und der Trias auch die subtropischen Gebiete nördlich des Äquators erobern.

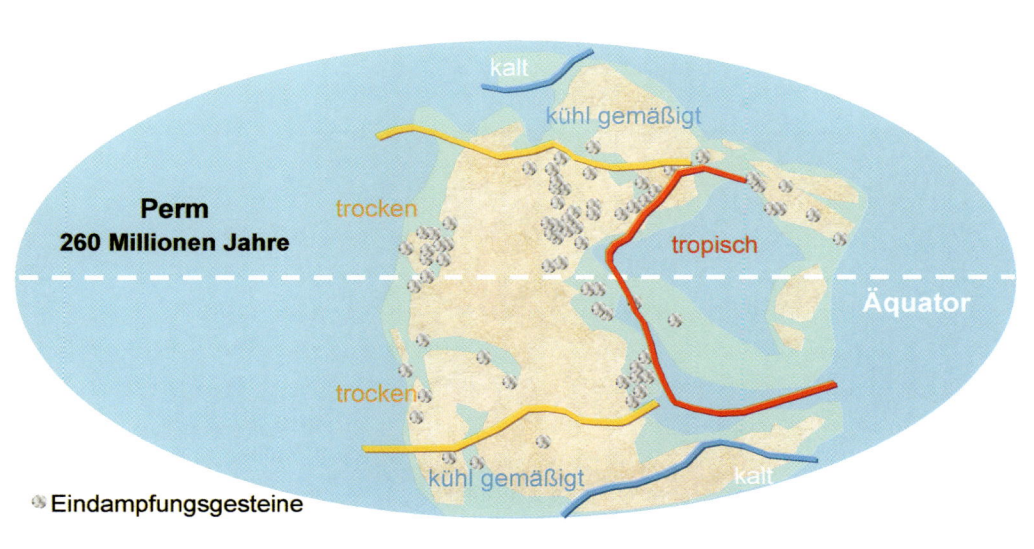

Abb. 10.16: Die Eindampfungsgesteine des Perm sind an die heißen Trockenzonen des damaligen Großkontinents gebunden.

Rot wie Ziegelstein (Laterite)

Laterit, abgeleitet vom lateinischen Wort „later" – zu deutsch Ziegelstein – ist eine Bezeichnung für meist ziegelrot, aber auch rotbraun bis dunkelbraun gefärbte Verwitterungsböden. Fein verteilte Eisenoxide und Eisenhydroxide, vorwiegend Hämatit (Fe_2O_3), Goethit (α-FeOOH) und Lepidokrokit (γ-FeOOH), sind verantwortlich für die intensive Färbung.

Laterite entstehen bevorzugt in semiariden bis ariden, subtropischen bis tropischen Wechselklimaten mit längeren

10 Was man so braucht – Wasser und Rohstoffe

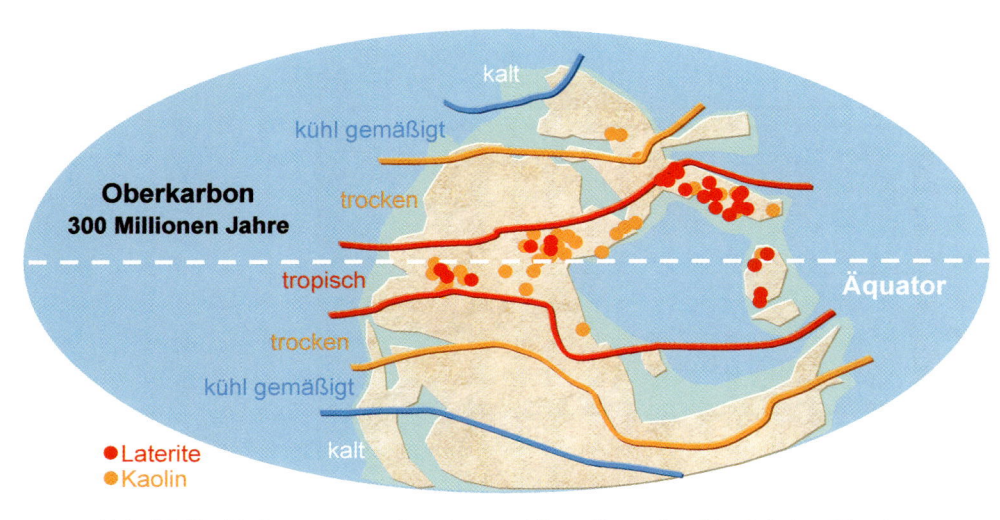

Abb. 10.18: Vorkommen von Lateriten und Porzellanerden (Kaolin) des Oberkarbon beschränken sich auf die damaligen Tropen.

Niederschlags- und Trockenperioden. Der periodische Wechsel zwischen Regen- und Trockenzeit führt zu regelmäßigen Veränderungen des pH-Wertes in den lateritischen Verwitterungskrusten der Gesteine. Diese Schwankungen des pH-Wertes zersetzen die Ausgangsgesteine rasch und tiefgründig. Durch den Abtransport von Begleitbestandteilen reichern sich die Wertstoffe an.

Von Lateritlagerstätten spricht man, wenn die angereicherten Stoffe wirtschaftlich gewinnbringend abgebaut werden können. Das Spektrum der Möglichkeiten, Laterite wirtschaftlich zu nutzen, ist genauso vielfältig wie deren chemische und mineralogische Zusammensetzung. Diese wiederum hängt von der Beschaffenheit der Ausgangsgesteine, den Bildungsprozessen, von den Entstehungsorten und nicht zuletzt von den jeweiligen Klimaverhältnissen ab. Aluminium, Nickel und Eisen sind, wirtschaftlich gesehen, die wichtigsten Metalle, die heutzutage aus Lateriten gewonnen werden.

Aluminium, unser wichtigstes Leichtmetall, stellt man aus Lateriten her, die nach einem kleinen Ort in Südfrankreich, Les Baux, als Bauxite bezeichnet werden. Der Grundstoff für Aluminium stammt aus Lagerstätten, die unter tropischen und subtropischen Bedingungen gebildet wurden. Bauxit-Lagerstätten finden sich z. B. im Mittelmeerraum. Sie wurden dort in der Kreide und im Tertiär gebildet, als die Länder, in denen sich heute die Lagerstätten befinden, in der subtropischen bis tropischen Klimazone angesiedelt waren. Selbst in Deutschland gibt es in der Wetterau eine Bauxit-Lagerstätte, die im Tertiär entstand und so auf die subtropischen Bedingungen der Region zu dieser Zeit hinweist. Auch heute kann die Bildung von Lateriten beobachtet werden, wie etwa auf der Insel Kauai (Hawaii), wo eine vor 10 000 Jahren begonnene Verwitterung der Lavaströme zur Bildung von Bauxit geführt hat.

Abb. 10.19: Lateritverwitterung führte zu einer Erzanreicherung, die an der Erdoberfläche deutlich auszumachen ist.

10 Was man so braucht – Wasser und Rohstoffe

Die Nickel-Laterite beinhalten rund zwei Drittel der Weltnickelvorräte und tragen derzeit etwa 40 % zur Nickelproduktion bei. Nickel-Laterite sind ausnahmslos auf verwitterten ultrabasischen und basischen Gesteinen zu finden.

Abb. 10.20: Erztagebau, in dem das Erz durch Lateritverwitterung konzentriert wurde.

Das in den Mineralen dieser Gesteine enthaltenen Nickel reicherte sich bei der Lateritbildung in Form von Nickelhydrosilikaten in der Verwitterungskruste an. Außerdem kann es auf ultrabasischen Gesteinen zu Magnesiumkarbonat-Anreicherungen kommen. Nicht selten treten in den Nickel-Lateriten auch erhöhte Gehalte an Kobalt, Chrom und Platingruppenelementen auf.

Eisenreiche Laterite bilden weltweit eine Ressource an Eisenverbindungen von mehreren Milliarden Tonnen. Doch sind ihre Gehalte in der Regel zu gering, um heute für eine wirtschaftliche Eisengewinnung in Frage zu kommen. Eine Ausnahme bilden allerdings lateritische Verwitterungsreicherze, die sich auf Bändereisenerzen gebildet haben und die durch ein verwitterungsbedingtes Weglösen der Quarzkomponenten (Entkieselung) entstehen.

Tief versenkte und durch hohe Temperaturen veränderte Vulkangesteine, so genannte Grünsteine, gelangen durch tektonische Prozesse erneut an die Erdoberfläche. Die in ihnen enthaltenen geringen Goldmengen bilden bei der Verwitterung den Grundstock für die Gold führenden Laterite, zum Beispiel in den bedeutenden Goldfunden Australiens. Vor einigen Jahren löste die Entdeckung dieser goldhaltigen Laterite weltweit eine intensive Suche nach vergleichbaren Vorkommen aus.

Laterite und Bauxite finden auch in der chemischen Industrie, in der Zementindustrie sowie bei der Herstellung feuerfester Materialien oder kalziniert als Schleifmittel Verwendung. Auch als Phosphat-Rohstoff ist Laterit von Interesse, und lokale Anreicherungen von Mangan, Seltenen Erden, Niob und Uran werden ebenfalls aus ihm gewonnen. Schließlich verwendet man verfestigte Lateritkrusten in Entwicklungsländern auch als Baustein.

Auf dem Waschbrett der Natur (Mineralsande)

Besonders deutlich wird der Einfluss des Klimas auf die Bildung von Lagerstätten, in denen Schwerminerale physikalisch-mechanisch angereichert werden, die so genannten

10 Was man so braucht – Wasser und Rohstoffe

Seifenlagerstätten. Zu solchen Vorkommen zählen Anreicherungen von Zinn (als Zinnstein), Titan (als Rutil, Ilmenit), Gold, Seltenen Erden (als Monazit), Diamanten, Schmirgelstoffen (als Granat), Eisen (als Magnetit) und Gießereisanden (als Zirkon). Der Name für diese Lagerstätten kommt von dem Wort „sife" und weist auf die einfache Art hin, Erzkörner durch das Waschen der Sande und Kiese in flachen Holztrögen zu gewinnen. Wirtschaftlich wichtig sind die Anreicherungen von Schwermineralen in den Seifenlagerstätten. Wie ihr Name besagt, sind dies Minerale mit einer höheren Dichte als die Masse der gewöhnlichen Quarz- und Feldspatkörner. Bei dem Waschen der Sande werden die Körner entsprechend ihrer Dichte so getrennt, dass die Schwerminerale als Konzentrat in den Sichertrögen übrig bleiben.

Etwa die Hälfte der jährlichen Titanproduktion stammt aus diesem Lagerstättentyp, der in Strandsanden von Australien und Südafrika in großem Maßstab abgebaut wird. Zinnsteinseifen, die in Südostasien auf dem Lande und im Meer ausgebeutet werden, liefern etwa dreiviertel der Weltproduktion an Zinnstein. Auch die Goldproduktion beruht zum überwiegenden Teil auf verschiedenartigen Goldseifen, von denen die fossilen Goldseifenlagerstätten in Südafrika wohl am bekanntesten sind. Die ehemals reichen Diamantseifen sind mittlerweile weitgehend ausgebeutet, der Abbau dieses Lagerstättentyps wird im wesentlichen nur noch vor Südafrika und Namibia betrieben. Auffällig schwarze Strandseifen von Magnetit – so genannte Schwarzsande – wurden an vielen Küsten abgebaut, so dass diese Vorkommen heute bis auf einen Abbau auf der Nordinsel Neuseelands erschöpft sind. Das Erz wurde als chromführender Zuschlagstoff bei der Eisenverhüttung eingesetzt, um die Ausmauerung der Hochöfen zu stabilisieren. Da viele der Schwerminerale sehr hart sind, werden kleinere, vor allem granatreiche Vorkommen auch für die Herstellung von Schmirgelpapier abgebaut.

Die vielfältig verwendbaren Schwerminerale der Seifenlagerstätten zeichnen sich durch eine hohe chemische und mechanische Beständigkeit aus. Nur so konnten sie durch Verwitterungs- und Bodenbildungsprozesse aus ihrem magmatischen oder metamorphen Muttergestein herausgelöst und angereichert werden. Im wesentlichen spielen vier Prozesse dabei eine Rolle, die chemische Verwitterung sowie die mechanische Anreicherung durch Wind, fließendes Wasser sowie Gezeitenströme und Brandungsprozesse im Meer. Verwitterungslagerstätten sind selten, aber dann meist sehr ausgedehnt. Sie entstehen durch intensive chemische Verwitterung des Ausgangsgesteins, wodurch die

Abb. 10.21: Schwarzer Schwermineralsand an der Küste des Roten Meeres.

10 Was man so braucht – Wasser und Rohstoffe

widerstandsfähigen Minerale, z. B. Rutil, in einer Lagerstätte von Sierra Leone in der mächtigen tropischen Verwitterungsdecke angereichert werden. Ausschließlich durch Wind angereicherte Vorkommen sind sehr selten und haben wegen ihrer meist geringen Masse kaum wirtschaftliche Bedeutung.

Die höhere Dichte der Schwerminerale im Vergleich zu der Masse der anderen Minerale ist bei der Anreicherung in fließendem Wasser entscheidend. Leicht vorstellbar ist, dass Goldkörner mit einer Dichte von 19 g/cm^3 in Flüssen erheblich schwerer transportiert werden als die sechsmal leichteren, sehr häufigen Minerale Quarz und Feldspat. Dies führt dazu, dass sich die Goldpartikel, vor allem die etwas größeren Körner, an Stellen anreichern, wo die Strömungsgeschwindigkeit eines Flusses so weit abnimmt, dass das Gold liegen bleibt, leichtere Körner aber weiter transportiert werden. Flussseifen mit goldhaltigen Sanden oder Zinnstein (allerdings nur mit der Dichte von 6 g/cm^3, aber insgesamt größeren Körnern) entstehen daher in der Regel in der Nähe ihrer Wirtsgesteine. Nur sehr feine Goldpartikel können über weite Strecken verlagert werden, wobei dann niedrig konzentrierte Vorkommen entstehen, wie das bekannte Rheingold.

Zahlreiche Seifenvorkommen entstanden durch Anreicherung in der Brandungszone an Wind exponierten Küsten der Meere. Die von den Flüssen angelieferten schwermineralhaltigen Sande werden bei ihrem Längstransport entlang der Küste durch den Schwall der am Strand auflaufenden und ablaufenden Wellen nach Größe und Dichte der Mineralkörner sortiert. Da die Schwerminerale im Vergleich zu den gleichzeitig transportierten Quarzkörnern kleinere Durchmesser haben, werden sie im dünnen Wasserfilm der ablaufenden Welle erheblich langsamer bewegt und dabei allmählich angereichert.

An vielen Stränden lassen sich derartige Anreicherungen in Form von schwarzen (Magnetit) oder roten (Granat) Kornlagen beobachten. Unter diesen Einflüssen sind stellenweise gebänderte schwermineralreiche Strandseifen entstanden. Bei auflandigen Winden können die am Strand angereicherten Mineralkörner abtransportiert und in mächtigen Küstendünen abgelagert werden. Sie sind dann einer weiteren Umlagerung durch das Meer entzogen. Die größten titanhaltigen Seifenlagerstätten der Welt sind im Zusammenwirken dieser beider Prozesse in der Richards Bay in Südafrika und auf Frazer Island in Queensland (Australien) entstanden.

Bei den wiederholten Meeresspiegelschwankungen im Pleistozän wanderten auch die Strandsedimente und die zugehörigen Seifenvorkommen über den Schelf. So sank der Meeresspiegel gegen Ende der letzten Warmzeit (Eem-Warmzeit) vor 117 000 Jahren mit einigen kurzfristigen Schwankungen stetig ab und erreichte in der Phase maximaler Abkühlung vor 22 000 bis 18 000 Jahren einen Tiefstand um 130 m unter dem heutigen Niveau. Die Küsten- und Strandsande stellten sich jeweils auf den sinkenden Meeresspiegel ein. Schwerminerale konnten sich dabei nur selten anreichern, da es längere Perioden mit stabilem Meeresspiegel gab und bei einem absinkenden Meeresspiegel die zuvor gebildeten Strandsande auf dem trocken fallenden Land zurück blieben. Beim Tiefstand des Meeresspiegels wurde überdies ein großer Teil der Flussfracht nicht

10 Was man so braucht – Wasser und Rohstoffe

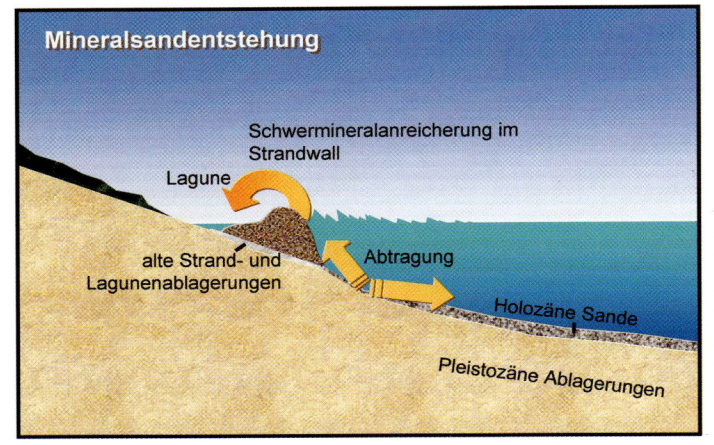

Abb. 10.22: Schema der Mineralsandanreicherung im Bereich des Strandwalls. Leichtes Material wird fortgespült, während sich schwere Mineralkörner im Strandwall anreichern.

mehr auf dem Schelf abgelagert, sondern über die Schelfkante und die darin eingeschnittenen Canyons der Tiefsee zugeführt. Sie stand damit nicht mehr für Anreicherungen zur Verfügung. Bei dem anschließenden, in zwei Phasen stattfindenden Anstieg des Meeresspiegels nach dem Höhepunkt der letzten Kaltzeit veränderten sich die Bedingungen für die Sedimentanreicherung beträchtlich. Die über den Schelf verteilten Strandsedimente wurden von der Brandungswalze des steigenden Meeres erfasst und wie von einer Planierraupe landwärts geschoben. Insbesondere waren hiervon die oberen Partien vormaliger Strandwälle betroffen. Auf diese Weise kam es in einer vorübergehenden Phase des Meeresspiegelstillstandes während der Jüngeren Dryas vor ca. 12 700 bis 11 560 Jahren dazu, dass große Mengen bereits leicht angereicherter Strandsande für die weitere Anreicherung in einer heutigen Wassertiefe von 50 m bereit lagen. Auf dem äußeren Schelf vor der Mündung des Sambesi in Moçambique entstand um diese Zeit ein riesiges Schwermineralvorkommen mit Ilmenit, Zirkon und Rutil. Dieses Vorkommen ist einzigartig auf der Welt, da der Sambesi in dieser Lagerstätte derart viel Sediment angehäuft hat, dass die nachfolgende Überflutung während der zweiten Phase des Meeresspiegelanstiegs den Sandkörper nicht vollständig mobilisieren konnte. In fast allen anderen Schelfgebieten der Erde waren die entsprechenden Sandmassen erheblich kleiner und wurden mehr oder weniger vollständig vom Meere landwärts verlagert.

11 Klima, quo vadis?

Die Untersuchungen der Vergangenheit zeigen, das Klima fuhr Achterbahn, mit lang dauernden und kurzen zyklischen Schwüngen. Unsere heutige Klimasituation ist zwar in die langen Zyklen eingebunden, wichtig sind heute aber die verschieden langen Sonnenfleckenzyklen, da sie die nahe Klimazukunft lenken werden. Dies sind der Schwabe-Zyklus (11 Jahre), der Hale-Zyklus (22 Jahre), der Gleißberg-Zyklus (80 bis 90 Jahre) und der Seuss-Zyklus (180 bis 208 Jahre). Wir erkennen zwar den Zusammenhang zwischen Sonnenflecken und Klima, aber fatalerweise wissen wir noch nicht, wie diese Steuerung durch die Sonne funktioniert und sind auf Spekulationen angewiesen.

Temperaturen sind ein Indiz für die Klimaentwicklung. Wissenschaftler bestimmen sie seit mehr als 100 Jahren überall auf der Welt. Tatsächlich gibt es aber nicht nur eine Fieberkurve, die die weltweiten Schwankungen belegt, sondern viele. Und sie sehen nicht gleich aus. Das hat einmal etwas mit den unterschiedlichen Methoden zu tun, mit denen die Forscher Temperaturen ermitteln. Messungen in Wetterstationen an der Erdoberfläche, Satellitenbeobachtungen und Wetterballone liefern diese Daten. Bodenmessungen zeigen andere Werte als Temperaturbeobachtungen mit Wetterballonen und Satelliten. Die Temperaturmessungen vom Ballon aus stimmen mit den Satellitenmessungen überein. Bodendaten sind problematisch, weil die Messstationen oft ihren Ort gewechselt haben, die Beobachtungspraxis sich veränderte und die Art der Messinstrumente wechselte. Weiterhin ist die räumliche Verteilung der Stationen unregelmäßig und variiert stark von Kontinent zu Kontinent. Es gibt also Unsicherheiten bei der Temperaturaufzeichnung der letzten 150 Jahre.

Glaubt man der vorherrschenden Meinung, so treibt das atmosphärische Kohlendioxid die Temperaturentwicklung an. Rekonstruktionen des Klimas der Vergangenheit belegen aber etwas anderes: Temperatur und Kohlendioxid sind im Verlauf der Klimageschichte nicht immer miteinander gekoppelt. Dies ist aus Meeresablagerungen und Eiskernen abzulesen. Um die Zusammenhänge zwischen Temperaturänderung und atmosphärischem Kohlendioxidgehalt zu verstehen, muss man Klarheit über die Abläufe im Kohlenstoffkreislauf schaffen. Hier bestehen aber noch so große Kenntnislücken, dass die zukünftige Entwicklung nicht sicher abschätzbar ist.

11 Klima, quo vadis?

Klimaforscher versuchen dennoch, mit Hilfe von Computermodellen den Abläufen im System auf die Spur zu kommen. Dabei wird das Klimasystem in den Rechenmodellen vereinfacht dargestellt. Solche Vereinfachungen führen zu einfachen Ergebnissen, die nicht notwendigerweise mit den Ereignissen in der Natur zu tun haben und schon gar nicht mit der Klimazukunft. Solange wir das Klimasystem noch nicht vollständig verstehen, können wir es auch nicht wirklichkeitsnah in seiner Gesamtheit modellieren! Aufwendige Modelle mit hoher räumlicher und zeitlicher Auflösung und vielen Einflussfaktoren versuchen zwar, in die nähere Klimazukunft zu schauen, jedoch ist ein solches berechnetes Szenario noch lange keine Prognose. Dessen ungeachtet treffen Politiker auf der Basis solcher Szenarien ihre umwelt- und wirtschaftspolitischen Entscheidungen. Derartigen Klimaszenarien stehen geowissenschaftliche Überlegungen zur Klimazukunft gegenüber. Sie betreffen hauptsächlich längerfristige Klimaänderungen. Hiernach ist im Verlauf der nächsten Jahrtausende ein Absinken der Temperaturen sicher, und auch der Meeresspiegel wird sinken. Durch die naturgegebene Änderung der Konstellation zwischen Erde und Sonne ist eine neuerliche Abkühlung des Klimas in ca. 3 000 Jahren zu erwarten. Und ähnlich der Achterbahnfahrt des Klimas während der Weichsel-Kaltzeit bewegen wir uns auf eine neue Kaltzeit zu. Dies ist unabhängig davon, ob die Menschheit heute die Konzentration des Kohlendioxids in der Atmosphäre durch die Verbrennung von Erdöl, Erdgas und Kohle rasch erhöht oder durch Einsparungen beim Energieverbrauch den Ausstoß von Treibhausgasen verringert.

Energiesparen ist aber dennoch gefordert, denn unsere herkömmlichen Erdölquellen und Erdgasvorräte gehen im 21. Jahrhundert zur Neige. Um unseren Erben noch Spielraum zum eigenständigen Handeln zu ermöglichen, sollten wir verantwortungsvoll mit unseren fossilen Vorräten wirtschaften.

11 Klima, quo vadis?

Unser Klima der letzten 100 Jahre ist glücklicherweise von großen Schwankungen verschont geblieben. Mit der schnell gewachsenen Technik hat der Mensch allerdings gerade im Verlauf der letzten 100 Jahre in die Natur eingegriffen und sie verändert. Daher besteht Besorgnis, dass sich diese Eingriffe auf das Klima auswirken. Solche Auswirkungen könnten soziale und wirtschaftliche Nachteile für die Menschheit hervorbringen, wenn man nicht rechtzeitig erkennt, wohin der Klimazug auf der Achterbahn fährt. Man versucht daher, die künftige Streckenführung vorherzusehen. Und das ist gar nicht so einfach, denn es wirken so viele Faktoren im Klimaverbund, dass man schnell den Überblick verliert, welcher Faktor denn nun den Kurs bestimmt. Es sind nicht nur die menschlichen Eingriffe, von denen man vermutet, dass sie das Klima beeinflussen könnten, sondern es sind vor allem natürliche Klimafaktoren, die das System antreiben. Man schaut sich daher die Wegstrecke der Klimavergangenheit an, um herauszubekommen, wohin denn nun der Zug in der Zukunft steuert. Aber reichen 100 oder 200 Jahre Rückblick und direkte Beobachtung aus, um sagen zu können, wie das Klima der Zukunft wird? Oder muss man gar weiter im Archiv der Erdgeschichte zurückblättern, um aus den bruchstückhaften Überresten der Vorzeit die Streckenführung zu rekonstruieren?

Sicherlich ist beides notwendig, um ein umfassendes Verständnis für die Klimavorgänge zu erhalten. Erst wenn dies gelungen ist, darf man daran gehen und Aussagen über die Zukunft versuchen. Aber haben wir heute schon ein ausreichendes Maß an Verständnis erreicht? Um diese Frage zu beantworten, sollten wir zusammenfassen, was wir über das Klima wissen, und prüfen, ob dieses Wissen schon ausreicht, um einen Blick in die Klima-Zukunft zu riskieren.

Gute Zeiten, schlechte Zeiten

Viele Menschen lassen sich durch den in jüngerer Zeit gleichmäßigen Verlauf des Klimas dazu verleiten, zu glauben, es könnte immer so ausgewogen sein. Aber weit gefehlt, Untersuchungen der Vergangenheit zeigen: das Klima fuhr Achterbahn. Es durchlief Höhen und Tiefen, und die Wechsel erfolgten mit unterschiedlicher Geschwindigkeit.

Die großen Eiszeiten wechselten im Abstand von mehreren hundert Millionen Jahren mit Treibhauszeiten (s. Kapitel 7). Diese großen Wechsel stehen in engem Zusammenhang mit der Verteilung der Kontinente, das Klima wird also durch die Kontinentalverschiebung beeinflusst.

Innerhalb der großen Eiszeiten pendelte das Klima zwischen Kalt- und Warmzeiten; und wir leben heute in der Warmzeit eines Eiszeitalters. Aber auch Treibhauszeiten hatten ihre Kälteeinbrüche, wie etwa in der Kreide. Die Wechsel zwischen Kalt- und Warmzeiten innerhalb einer Eis- oder einer Treibhauszeit erfolgten im Rhythmus der Änderungen der Erdbahn um die Sonne. Treibende Kraft dafür ist die Exzentrizität mit einer Zykluslänge von 100 000 Jahren. Aus der Erforschung unseres derzeitigen Eiszeitalters – dem Quartär – wissen wir, dass die Kaltzeiten etwa zehnmal länger dauern als die Warmzeiten.

11 Klima, quo vadis?

Auch Kaltzeiten sind durch ein Auf und Ab der Temperaturen geprägt. Bestes Beispiel dafür ist die jüngste Kaltzeit, die Weichsel-Kaltzeit, mit ihren Sprüngen zwischen Erwärmung und Abkühlung. Diese wiederholten Wechsel bezeichnet man als Dansgaard-Oeschger-Zyklen (s. Kapitel 6 und 9), die sich in Eiskernen und Meeresablagerungen sehr genau ablesen lassen. Im Verlauf dieser Zyklen erfolgte der Wechsel von kalt zu warm fast sprunghaft, innerhalb von Zehnerjahren. Die Temperaturen sanken danach erneut mit sehr deutlichen Schwankungen über mehrere Jahrhunderte bis zum nächsten Sprung ins Warme. So ging es weiter mit beständig abnehmenden Temperaturen bis zur größten Ausdehnung des Eises zwischen 22 000 und 18 000 J.v.h. Auch nach dem Eisrückzug erfolgten die Übergänge zwischen Erwärmung und Abkühlung innerhalb von Zehnerjahren, so etwa zwischen der Älteren Tundrenzeit (Ältere Dryas) und dem Alleröd und zwischen Alleröd und der Jüngeren Tundrenzeit (Jüngere Dryas). Und gar erst der Übergang von der letzten Kaltzeit in die heutige Warmzeit: innerhalb von 5 bis 15 Jahren stiegen die Temperaturen in Nordwestdeutschland um 5 bis 6 °C (s. Kapitel 7). Die einzelnen Phasen der Erwärmung und Abkühlung in der ausklingenden Weichsel-Kaltzeit dauerten nur wenige Jahrhunderte. Umgekehrt waren auch die Warmzeiten innerhalb der Eiszeitalter nicht frei von Abkühlungen und Erwärmungen, auch nicht die heutige Warmzeit – das Holozän. Die Klimaschwünge im Holozän waren nicht so dramatisch wie in der vorausgehenden Kaltzeit, dennoch waren sie markant genug, um in historischen Zeiten die soziale und ökonomische Entwicklung der menschlichen Kulturen zu beeinflussen. Dieses Auf und Ab zwischen Erwärmung und Abkühlung findet in einem Zeitrahmen statt, der den Änderungen der Sonnenaktivität unterliegt. Dazu kommen interne Prozesse der Klimaschaukel, so genannte Rückkopplungsvorgänge, in denen sich Klimaauswirkungen innerhalb des Klimasystems der Erde gegenseitig beeinflussen, verstärken oder abschwächen.

Beobachtungen belegen, dass die Sonnenflecken und der Sonnenwind das Klima in relativ kurzen Schwüngen von Zehnerjahren steuern. Die Kleine Eiszeit und der Temperaturanstieg seit Mitte des 19. Jahrhunderts sind Folgen der Sonnensteuerung. Wir erkennen zwar den Zusammenhang zwischen Sonne und Klima, aber wir wissen leider noch nicht genau, wie diese Steuerung funktioniert.

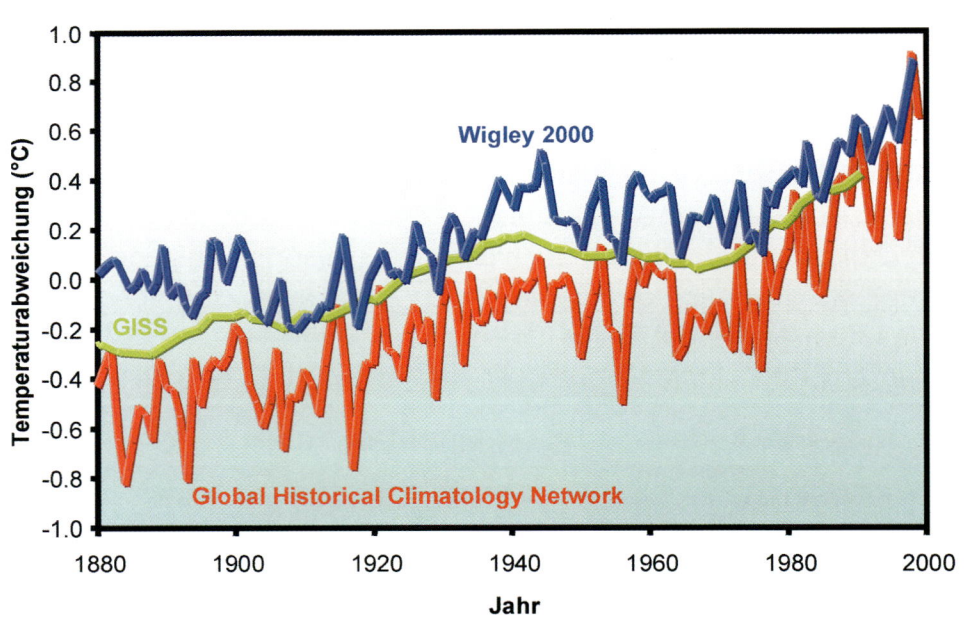

Abb. 11.1: Temperaturentwicklung der letzten 120 Jahre nach verschiedenen Quellen, angegeben als Abweichungen von einem Mittelwert. Die Daten des Goddard Institutes of Space Studies (GISS) sind geglättet.

11 Klima, quo vadis?

Fieberkurven der Erde

Temperaturen misst man seit mehr als 100 Jahren überall auf der Welt. Sie werden von so genannten Klimadatenzentren ausgewertet und veröffentlicht. Das klingt einfach, ist es aber nicht. Tatsächlich gibt es nicht nur eine Fieberkurve, die die weltweiten Schwankungen belegt, sondern viele. Und diese sehen nicht gleich aus.

Das hat einmal etwas mit den Methoden zu tun, mit denen die Forscher Temperaturen ermitteln. Ins Kreuzfeuer der Kritik sind die offensichtlich nicht gleichlaufenden Trends der am Boden und der von Satelliten aus gemessenen Temperaturen geraten. Die bodennahen Werte zeigen eine Zunahme von etwa 0,3 °C von 1978 bis 1999, während die Satellitendaten über diesen Zeitraum eine Abnahme um 0,06 °C zeigen. Offensichtlich ist auch die Zunahme der Unterschiede zwischen beiden Messreihen. Wie unterscheiden sich die Methoden? Die bodennahen Messungen ermitteln die Lufttemperatur in einer Höhe von 2 m über dem Boden. Bei den Satelliten dagegen wird die Temperatur mit einem indirekten Verfahren über die untersten 6 Kilometer der Lufthülle (Troposphäre) erfasst. Die Temperaturunterschiede innerhalb dieses Höhenbereiches können bis zu 30 °C ausmachen. Jedoch sprechen die Daten von Wetterballonen für die Verlässlichkeit der Satellitendaten. Täglich lassen nämlich Wetterforscher weltweit Ballone aufsteigen, die mit Messgeräten bestückt sind und Wetterdaten zurück zur Erdoberfläche funken. Die Temperaturmessungen vom Ballon aus stimmen mit den Satellitenmessungen überein.

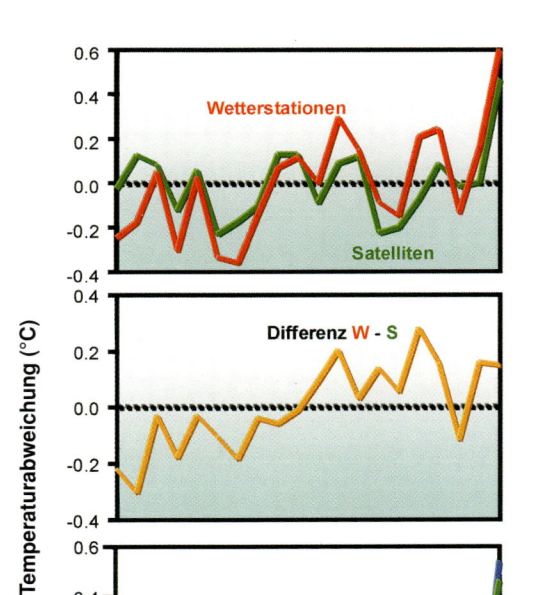

Warum weichen dann die Bodentemperaturen ab? In der Tat gibt es bei der Erstellung eines globalen Temperatur-Datensatzes, der bis ins 19. Jahrhundert zurückreicht, viele Probleme. So haben die Messstationen oft ihren Ort gewechselt, die Beobachtungspraxis hat sich verändert, und die Art der Messinstrumente hat gewechselt. Ferner ist

Abb. 11.2: Temperaturabweichung gemessen an bodennahen Wetterstationen und Satelliten (oben). Die Unterschiede zwischen Luftmessungen und Satellitenmessungen nehmen seit 1979 zu (Mitte). Die Temperaturmessungen mit Hilfe von Wetterballonen zeigen gleiche Werte wie die Satellitenmessungen.

Abb. 11.3: Wetterstationen sind nicht gleichmäßig auf der Erdoberfläche verteilt. Die Meeresgebiete schneiden am schlechtesten ab.

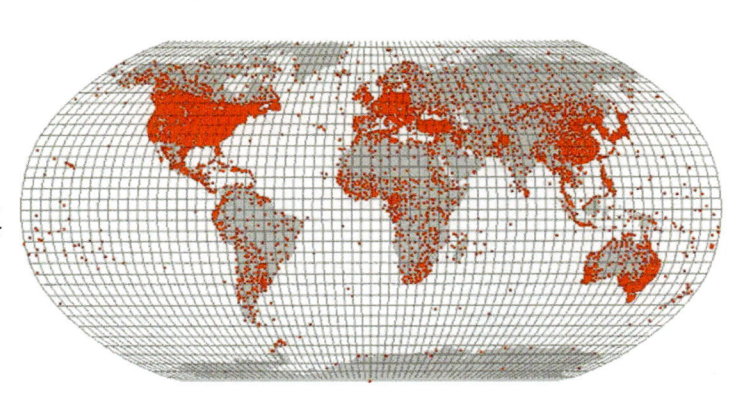

11 Klima, quo vadis?

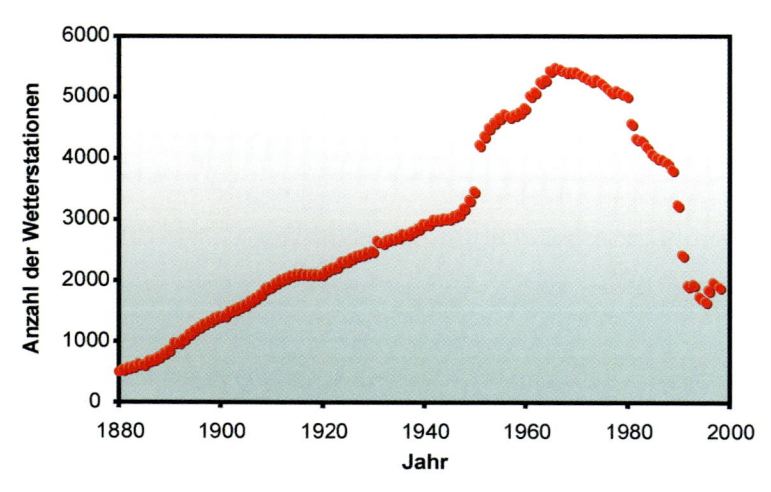

Abb. 11.4: Die Anzahl der Wetterstationen hat weltweit stark geschwankt. Sie erreichte zwischen 1960 und 1980 ihr Maximum. Mit dem verstärkten Einsatz der Satellitentechnik verloren die Wetterstationen an Bedeutung und verringerte sich ihre Zahl ab 1979 drastisch.

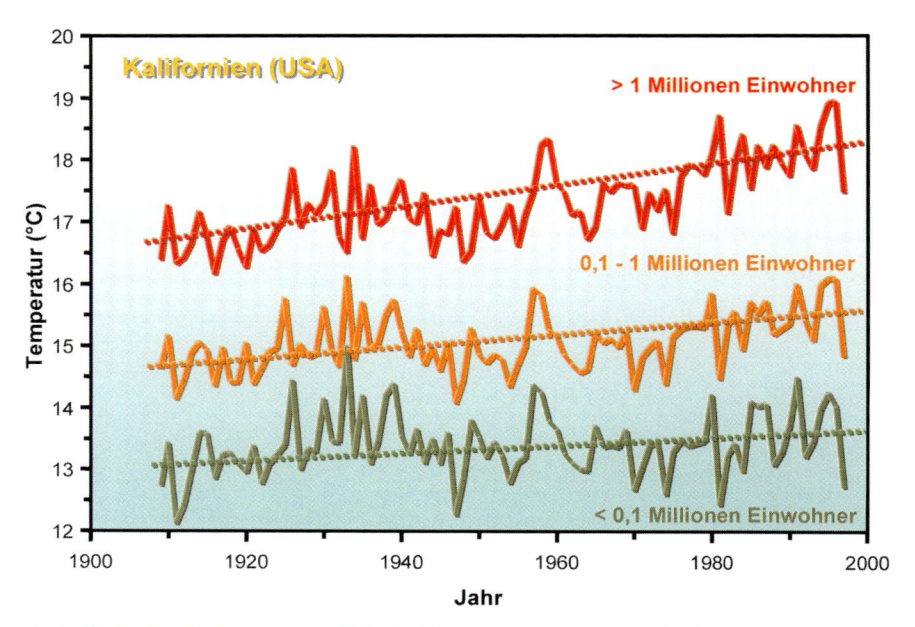

Abb. 11.5: Der Ballungsraumeffekt bei Temperaturmessungen ist hier an einem Beispiel aus den USA dargestellt. Regionen mit geringer Einwohnerzahl weisen niedrige Temperaturen und keinen Temperaturanstieg auf, während in Ballungsräumen eine höhere Durchschnittstemperatur und ein deutlicher Temperaturzuwachs seit 1910 festzustellen sind.

die räumliche Verteilung der Stationen unregelmäßig und variiert stark von Kontinent zu Kontinent. Neue Stationen sind im Verlauf der Zeit hinzugekommen, alte hat man aufgegeben. Auch die Stationsumgebung ist Veränderungen unterworfen. Die zunehmende Verstädterung kann die Temperaturmessungen beeinflussen, man bezeichnet dies als den so genannten „Ballungsraum-Effekt". Die Frage, ob die zunehmende Verstädterung einen Temperaturanstieg vortäuscht, wurde von mehreren Klimaforschern untersucht. Man versuchte, die sich aus der Veränderung des Stationsortes und der Beobachtungspraxis ergebenden Sprünge in den Temperaturreihen zu korrigieren. Es gibt aber berechtigte Zweifel, ob das immer gelungen ist. Einige Forscher geben außerdem zu bedenken, dass bei der statistischen Auswertung von Temperaturdaten die Stationsdichte eine große Rolle spielt. Und die hat im Verlauf der über hundertjährigen Beobachtungsgeschichte enorm geschwankt. Unterschiede in den langjährigen Fieberkurven der Klimazentren sind daher nicht ungewöhnlich.

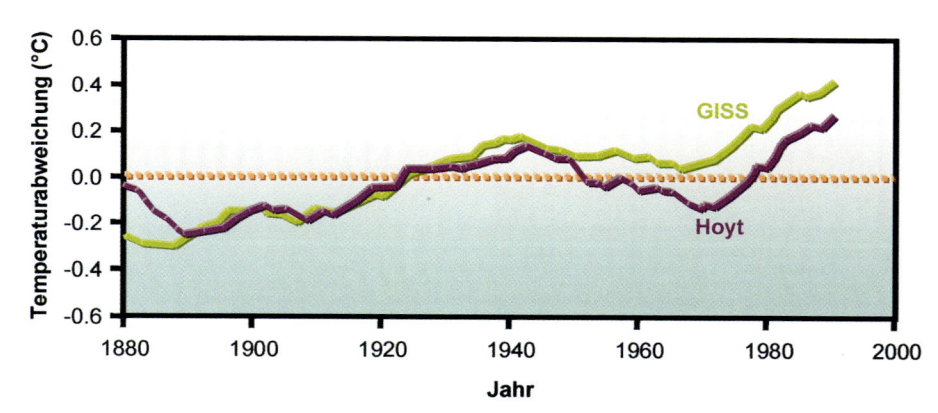

Abb. 11.6: Die Darstellung des Goddard Institute of Space Studies (GISS) bezieht sich auf den Temperaturmittelwert des Zeitraumes 1959 bis 1979 und ergibt dabei einen deutlichen Anstiegstrend. Die auf den Temperaturmittelwert von 1980 bezogenen Messdaten von D. Hoyt lassen dagegen keinen Anstiegstrend erkennen. Die Darstellungen des Temperaturanstiegs sind offensichtlich abhängig von der statistischen Behandlung der Messdaten.

11 Klima, quo vadis?

Spätzünder

Die Treibhausgase in unserer Atmosphäre – allen voran Kohlendioxid – sollen für die Klima- und damit Temperaturänderungen verantwortlich sein. Ist das wirklich so?

Rekonstruktionen des Klimas belegen etwas anderes. Temperatur und Kohlendioxid sind im Verlauf der Klimageschichte des Phanerozoikum nicht mit einander gekoppelt. Mal läuft die Temperatur vor, und das Kohlendioxid steigt Millionen Jahre später. Mal steigt das Kohlendioxid, und die Temperatur hinkt Millionen Jahre nach. Mal steigt die Temperatur und das Kohlendioxid sinkt zur gleichen Zeit. Mal führen beide sehr ähnliche Schwünge aus, und immer ist zu erkennen, dass vor Änderungen von Temperatur oder Kohlendioxid Bewegungen der Erdkruste stattgefunden haben. Nicht einfache Beben, sondern gewaltige Ereignisse, wie z. B. Gebirgsbildungen, der Zusammenstoß oder das Auseinanderreißen von Kontinenten. Alles Änderungen im Rahmen von Millionen von Jahren, in einem Zusammenspiel zwischen der Kontinentalverschiebung und der daran gekoppelten Rückstrahlung des Sonnenlichts ins All.

Man mag nun denken: liegt ja alles weit zurück, Änderungen über Millionen Jahre interessieren heute nicht und heute ist sowieso alles anders! Stimmt auch nicht so ganz: vergleicht man die Informationen über Temperatur und Treibhausgasgehalte oberflächlich, so mag man zu dem Schluss kommen, beides ändere sich im Einklang, aber schaut man genau hin, so belegen Eiskerne, dass die Schwankungen von Temperatur und Treibhausgasen nicht streng zusammengehen!

So zum Beispiel am Ende der Jüngeren Dryas (Jüngere Tundrenzeit): die Temperatur klettert in Grönland innerhalb von weniger als zwei Jahrzehnten. Der Spätzünder Methan dagegen reagiert erst hundert Jahre später, seine Konzen-

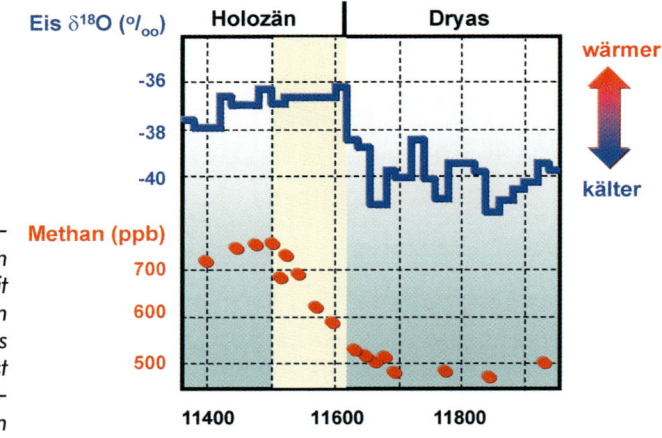

Abb. 11.7: Zwischen Temperaturverlauf und atmosphärischem Kohlendioxid gab es in der Vergangenheit nicht immer Einvernehmen. Die Temperatur folgte nicht immer einer Änderung der Kohlendioxidkonzentration, dies belegen Messungen am Vostok-Eiskern aus der Antarktis.

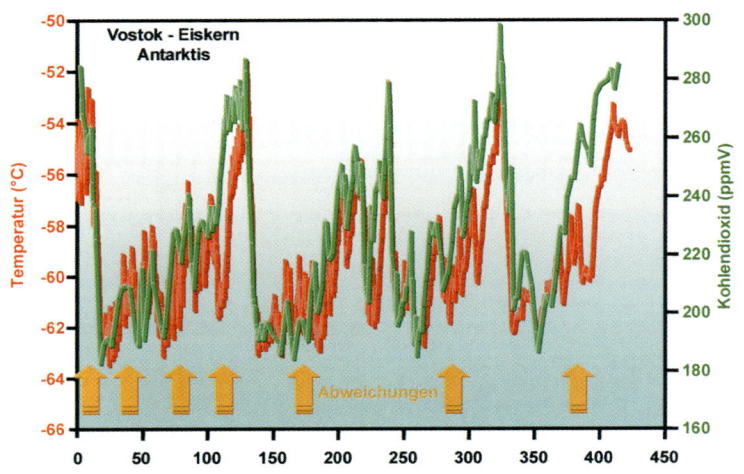

Abb. 11.8: Eiskerne belegen: am Übergang von der Weichsel-Kaltzeit (Ende Jüngere Dryas) zum Holozän reagierte das Treibhausgas Methan erst deutlich nach der Temperaturerhöhung mit einem Anstieg der Konzentration.

11 Klima, quo vadis?

tration steigt erst nach dem Temperaturanstieg. Den gewaltigen Temperatursprung von 5 bis 6 °C innerhalb von nur 5 bis 15 Jahren sehen wir zeitgleich auch in deutschen Seen und in den Ablagerungen des Arabischen Meeres, des Golfs von Bengalen, der Sulu-See und vor der Küste Südkaliforniens. Es handelt sich also um ein globales Ereignis, der Temperatursprung ist nicht nur auf Grönland und sein Eis beschränkt.

Auch die vielen schnellen Temperatursprünge, die im Verlauf der letzten Eiszeit aufgetreten sind, spiegeln sich nicht in den Veränderungen der Kohlendioxidkonzentration der Atmosphäre wider. Die genauen Ursachen hierfür sind noch nicht klar. Laufende Untersuchungen liefern jedoch eine Fülle guter Argumente dafür, dass die atmosphärischen Treibhausgase Methan und Kohlendioxid in der Vergangenheit nicht die Auslöser und Hauptfaktoren schneller Klimaänderungen gewesen sind.

Wen auch das noch nicht überzeugt, sollte einfach die Temperaturentwicklung über die letzten 150 Jahre mit der Zunahme des Kohlendioxids vergleichen. Die beobachteten Temperaturanstiege und -abnahmen erfolgten ohne Bezug zum Kohlendioxid. So nimmt zum Beispiel die Temperatur zum Anfang der vierziger Jahre ohne eine entsprechende Erhöhung des Kohlendioxids zu. Während ab Anfang der Fünfzigerjahre des 20. Jahrhunderts das Kohlendioxid steigt, nimmt die Temperatur zunächst ab. Hier wird deutlich, Kohlendioxid ist auch ein Spätzünder und eilt nicht etwa der Temperatur voraus. Nur die Änderungen in der Aktivität der Sonne erfolgen fast zeitgleich mit dem Gang der Temperaturen.

Der Modellbaukasten

Wir sehen, Unsicherheiten gibt es überall bei unserem Verständnis des Klimas der fernen und näheren Vergangenheit. Das System ist höchst kompliziert, da viele Faktoren aufeinander einwirken. Die Wechselwirkungen zwischen den einzelnen Elementen des Klimasystems lösen Veränderungen des Gesamtsystems aus, und das im Rahmen der unterschiedlich lang dauernden Klimazyklen, die wir durch Beobachtungen ausgemacht haben. Hierbei überlagern sich viele Effekte gegenseitig, und es ist ausgesprochen schwierig, aus dieser Fülle von Ereignissen die treibenden Kräfte für das Klima herauszufinden.

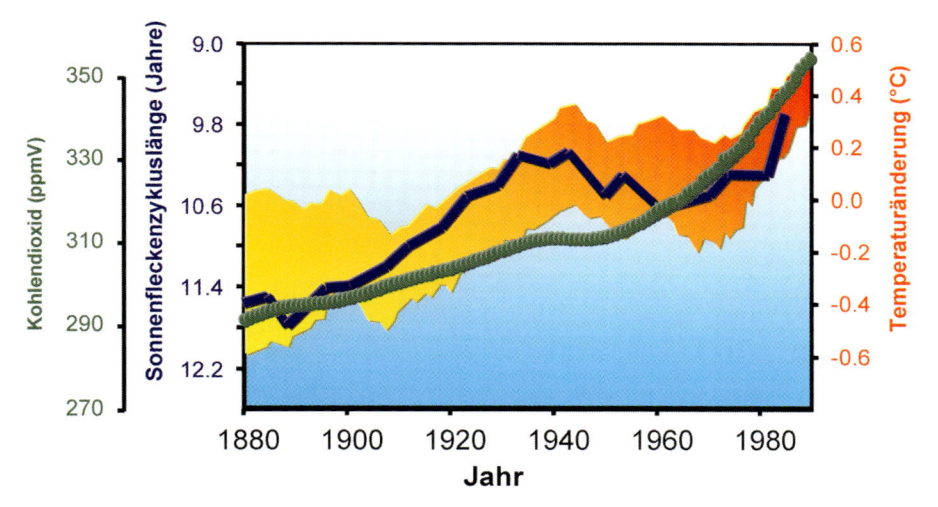

Abb. 11.9: Während die Längen des Sonnenfleckenzyklus mit der Temperaturentwicklung (angegeben als geglättete Bandbreite aus Daten von Wigley (2000) und Global Historical Climatology Network) in guter Näherung übereinstimmen, spiegelt sich der Anstieg des atmosphärischen Kohlendioxids nicht in den Temperaturen wider.

11 Klima, quo vadis?

Klimaforscher versuchen daher, mit Hilfe der Mathematik und der Physik den Abläufen im System auf die Spur zu kommen. Und diese Abläufe sind so kompliziert, dass man sie nicht mit einfachen Mitteln beschreiben und berechnen kann. Computer müssen die aufwendigen Berechnungen durchführen. Aber selbst die besten und schnellsten Rechenmaschinen benötigen teilweise noch Wochen und Monate, um Ergebnisse zu liefern. Damit die Ergebnisse überhaupt in einer vernünftigen Zeit vorliegen, muss das Klimasystem in den Rechenmodellen vereinfacht dargestellt werden. Für Feinheiten ist keine Zeit und kein Platz. Die Qualität der Ergebnisse und ihre Aussagekraft hängen somit von der Qualität ab, mit der das Klimasystem im Rechner dargestellt wird. Vereinfachungen führen zu einfachen Ergebnissen, die nicht notwendigerweise mit den Ereignissen in der Natur zu tun haben.

Eine Überprüfung der Modelle, die, wie in einem Modellbaukasten, aus verschieden Einzelteilen zusammengesetzt sind, ist oberstes Gebot. Hierfür kann man die Daten aus den Langzeitbeobachtungen des heutigen Klimas verwenden, aber auch die Daten der Erdforscher mit ihren weit in die Vergangenheit reichenden Rekonstruktionen sind dafür geeignet. Erst wenn Klimamesswerte oder Klimarekonstruktionen große Ähnlichkeiten mit den aus Formeln des mathematisch-physikalischen Modells gewonnenen Ergebnissen aufweisen, kann man sicher sein, dass dieses Modell das Klimasystem zwar grob, aber nicht zu ungenau beschreibt. Ist dies der Fall, so dürfte das den Formeln zugrunde liegende Verständnis des Klimasystems den natürlichen Abläufen recht nahe kommen. Tatsächlich gibt es je nach Rechenansatz einfache und teilweise auch sehr aufwendige Modelle, welche die Klimavergangenheit in groben Zügen beschreiben. Wissenschaftler haben mit den Computermodellen ein Werkzeug geschaffen, das es ihnen ermöglicht, im Rechner Klimaabläufe zu beeinflussen, um zu sehen, wie das Klimasystem auf solche veränderten Bedingungen reagiert. Sie sind dabei auf der Suche nach den Kräften, die unsere Achterbahn des Klimas antreiben und steuern. Bisherige Untersuchungen in diesem virtuellen Klimalabor zeigen, dass es nicht nur einen Hauptverantwortlichen gibt, sondern viele Beteiligte.

Versucht man Klimaereignisse so zu rekonstruieren, dass sie auf einem Globus darstellbar sind, muss man aufwendige Modelle verwenden, welche neben den Erdbahnparametern die Zirkulationen in der Atmosphäre und im Ozean berücksichtigen und auch die Wechselwirkungen mit der Landoberfläche und der Pflanzenwelt einbeziehen. Nur so gelingen ausgefeilte Modellierungen der Klimavergangenheit.

Dies gilt zum Beispiel für die Nachbildung der Klimaabläufe zur Zeit der größten Eisausdehnung in der Weichsel-Kaltzeit vor 22 000 bis 18 000 Jahren. Die Modellierungen von Wissenschaftlern aus Potsdam zeigen klar, dass Änderungen der Meeresströmungen die treibende Kraft bei der Abkühlung auf der Nordhalbkugel waren. Die Computerberechnungen ergaben eine weltweite Abkühlung um 6 °C gegenüber heute, die Nordhalbkugel war fast 9 °C und die Südhalbkugel nicht ganz 4 °C kälter als heute. Das sind Ergebnisse, die gut mit den Beobachtungen und Klimarekonstruktionen der Erdgeschichtler übereinstimmen.

11 Klima, quo vadis?

Auch die grüne und feuchte Sahara, wie die Forscher sie aus den Klimaarchiven rekonstruierten oder in alten Zeichnungen des Volkes der Ari dargestellt sahen, entstand neu im Potsdamer Computer, wie schon einmal vor 6 000 Jahren am Ende der Klima-Hochphase. Schrittmacher hierbei war nicht nur die Änderung der Erdumlaufbahn um die Sonne. Die Wissenschaftler konnten mit ihrem Computerexperiment zeigen, dass Wechselbeziehungen zwischen der Atmosphäre und der Pflanzenwelt vor 6 000 Jahren von entscheidendem Einfluss für die Begrünung der Sahara waren. Die schnelle Ausbreitung der Steppe und schließlich der Wüste erfolgte vor etwa 5 500 Jahren, auch sie lässt sich im Computer darstellen. Die Modellrechnungen ergaben, dass dieser Klimasprung auf Wechselwirkungen zwischen der Pflanzenwelt, der Atmosphäre und den Ozeanströmungen beruhte. Er wurde durch die Änderung der Erdbahnparameter angestoßen. Die vergleichsweise unkomplizierten Computermodelle für die ferne Klimavergangenheit sind also akzeptable Werkzeuge, um die Wirkungsweisen im früheren Klimasystem grob zu ermitteln.

Wie steht es nun mit der Nachbildung der heutigen Klimasituation? Die für diese Aufgabe verwendeten Rechenmodelle sind sehr viel aufwendiger. Die Abläufe im Klimasystem sind in ihnen besser aufgelöst, da weniger als 200 Jahre Klimavergangenheit nachgerechnet werden müssen. Vergleicht man nun die Ergebnisse dieser Rechnungen mit den Beobachtungsdaten, wie etwa der Temperatur, so sieht man zwar die Tendenz eines Temperaturanstiegs über die letzten 100 Jahre, aber das tatsächliche Auf und Ab der Temperatur über diesen Zeitraum geben die Modelle nicht wieder. Woran liegt das? In all diesen Berechnungen ändern die Wissenschaftler nur die Menge des Kohlendioxids in der Atmosphäre, es ist der einzige Antriebsfaktor in dem künstlichen Klimasystem auf dem Rechner. Und wie erwartet, kommt deshalb ein recht gleichförmiger Temperaturanstieg heraus. Die Forscher experimentieren mit ihren Computerprogrammen und bringen zusätzlich Stäube in das virtuelle System ein, um die Reaktion des Klimas darauf zu beobachten. Aber viel bewirkt auch das nicht. Wir haben bei der Beschreibung des Klimasystems gesehen,

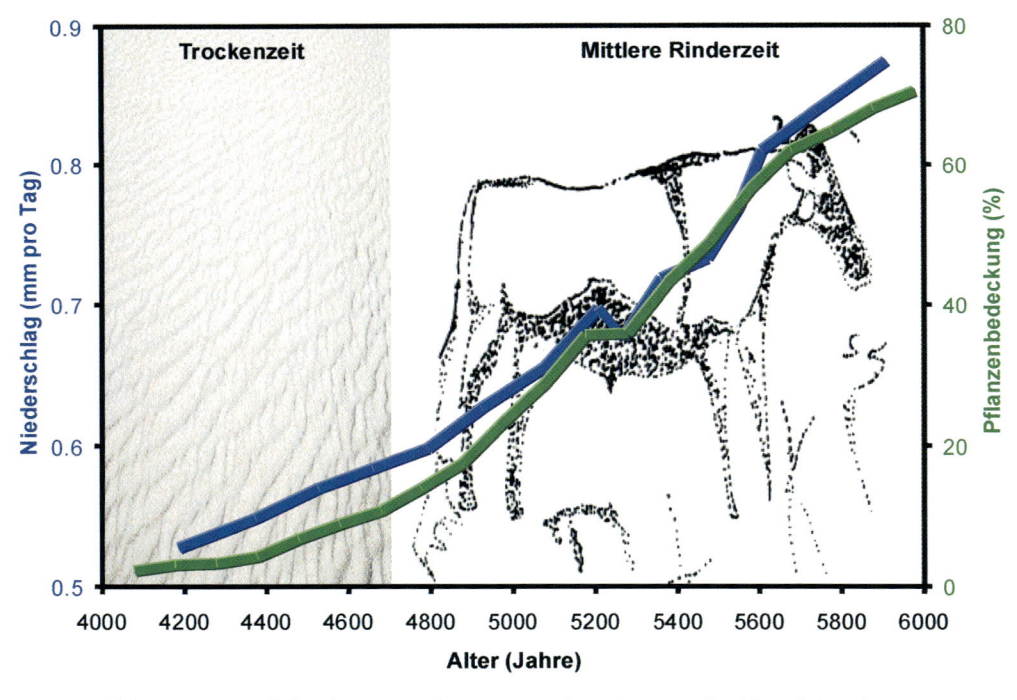

Abb. 11.10: Modellrechnungen des PIK (Potsdam-Institutes für Klimafolgenforschung) zeichnen die Sahara-Entwicklung recht gut nach. Aus der ehemals grünen Sahara entstanden die heutigen Wüstengebiete, da die Niederschläge im Verlauf der Mittleren Rinderzeit sanken und ab 4 700 vor heute nur noch eine unzureichende Pflanzendecke von weniger als 10 % existierte, die den Steinzeitmenschen keine weitere Viehwirtschaft erlaubte. Sie verließen daher die Sahara und siedelten sich in feuchteren Regionen an.

11 Klima, quo vadis?

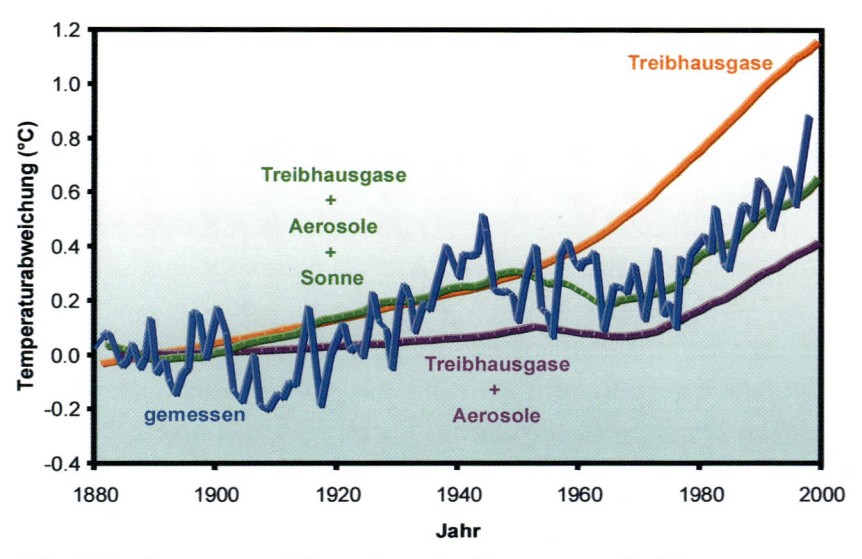

Abb. 11.11: Computermodelle zeichnen den Temperaturverlauf der gemessenen und statistisch behandelten Daten nur nach, wenn die wichtigen Einflussgrößen Sonne, Treibhausgase und Aerosole berücksichtigt werden …

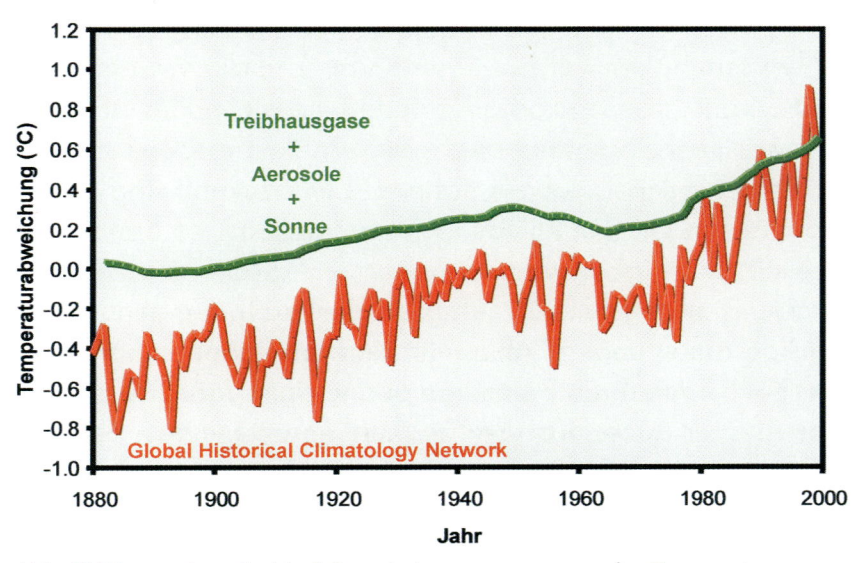

Abb. 11.12: … aber die Modellergebnisse passen nur zu den Temperaturvergleichsdaten, die die jeweilige Arbeitsgruppe verwendete. Sie sind nicht übertragbar auf die Grunddaten anderer Modellierer. Dies zeigt: Es gibt offensichtlich noch Freiräume bei den Modellen, die aus unserem unvollständigen Verständnis des Klimasystems rühren.

dass der Sonnenfleckenzyklus offensichtlich einen hohen Einfluss auf die Temperaturentwicklung innerhalb der letzten 150 Jahre gehabt hat. Berücksichtigen die Wissenschaftler die Wechselwirkungen zwischen Klima und Sonnenfleckenzyklus in ihren Modellen? Ja, aber nur unvollständig. Sie sind in der Lage, die unterschiedlichen Energiemengen, die von der Sonne im Rahmen des Sonnenfleckenzyklus abgestrahlt werden, in die Modelle einzubauen. Hierbei zeichnen sich deutliche Auswirkungen auf die Ergebnisse ab: die Kombination von Treibhausgasen, Stäuben und Sonnenenergie ermöglicht eine realistische Modellierung der jüngsten Klimahistorie. Nur kann man die Ergebnisse einer Modelliergruppe nicht mit denen einer anderen vergleichen, da die Modelle an die Ausgangsdaten, wie den historischen Temperaturverlauf, angepasst sind, und wir haben bereits gesehen, dass jede Gruppe ihre eigene statistische Aufbereitung der Daten betreibt.

Auch darf man nicht vergessen, dass die Kopplung zwischen Sonnenflecken und Klima nicht nur über die Änderung der eingestrahlten Sonnenenergie funktioniert. Es gibt Hinweise, dass auch die Wolkenbildung entscheidend durch den Sonnenfleckenzyklus gesteuert wird. Und gerade die Wolkenbildung ist ein weiterer wunder Punkt bei der Modellierung des Klimas. Sie stellt einen sehr wichtigen Faktor des Klimasystems dar, da die helle Wolkenoberfläche energiereiches Sonnenlicht in den Weltraum zurückstrahlt und damit zum Abkühlen des Systems beiträgt. Die Wolkenbildung kann man heute noch nicht auf dem Rechner wirklichkeitsnah darstellen, wie auch viele andere Klimaabläufe noch nicht. Deshalb kann man unsere heutige Klimadynamik nur unvollkommen auf dem Rechner nachbilden.

11 Klima, quo vadis?

... und die Zukunft?

Ja und, wie sieht denn nun das Klima der Zukunft aus? Aussagen hierzu kann man durch Modellrechnungen auf dem Computer erzielen, da die Klimavergangenheit zwar Aufschluss über die Klimazusammenhänge liefert, eine direkte Ableitung der Klimazukunft aus der Vergangenheit aber aufgrund der vielschichtigen Beziehungen im Klimasystem nur bedingt möglich ist. Grundlage für solche Berechnungen ist der heutige Kenntnisstand über die Prozesse im Klimasystem.

Was sagt der Computer ...?

Eine Gruppe von Wissenschaftlern vertraut ihren aufwendigen Computerprogrammen und sagt in ihren Prognosen eine warme Klimazukunft voraus. Es soll in den nächsten 100 Jahren um 2 bis 4 °C wärmer werden, je nach Anstieg der Kohlendioxidmenge in der Atmosphäre. Aber noch gibt es Streit, ob die landläufig verwendeten Formeln zur Berechnung des Treibhauseffekts des Kohlendioxids auch die richtigen Werte liefern. Neue physikalische Messungen im Labor lassen daran Zweifel aufkommen; der Temperaturanstieg könnte deutlich niedriger ausfallen. Eine Gruppe der NASA um James Hansen macht für den beobachteten Klimagang der vergangenen Dekaden nicht das Kohlendioxid verantwortlich, sondern die Treibhausgase Fluorkohlenwasserstoff, Methan und Stickoxid. Die Forscher argumentieren zudem, dass der kühlende Einfluss der Stäube die erwärmende Wirkung des Kohlendioxids gänzlich ausgleicht.

Außerdem haben wir bei unserem Blick in die Vergangenheit bereits gesehen, dass Kohlendioxid nicht alles ist, die Klimaentwicklung hängt von weiteren Steuergrößen ab. Wichtig für Aussagen zur näheren Klimazukunft sind Schwankungen des Klimas in Abhängigkeit vom Sonnenfleckenzyklus, aber wir wissen nur wenig über dessen Entwicklung in der Zukunft. Lediglich die Auswirkungen des gerade ablaufenden Sonnenfleckenzyklus können Forscher der NASA mit ihren Berechnungen voraussagen. Vorstellbar ist aber auch, dass der Sonnenfleckenzyklus in der Zukunft nicht gleichförmig verläuft, sondern ins Stocken gerät und kurzfristig Pausen einlegt, wie schon in der Vergangenheit vor 500 Jahren, zur Zeit des Spörer-Minimums. Aus diesen Gründen können Modellrechnungen über die kommenden 100 Jahre nicht die reale Entwicklung beschreiben.

Abb. 11.13: Die Klimazukunft: erst eine Erwärmung, dann ab 2400 eine Abkühlung ausgehend vom Nordatlantik, wie sie der Computer des PIK (Potsdam-Institut für Klimafolgenforschung) voraussagt. Ob dieser allgemeine langfristige Trend eintritt, ist allerdings unsicher, da das Modellprogramm keine kurzfristigen Klimaschwankungen nachbilden kann.

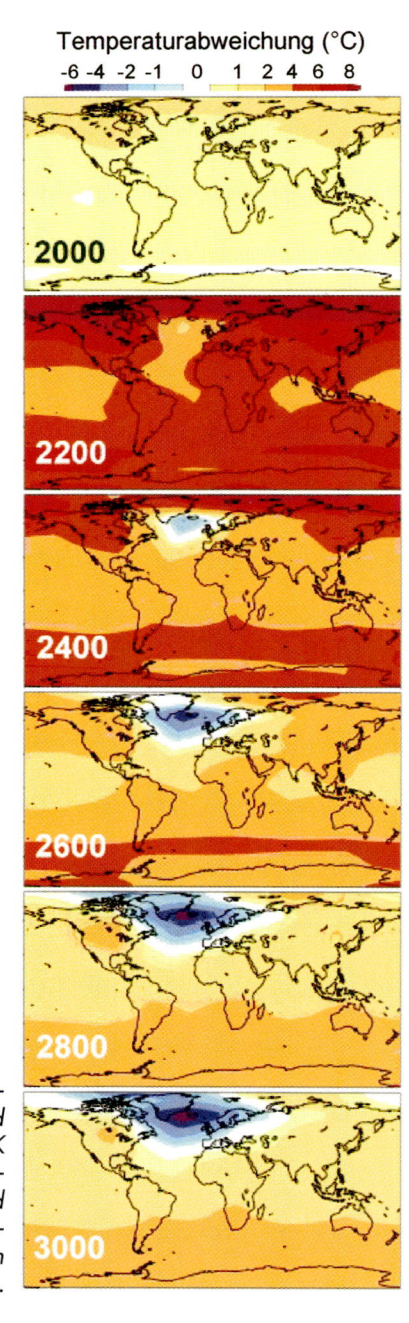

Die Schlussfolgerung: unsere heutigen Modelle sind unvollkommen. Sie sind bestenfalls geeignet, Experimente auf dem Computer durchzuführen, um das Verständnis für das Klimasystem zu verbessern. Es ist schon kurios, dass aufwendige Modelle mit hoher räumlicher und zeitlicher Auflösung und vielen Einflussfaktoren nicht in der Lage sind, weit in die Zukunft zu schauen, weil bei den Rechnungen schnell das Chaos ausbricht, wenn die Antriebsgrößen, wie z. B. der Sonnenfleckenzyklus, nicht bekannt sind. Weniger aufwendige Modelle mit wenigen Einflussgrößen und geringer Auflösung laufen dagegen stabiler, zeigen aber in ihren Ergebnissen nur die grobe Entwicklungsrichtung des Klimasystems an.

Mit dem gering auflösenden, aber robusten Modell, welches die Klimavergangenheit am Ende der letzten Kaltzeit in groben Zügen berechnen konnte, haben Forscher aus Potsdam einen Blick in die Zukunft gewagt. Ihre Szenarien laufen 1 000 Jahre in die Zukunft. Ein Temperaturanstieg auf 5 °C über die nächsten 200 Jahre scheint demnach unvermeidlich, aber dann folgt ein Absinken der Temperaturen, und im Jahr 3 000 sollen sie 2 °C über den heutigen Werten liegen. Ob es allerdings so glatt verläuft, wie es der Rechner darstellt, ist überhaupt nicht sicher. Klimasprünge, die auf der Eigendynamik des höchst komplexen Klimasystems beruhen und in der Vergangenheit immer wieder belegt sind, können aufgrund des grobmaschigen Berechnungsverfahrens mit diesem Programm nicht erfasst werden. Es muss also nicht so kommen, wie es uns der Computer glauben macht.

... und was sagt der Geologe?

Den Klimahochrechnungen stehen geowissenschaftliche Überlegungen zur Klimazukunft gegenüber. Sie betreffen hauptsächlich längerfristige Klimaänderungen, die durch Fakten aus der Vergangenheit untermauert sind.

Und die Klimaaussagen der Geowissenschaften lassen sich nicht so ohne weiteres beiseite schieben. Sie betreffen wesentlich die vom Klima gesteuerten Änderungen der Eisschilde und damit auch die Meeresspiegelschwankungen.

Der antarktische Eisschild enthält die größten Eismassen unseres Planeten. Was passiert, wenn diese Eismassen durch eine globale Erwärmung schmelzen? In der öffentlichen Diskussion brach diese Frage in den letzten Jahren immer wieder auf. Theoretisch wäre beim vollständigen Schmelzen des antarktischen und grönländischen Eises ein Ansteigen des Meeresspiegel um ca. 75 m zu erwarten.

Die Erkenntnisse der Eisforscher mildern allerdings ein solches Schreckensbild. Bei einer globalen Erwärmung würden die Niederschläge in der Antarktis zunächst einmal zunehmen, der Eisschild würde wachsen. Dies beruht darauf, dass wärmere Luft mehr Feuchtigkeit aufnimmt und zur Antarktis transportiert. Mehr Schnee würde sich dort ansammeln und neues Eis bilden. Gegenläufige Prozesse könnten eine Erwärmung des Wassers in der Küstenregion der Antarktis auslösen. Wärmeres Meerwasser in der Küstenregion würde die Schmelzprozesse an der Unterseite des schwimmenden Schelfeises beschleunigen. Als Folge davon würde sich die Grenzlinie zwischen dem auf dem Meeres-

11 Klima, quo vadis?

boden liegenden bzw. dem schwimmenden Teil des Schelfeises landwärts verschieben. Erheblich größere Eismassen gerieten ins Schwimmen und könnten ein entsprechendes Wasservolumen verdrängen. Weiterhin wäre zu erwarten, dass die Oberfläche des Schelfeises mit steilerem Winkel zum Meer hin einfällt, was wiederum zu einem rascheren Abfließen des Eises beiträgt. Beide Prozesse – vermehrte Eisbildung durch erhöhten Schneefall und verstärkter Abfluss von Schelfeis – wirken gegenläufig. Welcher Prozess letztlich überwiegen wird, ist schwer abzuschätzen.

Sollte ein Klimawandel zu großräumigen Abschmelzprozessen führen, so würde zuerst das Eis der Westantarktis davon betroffen sein, da Messungen gezeigt haben, dass die Eismasse der Westantarktis wärmer als die der Ostantarktis ist. Beim totalen Abschmelzen des Eises der Westantarktis würde der Meeresspiegel ca. 5 m steigen. Dies hätte allerdings für große Teile der Küstenregionen unserer Erde schwerwiegende Folgen.

Wie stabil sind die Eismassen der Ostantarktis? Heute bildet der Eisschild der 12 Millionen km² großen Ostantarktis (das ist 1,5 mal die Fläche Australiens) mit Eisdicken von z. T. über 4 000 m das flächenmäßig größte Hochplateau der Erde. Seine höchste Erhebung ist der ca. 4 200 m über den Meeresspiegel aufragende Argus-Eisdom. Diese Eismasse liegt weitgehend zentriert um den Südpol, an dem heute mittlere Jahrestemperaturen von –55 bis –60 °C gemessen werden. Selbst in den randlichen Bereichen des Polarplateaus werden noch Mittelwerte um –30 °C registriert, die also weit unterhalb jener Temperaturen liegen, bei denen Schmelzvorgänge einsetzen. Selbst eine weltweite Erwärmung um ca. 5 °C würde keine Schmelzprozesse auslösen, sieht man einmal von dem an der vergleichsweise warmen Küste gelegenen Eisrand ab. Allerdings könnte die Wärmewelle im Lauf von Jahrtausenden tief in den Eiskörper eindringen. Dann würde das wärmere und weicher werdende Eis schneller Richtung Meer abfließen und langfristig zu einer Reduzierung des Eisvolumens der Ostantarktis beitragen. Das Wasservolumen der Ozeane würde sich vergrößern. Ein steigender Meeresspiegel wäre die Folge.

Die mit geologischen Methoden ermittelten Raten des Meeresspiegelanstieges während der letzten 2 000 Jahre entsprechen in ihrer Größenordnung durchaus dem seit 135 Jahren an Pegeln in der Deutschen Bucht gemessenen Anstieg von 20 cm pro Jahrhundert. Da das holozäne

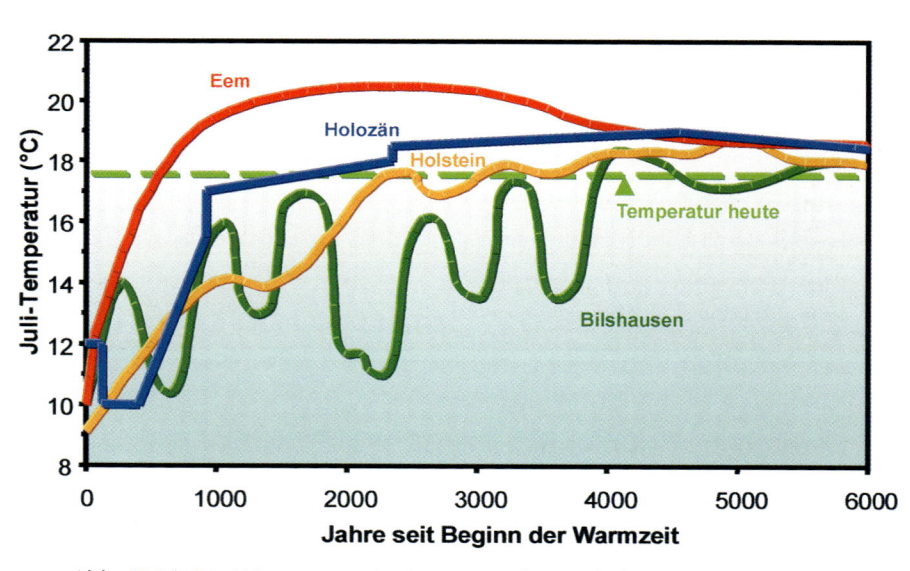

Abb. 11.14 Die Warmzeiten der Vergangenheit verliefen nie nach dem gleichen Strickmuster.

11 Klima, quo vadis?

Klimaoptimum bereits überschritten ist, sollte künftig keine nennenswerte natürliche Beschleunigung des Meeresspiegelanstieges auftreten.

Ein Vergleich zwischen dem Klimaverlauf der heutigen holozänen Warmzeit und dem Klimaverlauf der Eem-Warmzeit vor etwa 128 000 bis 117 000 Jahren macht Unterschiede deutlich. Nach dem extrem raschen Temperatur- und Feuchtigkeitsanstieg zu Beginn des Eem, der begleitet war von einem außerordentlich raschen Meeresspiegelanstieg, stellten sich die höchsten Temperaturen bereits etwa 750 Jahre nach Beginn der Warmzeit ein, um dann 2 150 bis 2 350 Jahre anzuhalten. Im Holozän verlief die vergleichbare Klimaentwicklung erheblich gemächlicher und dauerte 4 500 Jahre. Im Klimaoptimum der Eem-Warmzeit stiegen die mittleren Julitemperaturen in Mitteleuropa auf rekordverdächtige +20 °C bzw. etwas darüber. Sie waren somit höher als die entsprechenden Temperaturen im Klimaoptimum des Holozän (+18 ° bis +18,5 °C) und lagen deutlich über den heutigen Beträgen von +17,5 °C.

Die früheren Holstein- und Bilshausen-Warmzeiten verhielten sich wiederum deutlich anders als Eem und Holozän. Der Temperaturanstieg erfolgte über viele Jahrtausende mit stark ausgeprägten Schwüngen in der Bilshausen-Warmzeit und moderaten im Holstein.

Dieser Vergleich der Warmzeiten zeigt deutlich, dass man aus dem Verlauf früherer Warmzeiten nicht direkt auf den weiteren Verlauf unserer heutigen Warmzeit schließen darf. Für solche Voraussagen muss wieder der Computer bemüht werden.

Abb. 11.15: Modellrechnungen der Astronomen erlauben langfristige Rekonstruktionen der Klimavergangenheit im Computer, allerdings mit Fragezeichen, denn die Abschätzungen des Eisvolumens auf der Nordhalbkugel fallen für einige Zeitabschnitte viel zu niedrig aus. Die Klimazukunft aus Astronomensicht: nahezu anhaltende Wärme noch für die nächsten 50 000 Jahre und dann ein Abgleiten in die Kaltzeit. Das Zukunftsszenario eines schmelzenden Eisschilds auf der Nordhalbkugel bei einem atmosphärischen Kohlendioxidgehalt von 750 ppm erscheint fraglich. Das sprunghafte Verhalten des Modells gegenüber Rechnungen mit 250 und 550 ppm atmosphärischem CO_2 stimmen nachdenklich und lassen Raum für Fragen nach der Verlässlichkeit von aufwendigen Computersimulationen.

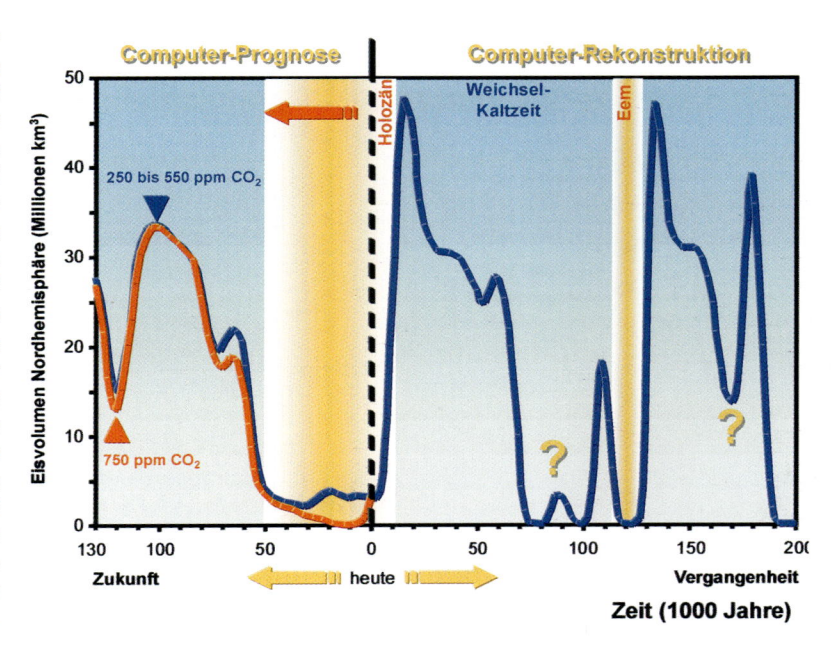

Aus den Langzeitbeobachtungen der Geologen und Berechnungen der Astronomen ergibt sich die langfristige Tendenz der Klimaentwicklung. Im Verlauf der nächsten Jahrtausende ist ein langsames Absinken der Temperaturen sicher. Auch der Meeresspiegel wird sinken, da die Eismassen sich vergrößern.

Computerberechnungen der Astronomen sagen uns, dass wir am Anfang einer außergewöhnlich langen Warmzeit stehen. Sie ist durch die geringe Änderung der Sonneneinstrahlung im

11 Klima, quo vadis?

Verlauf der nächsten 50 000 Jahre bedingt; vorprogrammiert durch die Konstellation zwischen Erde und Sonne. Verglichen mit der Holstein- oder der Eem-Warmzeit wird dies eine langdauernde Warmzeit, aber sie ist deutlich moderater, wenn man die Temperaturen betrachtet. Das astronomische Klimamodell ist aber offensichtlich auch noch mit Fehlern behaftet. Die für die letzte bzw. vorletzte Kaltzeit berechneten Eismassen fallen viel zu gering aus und stimmen nicht mit den Beobachtungen der Geologen überein. So sollte man auch die errechneten Eisvolumenänderungen der Zukunft mit Vorbehalt betrachten. Selbst wenn die atmosphärischen Kohlendioxid-Konzentrationen zwischen 250 und 550 ppm schwanken, so wirkt sich dies in dem Modell nicht auf die Eisvolumina aus. Eine Erhöhung auf 750 ppm würde in dem Modell aber zum vollständigen Abschmelzen der Eismassen auf der Nordhalbkugel führen. Gerade vor der revidierten Wirksamkeit des Kohlendioxids als Treibhausgas scheint dieses letzte Szenario gänzlich überzogen.

Nach astronomischen Modellen ist eine neuerliche starke Abkühlung des Klimas erst in ca. 50 000 Jahren zu erwarten. Und ähnlich der Achterbahnfahrt des Klimas während der Weichsel-Kaltzeit bewegen wir uns dann auf eine neue Kaltzeit zu und zwar unabhängig davon, ob die Menschheit heute die Konzentration des Kohlendioxids in der Atmosphäre durch die Verbrennung von Erdöl, Erdgas und Kohle erhöht.

Welche realistischen Möglichkeiten bestehen überhaupt, die Kohlendioxid-Konzentrationen in der Atmosphäre zu stabilisieren? Kann man die globalen Emissionen auf einem bestimmten Stand einfrieren oder gar senken? Was bewirkt das? – Die Aussichten sind nicht vielversprechend. Selbst wenn es gelungen wäre, die globalen Kohlendioxid-Emissionen auf dem Niveau von 1995 einzufrieren, so würden die Kohlendioxid-Gehalte in der Atmosphäre bis über das Jahr 2100 hinaus weiter zunehmen. Dies gilt obwohl Modellrechnungen erwarten lassen, dass Ozeane, Böden und Biosphäre in dieser Zeitspanne wahrscheinlich größere Mengen von Kohlendioxid aufnehmen werden. Beides, Einfrieren der Emissionen und die verstärkte Aufnahme von Kohlendioxid in so genannten Senken, reicht nicht aus, die Prozesse des Kohlendioxid-Kreislaufs anzuhalten. Selbst ein vollständiger Verzicht auf das Verbrennen von Erdöl, Erd-

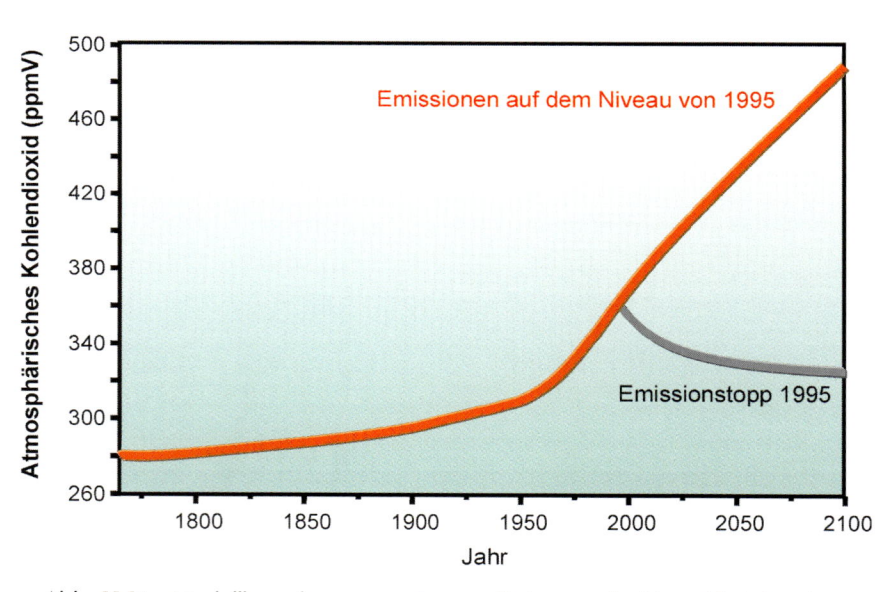

Abb. 11.16: Modellberechnungen zeigen: selbst wenn die Menschheit bereits 1995 den Ausstoß von Kohlendioxid auf den Wert von 1995 eingefroren hätte, würden die Konzentrationen des atmosphärischen Kohlendioxids weiter bis über das Jahr 2100 hinaus steigen. Nur ein absoluter Stopp der Verbrennung (und damit der Energiegewinnung) würde über die nächsten einhundert Jahre zu einer Verminderung des Kohlendioxids in der Atmosphäre führen.

11 Klima, quo vadis?

– Kohlendioxid bestimmt das Klimageschehen nicht allein – es gibt noch andere Kräfte. Und deren Anzahl, Einfluss und Natur verstehen wir keineswegs im vollen Umfang.
– Das Klima zu schädigen fällt uns offensichtlich schwerer als wir befürchten; aber es ist auch schwerer zu schützen als wir wünschen.
– Szenarien sind keine Prognosen. Die noch unvollkommenen Modellrechnungen der Klimaforscher liefern uns nur mehr oder weniger wahrscheinliche Zukunftsbilder.

Warum dann fossile Energie sparen und uns einschränken, wenn noch nicht klar ist, wie sich das Klima entwickeln

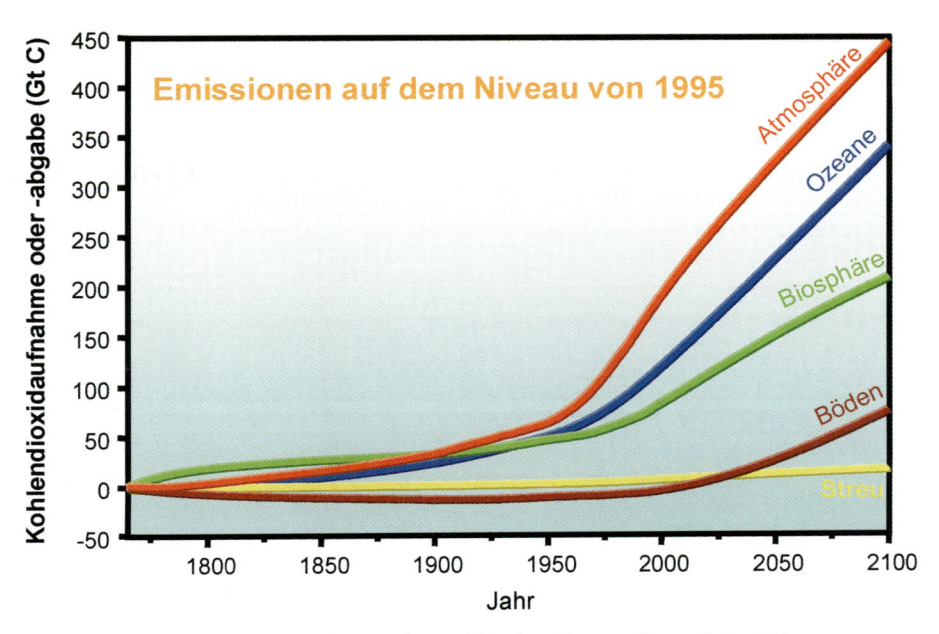

Abb. 11.17: Bei einem Einfrieren des Kohlendioxidausstoßes auf den Wert von 1995 läuft der Kohlenstoffkreislauf weiter. Die Ozeane und die Biosphäre (Landpflanzen) nehmen große Mengen des Kohlendioxids auf, während Böden und Pflanzenstreu nur untergeordnet als Senke fungieren.

gas und Kohle – der weder wirtschaftlich noch gesellschaftlich akzeptabel ist – würde erst über lange Zeiträume zu einer allmählichen Abnahme der Kohlendioxid-Konzentrationen in der Atmosphäre führen. Dabei würden sich die Konzentrationen etwa auf das Niveau von 1970 einpendeln; jedenfalls würden sie aber über den Konzentrationen von 1950 liegen.

Paradigmenwechsel

Zum Schluss das Wichtigste: Was bleibt zu tun? Schauen wir zunächst auf das Ergebnis unserer Bestandsaufnahme:

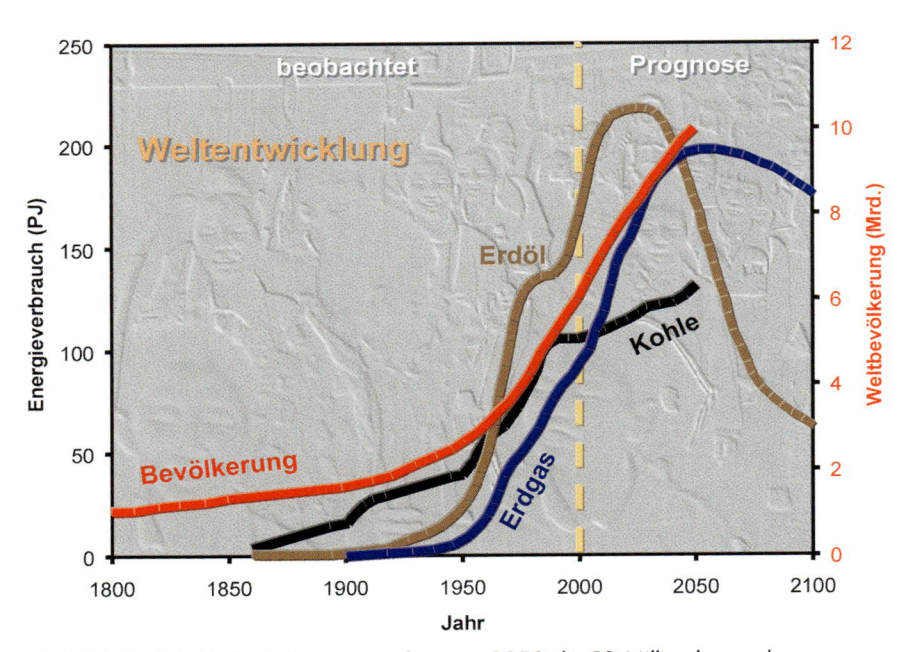

Abb. 11.18: Die Erdbevölkerung wird gegen 2050 die 10 Milliardenmarke erreichen. Aus diesem Anstieg ergibt sich in der nahen Zukunft ein erhöhter Energieverbrauch, den wesentlich die Vorräte aus Erdöl, Erdgas und Kohle decken werden. Allerdings ist jetzt schon abzusehen, dass der Erdöleinsatz etwa ab 2020 sinken wird, da die leicht zu erreichenden Vorräte schwinden.

11 Klima, quo vadis?

wird? Fossile Energieträger sind ein Geschenk der Natur. Sie können, anders als die Metallrohstoffe, nicht wiedergewonnen werden. Verbrennt man sie zur Energiegewinnung, so sind sie für alle Zukunft verloren. Zwar ist Kohle auch künftig keine Mangelware, aber unsere herkömmlichen Erdölquellen neigen sich dem Ende zu.

In Deutschland erreichten wir die größte Erdölförderung bereits im Jahr 1968. Seitdem nehmen die Vorräte beständig ab. Die weltweite Erdölförderung aus einfach zugänglichen Quellen wird nach dem Jahr 2025 abnehmen, und die Vorräte neigen sich langsam ihrem Ende zu. Unsere Erdgasvorräte vermindern sich dagegen erst in der zweiten Hälfte des 21. Jahrhunderts. Grund für die rasche Abnahme der fossilen Energiequellen sind die wachsende Weltbevölkerung und ihr stark steigender Energiebedarf. Dieser Bedarf kann teilweise aus weiteren fossilen Quellen gedeckt werden. Über die leicht zu erreichenden Erdöl- und Erdgaslagerstätten hinaus gibt es noch riesige Vorkommen, die jedoch nur mit einem sehr großen technischen und finanziellen Aufwand erschlossen werden können. Aber auch das Gewinnen dieser Vorräte wird den menschlichen Energiebedarf der Zukunft nicht decken. So muss weltweit

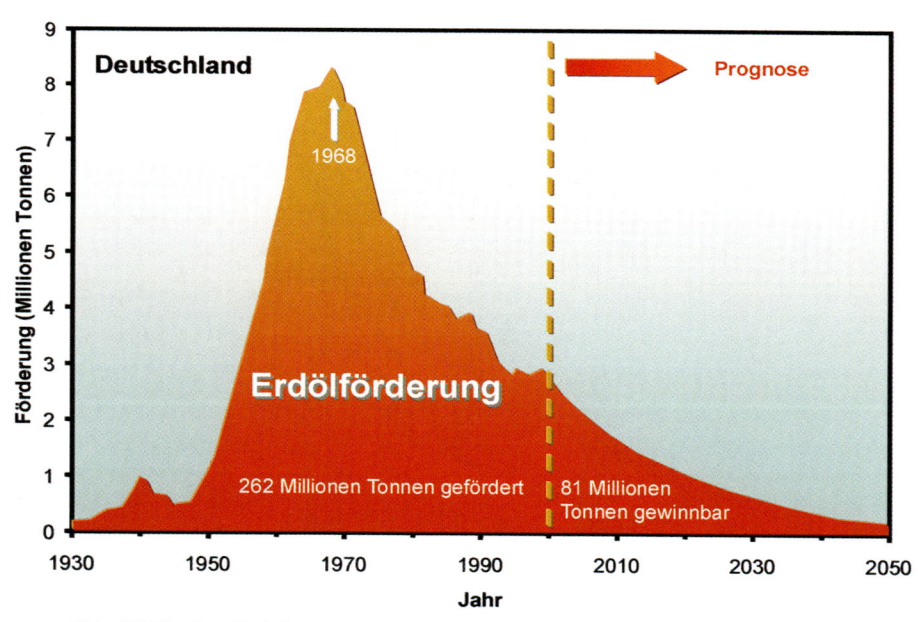

Abb. 11.19: Die Erdölversorgung aus deutschen Lagerstätten geht allmählich ihrem Ende zu, da keine neuen Vorräte erschlossen werden können. Nurmehr 81 Millionen Tonnen Erdöl stehen noch bis 2050 zur Verfügung.

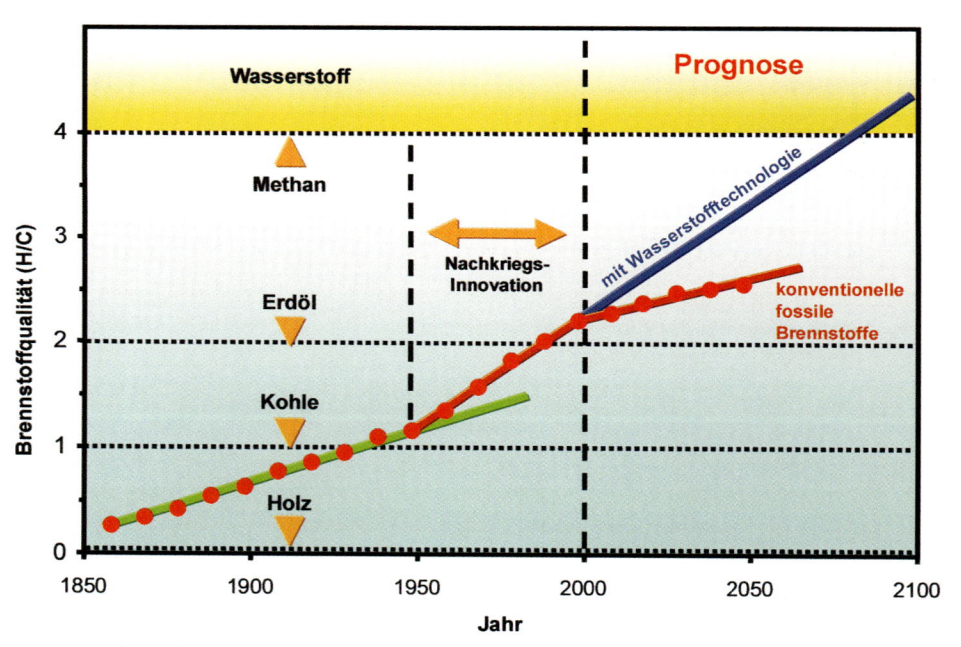

Abb. 11.20: Die Qualität beim Brennstoffeinsatz (angegeben als Wasserstoff-Kohlenstoffverhältnis) und damit die Effektivität der Energiegewinnung hat sich zwischen 1860 und 1950 langsam verbessert. Die Nachkriegsinnovation führte zu einem noch schnelleren Qualitätsanstieg bei den Brennstoffen. Dieser Trend beginnt aber bereits langsam wieder abzuflachen und wird in der Zukunft in einen sehr langsamen Qualitätsanstieg münden, wenn nur die konventionellen Brennstoffe Erdöl, Erdgas und Kohle zum Einsatz kommen. Nur das verstärkte Engagement bei der Weiterentwicklung der Wasserstofftechnologie könnte den alten Trend ab 1950 aufrecht erhalten.

11 Klima, quo vadis?

die Suche nach Ergänzung und Ersatz der fossilen Energiequellen vorangetrieben werden.

Um die Zukunftsfähigkeit unserer Gesellschaft zu erhalten, ist ein verantwortungsbewusster Umgang mit Erdöl und Erdgas geboten. Es geht darum, unseren Nachfolgegenerationen noch Spielraum zum eigenverantwortlichen Handeln zu erhalten. Wir sollten daher dringend anfangen zu sparen und behutsam mit unseren fossilen Vorräten wirtschaften, da wir auch in der Zukunft nicht ohne fossile Energie auskommen werden. Allerdings ist Effizienzsteigerung bei der Energiegewinnung eine der dringendsten Maßnahmen. Wie uns die Vergangenheit lehrt, haben wir Menschen immer schon diesen Weg beschritten, so mit der Wahl unserer Brennstoffquellen, vom Holz über Kohle zum Erdöl und Erdgas. Diese Entwicklung muss künftig weiterführen zur Verwendung von Wasserstoff als vorherrschendes Brenngas. Schritte in die richtige Richtung – allerdings mit einem zweifelhaften „Klimavorzeichen" – sind gemacht.

Auch wenn der vermeintliche Motor „Kohlendioxid" für die Klima-Achterbahn weit schwächer ist als befürchtet, so ist vernünftiges Verhalten keineswegs überflüssig. Und vernünftig ist es allemal, vorhandene Ressourcen zu schonen. Wenn sich das Klima schon nicht von uns schützen lässt, dann bestimmt aber unsere Gesundheit, unsere Landschaften, unsere Finanzen und vieles mehr, was uns lieb geworden ist. Wir alle sollten unseren Erben doch Ressourcen hinterlassen, mit denen sie etwas anfangen können. Auch ohne selbst verschuldete Klimakatastrophen bleibt das eine sinnvolle Aufgabe. Fossile Energieträger – Erdöl, Erdgas und Kohle – sind Gaben der Natur, die der Mensch sich erschlossen hat und die ihm vielerorts zu beispiellosem Wohlstand verholfen haben. Diesen gilt es nicht zu verspielen, eine nicht ganz einfache Aufgabe.

Gelegentlich wird Geowissenschaftlern vorgeworfen, sie seien zynisch, wenn sie Jahrhunderte weit in die Zukunft dächten, aktuelle Probleme in langfristige Zusammenhänge stellten und für alle Katastrophen der Jetztzeit noch gewaltigere Vorläufer präsentierten. – Warum nur dieser Vorwurf? Vielleicht weil sie uns damit einen Spiegel vorhalten und wir darin erkennen müssen, dass weder wir selbst noch unsere Zeit so einzigartig sind, wie viele gerne glauben. Angst, als kurzer Anfall bei drohender Gefahr, hat im Leben eines jeden Individuums und auch in der Stammesgeschichte des Menschen ihre große Bedeutung. Ob sie aber in Form medienwirksamer Horrorszenarien oder eines quälenden und lähmenden Dauerzustandes geeignet ist absehbare Probleme zu bewältigen, darf bezweifelt werden. Unsere Generation ist gut gerüstet und hat genug damit zu tun, um mit ihrem Wissen unser Dasein und unsere Umwelt lebenswert und zukunftsfähig zu erhalten. Es hängt von unserem Handeln ab, ob uns künftige Generationen loben werden oder mit uns ins Gericht gehen. Und was ist falsch daran, wenn man nicht nur an sich selbst und die eigenen Kinder denkt, sondern auch an deren Nachkommen?

AUTORENLISTE

1 EINLEITUNG
Ulrich Berner

2 WAS IST KLIMA?
Ulrich Berner; Michael Hiete

3 VOM ZÄHLEN UND MESSEN
Ulrich Berner; Gerfried Caspers; Curt H. Edler von Daniels; Heidi Doose-Rolinski; Holger Freund; Mebus A. Geyh; Friedrich Wilhelm Luppold; Friedhelm Henjes-Kunst; Axel Höhndorf; Angelika Kleinmann; Angelika Köthe; Josef Merkt; Klaus-Jürgen Meyer; Ulrich Staesche; Hansjörg Streif; Axel Suckow; Ulrich Worm

4 IM TREIBHAUS
Ulrich Berner; Wolf Eckelmann; Michael Hiete; Heinrich Höper; Ulrich von Rad

5 HEIẞKALT AUF DEN ALTEN KONTINENTEN
Carmen Heunisch; Heinz-Gerd Röhling; Norbert W. Roland

6 EISGEPANZERTE KONTINENTE
Georg Delisle; Ulrich Berner; Christian Bücker

7 DAS LAND – FROSTIGE ZEITEN UND WOHLIGE WÄRME
Hansjörg Streif; Ulrich Berner; Joachim Blankenburg; Gerfried Caspers; Georg Delisle; Holger Freund; Ernst Gehrt; Mebus A. Geyh; Heinrich Höper; Angelika Kleinmann; Josef Merkt; Klaus-Dieter Meyer; Klaus-Jürgen Meyer; Helmut Müller; Peter Rohde

8 ZWISCHEN LAND UND MEER
Hansjörg Streif; Holger Freund

9 SCHLAMM IM MEER
Hermann-Rudolf Kudraß & Jochen Erbacher; Harald Andruleit; Ulrich Berner; Juliane Mathilde Fenner; Annette Hofmann; Andreas Lückge; Ulrich von Rad; Michael Weber; Wolfgang Weiß

10 WAS MAN SO BRAUCHT – WASSER UND ROHSTOFFE
Ulrich Berner; Mebus A. Geyh; Wilfried Kantor; Hermann-Rudolf Kudraß; Hansjörg Streif; Bernhard Stribrny; Hermann Wagner

11 KLIMA, QUO VADIS?
Ulrich Berner; Georg Delisle; Michael Hiete; Hansjörg Streif

Autorenliste

GESTALTUNG

Abbildungen: Ulrich Berner
Text: Kerstin Riquelme
Umschlag: Kerstin Riquelme

TECHNISCHE REDAKTION

Thomas Schubert
Holger Heuseler
Brigitte Messner
Renate Kawohl
Hans-Joachim Sturm

Abbildungsherkunft

Kapitel 1

Titelbild: Foto: Josef Merkt (NLfB, Hannover)
Abb. 1.1: Foto: Josef Merkt (NLfB, Hannover)
Abb. 1.2: Umgezeichnet nach H.H. Lamb (1989): Klima und Kulturgeschichte – Der Einfluß des Wetters auf den Gang der Geschichte, 448 S., Rowohlt Verlag.
Abb. 1.3: Ölbild „Winterlandschaft mit Vogelfalle" von Pieter Breugel dem Älteren, 1565, Wilton House.
Abb. 1.4: Daten aus R. Oberschelp (1986): Beiträge zur niedersächsischen Preisgeschichte des 16. bis 19. Jahrhunderts, 541 S., Verlag August Lax.

Kapitel 2

Titelbild: Foto: NASA (USA)
Abb. 2.1: Nach verschiedenen Quellen.
Abb. 2.2: Foto: Hiraiso Solar Terrestrial Research Center (Japan)
Abb. 2.3: Umgezeichnet nach T.E. Graedel & P.J. Crutzen (1993): Atmospheric Change – An Earth System Perspective, 446 pp., Verlag W.H. Freeman & Co.
Abb. 2.4: Nach Daten aus Williams (2000): Reviews of Geophysics, 38, 37-59.
Abb. 2.5: Umgezeichnet und ergänzt nach R.C.L. Wilson et al. (2000): The Great Ice Age – Climate Change and Life. 267 pp., Routledge.
Abb. 2.6: Umgezeichnet nach A. Berger & M.F. Loutre (1992): Astronomical solutions for paleoclimate studies over the last 3 million years. Earth Planet. Sci. Letters, 111, 369-382.
Abb. 2.7: Nach Daten des RWC Brussels, World Data Center for the Sunspot Index; Hintergrundbild: Aufnahme der Sonne vom 09.06.2000 mit dem MEES Teleskop, Hawai.
Abb. 2.8: Umgezeichnet nach D. Hoyt & K. Schatten (1997): The role of the Sun in Climate, 288 pp., Oxford Press.
Abb. 2.9: Umgezeichnet nach E. Friis-Christensen & K. Lassen (1991): Length of the Solar Cycle: An Indicator of Solar Activity Closely Associated with Climate. Science, 254, 698-700.
Abb. 2.10: Umgezeichnet nach H. Svensmark & E. Friis-Christensen (1997): Variation of cosmic ray flux and global cloud coverage – a missing link in solar climate relationships. J. Atm. Sol. Terr. Phys., 59, 1225.
Abb. 2.11: Nach Daten des RWC Brussels, World Data Center for the Sunspot Index; Hintergrundbild: Aufnahme der Sonne vom 09.06.2000 mit dem MEES Teleskop Hawai.
Abb. 2.12: Nach verschiedenen Quellen.
Abb. 2.13: Nach verschiedenen Quellen.
Abb. 2.14: Nach Daten aus Hallam (1992): Phanerozoic Sea-Level Changes. 266 pp., Columbia University Press; Paläogeographie umgezeichnet aus IOP Atlas (1996).
Abb. 2.15: Umgezeichnet nach IOP Atlas (1996).
Abb. 2.16: Umgezeichnet nach T.E. Graedel & P.J. Crutzen (1993): Atmospheric Change – An Earth System Perspective, 446 pp., Verlag W.H. Freeman & Co.
Abb. 2.17: Satellitendaten vom Januar 1985, nach einer Vorlage des DAAC.
Abb. 2.18: Nach verschiedenen Quellen.
Abb. 2.19: Umgezeichnet nach Robert J. Charlson (1992): The Atmosphere; In S.S. Butcher et al. (Eds.): Global Biogeochemical Cycles, 213-238.
Abb. 2.20: Nach verschiedenen Quellen.
Abb. 2.21: Nach verschiedenen Quellen.
Abb. 2.22: Nach verschiedenen Quellen.
Abb. 2.23: Wirbelsturm „Damrey", Satellitenbild, NOAA VIS.

Abbildungsherkunft

Abb. 2.24: Umgezeichnet nach Reynolds Meeresoberflächentemperaturen des NOAA-CIRES Climate Diagnostics Center, Boulder, Colorado, USA, Mai 2000.

Abb. 2.25: Nach verschiedenen Quellen.

Abb. 2.26: Umgezeichnet nach einer Vorlage von Dai McClurg und dem TAO Project (NOAA).

Abb. 2.27: Umgezeichnet nach H.F. Diaz & V. Markgraf (1992): El Niño – Historical and Paleoclimatic Aspects of the Southern Oscillation, 476 pp., Cambridge University Press.

Abb. 2.28: Umgezeichnet nach T. Takahashi et al. (1997): Global air-sea flux of CO_2: An estimate based on measurements of sea-air pCO_2 difference, Proc. Natl. Acad. Sci., 94, 8292-8299.

Abb. 2.29: Foto: Josef Merkt (NLfB, Hannover)

Abb. 2.30: Nach verschiedenen Quellen.

Abb. 2.31: Ausschnitt aus ULS Satellitenbild Infrarotkanal vom 08. Mai 2000, bearbeitet von M.K. Keller.

Abb. 2.32: Umgezeichnet nach W. Lauer (1995): Klimatologie, 269 S., Westermann; Kartengrundlage: Seawifs Chlorophylldaten 1998.

Abb. 2.33: Foto: Fred Espenak (NASA & GSFC).

Abb. 2.34: Verändert nach V.L. Sharpton (LPI).

Abb. 2.35: Luftbild: http://www.calm.wa.gov.au/national_parks/previous_parks_month/wolfe_creek.html.

Abb. 2.36: Foto: Hubble Space Telescope Jupiter Imaging Team.

Abb. 2.37: Nach Daten des Kanadischen Geologischen Dienstes.

Abb. 2.38: Foto: Georg Delisle (BGR, Hannover).

Kasten Wasserdampf

W 1: Nach F. Hasler, NASA/GSFC und GOES Project.

W 2: Nach Daten aus A. Raval & V. Ramanathan (1989): Observational determination of the greenhouse effect, Nature, 342, 758-761.

Kasten Photosynthese

P 1: Nach verschiedenen Quellen.

KAPITEL 3

Titelbild: Josef Merkt / Ulrich Berner (NLfB/BGR, Hannover).

Abb.3.1: Umgezeichnet nach W.B. Harland et al. (1989): A geologic time scale, 231 pp., Cambridge University Press.

Abb.3.2: Umgezeichnet nach U. Zerbst (1998): Die Datierung archäologischer Proben mittels Radiokarbon (^{14}C), Teil I. Studium Integrale Journal (5/1), http://www.wort-und-wissen.de/sij/.

Abb.3.3: Umgezeichnet und ergänzt nach U. Zerbst (1998): Die Datierung archäologischer Proben mittels Radiokarbon (^{14}C), Teil I. Studium Integrale Journal (5/1), http://www.wort-und-wissen.de/sij/.

Abb.3.4: Umgezeichnet und ergänzt nach U. Zerbst (1998): Die Datierung archäologischer Proben mittels Radiokarbon (^{14}C), Teil I. Studium Integrale Journal (5/1), http://www.wort-und-wissen.de/sij/.

Abb.3.5: Umgezeichnet nach U. Zerbst (1999): Die Datierung archäologischer Proben mittels Radiokarbon (^{14}C), Teil IIb. Studium Integrale Journal (6/1), http://www.wort-und-wissen.de/sij/.

Abb.3.6: Foto: Thomas Wiese (NLfB, Hannover).

Abb.3.7: Foto: Sabine Stäger (BGR, Hannover).

Abb.3.8: Foto: Sabine Stäger (BGR, Hannover).

Abb.3.9: Fotos: Josef Merkt (NLfB, Hannover).

Abb.3.10: Foto: Josef Merkt (NLfB, Hannover).

Abb.3.11: Verändert nach einer Vorlage von H. Grissino-Meyer (University of Knoxville, Tennessee).

Abb.3.12: Umgezeichnet nach U. Zerbst (1998): Die Datierung archäologischer Proben mittels Radiokarbon (^{14}C), Teil IIa. Studium Integrale Journal (5/2), http://www.wort-und-wissen.de/sij/.

Abb.3.13: Umgezeichnet nach U. Zerbst (1998): Die Datierung archäologischer Proben mittels Radiokarbon (^{14}C), Teil IIa. Studium Integrale Journal (5/2), http://www.wort-und-wissen.de/sij/.

Abb.3.14: Nach Daten aus SPECMAP (http://www.ngdc.noaa.gov/mgg/geology/specmap.html) und A. Berger & M.F. Loutre (1992): Astronomical solutions for paleoclimate studies over the last 3 million years. Earth Planet. Sci. Letters, 111, 369-382.

Abbildungsherkunft

Abb.3.15: Umgezeichnet und ergänzt nach W.H. Burke et al. (1982): Variation of seawater $^{87}SR/^{86}SR$ throughout Phanerozoic time. Geology (10), 516-519 und J. Veizer et al. (1999): $^{87}Sr/^{86}SR$, $\delta^{13}C$ and $\delta^{18}O$ evolution of Phanerozoic seawater. Chem. Geol. (161), 59-88.

Abb.3.16: Verändert nach einer Vorlage des USGS, Denver.

Abb.3.17: Verändert nach einer Vorlage des USGS, Denver.

Abb.3.18: Zusammengestellt nach verschiedenen Quellen.

Abb.3.19: Teil eines Bildes aus J. Augusta & Z. Burian (1962): Das Buch von den Mammuten, 58 S. mit Bildanhang, Artia-Verlag.

Abb.3.20: Foto: Josef Merkt (NLfB, Hannover).

Abb.3.21: Foto: Sabine Stäger (BGR, Hannover).

Abb.3.22: Foto: Sabine Stäger (BGR, Hannover).

Abb.3.23: Nach Daten aus: Warm Climates: Variability – Extremes – Impacts. Microfossil and stable isotope data from the last interglacial records of ODP 1018 and 1020. USGS Open File Report 99-397, http://chht-ntsrv.er.usgs.gov/warmclimates/.

Abb.3.24: Foto: Thomas Wiese (NLfB, Hannover).

Abb.3.25: Foto: Sabine Stäger (BGR, Hannover).

Abb.3.26: Umgezeichnet nach Karten aus European Pollen Information (2000), http://www.cat.at/pollen/index.de.html.

Abb.3.27: Umgezeichnet nach Daten aus R.S. Thompson et al. (1999): Quantitative Paleoclimatic Reconstructions from Late Pleistocene Plant Macrofossils of the Yucca Mountain Region. U.S. Geological Survey Open-File Report 99-338.

Abb.3.28: Umgezeichnet nach J. Guiot et al. (1989): A 140 000-year continental climate reconstruction from two European pollen records. Nature, 338, 309-313.

Abb.3.29: Umgezeichnet und ergänzt nach R.C.L. Wilson et al. (2000): The Great Ice Age – Climate Change and Life, 267 pp., Routledge.

Abb.3.30: Umgezeichnet und ergänzt nach J. Veizer et al. (1999): $^{87}Sr/^{86}Sr$, $\delta^{13}C$ and $\delta^{18}O$ evolution of Phanerozoic seawater. Chem. Geol., 161, 59-88.

Abb.3.31: Umgezeichnet nach T.D. Herbert et al. (1998): Depth and seasonality of alkenone production along the California margin inferred from a core-top transect, Paleoceanography, 13, 263-271, http://pixie.geo.brown.edu/esh/paleo.html.

Abb.3.32: Nach K.H. Freeman, & J.M. Hayes (1992): Fractionation of carbon isotopes by phytoplankton and estimates of ancient CO_2 levels. Global Biogeochemical Cycles, 6(2), 185-198.

Kasten Aschen-Marker

A 1: Foto: Josef Merkt (NLfB, Hannover).

A 2: Foto: Josef Merkt (NLfB, Hannover).

A 3: Nach einer Vorlage von Josef Merkt (NLfB, Hannover).

Kasten Was sind Isotope?

I 1: Umgezeichnet nach U. Zerbst (1998): Die Datierung archäologischer Proben mittels Radiokarbon (^{14}C), Teil I. Studium Integrale Journal (5/1), http://www.wort-und-wissen.de/sij/.

Kasten Magnetik

M 1: Umgezeichnet nach einer Vorlage des USGS (Denver).

KAPITEL 4

Titelbild: Foto: Ulrich Berner (BGR, Hannover).

Abb.4.1: Nach Daten aus U. Berner (1999): Kohlendioxid und Kohlenstoffkreislauf: Variationen vom Erdaltertum bis heute, Terra Nostra 5/99, 10-12.

Abb.4.2: Foto: Ulrich von Stackelberg (BGR, Hannover).

Abb.4.3: Foto: Rolf Schmaljohann (IFM, Kiel).

Abb.4.4: Umgezeichnet und vereinfacht nach U. v. Rad et al. (1996): Authigenic carbonates derived from oxidized methane vented from the Makran accretionary prism off Pakistan. Marine Geology 136, 55-77.

Abb.4.5: Foto: Ulrich von Rad (BGR, Hannover).

Abb.4.6: Nach unveröffentlichten Daten U. Berner (BGR, Hannover).

Abb.4.7: Foto: Ingolf Dumke (BGR, Hannover).

Abb.4.8: Foto: Georg Delisle (BGR, Hannover).

Abb.4.9: Foto: Ulrich Berner (BGR, Hannover).

Abb.4.10: Foto: Ulrich Berner (BGR, Hannover).

Abbildungsherkunft

Abb.4.11: Foto: Ulrich Berner (BGR, Hannover).

Abb.4.12: Rekonstruktion Ulrich Berner (BGR, Hannover), anhand von Daten aus J.M. Hayes et al. (1999): The abundance of ^{13}C in marine organic matter and isotopic fractionation in the global biogeochemical cycle of carbon during the past 800 Ma, Chem. Geol., 161, 103-125 und J. Veizer et al. (1999): $^{87}Sr/^{86}Sr$, $\delta^{13}C$ and $\delta^{18}O$ evolution of Phanerozoic seawater, Chem. Geol., 161, 59-88.

Abb.4.13: Rekonstruktion Ulrich Berner (BGR, Hannover), anhand von Daten aus J.M. Hayes et al. (1999): The abundance of ^{13}C in marine organic matter and isotopic fractionation in the global biogeochemical cycle of carbon during the past 800 Ma, Chem. Geol., 161, 103-125 und J. Veizer et al. (1999): $^{87}Sr/^{86}Sr$, $\delta^{13}C$ and $\delta^{18}O$ evolution of Phanerozoic seawater, Chem. Geol., 161, 59-88.

Abb.4.14: Umgezeichnet nach M.R. Fontugne & S.E. Calvert (1992): Late Pleistocene variability of the carbon isotopic composition of organic matter in the eastern Mediterranean: Monitor of changes in carbon sources and atmospheric CO_2. Paleoceanography, 7(1), 1-20.

Abb.4.15: Nach Daten des Carbon Dioxide Information Analysis Center (Oak Ridge, USA), http://cdiac.esd.ornl.gov/.

Abb.4.16: Umgezeichnet nach U. Berner & W. Stahl (1999): Geowissenschaften und Klima. ZKG International, Special Issue, 5/99, 18-26.

Abb.4.17: Foto: Josef Merkt (NLfB, Hannover).

Abb.4.18: Umgezeichnet nach U. Berner & W. Stahl (1999): Geowissenschaften und Klima. ZKG International, Special Issue, 5/99, 18-26.

Abb.4.19: Umgezeichnet nach U. Berner & W. Stahl (1999): Geowissenschaften und Klima. ZKG International, Special Issue, 5/99, 18-26.

Abb.4.20: Umgezeichnet nach U. Berner & W. Stahl (1999): Geowissenschaften und Klima. ZKG International, Special Issue, 5/99, 18-26.

Abb.4.21: Umgezeichnet nach U. Berner & W. Stahl (1999): Geowissenschaften und Klima. ZKG International, Special Issue, 5/99, 18-26.

Kasten Reservoire und Flüsse von Kohlenstoff

R 1: Nach Daten aus U. Berner (1999): Kohlendioxid und Kohlenstoffkreislauf: Variationen vom Erdaltertum bis heute. Terra Nostra, 5/99, 10-12.

R 2: Nach Daten aus U. Berner (1999): Kohlendioxid und Kohlenstoffkreislauf: Variationen vom Erdaltertum bis heute. Terra Nostra, 5/99, 10-12.

R 3: Nach Daten aus U. Berner (1999): Kohlendioxid und Kohlenstoffkreislauf: Variationen vom Erdaltertum bis heute. Terra Nostra, 5/99, 10-12.

KAPITEL 5

Titelbild: Fotomontage nach Fotos von Georg Delisle und Siegfried Greinwald (BGR, Hannover).

Abb.5.1: Foto: Norbert W. Roland (BGR, Hannover).

Abb.5.2: Foto: Norbert W. Roland (BGR, Hannover).

Abb.5.3: Umgezeichnet nach einer Vorlage von Norbert W. Roland (BGR, Hannover).

Abb.5.4: Umgezeichnet nach Ch.R. Scotese (2000): The Paleomap Project, http://www.scotese.com/.

Abb.5.5: Foto: Heinz-Gerd Röhling (NLfB, Hannover).

Abb.5.6: Umgezeichnet nach einer Vorlage von Carmen Heunisch (NLfB, Hannover).

Abb.5.7: Umgezeichnet nach Ch.R. Scotese (2000): The Paleomap Project, http://www.scotese.com/.

Abb.5.8: Umgezeichnet nach einer Vorlage von Heinz-Gerd Röhling (NLfB, Hannover).

Abb.5.9: Umgezeichnet nach einer Vorlage von Carmen Heunisch (NLfB, Hannover).

Abb.5.10: Foto: Andrea Weitze (NLfB, Hannover).

Abb.5.11: Umgezeichnet nach einer Vorlage von Carmen Heunisch (NLfB, Hannover).

Abb.5.12: Umgezeichnet nach einer Vorlage von Heinz-Gerd Röhling (NLfB, Hannover).

Abbildungsherkunft

KAPITEL 6

Titelbild: Foto: Georg Delisle (BGR, Hannover).
Abb.6.1: Foto: Georg Delisle (BGR, Hannover).
Abb.6.2: Nach Daten des USGS (Denver).
Abb.6.3: Umgezeichnet und vereinfacht nach J.L. Bamber et al. (2000): Widespread Complex Flow in the Interior of the Antarctic Ice Sheet. Science, 287, 1248-1250.
Abb.6.4: Foto: Georg Delisle (BGR, Hannover).
Abb.6.5: Umgezeichnet nach einer Vorlage von Georg Delisle (BGR, Hannover).
Abb.6.6: Umgezeichnet nach einer Vorlage des USGS (Denver).
Abb.6.7: Foto: Christian Bücker (GGA, Hannover).
Abb.6.8: Umgezeichnet nach einer Vorlage des USGS (Denver).
Abb.6.9: Umgezeichnet nach einer Vorlage von Christian Bücker (GGA, Hannover).
Abb.6.10: Umgezeichnet nach einer Vorlage von Christian Bücker (GGA, Hannover).
Abb.6.11: Umgezeichnet nach einer Vorlage des USGS (Denver).
Abb.6.12: Nach Daten des Vostok-Eiskern-Projektes aus J.R. Petit et al. (2000): Historical isotopic temperature record from the Vostok ice core. In Trends: A Compendium of Data on Global Change. Carbon Dioxide Information Analysis Center, Oak Ridge National Laboratory, U.S. Department of Energy, Oak Ridge, Tenn., U.S.A., http://cdiac.esd.ornl.gov/trends/temp/vostok/jouz_tem.htm.
Abb.6.13: Umgezeichnet nach einer Vorlage des USGS (Denver).
Abb.6.14: Nach Daten des GISP2 Science Management Office, Climate Change Research Center, Institute for the Study of Earth, Oceans and Space, University of New Hampshire, USA, http://www.gisp2.sr.unh.edu/GISP2/.

KAPITEL 7

Titelbild: Foto: Josef Merkt (NLfB, Hannover).
Abb.7.1: Rekonstruktion U. Berner (BGR, Hannover) anhand von Daten aus J. Veizer et al. (1999): $^{87}Sr/^{86}Sr$, $\delta^{13}C$ and $\delta^{18}O$ evolution of Phanerozoic seawater. Chem. Geol. (161), 59-88 und L.A. Frakes et al. (1992): Climate modes of the Phanerozoic, 274 pp., Cambridge University Press.
Abb.7.2: Foto: Hansjörg Streif (NLfB, Hannover).
Abb.7.3: Foto: Tom Lowell, University of Cincinnati, http://tvl1.geo.uc.edu/ice/Image/icpro/Exit1.html.
Abb.7.4: Foto: Tom Lowell, University of Cincinnati, http://tvl1.geo.uc.edu/ice/Image/subland/436A-11.html.
Abb.7.5: Foto: Hansjörg Streif (NLfB, Hannover).
Abb.7.6: Umgezeichnet nach K.-D. Meyer (1980): Quartäre Tektonik im Unterelbe-Gebiet? Zeitschrift der deutschen geologische Gesellschaft, 131, 530-546.
Abb.7.7: Foto: Georg Delisle (BGR, Hannover).
Abb.7.8: Foto: Georg Delisle (BGR, Hannover).
Abb.7.9: Foto: Josef Merkt (NLfB, Hannover).
Abb.7.10: Umgezeichnet nach einer Vorlage von Georg Delisle (BGR, Hannover).
Abb.7.11: Umgezeichnet nach einer Vorlage von Georg Delisle (BGR, Hannover).
Abb.7.12: Umgezeichnet nach I.J. Smalley & C. Vita-Finzi (1968): The formation of fine particles in sandy deserts and the nature of "desert" loess, J. Sediment. Petrol., 38(3), 766-774.
Abb.7.13: Umgezeichnet nach M.E. Evans et al. (1997): The Natural Magnetic Archives of Past Global Change, Surveys in Geophysics 18(2-3), 183-196.
Abb.7.14: Umgezeichnet nach einer Vorlage von Ernst Gehrt (NLfB, Hannover).
Abb.7.15: Foto: Gerfried Caspers (NLfB, Hannover).
Abb.7.16: Foto: Josef Merkt (NLfB, Hannover).
Abb.7.17: Foto: Josef Merkt (NLfB, Hannover).
Abb.7.18: Foto: Hansjörg Streif (NLfB, Hannover).
Abb.7.19: Foto: Josef Merkt (NLfB, Hannover).
Abb.7.20: Umgezeichnet nach H. Müller (1992): Climate changes during and at the end of interglacials of the Cromerian Complex. In: G.J. Kukla & E. Went (Eds.): NATO ASI Ser., I(3), 51-69, Springer Verlag.
Abb.7.21: Foto: Josef Merkt (NLfB, Hannover).
Abb.7.22: Umgezeichnet nach H. Müller (1974b): Pollenanalytische Untersuchungen und Jahresschichtenzählungen an der holsteinzeitlichen Kieselgur von Munster-Breloh.- Geol. Jb., A 21, 107-140.

Abbildungsherkunft

Abb.7.23: Umgezeichnet nach H. Müller (1974a): Pollenanalytische Untersuchungen und Jahresschichtenzählung an der eemzeitlichen Kieselgur von Bispingen/Luhe.- Geol. Jb., A 21, 149-169.

Abb.7.24: Umgezeichnet nach G. Caspers & H. Freund (1997): Die Vegetations- und Klimaentwicklung des Weichsel-Früh- und -Hochglazials im nördlichen Mitteleuropa. Schriftenreihe der Deutschen Geologischen Gesellschaft, 4, 201-249.

Abb.7.25: Umgezeichnet nach J.M. Adams & H. Faure (1996): Review and Atlas of Palaeovegetation – Preliminary land ecosystem maps of the world since the Last Glacial Maximum, http://www.soton.ac.uk/~tjms/adams4.html.

Abb.7.26: Umgezeichnet nach Daten des GISP2 Science Management Office, Climate Change Research Center, Institute for the Study of Earth, Oceans and Space, University of New Hampshire, USA, http://www.gisp2.sr.unh.edu/GISP2/ und nach G. Caspers et al. (1999): Das Klima im Quartär. In: M. Boetzkes et al. (Hrsg.) EisZeit – Das große Abenteuer der Naturbeherrschung, 78-94, Roemer- und Pelizaeus Museum und Jan Thorbecke Verlag.

Abb.7.27: Foto: Hansjörg Streif (NLfB, Hannover).

Abb.7.28: Umgezeichnet nach J. Merkt (1994b): The Alleroed – duration and climate as derived from laminated lake sediments. Terra Nostra, 1/94, 59-63.

Abb.7.29: Umgezeichnet nach Daten des GISP2 Science Management Office, Climate Change Research Center, Institute for the Study of Earth, Oceans and Space, University of New Hampshire, USA, http://www.gisp2.sr.unh.edu/GISP2/ und U. von Grafenstein et al. (1998): The cold event 8200 years ago documented in oxygen isotope records of precipitation in Europe and Greenland, Climate Dynamics 14, 73-81, Springer.

Abb.7.30: Umgezeichnet nach J.M. Adams & H. Faure (1996): Review and Atlas of Palaeovegetation – Preliminary land ecosystem maps of the world since the Last Glacial Maximum, http://www.soton.ac.uk/~tjms/adams4.html.

Abb.7.31: Umgezeichnet nach J.M. Adams & H. Faure (1996): Review and Atlas of Palaeovegetation – Preliminary land ecosystem maps of the world since the Last Glacial Maximum, http://www.soton.ac.uk/~tjms/adams4.html.

Abb.7.32: Foto: Josef Merkt (NLfB, Hannover).

Abb.7.33: Umgezeichnet nach einer Vorlage von Josef Merkt (NLfB, Hannover).

Abb.7.34: Foto: Josef Merkt (NLfB, Hannover).

Abb.7.35: Foto: John Murphy, The Robotics Institute, Carnegie Mellon University Pittsburgh, http://www.cs.cmu.edu/afs/cs/project/lri-13/www/atacama-trek/photo_gallery/17.jpg.

Abb.7.36: Foto: John Murphy, The Robotics Institute, Carnegie Mellon University Pittsburgh, http://www.cs.cmu.edu/afs/cs/project/lri-13/www/atacama-trek/photo_gallery/74.jpg.

Abb.7.37: Umgezeichnet und ergänzt nach R.C.L. Wilson et al. (2000): The Great Ice Age – Climate Change and Life, 267 pp., Routledge.

Abb.7.38: Foto: Josef Merkt (NLfB, Hannover).

Abb.7.39: Foto: Staatliches Museum für Naturkunde und Vorgeschichte Oldenburg.

Abb.7.40: „Torfbrenner" Stich 11. Mai 1878 (anonym).

Abb.7.41: Rekonstruktion U. Berner (BGR, Hannover), geglättete Preisdaten (30jähriges Mittel) nach R. Oberschelp (1986): Beiträge zur niedersächsischen Preisgeschichte des 16. bis 19. Jahrhunderts, 541 S., Verlag August Lax und D. Hoyt & K. Schatten (1997): The role of the Sun in Climate, 288 pp., Oxford University Press.

Abb.7.42: Zusammengestellt und erweitert von U. Berner (BGR, Hannover) nach Daten des GISP2 Science Management Office, Climate Change Research Center, Institute for the Study of Earth, Oceans and Space, University of New Hampshire, USA, http://www.gisp2.sr.unh.edu/GISP2/ und D. Jäkel (1978): Eine Klimakurve für die Zentralsahara. In: Sahara 10 000 Jahre zwischen Weide und Wüste, 382-396.

Kasten Gewässer und Permafrost

G 1: Umgezeichnet nach einer Vorlage von Georg Delisle (BGR, Hannover).

Kasten Spuren des Permafrostes

S 1: Foto: Josef Merkt (NLfB, Hannover).

S 2: Foto: Josef Merkt (NLfB, Hannover).

Abbildungsherkunft

S 3: Foto: Josef Merkt (NLfB, Hannover).
S 4: Foto: Josef Merkt (NLfB, Hannover).
S 5: Foto: Josef Merkt (NLfB, Hannover).

Kasten Moor
MO 1: Foto: Gerfried Caspers (NLfB, Hannover).
MO 2: Foto: Gerfried Caspers (NLfB, Hannover).

KAPITEL 8

Titelbild: Foto: Hansjörg Streif (NLfB, Hannover).
Abb.8.1: Umgezeichnet nach N.J. Shackelton (1987): Oxygen isotopes, ice volume and sea level. – Quaternary Science Reviews, 6, 183-190 und J. Chappell et al. (1998): Decoupling post-glacial tectonism and eustasy at Huon Peninsula, Papua New Guinea. Geol. Society Spec. Publ. 146, 31-40.
Abb.8.2: LANDSAT Satellitenaufnahme vom 26.04.1984 (BGR Globus)
Abb.8.3: Umgezeichnet nach C. Hoselmann & H. Streif (1998): Methods used in a mass-balance study of Holocene sediment accumulation on the southern North Sea coast. In: J. Harff et al. (Eds.): Computerized Modeling of sedimentary Systems: 361-374, Springer Verlag.
Abb.8.4: Umgezeichnet nach H. Streif (1996): Die Entwicklung der Küstenlandschaft und Ästuare im Eiszeitalter und in der Nacheiszeit. In: J.L. Lozán & H. Kausch (Hrsg.) Warnsignale aus Flüssen und Ästuaren, 11-19, Parey.
Abb.8.5: Umgezeichnet nach H. Streif (1990): Das ostfriesische Küstengebiet – Nordsee, Inseln, Watten und Marschen. Sammlung Geologischer Führer, 57, 376 S., Borntraeger.
Abb.8.6: Umgezeichnet nach H. Streif (1996): Die Entwicklung der Küstenlandschaft und Ästuare im Eiszeitalter und in der Nacheiszeit. In: J.L. Lozán & H. Kausch (Hrsg.) Warnsignale aus Flüssen und Ästuaren, 11-19, Parey.
Abb.8.7: Umgezeichnet nach H. Streif (1990): Das ostfriesische Küstengebiet – Nordsee, Inseln, Watten und Marschen. Sammlung Geologischer Führer, 57, 376 S., Borntraeger.
Abb.8.8: Umgezeichnet nach H. Streif (1996): Die Entwicklung der Küstenlandschaft und Ästuare im Eiszeitalter und in der Nacheiszeit. In: J.L. Lozán & H. Kausch (Hrsg.) Warnsignale aus Flüssen und Ästuaren, 11-19, Parey.
Abb.8.9: Foto: Hansjörg Streif (NLfB, Hannover).
Abb.8.10: Umgezeichnet nach H. Freund & H. Streif (1999): Natürliche Pegelmarken für Meeresspiegelschwankungen der letzten 2000 Jahre im Bereich der Insel Juist, Petermanns Geographische Mitteilungen, 143 Jg., 34-45.
Abb.8.11: Umgezeichnet nach H. Freund & H. Streif (1999): Natürliche Pegelmarken für Meeresspiegelschwankungen der letzten 2000 Jahre im Bereich der Insel Juist, Petermanns Geographische Mitteilungen, 143 Jg., 34-45.
Abb.8.12: Foto: Holger Freund (NLfB, Hannover).
Abb.8.13: Umgezeichnet nach einer Vorlage von Hansjörg Streif (NLfB, Hannover).
Abb.8.14: Umgezeichnet nach H. Freund & H. Streif (1999): Natürliche Pegelmarken für Meeresspiegelschwankungen der letzten 2000 Jahre im Bereich der Insel Juist, Petermanns Geographische Mitteilungen, 143 Jg., 34-45.
Abb.8.15: Umgezeichnet nach H. Freund & H. Streif (1999): Natürliche Pegelmarken für Meeresspiegelschwankungen der letzten 2000 Jahre im Bereich der Insel Juist, Petermanns Geographische Mitteilungen, 143 Jg., 34-45.
Abb.8.16: Umgezeichnet nach C. Hoselmann & H. Streif (1997): Bilanzierung der holozänen Sedimentakkumulation im niedersächsischen Küstenraum. Z. dt. geol. Ges., 148(3-4), 431-445.
Abb.8.17: Umgezeichnet nach K.-E Behre. In: K.-E. Behre & H. van Lengen (Hrsg. 1995): Ostfriesland. – Geschichte und Gestalt einer Kulturlandschaft, 378 S., Ostfriesische Landschaft Aurich.
Abb.8.18: Reproduktion aus Mamoun Fansa (Hrsg. 1995): der sassen speyghel – Sachsenspiegel–Recht–Alltag, 586 S., Isensee.

KAPITEL 9

Titelbild: Foto: Jochen Erbacher (BGR, Hannover).
Abb.9.1: Foto: Reederei Forschungsgemeinschaft (Bremen).
Abb.9.2: Foto: Klaus Hoffmann (NLfB, Hannover).
Abb.9.3: Foto: Klaus Hoffmann (NLfB, Hannover).
Abb.9.4: Foto: Klaus Hoffmann (NLfB, Hannover).
Abb.9.5: Foto: Ulrich Berner (BRG, Hannover).
Abb.9.6: Satellitenbild: NASA.

Abbildungsherkunft

Abb.9.7: Satellitenbild: NOAA, EUMESAT/METEOSAT vom 29.02.2000 (17:00 UTC).

Abb.9.8: Umgezeichnet nach H. Beiersdorf et al. (1995): High-resolution stratigraphy and the response of biota to Late Cenozoic environmental changes in the central equatorial Pacific Ocean (Manihiki Plateau), Marine Geology, 125, 29-59.

Abb.9.9: Umgezeichnet aus IOP Atlas (1996).

Abb.9.10: Rekonstruktion U. Berner (BGR, Hannover), anhand von Daten aus J.M. Hayes et al. (1999): The abundance of ^{13}C in marine organic matter and isotopic fractionation in the global biogeochemical cycle of carbon during the past 800 Ma, Chem. Geol., 161, 103-125 und J. Veizer et al. (1999): $^{87}Sr/^{86}Sr$, $\delta^{13}C$ and $\delta^{18}O$ evolution of Phanerozoic seawater, Chem. Geol., 161, 59-88.

Abb.9.11: Daten aus M.J. Benton (1993): The Fossil Record 2 database. 845 pp., Chapman & Hall; http://ibs.uel.ac.uk/ibs/palaeo/pfr2/pfrmap.htm. Temperatur s. Abb. 9.10.

Abb.9.12: Umgezeichnet nach R.L. Larson (1991): Geological consequences of superplumes, Geology, 19, 963-966. Temperatur s. Abb. 9.10.

Abb.9.13: Umgezeichnet nach R.L. Larson (1991): Geological consequences of superplumes, Geology, 19, 963-966. Temperatur s. Abb. 9.10.

Abb.9.14: Foto: Jochen Erbacher (BGR, Hannover).

Abb.9.15: Umgezeichnet nach J. Erbacher auf der Basis des IOP Atlas (1996).

Abb.9.16: Foto: Jochen Erbacher (BGR, Hannover).

Abb.9.17: Umgezeichnet nach J. Erbacher et al. (2001): Increased thermohaline stratification as a possible cause for Cretaceous oceanic anoxic events, Nature, 409, 325-327.

Abb.9.18: Umgezeichnet nach einer Vorlage von Juliane Fenner (BGR, Hannover).

Abb.9.19: Foto: Juliane M. Fenner (BGR, Hannover).

Abb.9.20: Umgezeichnet nach einer Vorlage von Juliane M. Fenner (BGR, Hannover).

Abb.9.21: Umgezeichnet nach M.E. Weber et al. (1995): Carbonate preservation history in the Peru Basin: Paleoceanographic implications, Paleoceanography, 10(4), 775-800.

Abb.9.22: Umgezeichnet nach M.E. Weber (1997): Estimation of Biogenic Carbonate and Opal by Continuous Non-Destructive Measurements in Deep-Sea Sediments from the Eastern Equatorial Pacific, Deep Sea Research, 1-37.

Abb.9.23: Nach verschiedenen Quellen.

Abb.9.24: Nach G.H. Bond et al (1992): Evidence for massive discharges of icebergs into the North Atlantic Ocean during the Last glaciol period, Nature, 360, 245-249.

Abb.9.25: Umgezeichnet nach R. Zahn et al. (1997): Thermohaline instability in the North Atlantic during meltwater events: Stable isotope and ice-rafted detritus records from core SO75-26KL, Portuguese margin, Paleoceanography, 12(5), 696-710.

Abb.9.26: Satellitenbild: NOAA, RSMAS vom 17.06.2000 (ergänzt).

Abb.9.27: Umgezeichnet nach H. Schulz et al. (1998): Correlation between Arabian Sea and Greenland climate oscillations of the past 110,000 years. Nature, 393, 54-57.

Abb.9.28: Umgezeichnet nach einer Vorlage von Ulrich von Rad (BGR, Hannover).

Abb.9.29: Umgezeichnet nach H. Schulz et al. (1998): Correlation between Arabian Sea and Greenland climate oscillations of the past 110,000 years. Nature, 393, 54-57.

Abb.9.30: Umgezeichnet nach H. Andruleit (1997): Coccolithophore fluxes in the Norwegian-Greenland Sea: seasonality and assemblage alterations, Marine Micropaleontology, 31, 45-64.

Abb.9.31: Umgezeichnet nach H. Andruleit (1997): Coccolithophore fluxes in the Norwegian-Greenland Sea: seasonality and assemblage alterations, Marine Micropaleontology, 31, 45-64.

Abb.9.32: Umgezeichnet und ergänzt nach A. Lückge (2001): Monsoonal variability in the northeastern Arabian Sea during the past 5 000 years: Geochemical evidence from laminated sediments. Palaeogeography, Palaeoclimatology, Palaeoecology (im Druck).

Abb.9.33: Ergänzt nach Ulrich von Rad (BGR, Hannover).

Kasten Glendonite

GL 1: Foto: Andrea Weitze (NLfB, Hannover).

Abbildungsherkunft

Kasten Schwarzschiefer
SR 1: Foto: Jochen Erbacher (BGR, Hannover).

KAPITEL 10

Titelbild: Foto: Josef Merkt (NLfB, Hannover).
Abb. 10.1: Foto: Ulrich Berner (BGR, Hannover).
Abb. 10.2: Schematische Darstellung nach verschiedenen Quellen.
Abb. 10.3: Umgezeichnet nach E.K. Berner & R.A. Berner (1996): Global Environment: Water, Air and Geochemical Cycles, 367 pp., Prentice-Hall Inc.
Abb. 10.4: Foto: Josef Merkt (NLfB, Hannover).
Abb. 10.5: Foto: Roland Hindel (NLfB, Hannover).
Abb. 10.6: Foto: Roland Hindel (NLfB, Hannover).
Abb. 10.7: Umgezeichnet nach R.A. Bryson (1997): Proxy indicators of Holocene winter rains in southwest Asia compared with simulated Rainfall. In: H.N. Dalfes et al. (Eds.): Third Millennium BC Climate Change and Old World Collapse, NATO ASI Series. I(49), 465-473.
Abb. 10.8: Umgezeichnet nach einer Vorlage von Bernhard Stribrny (BGR, Hannover).
Abb. 10.9: Umgezeichnet nach Ch.R. Scotese (2000): The Paleomap Project. http://www.scotese.com/.
Abb. 10.10: Umgezeichnet nach J.T. Parrish (1996): Paleogeography of Corgrich Rocks and the preservation versus production controversy. In: A. Huc (Ed.): Paleogeography, Paleoclimate, and Source Rocks, AAPG Studies in Geology, 40, 1-20; Kartenbasis IOP (1996).
Abb. 10.11 Umgezeichnet nach J.M. Bremner & J. Rogers (1990): Phosphorite deposits on the Namibian continental shelf. In: W.C. Burnett & S.R. Riggs (Eds.): Phosphate Deposits of the World, 3, 143-152.
Abb. 10.12: Foto: Klaus Hoffmann (NLfB, Hannover).
Abb. 10.13: Umgezeichnet nach S.R. Riggs & R.P. Sheldon (1990): Paleoceanographic and paleoclimatic controls of the temporal and geographic distribution of Upper Cenozoic continental margin phosphorites. In: W.C. Burnett & S.R. Riggs (Eds.): Phosphate Deposits of the World, 3, 207-222.
Abb. 10.14: Foto: Josef Merkt (NLfB, Hannover).
Abb. 10.15: Umgezeichnet nach E.K. Berner & R.A. Berner (1996): Global Environment: Water, Air and Geochemical Cycles, 367 pp., Prentice-Hall Inc.
Abb. 10.16: Umgezeichnet nach Ch.R. Scotese (2000): The Paleomap Project. http://www.scotese.com/.
Abb. 10.17: Umgezeichnet nach E. Flügel (1994): Pangean shelf carbonates: Controls and paleoclimatic significance of Permian and Triassic reefs. In: G.D. Klein (Ed.): Pangea: Paleoclimate, Tectonics, and Sedimentation During Accretion, Zenith, and Breakup of a Supercontinent, Geol. Soc. Amer. Spec. Paper, 288, 247-266.
Abb. 10.18: Umgezeichnet nach Ch.R. Scotese (2000): The Paleomap Project. http://www.scotese.com/.
Abb. 10.19: Foto: Bernhard Stribrny (BGR, Hannover).
Abb. 10.20: Foto: Bernhard Stribrny (BGR, Hannover).
Abb. 10.21: Foto: Klaus Brinkmann (BGR, Hannover).
Abb. 10.22: Umgezeichnet nach einer Vorlage von Hermann Rudolf Kudraß (BGR, Hannover).

KAPITEL 11

Titelbild: Umgezeichnet nach einer Vorlage aus J.M. Adams & H. Faure (1996): Review and Atlas of Palaeovegetation – Preliminary land ecosystem maps of the world since the Last Glacial Maximum, http://www.soton.ac.uk/~tjms/adams4.html.
Abb. 11.1: Nach Temperaturdaten aus T.M.L. Wigley (2000): The science of climate change – global and U.S. perspectives, 51 pp., PEW Center for Climate Change, und Goddard Institute for Space Studies (GISS) sowie Daten des Global Historical Climatology Network in der Datenbank des Center for the Study of Carbon Dioxide and Global Change, http://www.co2science.org//temperatures/ghcn.htm.
Abb. 11.2: Daten aus R. Spencer & J. Christy (2000): Measuring temperature from Space. NASA, Hydrology and Climate Center unter http://www.nsstc.uah.edu/data/msu und Daten des Center for the Study of Carbon Dioxide and Global Change unter http://www.co2science.org//temperatures/msu.htm und http://www.co2science.org//temperatures/radiosonde.htm.

Abbildungsherkunft

Abb. 11.3: Umgezeichnet nach einer Vorlage des Center for the Study of Carbon Dioxide and Global Change, http://www.co2science.org/temperatures/figures/ghcn.gif.

Abb. 11.4: Umgezeichnet nach einer Vorlage des Center for the Study of Carbon Dioxide and Global Change, http://www.co2science.org/temperatures/figures/ghcn_stnfreq.gif.

Abb. 11.5: Umgezeichnet nach J.G. Goodridge (1996): Comments on Regional Simulations of Greenhouse Warming Including Natural Variability, Bulletin of the American Meteorological Society, 77, 3-4.

Abb. 11.6: Umgezeichnet nach D. Hoyt, http://users.erols.com/dhoyt1/index.html.

Abb. 11.7: Nach Daten des Vostok-Eiskern-Projektes aus J.R. Petit et al. (2000): Historical isotopic temperature record from the Vostok ice core. In Trends: A Compendium of Data on Global Change. Carbon Dioxide Information Analysis Center, Oak Ridge National Laboratory, U.S. Department of Energy, Oak Ridge, Tenn., U.S.A., http://cdiac.esd.ornl.gov/trends/temp/vostok/jouz_tem.htm.

Abb. 11.8: Umgezeichnet nach J.P. Severinghaus et al. (1998): Timing of abrupt climate change at the end of the Younger Dryas interval from thermally fractionated gases in polar ice, Nature, 391, 141-146.

Abb. 11.9: Nach Daten aus E. Friis-Christensen & K. Lassen (1991): Length of the Solar Cycle: An Indicator of Solar Activity Closely Associated with Climate. Science, 254, 698-700 und A Compendium of Data on Global Change. Carbon Dioxide Information Analysis Center, Oak Ridge National Laboratory, U.S. Department of Energy, Oak Ridge, Tenn., U.S.A., http://cdiac.esd.ornl.gov/.

Abb. 11.10: Umgezeichnet nach M. Claussen et al. (1999): Simulation of an abrupt change in Saharan vegetation in the mid-Holocene, Geophys. Res. Lett., 26(14), 2037.

Abb. 11.11: Umgezeichnet nach T.M.L. Wigley (2000): The science of climate change – global and U.S. perspectives, 51 pp., PEW Center for Climate Change.

Abb. 11.12: Umgezeichnet nach T.M.L. Wigley (2000): The science of climate change – global and U.S. perspectives, 51 Seiten, PEW Center for Climate Change und Daten des Global Historical Climatology Network in der Datenbank des Center for the Study of Carbon Dioxide and Global Change, http://www.co2science.org//temperatures/ghcn.htm.

Abb. 11.13: Zusammengestellt und umgezeichnet nach S. Rahmstorf & A. Ganopolski (1999): Long-term Global Warming Scenarios Computed with an Efficient Coupled Climate Model. Climate Change, 43, 353-367, aus der Animation unter http://www.pik-potsdam.de/~stefan/home_7.htm#HEADING7-0.

Abb. 11.14: Nach Daten aus Caspers et al. (1995): Niedersachen. In: L. Benda (Hrsg.): Das Quartär Deutschlands, 23-58, Borntraeger.

Abb. 11.15: Umgezeichnet und ergänzt nach A. Berger & M.F. Loutre (1996): Modelling the climate response to astronomical and CO_2 forcings, C.R. Acad. Sci. Paris, 323(IIa), 1-16.

Abb. 11.16: Umgezeichnet nach M. Hiete (1999): Berechnungen der globalen Kohlendioxidemissionen aus der Verbrennung fossiler Energieträger und der Zementherstellung und Modellierung des globalen Kohlenstoffkreislaufs in Bezug auf den Verbleib des emittierten Kohlendioxids. Diplomarbeit, Fachbereich für Physik und Geowissenschaften der TU Braunschweig, 429 S.

Abb. 11.17: Umgezeichnet nach M. Hiete (1999): Berechnungen der globalen Kohlendioxidemissionen aus der Verbrennung fossiler Energieträger und der Zementherstellung und Modellierung des globalen Kohlenstoffkreislaufs in Bezug auf den Verbleib des emittierten Kohlendioxids. Diplomarbeit, Fachbereich für Physik und Geowissenschaften der TU Braunschweig, 429 S.

Abb. 11.18: Umgezeichnet nach einer Vorlage von Hilmar Rempel (BGR, Hannover).

Abb. 11.19: Umgezeichnet nach einer Vorlage von Hilmar Rempel (BGR, Hannover).

Abb. 11.20: Umgezeichnet und erweitert nach M.R. Thomasson (2000): Petroleum Geology: Is There a Future? AAPG Explorer, 21(5), 3-10.